"十四五"时期国家重点出版物出版专项规划项目

航天先进技术研究与应用／电子与信息工程系列

**工业和信息化部"十四五"规划教材**

U0236553

# 数字信号处理

## DIGITAL SIGNAL PROCESSING

冀振元 主　　编

杨智明　李　杨　高建军　宿富林 副主编

**哈爾濱工業大學出版社**

HARBIN INSTITUTE OF TECHNOLOGY PRESS

## 内容简介

本书系统地介绍了数字信号处理基本理论、设计方法以及相关 Python 函数与示例等方面的内容。全书分为 10 章,第 1 章介绍数字信号处理的研究对象、基本过程、学科概貌、特点、发展及应用等内容;第 2 章介绍离散时间信号与系统的基本概念、卷积和的性质和计算、信号的频域表示、抽样定理等内容;第 3 章研究 Z 变换及其在线性移不变系统分析中的应用;第 4 章和第 5 章对离散傅里叶变换及其快速算法进行研究;第 6 章和第 7 章分别讨论了 IIR 数字滤波器和 FIR 数字滤波器的相关内容;第 8 章介绍数字系统中的有限字长效应;第 9 章对数字信号处理的一些实际问题进行讨论;第 10 章介绍 Python 软件的基本使用方法。

本书可作为通信、电子信息、自动控制、计算机等专业本科生的教材,也可作为有关技术人员在数字信号处理方面的理论基础参考书。

**图书在版编目(CIP)数据**

数字信号处理/冀振元主编. —哈尔滨:哈尔滨
工业大学出版社,2023.8
(电子与信息工程系列)
ISBN 978−7−5767−0809−7

Ⅰ.①数…　Ⅱ.①冀…　Ⅲ.①数字信号处理
Ⅳ.①TN911.72

中国国家版本馆 CIP 数据核字(2023)第 097681 号

策划编辑　许雅莹
责任编辑　张永芹　张　权
封面设计　刘　乐
出版发行　哈尔滨工业大学出版社
社　　址　哈尔滨市南岗区复华四道街 10 号　邮编 150006
传　　真　0451−86414749
网　　址　http://hitpress.hit.edu.cn
印　　刷　黑龙江艺德印刷有限责任公司
开　　本　787 mm×1 092 mm　1/16　印张 20.5　字数 525 千字
版　　次　2023 年 8 月第 1 版　2023 年 8 月第 1 次印刷
书　　号　ISBN 978−7−5767−0809−7
定　　价　44.00 元

# 前 言

## PREFACE

  数字信号处理是 21 世纪对科学和工程发展具有深远意义的一门技术,它的应用领域非常广泛,如通信、医学图像处理、雷达和声呐、地震、声学工程、石油勘探等。

  全书分为 10 章。第 1 章绪论,介绍了数字信号处理的研究对象、基本过程、学科概貌、特点、发展及应用等内容;第 2 章离散时间信号与系统及其频域分析,包括离散时间信号与系统的基本概念、卷积和的性质和计算、信号的频域表示、抽样定理等内容;第 3 章研究了 Z 变换及其在线性移不变系统分析中的应用;第 4 章和第 5 章对离散傅里叶变换及其快速算法进行了研究;第 6 章和第 7 章分别讨论了 IIR 数字滤波器和 FIR 数字滤波器的相关内容;第 8 章介绍了有限字长效应,对数字系统的误差进行了分析;第 9 章对数字信号处理的一些实际问题进行了讨论,对读者正确理解相关知识有很大的帮助;第 10 章介绍了 Python 的基本使用方法。为方便读者对各章内容的掌握,第 2~7 章安排了相关 Python 函数与示例内容。

  本书的先修课程是"信号与系统""复变函数与积分变换"等,故书中有些内容,如差分方程、Z 变换等,可以根据读者已有的基础,学习时进行适当地调整。

  本书第 1~5 章、第 7 章、第 9 章由冀振元编写,第 6 章、第 8 章由宿富林和高建军编写,第 10 章以及第 2~7 章中的 Python 函数与示例由杨智明编写。全书英文注释及索引由李杨编写。全书由冀振元统稿。

  本书在编写过程中汲取了多本国内外优秀教材的精华,借鉴了参考文献中优秀教材和文献的编写思路,参考或引用了其中一些内容、例题和习题,在本书出版之际,谨向这些文献的作者们致以衷心的谢意!许家凯、于冰参与完成了 Python 介绍与示例编程工作,在此一并表示感谢!

  为了便于读者更好地理解和巩固书中知识,本书在第 2~7 章均附有适量的习题。习题解答请参见编者撰写的《数字信号处理学习与解题指导》(哈尔滨工业大学出版社,冀振元编著),该书不仅对本书的习题做了详细的分析与解答,而且补充了大量精选练习题及详细解答,可作为读者学习本书的辅助教材。

  由于编者水平有限,且编写时间仓促,疏漏与不妥之处在所难免,望读者给予批评指正,不胜感激!

编　者<br>2023 年 3 月

# 目　录

## CONTENTS

# 第 1 章

# 绪　　论

## 1.1　数字信号处理的研究对象

数字信号处理（Digital Signal Processing，DSP）的研究对象非常广泛，涉及很多学科领域。在各学科理论研究和工程实现过程中，常常需要对信号进行分析、变换、综合等处理，以达到特征提取、信息增强、成分分析等目的。传统的模拟信号处理手段针对的是连续时间变量，其处理方式受到越来越多的局限。数字信号处理是把连续时间信号通过模/数（A/D）变换转变成一系列用数字或符号表示的序列，利用通用计算机或专用数字信号处理设备处理这些序列，以达到所需要的目的。总之，凡是用数字方法对信号进行滤波、变换、增强、压缩、估计、识别等都是数字信号处理的研究对象，其应用领域极其广泛。

## 1.2　数字信号处理的基本过程

数字信号处理的基本过程如图 1.1 所示。

图 1.1　数字信号处理的基本过程

在实际应用过程中，我们常常接触到的是连续时间信号，或者说是模拟信号。如果想利用计算机等数字信号处理设备对该信号进行处理，必须通过 A/D 转换过程。这一过程实际上就是对连续时间信号离散化的过程，需要确定合适的抽样（采样）频率（Sampling Frequency），而待处理的连续时间信号往往包含多种频率成分，其中一部分是我们所关心的，而另一部分对于我们来说是干扰信号。

对于通过天线从空间收到的无线电信号而言，其频率覆盖范围是非常广泛的，虽然我们在设计接收天线时会考虑使有用信号频段的天线增益达到最大，同时抑制无用信号的能量，但是由于技术条件等限制，实际设计出的接收天线不可能达到将无用频段的信号完全屏蔽掉的目的。换句话说，通过接收天线进入系统的信号频带是非常宽的，其中包含大量的对我们来说是无用的信号，即干扰信号，而且不乏频率远高于我们感兴趣频段的信号。在对连续时间信号进行离散化的过程中，有一个非常重要的参数要进行合适的选择，那就是抽样频率。学过本书第 2 章的抽样定理后就会知道，为了保证抽样过程不丢失信息，或者说仍可以由抽样得到的数字信号不失真地恢复出原来的模拟信号,要求抽样频率必须大于信号最高频率的两倍。

这样,如果不对 A/D 转换前的信号做任何预处理,按照抽样定理选择的抽样频率势必会远远大于有用信号最高频率的两倍,甚至永远选择不到合适的抽样频率。抽样频率过高不但对 A/D 转换芯片提出更高的要求,而且大量的数据存储和计算也给后续的数字信号处理平台带来很大的压力,关键是这并不会给有用信号的处理带来任何帮助。因此,我们需要在对模拟信号进行 A/D 转换前进行预处理,而图 1.1 中前置预滤波器的作用正是解决以上问题。通过合理的设计,我们关心的信号可正常通过,而其他频率成分则尽量抑制掉。

图 1.1 中的数字信号处理器是整个数字信号处理系统的核心,它可以是通用计算机,也可以是由专用数字信号处理芯片构成的高速数字信号处理平台,在这里实现对信号的滤波、变换、增强、压缩、估计、识别等处理工作。

图 1.1 中的数/模(D/A)变换器实现的功能与 A/D 变换器正好相反,如果根据任务需要,需将处理后的数字信号变成模拟信号,则需要 D/A 变换器来实现。而 D/A 转换后的信号会含有高频成分,D/A 变换器之后的模拟滤波器就是起到对其进行平滑的作用,因此又可称为平滑滤波器(Smoothing Filter),通常采用模拟低通滤波器实现。图 1.1 中各过程的波形示意图如图 1.2 所示。

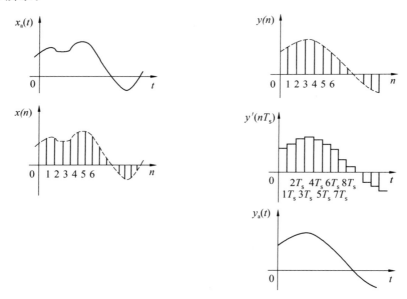

图 1.2　数字信号处理过程中的波形示意图

# 1.3　数字信号处理的学科概貌

数字信号处理领域的两大理论基础是离散线性移不变(Linear Time-Invariant,LTI)系统理论和离散傅里叶变换(Discrete Fourier Transform,DFT),之所以这样说是因为:①我们讨论的系统是满足线性和移不变性的离散时间系统;②离散傅里叶变换是数字频谱分析的基本工具,以后很多新的处理手段大都是在 DFT 的基础上发展起来的。

数字信号处理有两个基本的学科分支,即数字滤波(Digital Filtering)和数字频谱分析

（Spectral Analysis）。具体地说，数字滤波部分包括无限长冲激响应（Infinite Impulse Response，IIR）数字滤波器（Digital Filter）和有限长冲激响应（Finite Impulse Response，FIR）数字滤波器两部分内容。涉及它们的数学逼近问题、综合问题（选择滤波器结构和运算字长）以及具体的硬件或软件实现问题。

数字频谱分析则包括确定信号（Deterministic Signal）的频谱分析和随机信号（Random Signal，Stochastic Signal）的频谱分析两部分内容。对于确定信号的频谱分析，通常采用离散傅里叶变换的方法来进行，而随机信号的频谱分析就是统计的谱分析方法。

二维及多维信号处理（Multi-Dimension Signal Processing）则是数字信号处理新的发展领域，不断有新的技术涌现。

数字信号处理的学科概貌可用图 1.3 大致概括。

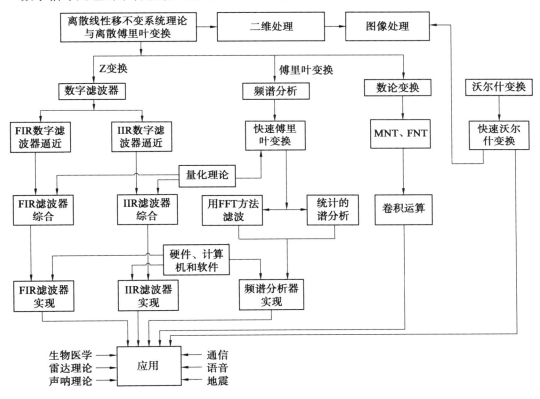

图 1.3　数字信号处理的学科概貌

# 1.4　数字信号处理的特点

相对于传统的模拟信号处理，数字信号处理系统具有以下优点。

**1. 精度高**

模拟系统的精度由元器件精度决定，模拟元件的精度很难达到 $10^{-3}$ 以上，因此模拟系统的精度很难做到很高。而数字系统的精度由位数决定，只要 16 位字长就可接近 $10^{-5}$ 的精度，想要达到更高的精度则可采用更高的位数，例如 32 位、64 位等。

### 2. 灵活性高

数字系统的性能主要由乘法器的系数决定,而系数是存放在系数存储器中,只需改变存储的系数,就可得到不同的系统。而模拟系统则不具备这种特点,如想获得不同的系统,则必须改变组成系统的元器件。

### 3. 可靠性强

数字系统只有"0""1"两个信号电平,且每种电平允许一定的变化范围。例如常用的 TTL 电平,用 0 V 表示"0"电平,用 5 V 表示"1"电平,同时允许一定的波动范围,即低于0.8 V就被认为是"0"电平,高于 2.4 V 就被认为是"1"电平。因此数字系统受外界环境温度以及噪声的影响较小,而模拟系统的各个元件都有一定的温度系数,且电平是连续变化的,易受温度、噪声、电磁感应等影响,可靠性远不如数字系统。

### 4. 容易大规模集成

由于数字器件有高度规范性、体积小等优点,因此便于组成大规模集成电路。而模拟元器件的体积和处理的频率有关,对于低频信号,所需模拟器件如电感、电容等的体积非常大,很难大规模集成。

### 5. 时分复用

数字信号处理系统可实现时分复用,如图 1.4 所示。

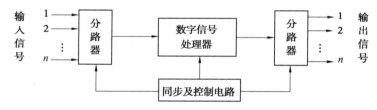

图 1.4 时分复用数字信号处理系统示意图

利用数字信号处理器可同时处理几个通道的信号。原因是某一路信号的相邻两抽样值之间存在很大的空隙时间,因此对于高速数字信号处理器来说,可以利用这个时间空隙处理另一个通道的数字信号。对于某一固定数据率的数字信号而言,数字信号处理器的运算速度越高,通过时分复用能够处理的信号通道数越多。

### 6. 可获得高性能指标

当用频谱分析仪对信号进行频谱分析时,模拟频谱仪只能分析 10 Hz 以上频率,而数字频谱分析仪完全可以分析 $10^{-3}$ Hz;而且有限长冲激响应数字滤波器可实现准确的线性相位,这在模拟系统中是很难实现的,这一点对于有用信息在信号相位上时是非常重要的。

### 7. 二维与多维处理

利用数字信号处理系统很容易实现二维与多维信号处理任务,这在模拟系统中是很难实现的。

以上给出了数字信号处理系统的诸多显著优点,但是它也有一定的缺点。目前数字信号处理系统的主要缺点是速度不高,当处理的信号频率很高时数字系统不能完全取代模拟系统,必须采用模拟系统和数字系统相结合的方式来实现。

## 1.5 信号与系统的分类

携带信息的物理过程称为信号,在数学上表示成一个或几个独立变量的函数。根据信号的自变量和函数值取连续值还是离散值,可将信号做以下分类:

①模拟信号(Analog Signal):时间和幅度上都取连续值的信号;

②数字信号(Digital Signal):时间和幅度上都取离散值的信号;

③连续时间信号(Continuous-time Signal):时间上取连续值的信号,幅度可以连续,也可离散,通常与模拟信号混同;

④离散时间信号(Discrete-time Signal):时间上取离散值,不考虑幅度是否离散的信号。

物理上把处理信号的装置或技术称为系统,相应的系统分类如下:

①模拟系统(Analog System):输入输出均为模拟信号的系统;

②数字系统(Digital System):输入输出均为数字信号的系统;

③连续时间系统(Continuous-time System):输入输出均为连续时间信号的系统;

④离散时间系统(Discrete-time System):输入输出均为离散时间信号的系统。

## 1.6 数字信号处理的发展及应用

数字信号处理的重大进展之一是 1965 年发表的快速傅里叶变换,它使数字信号处理从概念到实现发生了重大转折。20 世纪 60 年代初期,人们已经掌握了利用计算机进行谱分析的原理,但是所需要的时间太长,给实际应用带来了很大的困难。而快速傅里叶变换算法的出现使得原有的计算量缩小了一两个数量级,从而使数字信号处理技术得到广泛的应用。随后又出现了一些新的算法,如用数论变换进行卷积运算的方法、WFTA(Winograd Fourier Transform Algorithm)算法、沃尔什变换及其快速算法等。

数字信号处理发展过程中的另一个重大进展是 FIR 数字滤波器和 IIR 数字滤波器地位的相对变化。最初人们认为 IIR 数字滤波器比 FIR 数字滤波器优越,随着信息理论的发展,人们认识到除信号的幅度包含信息外,相位同样也包含着信息。而且相对于包含在幅度中的信息而言,包含在相位的信息不容易受到干扰,能更好地实现信息的无失真传递。为了得到更多的信息,往往需要同时提取包含在幅度和相位中的信息,这样就不允许在信号处理过程中有相位失真。在早期人们只看重信号的幅度信息时,IIR 数字滤波器可用较少的阶数达到与 FIR 数字滤波器相同的滤波效果,因此人们认为 IIR 数字滤波器更为优越。但是,IIR 数字滤波器不能保证相位不失真的要求,而 FIR 数字滤波器在满足一定的条件下可设计成具有严格线性相位的系统,因此为了提取相位信息人们往往宁可牺牲阶数也要采用 FIR 数字滤波器来处理信号。另外,有学者提出可以用快速傅里叶变换实现卷积运算,也就是说可以用快速傅里叶变换实现高阶的 FIR 滤波运算。因此,人们不再一味地认为 IIR 数字滤波器比 FIR 数字滤波器优越,而是根据具体应用场合适当地进行选择。随着研究的深入,人们越来越重视 FIR 数字滤波器的使用。

从数字信号处理技术的实现上看,大规模集成电路技术是推动数字信号处理技术发展的重要因素。由于大规模集成电路的出现,数字信号处理不仅可以在计算机上实现,而且出现了专用的数字信号处理(DSP)芯片及相应电路芯片,使得数字信号处理的速度有了更大的提高。

尽管 20 世纪 70 年代末就出现了一些具有 DSP 性质的处理器,如日本 NEC 的 μPD7720 等,但是公认的第一种商业上成功的 DSP 芯片是 1982 年美国德州仪器(TI)公司推出的第一代产品 TMS32010。TMS32010 采用了数据总线和程序总线分离的 Harvard 体系结构,并具有内部硬件乘法器,完成一次乘法只要一个指令周期。Harvard 体系结构和硬件乘法器构成了第一代 DSP 区别于通用计算机的主要特点。如今 DSP 产品已经发展为一个庞大的家族,其体系结构也从早期简单的 Harvard 体系结构,发展到现在的 SHARC、VLIW 等复杂的体系结构;其运算速度从早期的 200 ns 指令周期发展到今天 1 ns 左右的指令周期。目前市场上的 DSP 产品主要有 TI 公司的 TMS320 系列,Motorola 公司的 DSP5600、DSP9600 系列,AT&T 公司的 DSP16、DSP32 系列及 AD 公司的 ADSP－21 系列等。

数字信号处理的突出优点,使得它的应用领域非常广泛。目前,数字信号处理已在生物医学工程、语音处理与识别、人工智能、雷达、声呐、遥感、通信、语音、图像处理等领域得到了广泛应用。

# 第2章

## 离散时间信号与系统及其频域分析

## 2.1 引　言

　　随着近代数字技术的发展,过去用连续时间系统实现的许多功能目前已经可以用离散时间系统来实现。离散时间系统所具有的精度高、可靠性好、便于制成大规模集成电路等一系列的优点是连续时间系统所无法比拟的。尤其是大规模集成电路和高速数字计算机的发展,极大地促进了离散时间信号(Discrete Time Signal)与系统理论的进一步完善。人们用数字的方法对信号与系统进行分析与设计,不断提高数字处理技术。对大数据量的音频、视频等多媒体数字信息以更有效的方法、更理想的速率进行处理和传输。因此,研究离散时间信号与系统的基本理论和分析方法就显得尤为重要。

　　本章作为全书的基础包括5部分:①通过阐述离散时间信号和离散时间系统的基本概念,开始研究数字信号处理,将集中解决有关信号表示、信号运算、系统分类和系统性质等问题;②对于线性移不变系统,将证明输入与输出是卷积和的关系,并讨论卷积和的性质及求卷积和的方法;③讨论线性常系数差分方程的解法;④介绍离散时间信号和系统的频域分析方法;⑤讨论模拟信号的数字化处理方法。

## 2.2　离散时间信号的基本概念

### 2.2.1　离散时间信号的定义

　　一个信号 $x(t)$,它可以代表一个实际的物理信号,也可以是一个数学函数。例如,$x(t) = A\sin(\Omega t)$ 既是正弦信号,也是正弦函数。因此,在信号处理中,信号与函数往往是通用的。$x(t)$ 所表示的可以是不同的物理信号,如温度、压力、流量等,但在实际应用中都要把它们转变成电信号,这一转变可以通过使用不同的传感器来实现,因此,我们可以简单地把 $x(t)$ 看作一个电压信号,或是电流信号。自变量 $t$ 可以是时间,也可以是其他变量。若 $t$ 代表距离,那么 $x(t)$ 是一个空间的信号;若 $t$ 代表时间,则 $x(t)$ 为时间信号,或时域信号。在本书中,如没有特殊说明,我们都把 $x(t)$ 视为随时间变化的电信号。$x(t)$ 本身可以是实信号,也可以是复信号。物理信号一般都是实信号,建立在数学模型基础上的信号有可能是复信号。

　　若 $t$ 是定义在时间轴上的连续变量,则称 $x(t)$ 为连续时间信号(Continuous-time Signal),又称模拟信号(Analog Signal);若 $t$ 仅在时间轴的离散点上取值,则称 $x(t)$ 为离散时间信号,这时应将 $x(t)$ 改写为 $x(nT_s)$,$T_s$ 表示相邻两个点之间的时间间隔,又称抽样周期(Sampling Period),$n$ 取整数,即

$$x(nT_s) \quad (-\infty < n < +\infty)$$

一般,我们可以把 $T_s$ 归一化为 1,这样 $x(nT_s)$ 可以简单记为 $x(n)$,即

$$x(n) = x(nT_s) \quad (-\infty < n < +\infty)$$

这样表示的 $x(n)$ 仅是整数 $n$ 的函数,所以又称 $x(n)$ 为离散时间序列(Discrete-Time Series/Sequence)。

$x(n)$ 在时间上是离散的,其幅度既可以取离散值,也可以在某一个范围内连续取值。但目前的信号处理装置多是以计算机或专用信号处理芯片来实现的,都是以有限的位数来表示其幅度,因此,其幅度也必须"量化",即取离散值。在时间和幅度上都取离散值的信号称为数字信号(Digital Signal)。目前,在信号处理的文献与教科书中,"离散时间信号"和"数字信号"这两个词是通用的,都是指数字信号,本书也是如此。

一个离散时间信号 $x(n)$ 可能由信号源产生时就是离散的,例如,若 $x(n)$ 表示的是一年365 天中每天的平均气温,那么 $x(n)$ 本身即是离散时间信号。但大部分情况下,$x(n)$ 是由连续时间信号 $x(t)$ 经抽样后得到的,我们将在本章的2.9节学习这部分的内容。

### 2.2.2　离散时间信号的描述 —— 序列

无论本身就是时间上离散的离散时间信号,还是经过抽样后得到的离散时间信号,表示的就是一系列的数值,信号随 $n$ 的变化规律可以用公式表示,也可以用图形表示,如图 2.1 所示。横轴虽为连续直线,但只有在 $n$ 为整数时才有意义;纵轴线段的长短代表各序列值的大小。

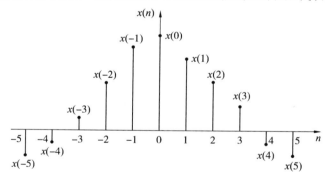

图 2.1　离散时间信号的图形表示

如果 $x(n)$ 是通过观测得到的一组离散数据,则其可以用集合的符号表示,例如

$$x(n) = \{\cdots, 1, 2.5, -2, 1.5, -3, \cdots\}$$

### 2.2.3　几种常用的离散时间信号

**1. 单位冲激(单位抽样)序列**(Unite Impulse/Sample Sequence)$\delta(n)$

函数表示为

$$\delta(n) = \begin{cases} 1 & (n=0) \\ 0 & (n \neq 0) \end{cases} \tag{2.1}$$

该信号在离散时间信号与离散时间系统的分析与综合中有着重要的作用,类似于 $\delta(t)$,但

它们的定义不同。$\delta(t)$ 是建立在积分的定义上的，即

$$\int_{-\infty}^{+\infty}\delta(t)\mathrm{d}t=1 \tag{2.2}$$

且 $t\neq0$ 时 $\delta(t)=0$。$\delta(t)$ 表示在极短的时间内所产生的巨大"冲激"，而 $\delta(n)$ 是一般函数，在 $n=0$ 时的函数值为 1。若将 $\delta(n)$ 在时间轴上延迟 $k$ 个抽样周期，得 $\delta(n-k)$，则

$$\delta(n-k)=\begin{cases}1 & (n=k)\\0 & (n\neq k)\end{cases} \tag{2.3}$$

式(2.3)中，若 $k$ 从 $-\infty$ 变到 $+\infty$，那么 $\delta(n)$ 的所有移位可以形成一个无限长的脉冲串序列 $p(n)$，即

$$p(n)=\sum_{k=-\infty}^{+\infty}\delta(n-k) \tag{2.4}$$

图 2.2 分别给出了 $\delta(n)$、$\delta(n-k)$ 及 $p(n)$ 的波形。

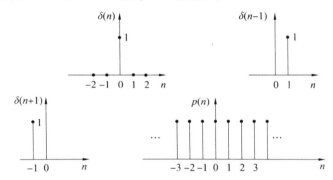

图 2.2　单位冲激序列、延时抽样序列及移位脉冲串序列

**2. 单位阶跃序列**(Unit Step Sequence)$u(n)$

函数表示为

$$u(n)=\begin{cases}1 & (n\geqslant0)\\0 & (n<0)\end{cases} \tag{2.5}$$

它类似于连续时间信号与系统中的单位阶跃函数 $u(t)$。但 $u(t)$ 在 $t=0$ 时常不给予定义，而 $u(n)$ 在 $n=0$ 时的定义为 $u(0)=1$，如图 2.3 所示。

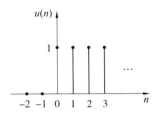

图 2.3　单位阶跃序列

若序列 $y(n)=x(n)u(n)$，就意味着 $y(n)$ 的自变量 $n$ 的取值限定在 $n\geqslant0$ 的右半轴上。$u(n-k)$ 是移位的单位阶跃序列，其函数表示为

$$u(n-k)=\begin{cases}1 & (n\geqslant k)\\0 & (n<k)\end{cases} \tag{2.6}$$

**3. 矩形(截断)序列(Rectangular Sequence)$R_N(n)$**

函数表示为

$$R_N(n) = \begin{cases} 1 & (0 \leqslant n \leqslant N-1) \\ 0 & (n \text{ 为其他值}) \end{cases} \quad (2.7)$$

其波形如图 2.4 所示。

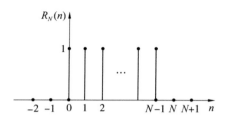

图 2.4　矩形序列

$R_N(n)$ 和 $\delta(n)$、$u(n)$ 的关系为

$$R_N(n) = u(n) - u(n-N) \quad (2.8)$$

$$R_N(n) = \sum_{m=0}^{N-1} \delta(n-m) = \delta(n) + \delta(n-1) + \cdots + \delta[n-(N-1)] \quad (2.9)$$

**4. 单位斜变序列(Unit Ramp Sequence)$R(n)$**

函数表示为

$$R(n) = nu(n) \quad (2.10)$$

其波形如图 2.5 所示。

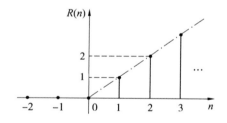

图 2.5　单位斜变序列

$\delta(n)$、$u(n)$ 及 $R(n)$ 之间的关系为

$$\delta(n) = u(n) - u(n-1) \quad (2.11)$$

$$u(n) = \sum_{m=0}^{+\infty} \delta(n-m) = \delta(n) + \delta(n-1) + \delta(n-2) + \cdots \quad (2.12)$$

令 $n-m=k$,代入式(2.12)可得

$$u(n) = \sum_{k=-\infty}^{n} \delta(k) \quad (2.13)$$

$$u(n) = R(n+1) - R(n) \quad (2.14)$$

注:因为 $u(0)=1$,所以 $u(n) \neq R(n) - R(n-1)$。

**5. 实指数序列(Real Exponential Sequence)**

函数表示为

$$x(n) = a^n u(n) \tag{2.15}$$

式中　$a$——实数。

若 $|a| < 1$，$x(n)$ 的幅度随 $n$ 的增大而减小，称 $x(n)$ 为收敛序列；若 $|a| > 1$，则称 $x(n)$ 为发散序列。$0 < a < 1$ 时的实指数序列的波形如图 2.6 所示。

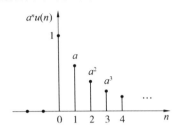

图 2.6　$0 < a < 1$ 时的实指数序列

**6. 复指数序列**(Complex Exponential Sequence)

函数表示为

$$x(n) = e^{(\sigma + j\omega_0)n} \tag{2.16a}$$

式中　$\omega_0$——复正弦的数字域频率（数字角频率）。

若 $\sigma = 0$，则式(2.16a)变为

$$x(n) = e^{j\omega_0 n} \tag{2.16b}$$

式(2.16b)用实部与虚部表示，则为

$$x(n) = \cos(\omega_0 n) + j\sin(\omega_0 n)$$

式(2.16a)用极坐标表示，则为

$$x(n) = |x(n)| e^{j\arg[x(n)]} = e^{\sigma n} \cdot e^{j\omega_0 n}$$

所以有

$$\begin{cases} |x(n)| = e^{\sigma n} \\ \arg[x(n)] = \omega_0 n \end{cases}$$

由于 $n$ 取整数，则下面的等式成立：

$$e^{j(\omega_0 + 2\pi M)n} = e^{j\omega_0 n} \quad (M = 0, \pm 1, \pm 2, \cdots)$$

该式表明复指数序列具有以 $2\pi$ 为周期的周期性，在以后的讨论中，频率域只考虑一个周期。

**7. 正弦序列**(Sinusoidal Sequence)

函数表示为

$$x(n) = A\sin(\omega_0 n + \varphi) \tag{2.17}$$

式中　$A$——幅度；

　　　$n$——整数；

　　　$\omega_0$——数字域频率（数字角频率），表示序列变化的速率，或者说表示相邻两个序列值之间变化的弧度数，单位是弧度；

　　　$\varphi$——起始相位。

## 2.2.4　序列的周期性

任何离散时间信号总可以分为周期(Periodic)的或非周期(Aperiodic)的。如果对于某个

正整数 $N$ 和所有 $n$，使下式成立：

$$x(n) = x(n+N) \quad (-\infty < n < +\infty) \tag{2.18}$$

则称序列 $x(n)$ 为周期性序列。

如果一个信号是以 $N$ 为周期的，那么它对于 $2N$、$3N$ 以及所有其他 $N$ 的整数倍都是周期的，其基本周期 $N$ 是满足式(2.18)的最小正整数。如果式(2.18)对于任何整数 $N$ 都不能满足，那么 $x(n)$ 称为一个非周期信号。

下面我们讨论一般正弦序列的周期性。

设

$$x(n) = A\sin(\omega_0 n + \varphi)$$

那么

$$x(n+N) = A\sin[\omega_0(n+N) + \varphi] = A\sin(\omega_0 n + \omega_0 N + \varphi)$$

若 $\omega_0 N = 2\pi k$，$k$ 为整数，则

$$x(n) = x(n+N)$$

这时正弦序列就是周期性序列，其周期满足 $N = \dfrac{2\pi k}{\omega_0}$（$N$、$k$ 必须为整数）。

判定其周期性有以下三种情况：

（1）当 $\dfrac{2\pi}{\omega_0}$ 为有理数且为整数时，有 $k=1$ 时，$N = \dfrac{2\pi}{\omega_0}$ 为最小正整数，该正弦序列就是以 $\dfrac{2\pi}{\omega_0}$ 为周期的周期序列，其周期就是 $N$。例如：$\sin\left(\dfrac{\pi}{4}n\right)$，其中 $\omega_0 = \dfrac{\pi}{4}$，有 $\dfrac{2\pi}{\omega_0} = N = 8$，所以该正弦序列是周期序列，其周期为 8。

（2）当 $\dfrac{2\pi}{\omega_0}$ 是有理数，但不是整数时，该正弦序列仍然是周期序列，但其周期不是 $\dfrac{2\pi}{\omega_0}$，而是 $\dfrac{2\pi}{\omega_0}$ 的整数倍。设 $\dfrac{2\pi}{\omega_0} = \dfrac{P}{Q}$，其中 $P$、$Q$ 是互为素数的整数，此时正弦序列的周期是以 $P$ 为周期的周期序列。例如：$\sin\left(\dfrac{3}{7}\pi n\right)$，其中 $\omega_0 = \dfrac{3\pi}{7}$，有 $\dfrac{2\pi}{\omega_0} = \dfrac{14}{3}$，所以该正弦序列是以 14 为周期的周期序列。

（3）当 $\dfrac{2\pi}{\omega_0}$ 是无理数时，此时的正弦序列不是周期序列，这和连续时间信号是不一样的。例如：$\omega_0 = \dfrac{1}{2}$，$\sin(\omega_0 n)$ 就不是周期序列。

同样，对于指数为纯虚数的复指数序列的周期性与正弦序列的情况相同。

无论正弦或复指数序列是否为周期性序列，参数 $\omega_0$ 皆称为它们的数字域角频率。

### 2.2.5 序列的对称性

离散时间信号若具有某种对称性，更便于解决某些相对比较复杂的问题，下面给出我们经常用到的两种对称形式。

**1. 实序列的对称性**（Symmetry Property of A Real Sequence）

若 $x(n)$ 为实序列，对于所有的 $n$ 都有

$$x(n) = x(-n) \tag{2.19}$$

则称之为偶（对称）序列（Even Sequence），用 $x_e(n)$ 表示。

若 $x(n)$ 为实序列，对于所有的 $n$ 都有

$$x(n) = -x(-n) \qquad (2.20)$$

则称之为奇（对称）序列（Odd Sequence），用 $x_o(n)$ 表示。

对于任何一个实序列 $x(n)$，都可以被分解为偶序列和奇序列之和，即

$$x(n) = x_e(n) + x_o(n) \qquad (2.21)$$

为了求得 $x(n)$ 的偶序列，我们构造和式

$$x_e(n) = \frac{1}{2}[x(n) + x(-n)] \qquad (2.22a)$$

而为了求得 $x(n)$ 的奇序列，我们构造差式

$$x_o(n) = \frac{1}{2}[x(n) - x(-n)] \qquad (2.22b)$$

**2. 复序列的对称性**（Symmetry Property of a Compex Sequence）

若 $x(n)$ 为复序列，满足其实部为偶对称，虚部为奇对称，即表示为

$$x_e(n) = x_e^*(-n) \qquad (2.23)$$

则称之为共轭对称序列（Conjugate-Symmetry Sequence）。

若 $x(n)$ 为复序列，满足其实部为奇对称，虚部为偶对称，即表示为

$$x_o(n) = -x_o^*(-n) \qquad (2.24)$$

则称之为共轭反对称序列（Conjugate — Antisymmetry Sequence）。

任何复序列都可以被分解为一个共轭对称序列和一个共轭反对称序列之和，即

$$x(n) = x_e(n) + x_o(n)$$

其中

$$x_e(n) = \frac{1}{2}[x(n) + x^*(-n)]$$

$$x_o(n) = \frac{1}{2}[x(n) - x^*(-n)]$$

### 2.2.6　用单位冲激序列来表示任意序列（Sifling /Sampling Property）

单位冲激序列对于分析线性移不变系统是很有用的。

我们可将任意序列表示成单位冲激序列的移位加权和，即

$$x(n) = \sum_{m=-\infty}^{+\infty} x(m)\delta(n-m) = x(n) * \delta(n) \qquad (2.25)$$

显然，这是因为只有 $m = n$ 时，$\delta(n-m) = 1$，因而

$$x(m)\delta(n-m) = \begin{cases} x(n) & (m = n) \\ 0 & (m\ \text{为其他值}) \end{cases}$$

式(2.25) 中的"＊"表示卷积和（Convolution Sum）运算符，该式说明，任意序列与 $\delta(n)$ 作卷积和运算仍得到原序列。同样，任意序列与单位冲激序列的移位序列作卷积和运算则得到此序列相同位的移位序列，即

$$\sum_{m=-\infty}^{+\infty} x(m)\delta(n-n_0-m) = x(n) * \delta(n-n_0) = x(n-n_0) \qquad (2.26)$$

关于卷积和的运算及性质将在 2.5 节详细介绍。

# 2.3 序列的运算

离散时间信号的运算与变换同连续时间信号的运算与变换相类似,运算与变换后得到新的序列,该序列可以用表达式表示,也可以用波形或序列集合来进行形象、直观地表示。

**1. 加和减**

任意两个离散时间信号的相加、减是在对应的 $n$ 时刻进行的。

两个离散时间信号的相加表示为

$$y(n) = x_1(n) + x_2(n)$$

两个离散时间信号的相减表示为

$$y(n) = x_1(n) - x_2(n)$$

【例 2.1】 已知信号

$$x_1(n) = \{2, -1, 4, 1, -1, 1, -2\}$$
$$\uparrow$$
$$n = 0$$
$$x_2(n) = \{8, -2, 0, -2\}$$
$$\uparrow$$
$$n = 0$$

求:$y_1(n) = x_1(n) + x_2(n)$ 和 $y_2(n) = x_1(n) - x_2(n)$。

**解** $\qquad y_1(n) = x_1(n) + x_2(n) = \{2, -1, 12, -1, -1, -1, -2\}$
$$\uparrow$$
$$n = 0$$
$$y_2(n) = x_1(n) - x_2(n) = \{2, -1, -4, 3, -1, 3, -2\}$$
$$\uparrow$$
$$n = 0$$

由此可以看出,该运算是将同一时刻下的数值进行加或减的运算,但必须是无进位和借位的加或减。

**2. 相乘**

任意两个离散时间信号相乘表示为

$$y(n) = x_1(n) \cdot x_2(n)$$

与相加、减运算类似,信号的相乘运算也是在同一时刻下进行的。

【例 2.2】 求例 2.1 中的两个信号的相乘运算。

**解** 结果为

$$y(n) = x_1(n) \cdot x_2(n) = \{32, -2, 0, -2\}$$
$$\uparrow$$
$$n = 0$$

**3. 累加**

离散时间信号的累加运算是对某一离散时间信号的历史值进行求和的过程。对 $x(n)$ 的

累加运算表示为

$$y(n) = \sum_{k=-\infty}^{n} x(k) \qquad\qquad (2.27)$$

该运算类似于连续信号的积分运算,必须注意前边的累加结果对后边累加过程的影响。

【例 2.3】　已知一个离散序列 $x(n) = \{1, 2, 0, -1\}$

$$\uparrow$$
$$n = 0$$

求:对此序列的累加运算 $y(n) = \sum_{k=-\infty}^{n} x(k)$。

**解**　由于原信号在 $n \geqslant -1$ 开始有值了,所以此序列的累加运算应该从 $n \geqslant -1$ 开始,根据式(2.27)有

$$y(-1) = \sum_{k=-1}^{-1} x(k) = x(-1) = 1$$

$$y(0) = \sum_{k=-1}^{0} x(k) = x(-1) + x(0) = 1 + 2 = 3$$

$$y(1) = \sum_{k=-1}^{1} x(k) = x(-1) + x(0) + x(1) = 1 + 2 + 0 = 3$$

$$y(2) = \sum_{k=-1}^{2} x(k) = x(-1) + x(0) + x(1) + x(2) = 1 + 2 + 0 - 1 = 2$$

$$y(3) = \sum_{k=-1}^{3} x(k) = x(-1) + x(0) + x(1) + x(2) + x(3) = 1 + 2 + 0 - 1 + 0 = 2$$

$$y(n) = \cdots\cdots$$

以此类推,$y(n) = y(n-1) + x(n)$,该离散时间信号及其累加运算结果如图 2.7 所示。

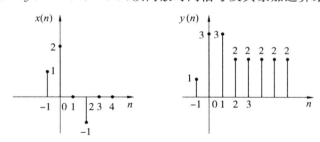

图 2.7　离散时间信号及其累加运算结果

**4. 移位**(Shifting)

设序列 $x(n)$ 用图 2.8(a) 表示。

如果 $y(n) = x(n - n_0)$,则表示将 $x(n)$ 沿 $n$ 轴平移 $n_0$ 个单位。当 $n_0 > 0$ 时,向右平移,称为 $x(n)$ 的延时序列,例如当 $n_0 = 2$ 时,如图 2.8(b) 所示;当 $n_0 < 0$ 时,向左平移,称为 $x(n)$ 的超前序列。

**5. 翻转**(Reversing)

$x(-n)$ 是 $x(n)$ 的翻转序列,如图 2.8(c) 所示,它是指信号 $x(n)$ 关于变量 $n$ "翻转"。

### 6. 尺度变换

$x(mn)$ 是 $x(n)$ 序列每隔 $m-1$ 点取一点而形成的新序列,相当于时间轴 $n$ 压缩为原来的 $\dfrac{1}{m}$,当 $m=2$ 时,其波形如图 2.8(d) 所示;$x\left(\dfrac{n}{m}\right)$ 是序列 $x(n)$ 每 2 点间插入 $m-1$ 个零值而形成的新序列,相当于时间轴 $n$ 被扩展了 $m$ 倍,当 $m=2$ 时,其波形如图 2.8(e) 所示。

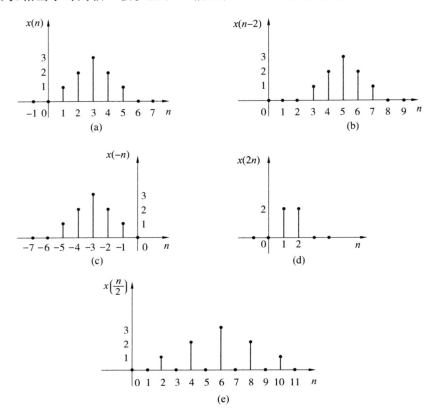

图 2.8  序列的移位、翻转、尺度变换

移位、翻转和尺度变换是与次序相关的,在计算这些运算的合成时需要注意。

### 7. 信号分解(Signal Decomposition)

我们可以用单位冲激序列的定义和移位序列的概念,把任何一个信号 $x(n)$ 分解为如下加权移位的单位冲激序列的和:

$$x(n) = \cdots + x(-1)\delta(n+1) + x(0)\delta(n) + x(1)\delta(n-1) + x(2)\delta(n-2) + \cdots$$

这个分解可以简记为

$$x(n) = \sum_{m=-\infty}^{+\infty} x(m)\delta(n-m) \tag{2.28}$$

其中

$$\delta(n-m) = \begin{cases} 1 & (n=m) \\ 0 & (n \neq m) \end{cases}$$

式(2.28)中每一项 $x(m)\delta(n-m)$ 是在一个 $n=m$ 时刻,幅值为 $x(m)$,对于其他 $n$ 值为零的信号。

# 2.4　离散时间系统

离散时间系统是一个映射,这个映射通过一组已定法则或运算把一个信号转换为另外一个信号,用符号 $T[\cdot]$ 来表示一般的系统,如图 2.9 所示,图中输入信号 $x(n)$ 通过 $T[\cdot]$ 被转换为输出信号 $y(n)$。

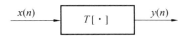

图 2.9　离散时间系统

一个系统的输入、输出性质可以用几种方法中的任意一种来确定。例如,输入、输出之间的关系可以用一个简洁的数学法则或函数表示为

$$y(n) = x^2(n)$$

或者

$$y(n) = 0.5y(n-1) + x(n)$$

也可以用一个算法描述一个系统,这个算法规定了施加于输入信号的一系列指令或运算,如

$$y_1(n) = 0.5y_1(n-1) + 0.25x(n)$$
$$y_2(n) = 0.25y_2(n-1) + 0.5x(n)$$
$$y_3(n) = 0.4y_3(n-1) + 0.25x(n)$$
$$y(n) = y_1(n) + y_2(n) + y_3(n)$$

在某些情况下,可以方便地用一个表格来确定一个系统,这个表格定义了包括所有可能相关的输入、输出信号对的集合。

离散时间系统可按它们所具有的性质分类,最常用的性质包括线性、移不变性、因果性、稳定性、可逆性,这些性质以及其他一些性质将在下面叙述。

**1. 可加性(Additivity Property)**

若系统是可加的,即其输入之和的响应等于单个输入作用于该系统的响应之和。即,若对任意信号 $x_1(n)$ 和 $x_2(n)$,都有

$$T[x_1(n) + x_2(n)] = T[x_1(n)] + T[x_2(n)]$$

称之为可加性系统。

**2. 齐次性(均匀性)(Homogeneity Property)**

对任意系统,若输入的变化产生同样倍数的输出的变化,就为齐次性(均匀性)的。具体地说,如果对任意复常数 $C$ 和任意输入序列 $x(n)$,有

$$T[Cx(n)] = CT[x(n)]$$

称之为齐次性系统。

**【例 2.4】**　离散的系统 $y(n) = \dfrac{x^2(n)}{x(n-1)}$,判定其是否满足可加性、齐次性。

**解**　① 可加性。

因为

$$T[x_1(n) + x_2(n)] = \frac{[x_1(n) + x_2(n)]^2}{x_1(n-1) + x_2(n-1)}$$

而 $$T[x_1(n)] + T[x_2(n)] = \frac{x_1{}^2(n)}{x_1(n-1)} + \frac{x_2{}^2(n)}{x_2(n-1)}$$

显然 $$T[x_1(n) + x_2(n)] \neq T[x_1(n)] + T[x_2(n)]$$

所以该系统不满足可加性。

② 齐次性。

因为 $$T[Cx(n)] = \frac{[Cx(n)]^2}{Cx(n-1)} = C\frac{x^2(n)}{x(n-1)} = CT[x(n)]$$

所以该系统是齐次性的。

**【例 2.5】** 若 $y(n) = x(n) + x^*(n-1)$，判定其是否满足可加性与齐次性。

**解** ① 可加性。

因为 $$T[x_1(n) + x_2(n)] = [x_1(n) + x_2(n)] + [x_1(n-1) + x_2(n-1)]^* =$$
$$[x_1(n) + x_1{}^*(n-1)] + [x_2(n) + x_2{}^*(n-1)] =$$
$$T[x_1(n)] + T[x_2(n)]$$

所以系统是可加性的。

② 齐次性。

因为 $$T[Cx(n)] = Cx(n) + C^*x^*(n-1)$$

而 $$CT[x(n)] = Cx(n) + Cx^*(n-1)$$

显然 $$T[Cx(n)] \neq CT[x(n)]$$

所以该系统不满足齐次性。

**3. 线性系统**(Linear Systems)

一个既满足齐次性又满足可加性(满足叠加原理)的系统被称为线性系统。

**定义** 若对任意两个输入 $x_1(n)$ 和 $x_2(n)$，其输出分别为 $y_1(n) = T[x_1(n)]$ 和 $y_2(n) = T[x_2(n)]$，则

$$y(n) = T[ax_1(n) + bx_2(n)] = aT[x_1(n)] + bT[x_2(n)] = ay_1(n) + by_2(n) \qquad (2.29)$$

式中 $a$、$b$——常系数。

满足式(2.29)的系统即为线性系统。

**【例 2.6】** 试证明 $y(n) = ax(n) + b$($a$ 和 $b$ 是常数)是否为线性系统。

**证明** $$y_1(n) = T[x_1(n)] = ax_1(n) + b$$
$$y_2(n) = T[x_2(n)] = ax_2(n) + b$$
$$y(n) = T[x_1(n) + x_2(n)] = a[x_1(n) + x_2(n)] + b \neq y_1(n) + y_2(n)$$

因此，该系统不是线性系统。

**4. 移不变(时不变)系统**(Shift Invariant/Time-Invariant Systems)

若系统具有这样的性质，即输入序列的移位将引起输出序列同样的移位且幅值不变，或者说系统的响应与激励加于系统的时刻无关，我们将其称为移不变(时不变)的，用公式形式化地定义为

$$\begin{cases} y(n) = T[x(n)] \\ y(n-n_0) = T[x(n-n_0)] \end{cases} \qquad (2.30)$$

式中 $n_0$——任意整数。

判定一个系统是否是移不变的就是检查其是否满足式(2.30)。

**【例 2.7】**　判定 $y(n) = x^2(n)$ 所描述的是否是移不变系统。

**解**
$$y(n) = x^2(n)$$
$$y(n - n_0) = x^2(n - n_0)$$

满足
$$y(n - n_0) = T[x(n - n_0)]$$

因此该系统是移不变系统。

**【例 2.8】**　判定 $y(n) = nx(n)$ 所描述的是否是移不变系统。

**解**
$$y(n) = nx(n)$$
$$y(n - n_0) = (n - n_0)x(n - n_0)$$
$$T[x(n - n_0)] = nx(n - n_0)$$
$$y(n - n_0) \neq T[x(n - n_0)]$$

因此该系统不是移不变系统。

**5. 线性移不变系统**（Linear Time-Invariant，LTI System）

一个既满足线性又满足移不变性质的系统称为线性移不变系统。如果单位冲激序列 $\delta(n)$ 的响应用 $h(n)$ 来表示，那么单位冲激响应即是系统对于 $\delta(n)$ 的零状态响应，用公式表示为

$$h(n) = T[\delta(n)] \tag{2.31}$$

设系统的输入用 $x(n)$ 表示，按照式（2.25）表示成单位冲激序列移位加权和为

$$x(n) = \sum_{m = -\infty}^{+\infty} x(m)\delta(n - m)$$

那么系统输出为

$$y(n) = T[x(n)] = T\left[\sum_{m = -\infty}^{+\infty} x(m)\delta(n - m)\right]$$

根据线性系统的齐次性和可加性

$$y(n) = \sum_{m = -\infty}^{+\infty} x(m)T[\delta(n - m)]$$

又根据移不变性质

$$y(n) = \sum_{m = -\infty}^{+\infty} x(m)h(n - m) \tag{2.32}$$

式（2.32）称为线性移不变系统的卷积和公式，记为

$$y(n) = x(n) * h(n)$$

序列 $h(n)$ 称为单位冲激响应，它包含了一个线性移不变系统的全部特征，换言之，一旦 $h(n)$ 已知，这个系统对于任何输入 $x(n)$ 的响应都可以求得。

**6. 因果性**（Causality）

如果对任意 $n_0$，系统在 $n_0$ 时刻的响应仅取决于在时刻 $n = n_0$ 及以前的输入，我们称之为因果系统。

对于一个因果系统，输出的变化不能发生在输入的变化之前，即因果系统是非超前的。一个线性移不变系统是因果性的充分且必要条件是系统的单位冲激响应满足

$$h(n) = 0 \quad (n < 0) \tag{2.33}$$

相应地，将 $x(n) = 0 (n < 0)$ 的序列称为因果序列。

**【例 2.9】**　试论证由 $y(n) = x(n) + x(n - 1)$ 描述的系统是因果性的。

**解**　因为在任意 $n=n_0$ 时刻的输出值仅取决于输入 $x(n)$ 在 $n_0$ 时刻及 $n_0-1$ 时刻的值，所以是因果系统；相反，由 $y(n)=x(n)+x(n+1)$ 所描述的系统就是非因果的，因为该系统的输出不仅取决于 $n=n_0$ 时刻的输入，还依赖于系统在 $n_0+1$ 时刻的输入值，与将来值有关，不满足因果系统的条件，所以该系统为非因果的。

### 7. 稳定性(Stability)

所谓稳定系统是指输入序列 $x(n)$ 是有界的，响应 $y(n)$ 也是有界的，我们称具有这种性质的系统在有界输入-有界输出(Bounded-Input，Bounded-Output，BIBO) 的意义上是稳定的。

我们称一个系统在有界输入-有界输出的意义上是有界的，如果对于任何有界输入 $|x(n)|\leqslant A<+\infty$，输出是有界的 $|y(n)|\leqslant B<+\infty$。对于一个线性移不变系统，系统稳定的充要条件是单位冲激响应绝对可和，即

$$\sum_{n=-\infty}^{+\infty}|h(n)|<+\infty \tag{2.34}$$

**【例 2.10】**　一个具有单位冲激响应 $h(n)=a^n u(n)$ 的线性移不变系统，只要 $|a|<1$，则系统是稳定的，因为

$$\sum_{n=-\infty}^{+\infty}|h(n)|=\sum_{n=0}^{+\infty}|a|^n=\frac{1}{1-|a|}<+\infty \quad (|a|<1)$$

相反，由式 $y(n)=nx(n)$ 描述的系统是不稳定的，因为其对单位阶跃序列 $x(n)=u(n)$ 的响应 $y(n)=nu(n)$ 是无界的。

### 8. 可逆性

如果一个系统的输入可以唯一地从其输出求出，我们称之为可逆的。为了保证一个系统是可逆的，对不同的输入需产生不同的输出。换句话说，给定任意两个输入 $x_1(n)$ 与 $x_2(n)$，且 $x_1(n)\neq x_2(n)$，必有 $y_1(n)\neq y_2(n)$ 成立。

**【例 2.11】**　由 $y(n)=x(n)g(n)$ 定义的系统是可逆的，当且仅当 $g(n)\neq 0$。特别地，给定 $y(n)$ 和对于所有 $n$ 均非零的 $g(n)$，$x(n)$ 就可以按下式从 $y(n)$ 中恢复。

$$x(n)=\frac{y(n)}{g(n)}$$

## 2.5　卷　积　和

一个线性移不变系统的输入 $x(n)$ 与输出 $y(n)$ 的关系可由如下卷积和(Convolution Sum) 公式给出：

$$y(n)=x(n)*h(n)=\sum_{m=-\infty}^{+\infty}x(m)h(n-m)$$

该运算是分析线性移不变系统的基础，在这里主要研究的是求卷积和的方法，首先列出卷积和的几种性质，这几个性质在简化求解卷积和时将会用到。两个序列的卷积和运算也称为序列的线性卷积。

### 2.5.1　卷积和运算的性质

卷积和是一个线性算子，因而有许多重要的性质。

**1. 交换律**(Commutative Law)

交换律是指两个序列进行卷积和运算时结果与次序无关,在数学上,交换律表示为

$$x(n) * h(n) = h(n) * x(n) \tag{2.35}$$

从系统的角度来分析,这个性质表明一个具有单位冲激响应 $h(n)$ 和输入信号 $x(n)$ 的系统与一个具有单位冲激响应 $x(n)$ 和输入信号 $h(n)$ 的系统产生的效果是完全相同的,如图 2.10(a) 所示。

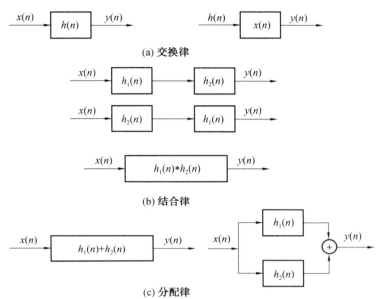

图 2.10　卷积和性质图

**2. 结合律**(Associative Law)

卷积和运算满足结合律,即

$$\{x(n) * h_1(n)\} * h_2(n) = x(n) * \{h_1(n) * h_2(n)\} \tag{2.36}$$

从系统的角度来分析,设 $h_1(n)$ 和 $h_2(n)$ 分别是两个系统的单位冲激响应,$x(n)$ 表示输入序列。按式(2.36)的左端,信号通过 $h_1(n)$ 系统后再经过 $h_2(n)$ 系统,等效于按式(2.36)右端,信号通过一个系统,该系统的单位冲激响应为 $h_1(n) * h_2(n)$,如图 2.10(b) 所示。该式还表明两个系统的级联,其等效系统的单位冲激响应等于两个系统分别的单位冲激响应的卷积和。

**3. 分配律**(Distributive Law)

卷积和运算的分配律是指

$$x(n) * \{h_1(n) + h_2(n)\} = x(n) * h_1(n) + x(n) * h_2(n) \tag{2.37}$$

从系统角度来分析,信号同时通过两个系统后相加,等效于信号通过一个系统,该系统的单位冲激响应等效于两个系统分别的单位冲激响应之和,如图 2.10(c) 所示。

### 2.5.2　求卷积和的方法

前面讨论了卷积和的几个性质,现在来讨论求卷积和的方法。求卷积和的运算有几种不

同的方法,哪种方法更简便取决于待求卷积和序列的形式和类型。

**1. 图解法**

具体步骤如下:

(1) 将 $x(n)$ 和 $h(n)$ 用 $x(m)$ 和 $h(m)$ 表示。

(2) 选一个序列 $h(m)$,并将其按时间翻转形成序列 $h(-m)$。

(3) 把 $h(-m)$ 序列移动 $n$ 位(注:如果 $n>0$,表示向右边移位;如果 $n<0$,表示向左移位)。

(4) 对于所有的 $m$,把序列 $x(m)$ 和 $h(n-m)$ 相乘,并求这些乘积之和,得到的就是 $y(n)$。这个过程要对所有可能的移位 $n$ 重复进行。

**【例 2.12】** 用图解法求 $y(n)=x(n)*h(n)$,其中 $x(n)$ 和 $h(n)$ 分别如图 2.11(a) 和图 2.11(b) 所示的序列。

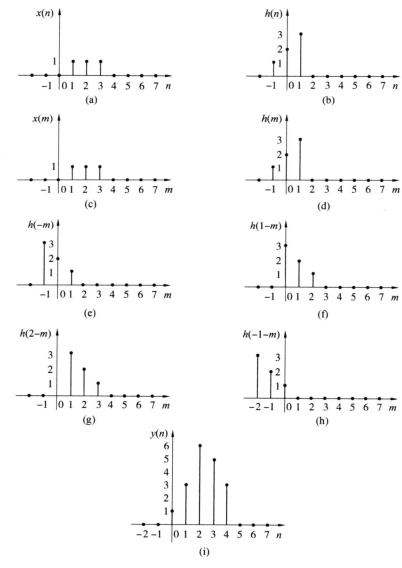

图 2.11 卷积和的图解法

**解** 我们按上面的步骤求解：

(1) 将 $x(n)$ 和 $h(n)$ 用 $x(m)$ 和 $h(m)$ 表示,如图 2.11(c) 和图 2.11(d) 所示。

(2) 选一个序列按时间翻转,在该例中对 $h(m)$ 进行翻转得到 $h(-m)$,如图 2.11(e) 所示。

(3) 作乘积 $x(m)h(-m)$,对所有 $m$ 求和,得 $y(0)=1$。

(4) 把 $h(m)$ 向右移一位产生如图 2.11(f) 所示序列 $h(1-m)$,作乘积 $x(m)h(1-m)$,并对所有 $m$ 求和,得 $y(1)=3$。

(5) 把 $h(1-m)$ 再向右移动产生如图 2.11(g) 所示序列 $h(2-m)$,作乘积 $x(m)h(2-m)$,并对所有 $m$ 求和,得 $y(2)=6$。

(6) 重复以上步骤,继续向右移位,得 $y(3)=5,y(4)=3$ 及当 $n>4$ 时,$y(n)=0$。

(7) 接着将 $h(-m)$ 向左移一位,如图 2.11(h) 所示,因为对于所有 $m$,乘积 $x(m)h(-1-m)$ 均等于零,求得 $y(-1)=0$。事实上,对于所有 $n<0$,均有 $y(n)=0$。

图 2.11(i) 表示对所有 $n$ 的卷积和结果。

**2. 解析法**

当进行卷积运算的序列可以用简单的闭合形式数学式表示时,常常可以很容易地通过公式直接算出卷积和的结果。在用公式求解时,通常必须计算有限个或无限个和,其中包括形如 $a^n$ 或 $na^n$ 的运算。

表 2.1 中列出的是一些常见级数的闭合形式表达式。

**表 2.1 一些常见级数的闭合形式表达式**

| | |
|---|---|
| $\displaystyle\sum_{n=0}^{N-1} a^n = \frac{1-a^N}{1-a}$ | $\displaystyle\sum_{n=0}^{\infty} a^n = \frac{1}{1-a} \quad (\lvert a \rvert < 1)$ |
| $\displaystyle\sum_{n=0}^{N-1} na^n = \frac{(N-1)a^{N+1} - Na^N + a}{(1-a)^2}$ | $\displaystyle\sum_{n=0}^{\infty} na^n = \frac{a}{(1-a)^2} \quad (\lvert a \rvert < 1)$ |
| $\displaystyle\sum_{n=0}^{N-1} n = \frac{1}{2}N(N-1)$ | $\displaystyle\sum_{n=0}^{N-1} n^2 = \frac{1}{6}N(N-1)(2N-1)$ |

用解析法求卷积和,首先要根据卷积和的变化情况,按转折点划段,然后对每段的卷积和确定上下限。确定上下限的一般原则是:若给定两序列的非零值的下限分别为 $L_1,L_2$,上限分别为 $V_1,V_2$,则选 $L_1,L_2$ 中大者作为卷积和的下限,选 $V_1,V_2$ 中小者作为卷积和的上限。

**【例 2.13】** 已知一系统的单位冲激响应为

$$h(n) = \begin{cases} a^n & (n \geqslant 0) \\ 0 & (n < 0) \end{cases}$$

即

$$h(n) = a^n u(n)$$

$\lvert a \rvert < 1$,其输入序列为 $x(n)=u(n)-u(n-N)$,求输出响应 $y(n)$。

**解** 由图 2.12 可以看出,固定序列 $x(m)$ 的上下限是固定不变的,而移动序列 $h(n-m)$ 的非零值上下限是随着 $n$ 值的变化而变化的,所以对应不同的 $n$ 值,移动序列就会有不同的上下限。因此上述卷积和应该分为三段:

(1) 当 $n<0$ 时,$x(m)$ 与 $h(n-m)$ 互不重叠,其乘积为零,输出 $y(n)=0$;

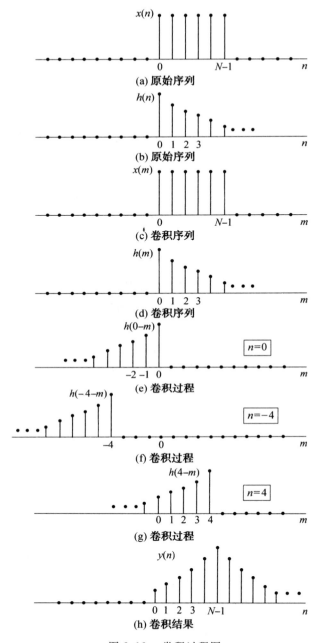

图 2.12  卷积过程图

(2) 当 $0 \leqslant n \leqslant N-1$ 时，$x(m)$ 的下限为零（$L_1=0$），$h(n-m)$ 的下限 $L_2=-\infty$，故取 $L_1=0$ 作为卷积和的下限。而 $x(m)$ 的不为零上限为 $V_1=N-1$，$h(n-m)$ 的不为零上限为 $V_2=n$，取其中较小者 $V_2=n$ 作为卷积和的上限。所以 $0 \leqslant n \leqslant N-1$ 这段的输出为

$$y(n)=\sum_{m=0}^{n}x(m)h(n-m)=\sum_{m=0}^{n}a^{n-m}=a^{n}\frac{1-a^{-(n+1)}}{1-a^{-1}} \quad (0 \leqslant n \leqslant N-1)$$

(3) 当 $n > N-1$ 时，其下限为零，上限为 $N-1$，卷积和为

$$y(n) = \sum_{m=0}^{N-1} x(m)h(n-m) = \sum_{m=0}^{N-1} a^{n-m} = a^n \frac{1-a^{-N}}{1-a^{-1}} \quad (n > N-1)$$

在求解两个有限长序列的卷积和时,需牢记的是,如果 $x(n)$ 长度为 $L_1$,$h(n)$ 长度为 $L_2$,那么,$y(n) = x(n) * h(n)$ 的长度为 $L = L_1 + L_2 - 1$。另外,如果 $x(n)$ 的非零值包括在区间 $[M_x, N_x]$ 内,$h(n)$ 的非零值包括在区间 $[M_h, N_h]$ 内,则 $y(n)$ 的非零值将会被限制在区间 $[M_x + M_h, N_x + N_h]$ 内。

**【例 2.14】** 试确定序列 $x(n) = \begin{cases} 1 & (10 \leqslant n \leqslant 20) \\ 0 & (其他\ n) \end{cases}$ 与 $h(n) = \begin{cases} n & (-5 \leqslant n \leqslant 5) \\ 0 & (其他\ n) \end{cases}$ 卷积和的非零值区间。

**解** 因为 $x(n)$ 在区间 $[10, 20]$ 以外都是零,$h(n)$ 在区间 $[-5, 5]$ 以外都是零,所以卷积和 $y(n) = x(n) * h(n)$ 的非零值将被包含在区间 $[5, 25]$ 内。

在以后章节中,我们将会看到另一种使用傅里叶变换求卷积和的方法。

# 2.6 离散时间系统的输入、输出描述法
## —— 线性常系数差分方程

描述一个系统时,如果我们只关心系统输出和输入之间的关系,而不必讨论系统内部的结构,这种方法称为输入、输出描述法。对于连续时间系统我们用微分方程描述系统输入、输出之间的关系;对于离散时间系统,则用差分方程描述其输入、输出之间的关系;对于线性移不变系统经常用线性常系数差分方程(Linear Constant-Coefficient Difference Equations)来描述。这一节主要介绍这类差分方程及其解法。

### 2.6.1 线性常系数差分方程

#### 1. 差分的定义

对于序列 $y(n)$,定义

$$\nabla[y(n)] = y(n) - y(n-1)$$

为序列 $y(n)$ 在 $n$ 处的一阶后向差分;定义

$$\Delta[y(n)] = y(n+1) - y(n)$$

为序列 $y(n)$ 在 $n$ 处的一阶前向差分。

本书只讨论后向差分。定义序列 $y(n)$ 在 $n$ 处的二阶后向差分为

$$\nabla^2[y(n)] = \nabla\{\nabla[y(n)]\} = \nabla[y(n) - y(n-1)] =$$
$$[y(n) - y(n-1)] - [y(n-1) - y(n-1-1)] =$$
$$y(n) - 2y(n-1) + y(n-2)$$

以此类推,序列 $y(n)$ 在 $n$ 处的 $k$ 阶后向差分为

$$\nabla^k[y(n)] = \nabla\{\nabla^{k-1}[y(n)]\}$$

由此可见,序列 $y(n)$ 在 $n$ 处的 $k(k > 1)$ 阶后向差分并不等于 $y(n) - y(n-k)$,而是由 $y(n)$,$y(n-1), \cdots, y(n-k)$ 的线性组合构成的。

注:$k$ 阶后向差分也可以写为 $\nabla^{(k)}[\cdot]$。

**2. 差分方程**

一个 $N$ 阶线性常系数差分方程用下式表示：

$$y(n) = \sum_{i=0}^{M} b_i x(n-i) - \sum_{k=1}^{N} a_k y(n-k) \qquad (2.38)$$

或者

$$\sum_{k=0}^{N} a_k y(n-k) = \sum_{i=0}^{M} b_i x(n-i) \qquad (a_0 = 1) \qquad (2.39)$$

一般情况下，等式左端由未知序列 $y(n)$ 及其移位序列 $y(n-k)$ 构成，等式右端是已知的激励函数 $x(n)$，有时还可以包括 $x(n)$ 的延时函数，如 $x(n-i)$。式中，$a_k$，$b_i$ 均为常数；$y(n-k)$ 和 $x(n-i)$ 项只有一次幂，并且没有相互交叉相乘项，故称之为线性常系数差分方程。差分方程的阶数等于未知序列 $y(n-k)$ 中 $k$ 的最大值与最小值之差。

这里给出的差分方程，各未知序列的序号自 $n$ 以递减方式给出，称为后向形式的（或向右移序的）差分方程。也可以自 $n$ 以递增方式给出，即由 $y(n)$，$y(n+1)$，$y(n+2)$，$\cdots$，$y(n+N)$ 等项组成，称为前向形式的（或向左移序的）差分方程。

### 2.6.2 线性常系数差分方程的求解

求解线性常系数差分方程的方法一般有以下几种：

（1）时域经典解法。

与微分方程的时域经典解法类似，先分别求齐次解（Homogenous Solution）与特解（Particular Solution），然后代入边界条件求待定系数，但较麻烦，实际中很少用，这里不进行介绍。

（2）递推法。

包括手算逐次代入求解和利用计算机求解。这种方法概念清楚简单，但只能得到数值解，不能直接给出一个完整的解析式作为解答（也称闭式解答）。

（3）变换域方法。

类似于连续时间系统分析中的拉普拉斯变换（Laplace Transform）方法，利用 Z 变换方法解差分方程有许多优点，这是实际应用中简便而有效的方法，我们将在第 3 章学习。

（4）分别求零输入响应与零状态响应。

可以利用求齐次解的方法得到零输入响应（Zero Input Response），利用卷积和（简称卷积）的方法求零状态响应（Zero State Response）。

解差分方程时必须附有一定的"初始条件（Initial Condition）"（初始条件的个数至少应等于差分方程的阶数 $N$）才能有确定的解，初始条件不同，差分方程的解也是不同的。

下面介绍递推解法。式(2.38)表明，已知输入序列和 $N$ 个初始条件，则可求出 $n$ 时刻的输出，如果将该公式中的 $n$ 用 $n+1$ 代替，可以求出 $n+1$ 时刻的输出，因此式(2.38)表示的差分方程本身就是一个适合递推法求解的方程。

**【例 2.15】** 已知系统的差分方程为 $y(n)-ay(n-1)=x(n)$，输入序列 $x(n)=\delta(n)$。求输出 $y(n)$。

**解** 该系统是一个一阶的差分方程，需要一个初始条件。

① 设初始条件          $y(-1)=0$

由原式得           $y(n)=ay(n-1)+x(n)$

| | |
|---|---|
| $n=0$ 时 | $y(0)=ay(-1)+\delta(0)=1$ |
| $n=1$ 时 | $y(1)=ay(0)+\delta(1)=a$ |
| $n=2$ 时 | $y(2)=ay(1)+\delta(2)=a^2$ |
| | $\vdots$ |

以此类推
$$y(n)=a^n$$
所以
$$y(n)=a^n u(n)$$

② 设初始条件
$$y(-1)=1$$

| | |
|---|---|
| $n=0$ 时 | $y(0)=ay(-1)+\delta(0)=1+a$ |
| $n=1$ 时 | $y(1)=ay(0)+\delta(1)=(1+a)a$ |
| $n=2$ 时 | $y(2)=ay(1)+\delta(2)=(1+a)a^2$ |
| | $\vdots$ |

以此类推
$$y(n)=(1+a)a^n$$
所以
$$y(n)=(1+a)a^n u(n)+\delta(n+1)$$

上例表明,对应于一个差分方程和同一个输入信号,因为初始条件不同,得到的输出信号是不相同的。

对于实际系统而言,用递推法求解,总是由初始条件向 $n>0$ 的方向递推,得到的是一个因果的解。但对于差分方程也可以向 $n<0$ 的方向递推,此时得到的是一个非因果的解。也就是说差分方程本身并不能确定该系统的因果性,必须附带初始条件进行限制。下面就举一个向 $n<0$ 方向递推的例子。

**【例 2.16】**　已知系统的差分方程为 $y(n)-ay(n-1)=x(n)$,式中 $x(n)=\delta(n)$,$y(n)=0$,$n>0$,求输出序列 $y(n)$。

**解**　由原式得
$$y(n-1)=a^{-1}[y(n)-\delta(n)]$$

| | |
|---|---|
| $n=1$ 时 | $y(0)=a^{-1}[y(1)-\delta(1)]=0$ |
| $n=0$ 时 | $y(-1)=a^{-1}[y(0)-\delta(0)]=-a^{-1}$ |
| $n=-1$ 时 | $y(-2)=a^{-1}[y(-1)-\delta(-1)]=-a^{-2}$ |
| | $\vdots$ |

以此类推
$$y(-n)=-a^{-n}$$
所以
$$y(n)=-a^n u(-n-1)$$

由该结果可以看出,这确实是一个非因果的输出信号。如果用 $N$ 阶差分方程来求系统的单位冲激响应,只要令差分方程的输入序列为 $\delta(n)$,$N$ 个初始条件都为零,其解就是系统的单位冲激响应。

最后要说明的是,一个线性常系数差分方程描述的系统不一定是线性移不变系统,这和系统的初始状态有关。如果系统是因果的,在输入 $x(n)=0(n<n_0)$ 时,输出 $y(n)=0(n<n_0)$,则系统是线性移不变系统。

**【例 2.17】**　设系统用一阶差分方程 $y(n)-ay(n-1)=x(n)$ 描述,初始条件为 $y(-1)=1$,分析其是否是线性移不变系统。

**解**　我们分别用线性和移不变性来判定。设输入信号 $x_1(n)=\delta(n)$、$x_2(n)=\delta(n-1)$ 和 $x_3(n)=\delta(n)+\delta(n-1)$,来判定系统是否是线性移不变系统。

① 
$$x_1(n) = \delta(n)$$
$$y_1(-1) = 1$$
$$y_1(n) = ay_1(n-1) + \delta(n)$$

其结果与例 2.15② 相同,因此输出为
$$y_1(n) = (1+a)a^n u(n) + \delta(n+1)$$

② 
$$x_2(n) = \delta(n-1)$$
$$y_2(-1) = 1$$
$$y_2(n) = ay_2(n-1) + \delta(n-1)$$

$n = 0$ 时
$$y_2(0) = ay_2(-1) + \delta(-1) = a$$

$n = 1$ 时
$$y_2(1) = ay_2(0) + \delta(0) = 1 + a^2$$

$n = 2$ 时
$$y_2(2) = ay_2(1) + \delta(1) = (1 + a^2)a$$
$$\vdots$$

以此类推
$$y_2(n) = (1 + a^2)a^{n-1}$$

所以
$$y_2(n) = (1 + a^2)a^{n-1}u(n-1) + a\delta(n) + \delta(n+1)$$

③ 
$$x_3(n) = \delta(n) + \delta(n-1)$$
$$y_3(-1) = 1$$
$$y_3(n) = ay_3(n-1) + \delta(n) + \delta(n-1)$$

$n = 0$ 时
$$y_3(0) = ay_3(-1) + \delta(0) + \delta(-1) = 1 + a$$

$n = 1$ 时
$$y_3(1) = ay_3(0) + \delta(1) + \delta(0) = 1 + a + a^2$$

$n = 2$ 时
$$y_3(2) = ay_3(1) + \delta(2) + \delta(1) = (1 + a + a^2)a$$
$$\vdots$$

以此类推
$$y_3(n) = (1 + a + a^2)a^{n-1}$$

所以
$$y_3(n) = (1 + a + a^2)a^{n-1}u(n-1) + (1 + a)\delta(n) + \delta(n+1)$$

由 ① 和 ② 可以得到
$$y_1(n) = T[\delta(n)]$$
$$y_2(n) = T[\delta(n-1)]$$
$$y_2(n) \neq y_1(n-1)$$

因此,系统不是移不变系统,再由 ③ 得到
$$y_3(n) = T[\delta(n) + \delta(n-1)] \neq T[\delta(n)] + T[\delta(n-1)]$$
$$y_3(n) \neq y_1(n) + y_2(n)$$

因此,该系统也不是线性系统。如果该系统的初始条件改成 $y(n) = 0(n \leqslant -1)$,则该系统便是线性移不变系统。

## 2.7　离散时间信号和系统的频域分析

我们知道,在离散时间信号和系统中,信号是用序列来表示的,其自变量仅仅取整数时才有定义,系统则可用差分方程来描述。频域分析采用 Z 变换或傅里叶变换作为数学工具,其中傅里叶变换指的是序列的傅里叶变换,它和模拟域中的傅里叶变换是不一样的,但都是线性变换,很多性质是类似的。这一节主要讨论序列傅里叶变换的定义及其性质。

对于一般的序列,定义

$$X(e^{j\omega}) = \sum_{n=-\infty}^{+\infty} x(n)e^{-j\omega n} \tag{2.40}$$

为序列 $x(n)$ 的傅里叶变换(Fourier Transform of a Sequence),也称为 DTFT(Discrete-time Fourier Transform),有些书上用 $X(j\omega)$ 表示。它可以用 FT(Fourier Transform) 来表示,也可表示为 $x(n) \overset{F}{\Rightarrow} X(e^{j\omega})$。DTFT 存在的充分且必要条件是序列 $x(n)$ 满足绝对可和(Absolutely Summable) 的条件,即满足

$$\sum_{n=-\infty}^{+\infty} |x(n)| < +\infty \tag{2.41}$$

求其逆变换(Inverse Transform),用 $e^{j\omega m}$ 去乘式(2.40)的两端,并在 $-\pi \sim \pi$ 内对 $\omega$ 进行积分,得

$$\int_{-\pi}^{\pi} X(e^{j\omega})e^{j\omega m}d\omega = \int_{-\pi}^{\pi} \Big[ \sum_{n=-\infty}^{+\infty} x(n)e^{-j\omega n} \Big] e^{j\omega m}d\omega =$$
$$\sum_{n=-\infty}^{+\infty} x(n) \int_{-\pi}^{\pi} e^{j\omega(m-n)}d\omega$$

其中

$$\int_{-\pi}^{\pi} e^{j\omega(m-n)}d\omega = 2\pi\delta(n-m) \tag{2.42}$$

所以

$$x(n) = \frac{1}{2\pi} \int_{-\pi}^{\pi} X(e^{j\omega})e^{j\omega n}d\omega \tag{2.43}$$

式(2.43) 称为傅里叶逆(反) 变换,可以表示为 $X(e^{j\omega}) \overset{F^{-1}}{\Rightarrow} x(n)$,也可用 IFT 来表示。

如果系统用单位冲激响应 $h(n)$ 作为输入序列,则根据式(2.40)可得其傅里叶变换的表达式为

$$H(e^{j\omega}) = \sum_{n=-\infty}^{+\infty} h(n)e^{-j\omega n} \tag{2.44}$$

$H(e^{j\omega})$ 称为系统的频率响应(Frequency Response)。

一般来说,$H(e^{j\omega})$ 是复数,可以表示为

$$H(e^{j\omega}) = H_R(e^{j\omega}) + jH_I(e^{j\omega}) \tag{2.45}$$

或

$$H(e^{j\omega}) = |H(e^{j\omega})| e^{j\arg[H(e^{j\omega})]} \tag{2.46}$$

其中

$$\arg[H(e^{j\omega})] = \arctan \frac{H_I(e^{j\omega})}{H_R(e^{j\omega})}$$

$$|H(e^{j\omega})| = \{[H_R(e^{j\omega})]^2 + [H_I(e^{j\omega})]^2\}^{\frac{1}{2}}$$

由式(2.43) 知

$$h(n) = \frac{1}{2\pi} \int_{-\pi}^{\pi} H(e^{j\omega})e^{j\omega n}d\omega$$

由此 $H(e^{j\omega})$ 与 $h(n)$ 也构成了傅里叶变换对,前者称为傅里叶(正) 变换,后者称为傅里叶逆变换(反变换)。由式(2.40) 很容易证明,$X(e^{j\omega})$ 是关于 $\omega$ 的连续函数,并且是周期的,其周期为

$2\pi$。

**【例 2.18】** 设 $x(n)$ 为矩形序列

$$x(n) = R_N(n)$$

求 $x(n)$ 的傅里叶变换,并分别求出其幅频特性和相频特性。

**解** 由式(2.40)可得

$$X(\mathrm{e}^{\mathrm{j}\omega}) = \sum_{n=-\infty}^{+\infty} R_N(n)\mathrm{e}^{-\mathrm{j}\omega n} = \sum_{n=0}^{N-1} \mathrm{e}^{-\mathrm{j}\omega n} = \frac{1-\mathrm{e}^{-\mathrm{j}\omega N}}{1-\mathrm{e}^{-\mathrm{j}\omega}} = \frac{\mathrm{e}^{-\mathrm{j}\omega N/2}\,(\mathrm{e}^{\mathrm{j}\omega N/2}-\mathrm{e}^{-\mathrm{j}\omega N/2})}{\mathrm{e}^{-\mathrm{j}\omega/2}\,(\mathrm{e}^{\mathrm{j}\omega/2}-\mathrm{e}^{-\mathrm{j}\omega/2})} =$$

$$\mathrm{e}^{-\mathrm{j}(N-1)\,\omega/2}\,\frac{\sin(\omega N/2)}{\sin(\omega/2)} = |\,X(\mathrm{e}^{\mathrm{j}\omega})\,|\,\mathrm{e}^{\mathrm{j}\arg[X(\mathrm{e}^{\mathrm{j}\omega})]} \tag{2.47}$$

$$|\,X(\mathrm{e}^{\mathrm{j}\omega})\,| = \frac{|\,\sin(\omega N/2)\,|}{|\,\sin(\omega/2)\,|}$$

$$\arg[X(\mathrm{e}^{\mathrm{j}\omega})] = -\frac{N-1}{2}\omega + k\pi \quad \left(k = \left[\frac{\omega N}{2\pi}\right]\right)$$

# 2.8  序列傅里叶变换的主要性质

**1. 线性**(Linearity)

若

$$\mathrm{FT}[x_1(n)] = X_1(\mathrm{e}^{\mathrm{j}\omega}), \quad \mathrm{FT}[x_2(n)] = X_2(\mathrm{e}^{\mathrm{j}\omega})$$

则

$$\mathrm{FT}[ax_1(n) + bx_2(n)] = aX_1(\mathrm{e}^{\mathrm{j}\omega}) + bX_2(\mathrm{e}^{\mathrm{j}\omega}) \tag{2.48}$$

式中 $a$、$b$—— 常数,可以根据傅里叶变换的定义证明。

**2. 序列的移位**(Time Shifting)

若

$$\mathrm{FT}[x(n)] = X(\mathrm{e}^{\mathrm{j}\omega})$$

则

$$\mathrm{FT}[x(n-n_0)] = \mathrm{e}^{-\mathrm{j}\omega n_0} X(\mathrm{e}^{\mathrm{j}\omega}) \tag{2.49}$$

时域的移位对应于频域有一个相位移。

**3. 乘以指数序列**(Multiplication by an Exponential Sequence)

若

$$\mathrm{FT}[x(n)] = X(\mathrm{e}^{\mathrm{j}\omega})$$

则

$$\mathrm{FT}[a^n x(n)] = X\left(\frac{1}{a}\mathrm{e}^{\mathrm{j}\omega}\right) \tag{2.50}$$

时域乘以 $a^n$,对应于频域用 $\frac{1}{a}\mathrm{e}^{\mathrm{j}\omega}$ 代替 $\mathrm{e}^{\mathrm{j}\omega}$。

**4. 乘以复指数序列**(调制性)(Multiplication by an Exponential Sequence, Frequency Shifting, Modulation)

若

$$\mathrm{FT}[x(n)] = X(\mathrm{e}^{\mathrm{j}\omega})$$

则

$$\mathrm{FT}[\mathrm{e}^{\mathrm{j}\omega_0 n} x(n)] = X[\mathrm{e}^{\mathrm{j}(\omega-\omega_0)}] \qquad (2.51)$$

时域的调制对应于频域的位移。

**5. 时域卷积定理**(The Convolution Theorem in Time Domain)

若

$$\mathrm{FT}[x(n)] = X(\mathrm{e}^{\mathrm{j}\omega}), \quad \mathrm{FT}[y(n)] = Y(\mathrm{e}^{\mathrm{j}\omega})$$

则

$$\mathrm{FT}[x(n) * y(n)] = X(\mathrm{e}^{\mathrm{j}\omega}) Y(\mathrm{e}^{\mathrm{j}\omega}) \qquad (2.52)$$

时域的线性卷积对应频域的相乘。

**6. 频域卷积定理**(The Convolution Theorem in Frequency Domain)

若

$$\mathrm{FT}[x(n)] = X(\mathrm{e}^{\mathrm{j}\omega}), \quad \mathrm{FT}[y(n)] = Y(\mathrm{e}^{\mathrm{j}\omega})$$

则

$$\mathrm{FT}[x(n) y(n)] = \frac{1}{2\pi} [X(\mathrm{e}^{\mathrm{j}\omega}) * Y(\mathrm{e}^{\mathrm{j}\omega})] = \frac{1}{2\pi} \int_{-\pi}^{\pi} X(\mathrm{e}^{\mathrm{j}\theta}) Y[\mathrm{e}^{\mathrm{j}(\omega-\theta)}] \mathrm{d}\theta \qquad (2.53)$$

时域的加窗(即相乘)对应于频域的卷积并除以 $2\pi$。

**7. 序列的线性加权**(Differentiation in Frequency)

若

$$\mathrm{FT}[x(n)] = X(\mathrm{e}^{\mathrm{j}\omega})$$

则

$$\mathrm{FT}[nx(n)] = \mathrm{j} \frac{\mathrm{d}}{\mathrm{d}\omega} [X(\mathrm{e}^{\mathrm{j}\omega})] \qquad (2.54)$$

时域的线性加权对应于频域的一阶导数乘以 j。

**8. 帕塞瓦尔定理**(Parseval's Theorem)

若

$$\mathrm{FT}[x(n)] = X(\mathrm{e}^{\mathrm{j}\omega})$$

则

$$\sum_{n=-\infty}^{+\infty} |x(n)|^2 = \frac{1}{2\pi} \int_{-\pi}^{\pi} |X(\mathrm{e}^{\mathrm{j}\omega})|^2 \mathrm{d}\omega \qquad (2.55)$$

时域的能量等于频域的能量。

**9. 傅里叶变换的对称性**(Symmetry Properties of FT)

(1) 序列的翻褶。

若

$$\mathrm{FT}[x(n)] = X(\mathrm{e}^{\mathrm{j}\omega})$$

则

$$\mathrm{FT}[x(-n)] = X(\mathrm{e}^{-\mathrm{j}\omega}) \qquad (2.56)$$

时域的翻褶对应于频域的翻褶。

（2）共轭对称性。

若序列 $x(n)$ 的傅里叶变换为 $X(e^{j\omega})$，则

$$\begin{cases} \mathrm{FT}[x^*(n)] = X^*(e^{-j\omega}) \\ \mathrm{FT}[x^*(-n)] = X^*(e^{j\omega}) \end{cases} \qquad (2.57)$$

证明：

$$\mathrm{FT}[x^*(n)] = \sum_{n=-\infty}^{+\infty} x^*(n)e^{-j\omega n} = \left[\sum_{n=-\infty}^{+\infty} x(n)e^{-j(-\omega)n}\right]^* = X^*(e^{-j\omega})$$

$$\mathrm{FT}[x^*(-n)] = \sum_{n=-\infty}^{+\infty} x^*(-n)e^{-j\omega n} = \left[\sum_{-n=-\infty}^{+\infty} x(-n)e^{-j\omega(-n)}\right]^* = X^*(e^{j\omega})$$

（3）序列实部和虚部的傅里叶变换。

与时域序列类似，任一序列 $x(n)$ 的傅里叶变换 $X(e^{j\omega})$，可以表示为共轭对称函数 $X_e(e^{j\omega})$ 和共轭反对称函数 $X_o(e^{j\omega})$ 之和，即

$$X(e^{j\omega}) = X_e(e^{j\omega}) + X_o(e^{j\omega})$$

其中

$$X_e(e^{j\omega}) = \frac{1}{2}[X(e^{j\omega}) + X^*(e^{-j\omega})]$$

$$X_o(e^{j\omega}) = \frac{1}{2}[X(e^{j\omega}) - X^*(e^{-j\omega})]$$

序列的实部和虚部与其傅里叶变换的共轭对称部分和共轭反对称部分存在如下关系：

若 $\mathrm{FT}[x(n)] = X(e^{j\omega})$，则

$$\mathrm{FT}\{\mathrm{Re}[x(n)]\} = X_e(e^{j\omega})$$

$$\mathrm{FT}\{\mathrm{jIm}[x(n)]\} = X_o(e^{j\omega})$$

证明：因为

$$\mathrm{Re}[x(n)] = \frac{1}{2}[x(n) + x^*(n)]$$

$$\mathrm{jIm}[x(n)] = \frac{1}{2}[x(n) - x^*(n)]$$

所以

$$\sum_{n=-\infty}^{+\infty} \mathrm{Re}[x(n)]e^{-j\omega n} = \sum_{n=-\infty}^{+\infty} \frac{1}{2}[x(n) + x^*(n)]e^{-j\omega n} = $$
$$\frac{1}{2}[X(e^{j\omega}) + X^*(e^{-j\omega})] = X_e(e^{j\omega})$$

$$\sum_{n=-\infty}^{+\infty} \mathrm{jIm}[x(n)]e^{-j\omega n} = \sum_{n=-\infty}^{+\infty} \frac{1}{2}[x(n) - x^*(n)]e^{-j\omega n} = $$
$$\frac{1}{2}[X(e^{j\omega}) - X^*(e^{-j\omega})] = X_o(e^{j\omega})$$

（4）序列的共轭对称部分与共轭反对称部分的傅里叶变换。

任一序列 $x(n)$ 的共轭对称部分 $x_e(n)$ 的傅里叶变换，为 $x(n)$ 的傅里叶变换 $X(e^{j\omega})$ 的实部，其共轭反对称部分 $x_o(n)$ 的傅里叶变换为 $X(e^{j\omega})$ 的虚部，即

$$\mathrm{FT}[x_e(n)] = \mathrm{Re}[X(e^{j\omega})]$$

$$\mathrm{FT}[x_o(n)] = \mathrm{jIm}[X(e^{-j\omega})]$$

证明：因为 $\qquad x_e(n) = \frac{1}{2}[x(n) + x^*(-n)]$

$$x_{\mathrm{o}}(n) = \frac{1}{2}\left[x(n) - x^{*}(-n)\right]$$

所以
$$\sum_{n=-\infty}^{+\infty} x_{\mathrm{e}}(n)\mathrm{e}^{-\mathrm{j}\omega n} = \sum_{n=-\infty}^{+\infty} \frac{1}{2}\left[x(n) + x^{*}(-n)\right]\mathrm{e}^{-\mathrm{j}\omega n} =$$
$$\frac{1}{2}\left[X(\mathrm{e}^{\mathrm{j}\omega}) + X^{*}(\mathrm{e}^{\mathrm{j}\omega})\right] = \mathrm{Re}\left[X(\mathrm{e}^{\mathrm{j}\omega})\right]$$

$$\sum_{n=-\infty}^{+\infty} x_{\mathrm{o}}(n)\mathrm{e}^{-\mathrm{j}\omega n} = \sum_{n=-\infty}^{+\infty} \frac{1}{2}\left[x(n) - x^{*}(-n)\right]\mathrm{e}^{-\mathrm{j}\omega n} =$$
$$\frac{1}{2}\left[X(\mathrm{e}^{\mathrm{j}\omega}) - X^{*}(\mathrm{e}^{\mathrm{j}\omega})\right] = \mathrm{jIm}\left[X(\mathrm{e}^{\mathrm{j}\omega})\right]$$

这表明,共轭对称序列的傅里叶变换是一实函数,共轭反对称序列的傅里叶变换是一纯虚函数。

（5）实序列傅里叶变换的对称性。

实序列的傅里叶变换是共轭对称的,即
$$\mathrm{FT}\left[x(n)\right] = X(\mathrm{e}^{\mathrm{j}\omega}) = X^{*}(\mathrm{e}^{-\mathrm{j}\omega})$$
其中
$$\mathrm{Re}\left[X(\mathrm{e}^{\mathrm{j}\omega})\right] = \mathrm{Re}\left[X(\mathrm{e}^{-\mathrm{j}\omega})\right]$$
$$\mathrm{Im}\left[X(\mathrm{e}^{\mathrm{j}\omega})\right] = -\mathrm{Im}\left[X(\mathrm{e}^{-\mathrm{j}\omega})\right]$$

显然,它的模 $\left|X(\mathrm{e}^{\mathrm{j}\omega})\right|$ 是偶函数,相位
$$\arg\left[X(\mathrm{e}^{\mathrm{j}\omega})\right] = \arctan\frac{\mathrm{Im}\left[X(\mathrm{e}^{\mathrm{j}\omega})\right]}{\mathrm{Re}\left[X(\mathrm{e}^{\mathrm{j}\omega})\right]}$$

是奇函数。

**推论**　　实偶序列的傅里叶变换是实偶函数,实奇序列的傅里叶变换是纯虚奇函数。

# 2.9　　连续时间信号的抽样

## 2.9.1　　抽样定理(采样定理)

将连续信号变成数字信号是在计算机上实现信号数字化处理的必要步骤,但在实际工作中,信号的抽样是通过 A/D 芯片来实现的,通过 A/D 变换将连续信号 $x(t)$ 变成了数字信号 $x(nT_{\mathrm{s}})$,$x(t)$ 的傅里叶变换 $X(\mathrm{j}\Omega)$ 变成了 $X(\mathrm{e}^{\mathrm{j}\omega})$。通过以上描述,我们自然会问抽样后的信号 $x(nT_{\mathrm{s}})$ 是否包含了原信号 $x(t)$ 中的全部信息? $X(\mathrm{e}^{\mathrm{j}\omega})$ 和 $X(\mathrm{j}\Omega)$ 之间是什么关系? 是否可以从 $x(nT_{\mathrm{s}})$ 中不失真地恢复出 $x(t)$?

这些问题都是数字信号处理中的基本问题。实际上,信号抽样理论是连接离散时间信号和连续时间信号的桥梁,是进行离散时间信号处理与离散时间系统设计的基础,下面我们就针对这样几个问题进行讨论。

将连续时间信号 $x_{\mathrm{a}}(t)$ 和冲激串(Periodic Impulse Train)函数 $p(t)$ 相乘即可得到离散时间信号 $x(nT_{\mathrm{s}})$,即
$$x(nT_{\mathrm{s}}) = x_{\mathrm{a}}(t)\big|_{t=nT_{\mathrm{s}}} = x_{\mathrm{a}}(t) \cdot p(t) \tag{2.58}$$
式中

$$p(t) = \sum_{n=-\infty}^{+\infty} \delta(t - nT_s) \qquad (2.59)$$

其中，$p(t)$ 是图 2.13(a) 所示的冲激串，它是时域的周期信号，周期为 $T_s$。

式 (2.58) 是理想化的抽样数学模型，即 A/D 变换器的转换时间等于零。由傅里叶变换定义可知

$$X_a(j\Omega) = \int_{-\infty}^{+\infty} x_a(t) e^{-j\Omega t} dt \qquad (2.60)$$

$$X(e^{j\omega}) = \sum_{n=-\infty}^{+\infty} x(nT_s) e^{-j\omega n} \qquad (2.61)$$

$x_a(t)$、$X_a(j\Omega)$ 及 $p(t)$ 如图 2.13 所示，现在希望找出 $X_a(j\Omega)$ 和 $X(e^{j\omega})$ 之间的关系。

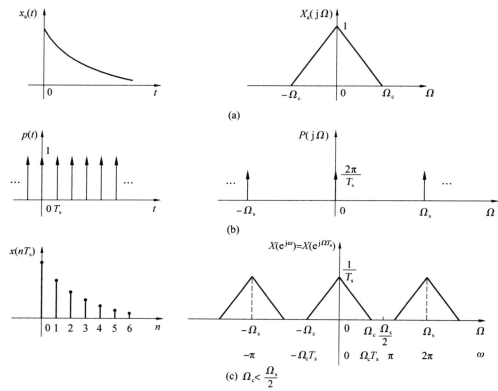

图 2.13　抽样示意图

由傅里叶变换性质，两个离散时间信号时域相乘，其频域对应卷积运算。连续时间信号同样也有这一性质，不妨把 $x(nT_s)$ 也看成是连续时间信号，其傅里叶变换设为 $X_s(j\Omega)$，显然，$X(e^{j\omega}) = X_s(j\Omega)\big|_{\Omega = \frac{\omega}{T_s}}$，令 $P(j\Omega)$ 为 $p(t)$ 的傅里叶变换，则

$$X_s(j\Omega) = \frac{1}{2\pi} X_a(j\Omega) * P(j\Omega) \qquad (2.62)$$

由周期信号傅里叶变换的定义，为求 $P(j\Omega)$，需要先求 $p(t)$ 展成的傅里叶级数 (Fourier Series)，由求级数的定义式可知

$$p(t) = \sum_{k=-\infty}^{+\infty} C(k\Omega_s) e^{jk\Omega_s t} \qquad (2.63)$$

$$C(k\Omega_s) = \frac{1}{T_s} \int_{-\frac{T_s}{2}}^{\frac{T_s}{2}} p(t) \mathrm{e}^{-jk\Omega_s t} \mathrm{d}t \qquad (2.64)$$

式中　　$C(k\Omega_s)$——$p(t)$ 的傅里叶系数。

将式(2.59)代入式(2.64),考虑到积分只是在一个周期内进行,所以

$$C(k\Omega_s) = \frac{1}{T_s} \int_{-\frac{T_s}{2}}^{\frac{T_s}{2}} \delta(t) \mathrm{e}^{-jk\Omega_s t} \mathrm{d}t = \frac{1}{T_s} \qquad (2.65)$$

将 $C(k\Omega_s)$ 代入式(2.63),并求 $p(t)$ 的傅里叶变换,得

$$P(j\Omega) = \int_{-\infty}^{+\infty} p(t) \mathrm{e}^{-j\Omega t} \mathrm{d}t = \int_{-\infty}^{+\infty} \left[ \frac{1}{T_s} \sum_{k=-\infty}^{+\infty} \mathrm{e}^{jk\Omega_s t} \right] \mathrm{e}^{-j\Omega t} \mathrm{d}t = \frac{1}{T_s} \sum_{k=-\infty}^{+\infty} \int_{-\infty}^{+\infty} \mathrm{e}^{-j(\Omega - k\Omega_s)t} \mathrm{d}t$$

由积分 $\int_{-\infty}^{+\infty} \mathrm{e}^{\pm jxy} \mathrm{d}x = 2\pi\delta(y)$ 可得

$$P(j\Omega) = \frac{2\pi}{T_s} \sum_{k=-\infty}^{+\infty} \delta(\Omega - k\Omega_s) \qquad (2.66)$$

由此式可以看出,$p(t)$ 的傅里叶变换也是一个脉冲序列,其强度为 $\frac{2\pi}{T_s}$,频域的周期为 $\Omega_s$,因为 $\Omega_s = \frac{2\pi}{T_s}$,所以 $T_s$ 越小,$\Omega_s$ 越大,如图 2.13(b)所示。由式(2.62)可得

$$X_s(j\Omega) = \frac{1}{2\pi} X_a(j\Omega) * \left[ \frac{2\pi}{T_s} \sum_{k=-\infty}^{+\infty} \delta(\Omega - k\Omega_s) \right] =$$

$$\frac{1}{2\pi} \frac{2\pi}{T_s} \int_{-\infty}^{+\infty} X_a(j\lambda) \sum_{k=-\infty}^{+\infty} \delta(\Omega - \lambda - k\Omega_s) \mathrm{d}\lambda =$$

$$\frac{1}{T_s} \sum_{k=-\infty}^{+\infty} \int_{-\infty}^{+\infty} X_a(j\lambda) \delta(\Omega - \lambda - k\Omega_s) \mathrm{d}\lambda$$

最后得

$$X_s(j\Omega) = \frac{1}{T_s} \sum_{k=-\infty}^{+\infty} X_a(j\Omega - jk\Omega_s) \qquad (2.67)$$

即

$$X(\mathrm{e}^{j\omega}) = X_s(j\Omega) \big|_{\Omega = \frac{\omega}{T_s}} = \frac{1}{T_s} \sum_{k=-\infty}^{+\infty} X_a(j\Omega - jk\Omega_s) \qquad (2.68)$$

$x(nT_s)$ 及 $X(\mathrm{e}^{j\omega})$ 如图 2.13(c)所示,这一结果清楚地告诉我们,连续时间信号 $x_a(t)$ 经抽样变成 $x(nT_s)$ 后,$x(nT_s)$ 的频谱将变成周期的。相对频率 $\Omega$,周期为 $\Omega_s = \frac{2\pi}{T_s} = 2\pi f_s$;相对频率 $\omega$,周期为 $2\pi$。变成周期的方法是将 $X_a(j\Omega)$ 在频率轴上,以 $\Omega_s$ 为周期做移位后再叠加,并除以 $T_s$,这种现象又称为频谱的周期延拓。$\Omega$、$\omega$ 分别称为模拟角频率和数字角频率,它们之间的关系为 $\omega = \Omega T_s$。

由图 2.13 可以看出,若在 $|\Omega| > \Omega_c$ 时,$|X_a(j\Omega)| \equiv 0$,且 $\Omega_c < \frac{\Omega_s}{2}$,即 $X_a(j\Omega)$ 是有限带宽的,那么做周期延拓后,$X_s(j\Omega)$ 的每一个周期都等于 $X_a(j\Omega)$(差一定标因子 $\frac{1}{T_s}$)。反之,若 $T_s$ 过大,或者 $X_a(j\Omega)$ 本身就不是有限带宽的,那么做周期延拓后将要发生频域的混叠(Aliasing Distortion)现象,以致一个周期中的 $X_s(j\Omega)$ 不等于 $X_a(j\Omega)$,如图 2.14 所示。由此所产生的结

果是,我们将无法由 $x(nT_s)$ 不失真地恢复出 $x_a(t)$。由以上的讨论可以引出信号的抽样定理。

**抽样定理**(Sampling Theorem) 若连续时间信号 $x(t)$ 是有限带宽的,其频谱的最高频率为 $f_c(\Omega_c = 2\pi f_c)$,对 $x(t)$ 等间隔抽样时,若保证抽样频率

$$f_s > 2f_c \ (\text{或} \ \Omega_s > 2\Omega_c, T_s < \frac{\pi}{\Omega_c}) \tag{2.69}$$

那么,可由 $x(nT_s)$ 不失真地恢复出 $x(t)$,即 $x(nT_s)$ 保留了 $x(t)$ 的全部信息。该定理给我们指出了对连续时间信号抽样时所必须遵守的基本原则。在对 $x(t)$ 作抽样时,首先要了解 $x(t)$ 的最高截止频率 $f_c$,以确定应选取的抽样频率 $f_s$。若 $x(t)$ 不是有限带宽的,在抽样前应对 $x(t)$ 做模拟滤波,以去掉 $f > f_c$ 的高频成分。使频谱不发生混叠的最小抽样频率,即 $f_s = 2f_c$ 称为奈奎斯特频率(Nyquist Frequency),$\frac{f_s}{2}$ 称为折叠频率。

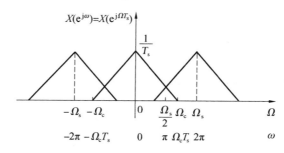

图 2.14　延拓后频域发生混叠现象($\Omega_c > \frac{\Omega_s}{2}$)

## 2.9.2　信号的恢复

以上的讨论回答了 $X_a(j\Omega)$ 和 $X(e^{j\omega})$ 的关系及如何使 $x(nT_s)$ 保持 $x(t)$ 全部信息的问题,现在我们从数学上讨论如何由 $x(nT_s)$ 来恢复出 $x_a(t)$。假定 $f_s > 2f_c$,即没有发生混叠,如图 2.13(c)所示。

设有一理想低通滤波器,其频率响应为

$$H(j\Omega) = \begin{cases} T_s & \left( |\Omega| \leqslant \dfrac{\Omega_s}{2} \right) \\ 0 & \left( |\Omega| > \dfrac{\Omega_s}{2} \right) \end{cases} \tag{2.70}$$

令 $x(nT_s)$ 通过该低通滤波器,其输出为 $y(n)$,由傅里叶变换的性质(时域卷积定理)可得频域关系为

$$X_s(j\Omega)H(j\Omega) = Y(j\Omega)$$

如图 2.15 所示,$H(j\Omega)$ 与 $X_s(j\Omega)$ 相乘的结果是截取了 $X_s(j\Omega)$ 的一个周期,则

$$Y(j\Omega) = T_s X_s(j\Omega) = X_a(j\Omega)$$

$H(j\Omega)$ 对应的单位冲激响应为

$$h(t) = \frac{1}{2\pi} \int_{-\frac{\Omega_s}{2}}^{\frac{\Omega_s}{2}} T_s e^{j\Omega t} d\Omega = \frac{\sin\left(\dfrac{\Omega_s t}{2}\right)}{\dfrac{\Omega_s t}{2}} \tag{2.71}$$

则

$$y(t) = x(nT_s) * h(t) = \sum_{n=-\infty}^{+\infty} x(nT_s) \frac{\sin \dfrac{\Omega_s(t - nT_s)}{2}}{\dfrac{\Omega_s(t - nT_s)}{2}}$$

因为 $Y(j\Omega) = X_a(j\Omega)$，所以 $y(t)$ 也应等于 $x_a(t)$，即

$$x_a(t) = \sum_{n=-\infty}^{+\infty} x(nT_s) \frac{\sin \dfrac{\pi(t - nT_s)}{T_s}}{\dfrac{\pi(t - nT_s)}{T_s}} \tag{2.72}$$

式(2.72)即为由抽样后的离散时间信号恢复原信号的公式。不难发现，这是一插值公式 (Interpolation Formula)，插值函数为 sinc 函数，插值间距为 $T_s$，权重为 $x(nT_s)$。只要满足抽样定理，那么，由无穷多加权 sinc 函数移位后的和即可恢复出原信号。除此之外在工程实际中，将离散时间信号变成模拟信号可以通过数/模(D/A)转换器结合平滑滤波器(Smoothing Filter)来实现。

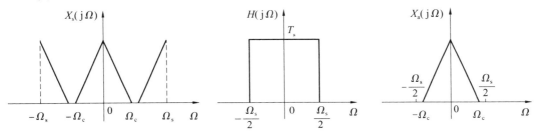

图 2.15　由 $x(nT_s)$ 恢复 $x(t)$

# 2.10　相关 Python 函数与示例

## 1. 单位冲激序列生成程序

运行代码：

```
import matplotlib. pyplot as plt
import numpy as np
# 自定义一个可移位的冲激序列生成函数
def impseq(n0,n1,n2):  # n1 为序列初始点,n2 为序列终止点,n0 为冲激序列非零点
                        位置
    x = []
    n = []
    if n0<n1 or n0>n2 or n1>n2:
        return "参数必须满足 n1<=n0<=n2"
    else:
        for i in range(n1,n2+1):
            n. append(i)
```

```
        if i == n0:
            x. append(1)
        else:
            x. append(0)
    return n, x
```

#实例:输出一个向右移位 5 个点后的冲激序列

```
[n, x] = impseq(5, 1, 10)
print(impseq(5, 1, 10))
#画图
plt. figure()
plt. title("单位冲激序列", fontproperties="SimSun", fontsize=12)
plt. stem(n, x, basefmt="——")
plt. tight_layout()
plt. show()
```

单位冲激序列生成程序运行结果如图 2.16 所示。

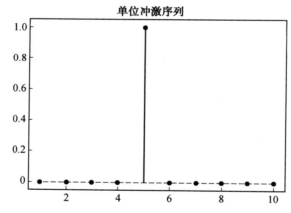

图 2.16 单位冲激序列生成程序运行结果

## 2. 单位阶跃序列生成程序

运行代码:

```
import matplotlib. pyplot as plt
import numpy as np
#自定义函数,生成阶跃序列
def stepseq(n0, n1, n2):
    x = []
    n = []
    if n0<n1 or n0>n2 or n1>n2:
        return"参数必须满足 n1<=n0<=n2"
    else:
```

```
    for i in range(n1,n2+1):
        n. append(i)
        if i >= n0：
            x. append(1)
        else：
            x. append(0)
    return n,x
```

＃实例:输出单位阶跃序列

[n,x] = stepseq(5,1,10)

print(stepseq(5,1,10))

＃画图

plt. figure()

plt. title("单位阶跃序列",fontproperties="SimSun",fontsize=12)

plt. stem(n,x,basefmt="——")

plt. tight_layout()

plt. show()

单位阶跃序列生成程序运行结果如图 2.17 所示。

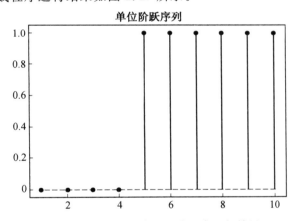

图 2.17　单位阶跃序列生成程序运行结果

## 3. 矩形序列生成程序

运行代码:

import matplotlib. pyplot as plt

import numpy as np

＃自定义函数,生成矩形序列

def RN(ns,nf,n1,n2):

＃ns=矩形始点,nf=矩形终点,[n1,n2]=给出的坐标范围

```
    n = []
    for i in range(n1, n2 + 1):
        n. append(i)
```

```
        x1 = stepseq(ns,n1,n2)[1]
        x2 = stepseq(nf,n1,n2)[1]
        x = np. array(x1)－np. array(x2)
        return n,x
#实例:输出一个矩形序列
[n,x] = RN(5,10,0,15)
print(RN(5,10,0,15))
#画图
plt. figure()
plt. title("矩形序列",fontproperties="SimSun",fontsize=12)
plt. stem(n,x,basefmt="－－")
plt. tight_layout()
plt. show()
```

矩形序列生成程序运行结果如图 2.18 所示。

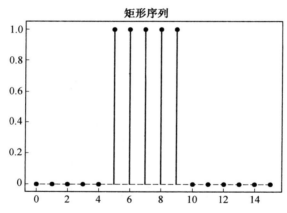

图 2.18　矩形序列生成程序运行结果

### 4. 实指数序列生成程序

运行代码:

```
import matplotlib. pyplot as plt
import numpy as np
#生成实指数序列,x(n)=(0.8)^n, 0<=n<=10
n=np. array([i for i in range(0,10)])
x = 0.8 * *n
#画图
plt. figure()
plt. title("实指数序列",fontproperties="SimSun",fontsize=12)
plt. stem(n,x,basefmt="－－")
plt. tight_layout()
plt. show()
```

实指数序列生成程序运行结果如图 2.19 所示。

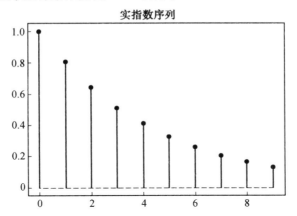

图 2.19　实指数序列生成程序运行结果

**5. 复指数序列生成程序**

【例 2.19】　用编程产生下列复指数序列 $x(n)=\mathrm{e}^{\mathrm{j}(\alpha+\omega n)}$，其中 $-1\leqslant n\leqslant 10$，$\alpha=0.4$，$\omega=0.6$。

运行代码：

```
import matplotlib. pyplot as plt
import numpy as np
n0 = -1
n2 = 10
n = np. array([i for i in range(n0,n2+1)])
a = 0.4
w = 0.6
x = np. zeros(n2-n0)
for i in range(x. shape[0]):
    x = np. exp((a+w * 1j) * n)
print(x,type(x))
#画图
fig = plt. figure()
ax1 = fig. add_subplot(211)
ax2 = fig. add_subplot(212)
ax1. set_title("复指数序列",fontproperties="SimSun",fontsize=12)
ax1. stem(n,x. real,basefmt="--")    #实部
ax2. stem(n,x. imag,basefmt="--")    #虚部
ax1. set_ylabel("实部",fontproperties="SimSun",fontsize=12)
ax2. set_ylabel("虚部",fontproperties="SimSun",fontsize=12)
plt. tight_layout()
plt. show()
```

复指数序列生成程序运行结果如图 2.20 所示。

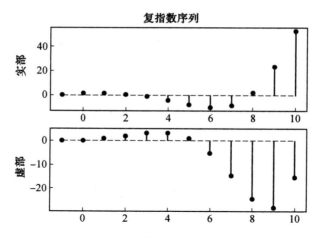

图 2.20　复指数序列生成程序运行结果

## 6. 正弦序列生成程序

运行代码：

```
#正弦序列
import matplotlib. pyplot as plt
import numpy as np
n0 = 1
n2 = 12
n = np. array([i for i in range(n0,n2+1)]). reshape(12,-1)
x = 4 * np. sin(0.3 * np. pi * n+np. pi/4)+7 * np. cos(0.7 * np. pi * n+np. pi/5)
#画图
plt. figure()
plt. title("正弦序列",fontproperties="SimSun",fontsize=12)
plt. stem(n,x)
plt. tight_layout()
plt. show()
```

正弦序列生成程序运行结果如图 2.21 所示。

## 7. 序列翻转程序

程序中使用的函数说明：fliplr，作用是将矩阵左右翻转。

运行代码：

```
import numpy as np
#自定义序列翻转函数
def seqfold(x,nx):
    y = np. fliplr(x)
    ny = np. fliplr(nx)
    return y,ny
```

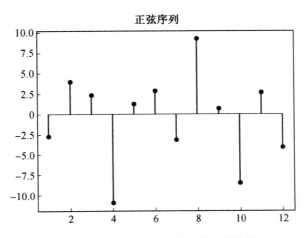

图 2.21　正弦序列生成程序运行结果

## 8. 奇偶合成程序

运行代码：

```
import numpy as np
#自定义奇偶合成函数
def evenodd(x,n):
    M = True
    for i in x :
        if i. imag ! = 0:
            return "x is not a real sequence. "
            M = False
            break
    if M:
        m = -np. fliplr(n)
        m1 = np. min([m, n])
        m2 = np. max([m, n])
        m = np. array([i for i in range(m1, m2 + 1)]). reshape(-1, 1)
        nm = n[0, -1] - m[0, -1]
        n1 = np. array([i for i in range(1, len(n) + 1)]). reshape(-1, 1)
        x1 = np. zeros(len(m)). reshape(-1, 1)
        x1[n1 + nm - 1, -1] = x
        x = x1
        xe = 0. 5 * (x. T + np. fliplr(x. T));
        xo = 0. 5 * (x. T - np. fliplr(x. T));
        return xe,xo,m
```

## 9. 序列加减程序

运行代码：

```
import numpy as np
#自定义序列加减函数
def seqadd(x1,n1,x2,n2):
    a = np.min([np.min(n1), np.min(n2)])
    b = np.max([np.max(n1), np.max(n2)])
    n = np.array([i for i in range(a, b + 1)])
    y1 = np.zeros(len(n))
    y2 = y1.copy()
    N1_min = np.where(n >= np.min(n1))
    N1_max = np.where(n <= np.max(n1))
    N1 = np.array([i for i in N1_min[0] if i in N1_max[0]])
    N2_min = np.where(n >= np.min(n2))
    N2_max = np.where(n <= np.max(n2))
    N2 = np.array([i for i in N2_min[0] if i in N2_max[0]])
    y1[N1] = x1
    y2[N2] = x2
    y = y1 + y2
    return y,n


#实例:将两个序列对齐后相加
x1 = np.array([1,3,5,7,6,4,2,1])
x2 = np.array([4,0,2,1,-1,3])
n1 = np.array([i for i in range(-3,len(x1)+(-3))])
n2 = np.array([i for i in range(1,len(x2)+1)])
[y_a,n_a] = seqadd(x1,n1,x2,n2)
print("y_相加:",y_a)
print("n_相加:",n_a)
```

**10. 序列相乘程序**

已知两序列为 $x_1(n)=[1,3,5,7,6,4,2,1]$,起始位置 $ns_1=-3$,$x_2(n)=[4,0,2,1,-1,3]$,起始位置 $ns_2=1$,求它们的和 $y_a$ 以及乘积 $y_m$。

运行代码:

```
#[y,n]=seqmult(x1,n1,x2,n2),实现序列乘积程序 y(n)=x1(n) * x2(n)
#y 在 n 区间上的乘积序列,n 包含 n1 和 n2
#x1=在 n1 上的第一个序列
#x2=在 n2 上的第二个序列(n2 可与 n1 不相等)
import matplotlib.pyplot as plt
import numpy as np
#自定义序列相乘函数
```

```python
def seqmult(x1,n1,x2,n2):
    a = np.min([np.min(n1), np.min(n2)])
    b = np.max([np.max(n1), np.max(n2)])
    n = np.array([i for i in range(a, b + 1)])
    y1 = np.zeros(len(n))
    y2 = y1.copy()
    N1_min = np.where(n >= np.min(n1))
    N1_max = np.where(n <= np.max(n1))
    N1 = np.array([i for i in N1_min[0] if i in N1_max[0]])
    N2_min = np.where(n >= np.min(n2))
    N2_max = np.where(n <= np.max(n2))
    N2 = np.array([i for i in N2_min[0] if i in N2_max[0]])
    y1[N1] = x1
    y2[N2] = x2
    y = y1 * y2
    return y,n


#序列相乘
ns1 = -3
ns2 = 1
x1 = np.array([1,3,5,7,6,4,2,1])
x2 = np.array([4,0,2,1,-1,3])
n1 = np.array([i for i in range(ns1,len(x1)+ns1)])
n2 = np.array([i for i in range(ns2,len(x2)+ns2)])
[y_m,n_m] = seqmult(x1,n1,x2,n2)
print("y_相乘:",y_m)
print("n_相乘:",n_m)
#画图
fig = plt.figure()
ax1 = fig.add_subplot(221)
ax2 = fig.add_subplot(222)
ax3 = fig.add_subplot(223)
ax4 = fig.add_subplot(224)

ax1.stem(n1,x1,basefmt="--")    #x1
ax2.stem(n2,x2,basefmt="--")    #x2
ax3.stem(n_a,y_a,basefmt="--")   #y1+y2
ax4.stem(n_m,y_m,basefmt="--")   #y1*y2
#设置 y 轴 label
```

```
ax1. set_ylabel("x1(n)",fontsize = 12)
ax2. set_ylabel("x2(n)",fontsize = 12)
ax3. set_ylabel("y1(n)+y2(n)",fontsize = 12)
ax4. set_ylabel("y1(n) * y2(n)",fontsize = 12)
plt. tight_layout()
plt. show()
```

序列相乘程序运行结果如图 2.22 所示。

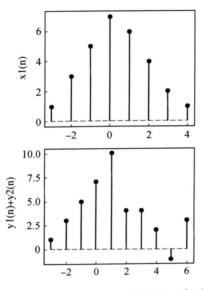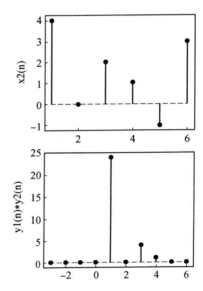

图 2.22　序列相乘程序运行结果

**11. 序列累加求和程序**

运行代码:

```
# 数据累加
x=[1,2,3,4];
y=sum(x)
print("sum(x):",y)
```

**12. 序列移位程序**

运行代码:

```
import numpy as np
# 自定义序列移位函数
def seqshift(x,nx,m):
    ny = nx+m
    y = x
    return y,ny
# 实例
x = np. array([1,3,5,7,6,4,2,1])
```

```
nx = np. array([i for i in range(-3,len(x1)+(-3))])
#向右移动两位
[y,ny] = seqshift(x,nx,2)
print("y:",y,"\n","ny:",ny)
```

**13. 序列卷积程序**

程序中使用的函数说明:convolve,作用为求两个向量之间的卷积。

语法介绍:w = convolve (u,v)计算两个向量 u 和 v 的卷积。若 u 的长度为 m,v 的长度为 n,则计算结果 w 长度为 m+n-1。

运行程序:

```
import matplotlib. pyplot as plt
import numpy as np
#卷积的修正
n1 = np. array([i for i in range(-5,6)])
n2 = np. array([i for i in range(0,11)])
na = np. min(n1)+np. min(n2)
nb = np. max(n1)+np. max(n2)
n = np. array([i for i in range(na,nb+1)])
x1n = np. ones(len(n1))
x2n = np. ones(len(n2))
yn = np. convolve(x1n,x2n)
print("yn:",yn)
#画图
fig = plt. figure()
ax1 = fig. add_subplot(131)
ax2 = fig. add_subplot(132)
ax3 = fig. add_subplot(133)
ax1. stem(n1,x1n,basefmt="--")    #x1
ax2. stem(n2,x2n,basefmt="--")    #x2
ax3. stem(n,yn,basefmt="--")    #y1+y2
#xlabel
ax1. set_xlabel("n1",fontsize = 12)
ax2. set_xlabel("n2",fontsize = 12)
ax3. set_xlabel("n",fontsize = 12)
#ylabel
ax1. set_ylabel("x1(n)",fontsize = 12)
ax2. set_ylabel("x2(x)",fontsize = 12)
ax3. set_ylabel("y",fontsize = 12)
#title
ax3. set_title("修改后的卷积 y=x1(n) * x2(n)",
```

```
fontproperties＝"SimSun",fontsize ＝ 12)
plt. tight_layout()
plt. show()
```

修改后的卷积运行结果如图 2.23 所示。

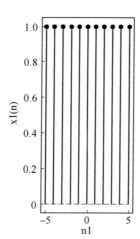
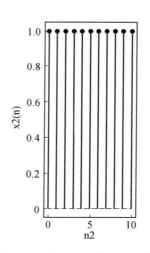
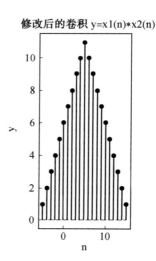

图 2.23　修改后的卷积运行结果

【例 2.20】　利用自定义函数 convwthn,求解 $x(n)＝[1,2,3,-1,-2]$,$nx＝[-1,3]$,与 $h(n)＝[2,2,1,-1,4,-2]$,$nh＝[-3,2]$的卷积。

运行代码:

```
import matplotlib. pyplot as plt
import numpy as np
＃利用 conv 函数,实现有位置矢量的 ny 的输出 y(n)的卷积函数
def convwthn(x,nx,h,nh):
    ny1 ＝ nx[0]＋nh[0]
    ny2 ＝ nx[-1]＋nh[-1]
    y ＝ np. convolve(x,h)
    ny ＝ np. array([i for i in range(ny1,ny2＋1)])
    return y,ny
＃实例
xn ＝ np. array([1,2,3,-1,-2])
nx ＝ np. array([i for i in range(-1,4)])
hn ＝ np. array([2,2,1,-1,4,-2])
nh ＝ np. array([i for i in range(-3,3)])
[y,ny] ＝ convwthn(xn,nx,hn,nh)
＃画图
plt. figure()
plt. stem(ny,y)
plt. xlabel("n")
```

```
plt. ylabel("y(n)")
plt. tight_layout()
plt. show()
```

卷积函数运行结果如图 2.24 所示。

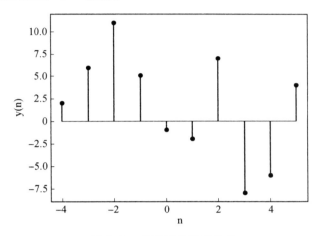

图 2.24　卷积函数运行结果

**14. 序列频谱计算程序**

【例 2.21】　求 $x(n)=[2,3,4,3,2]$ 的离散时间傅里叶变换(DTFT,又称为序列的傅里叶变换),并画出幅频特性及相频特性。

运行代码:

```
import matplotlib. pyplot as plt
import numpy as np
n = np. array(range(5))
x = np. array([2,3,4,3,2])
k = np. array(range(1,1001))
w = (np. pi/500) * k
X = x * (np. exp(-1j * np. pi/500)) * * ((np. mat(n). T) * np. mat(k))
magX = abs(X)
angX = np. angle(X)
♯画图
fig = plt. figure()
ax1 = fig. add_subplot(221)
ax2 = fig. add_subplot(222)
ax3 = fig. add_subplot(224)

ax1. stem(n,x,basefmt="－－")
ax1. set_title("x(n)序列图",fontproperties="SimSun",fontsize = 12)
ax1. set_ylabel("x(n)",fontsize = 12)
```

```
ax1.set_xlim(0,5)
ax1.set_ylim(0,6)

ax2.plot(w/np.pi,np.squeeze(np.array(magX)))
ax2.set_title("幅频特性",fontproperties="SimSun",fontsize = 12)
ax2.set_xlabel("以/π为单位的频率",fontproperties="SimSun",
fontsize = 12)
ax2.set_ylabel("模值",fontproperties="SimSun",fontsize = 12)

ax3.plot(w/np.pi,np.squeeze(np.array(angX)))
ax3.set_title("相频特性",fontproperties="SimSun",fontsize = 12)
ax3.set_xlabel("以/π为单位的频率",fontproperties="SimSun",
fontsize = 12)
ax3.set_ylabel("弧度",fontproperties="SimSun",fontsize = 12)
plt.tight_layout()
plt.show()
```

幅频特性及相频特性运行结果如图 2.25 所示。

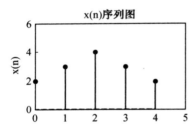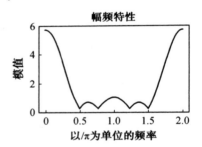

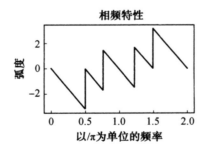

图 2.25 幅频特性及相频特性运行结果

### 15. DTFT 线性性质验证程序

【例 2.22】 设 $x_1(n)$ 和 $x_2(n)$ 是两个在$[0,1]$之间均匀分布的随机序列,其中 $0 \leqslant n \leqslant 10$。通过如下程序可验证 DTFT 的线性性质。

程序中使用的函数说明:rand,生成均匀分布的伪随机数。

运行代码:

```
import numpy as np
```

```
x1 = np. random. rand(11)
x2 = np. random. rand(11)
n = np. array(range(0,11))
alpha = 2
beta = 3
k = np. array(range(0,501))
w = (np. pi/500) * k
X1 = x1 * (np. exp(-1j * np. pi/500)) * * ((np. mat(n). T) * np. mat(k))   # x1 的 DTFT
X2 = x2 * (np. exp(-1j * np. pi/500)) * * ((np. mat(n). T) * np. mat(k))   # x2 的 DTFT
x = alpha * x1 + beta * x2   # x1、x2 线性组合
X = x * (np. exp(-1j * np. pi/500)) * * ((np. mat(n). T) * np. mat(k))   # x 的 DTFT
print("X. shape",X. shape,type(X))
```

**16. 序列移位后的 DTFT 计算程序**

运行代码：

```
import numpy as np
# 序列移位后的 DTFT
x = np. random. rand(11)
n = np. array(range(0,11))
k = np. array(range(0,501))
w = (np. pi/500) * k
X = x * (np. exp(-1j * np. pi/500)) * * ((np. mat(n). T) * k)   # x 的 DFDT
# 信号移位
y = x
m = n+2
Y = y * (np. exp(-1j * np. pi/500)) * * ((np. mat(n). T) * k)   # y 的 DTFT
Y_check=(np. exp(-1j * 2) * * w) * np. array(X)
error=max(abs(np. squeeze(np. array(Y-Y_check))))
print("2. 17_error:",error)
```

**17. 乘以复指数序列后的 DTFT**

运行代码：

```
import matplotlib. pyplot as plt
import numpy as np
# 乘以复指数序列后的 DTFT
n = np. array(range(0,101))
x = np. cos(np. pi * n/2)
k = np. array(range(-100,100))
w = (np. pi/100) * k   # 频率取值区间[-pi,pi]
X = x * (np. exp(-1j * np. pi/100)) * * ((np. mat(n). T) * k)   # x 的 DTFT
```

```
y = np. exp(1j * np. pi * n/4) * x    #信号 x 乘以 exp(j * pi * n/4)
Y = y * (np. exp(−1j * np. pi/100)) * * ((np. mat(n). T) * k)    #y 的 DTFT
#画图
fig = plt. figure()
ax1 = fig. add_subplot(221)
ax2 = fig. add_subplot(222)
ax3 = fig. add_subplot(223)
ax4 = fig. add_subplot(224)


ax1. plot(w/np. pi,np. squeeze(np. array(abs(X))))
ax1. set_title("X 的幅值特性",fontproperties = "SimSun",fontsize = 12)
ax1. set_xlabel("归一化频率",fontproperties = "SimSun",fontsize = 12)
ax1. set_ylabel("|X|",fontsize = 12)
ax1. set_xlim(−1,1)
ax1. set_ylim(0,60)


ax2. plot(w/np. pi,np. squeeze(np. array(np. angle(X)/np. pi)))
ax2. set_title("X 的相频特性",fontproperties = "SimSun",fontsize = 12)
ax2. set_xlabel("归一化频率",fontproperties = "SimSun",fontsize = 12)
ax2. set_ylabel("归一化相位",fontproperties = "SimSun",fontsize = 12)
ax2. set_xlim(−1,1)
ax2. set_ylim(−1,1)


ax3. plot(w/np. pi,np. squeeze(np. array(abs(Y))))
ax3. set_title("Y 的幅值特性",fontproperties = "SimSun",fontsize = 12)
ax3. set_xlabel("归一化频率",fontproperties = "SimSun",fontsize = 12)
ax3. set_ylabel("|Y|",fontsize = 12)
ax3. set_xlim(−1,1)
ax3. set_ylim(0,60)


ax4. plot(w/np. pi,np. squeeze(np. array(np. angle(Y)/np. pi)))
ax4. set_title("Y 的相频特性",fontproperties = "SimSun",fontsize = 12)
ax4. set_xlabel("归一化频率",fontproperties = "SimSun",fontsize = 12)
ax4. set_ylabel("归一化相位",fontproperties = "SimSun",fontsize = 12)
ax4. set_xlim(−1,1)
ax4. set_ylim(−1,1)
plt. tight_layout()
plt. show()
```

幅频特性及相频特性运行结果如图 2.26 所示。

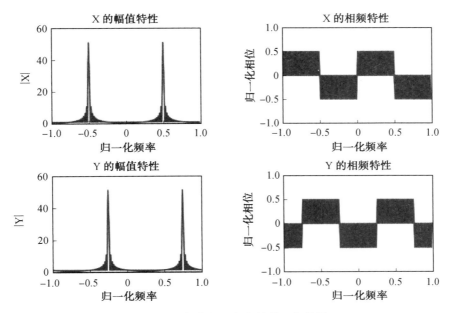

图 2.26　幅频特性及相频特性运行结果

### 18. 实信号对称性质验证程序

【例 2.23】　设 $x(n) = \sin(\pi n/2)$，$-5 \leqslant n \leqslant 10$，求其离散时间傅里叶变换，并验证其对称性。

运行代码：

```python
import matplotlib. pyplot as plt
import numpy as np
#信号的频谱对称性质
n = np. array(range(−5,11))
x = np. sin(np. pi * n/2)
k = np. array(range(−100,101))
w = (np. pi/100) * k    #频率取值区间[−pi,pi]
X = x * (np. exp(−1j * np. pi/100)) * * ((np. mat(n). T) * k)    #x 的 DTFT
#信号分解
[xe,xo,m] = evenodd(np. array(x). reshape(−1,1),n. reshape(−1,1))    #分解为奇
                                                                    部、偶部
XE = xe * (np. exp(−1j * np. pi/100)) * * ((np. mat(np. squeeze(m)). T) * k)    #xe 的 DTFT
XO = xo * (np. exp(−1j * np. pi/100)) * * ((np. mat(np. squeeze(m)). T) * k)    #xo 的 DTFT
#验证
XR = np. real(X)    #X 的实部
error1 = max(np. squeeze(np. array(abs(XE−XR))))    #比较
XI = np. imag(X)    #X 的虚部
error2 = max(np. squeeze(np. array(abs(XO−1j * XI))))    #比较
#绘图验证
```

```python
fig = plt.figure()

ax1 = fig.add_subplot(221)
ax2 = fig.add_subplot(222)
ax3 = fig.add_subplot(223)
ax4 = fig.add_subplot(224)

ax1.plot(w/np.pi,np.squeeze(np.array(XR)))
ax1.set_title("X 的实部",fontproperties="SimSun",fontsize = 12)
ax1.set_xlabel("归一化频率",fontproperties="SimSun",fontsize = 12)
ax1.set_ylabel("Re[X]",fontproperties="SimSun",fontsize = 12)
ax1.set_xlim(-1,1)
ax1.set_ylim(-2,2)

ax2.plot(w/np.pi,np.squeeze(np.array(XI)))
ax2.set_title("X 的虚部",fontproperties="SimSun",fontsize = 12)
ax2.set_xlabel("归一化频率",fontproperties="SimSun",fontsize = 12)
ax2.set_ylabel("Im[X]",fontproperties="SimSun",fontsize = 12)
ax2.set_xlim(-1,1)
ax2.set_ylim(-10,10)

ax3.plot(w/np.pi,np.real(np.squeeze(np.array(XE))))
ax3.set_title("偶部的 DTFT",fontproperties="SimSun",fontsize = 12)
ax3.set_xlabel("归一化频率",fontproperties="SimSun",fontsize = 12)
ax3.set_ylabel("XE",fontproperties="SimSun",fontsize = 12)
ax3.set_xlim(-1,1)
ax3.set_ylim(-2,2)

ax4.plot(w/np.pi,np.imag(np.squeeze(np.array(XO))))
ax4.set_title("奇部的 DTFT",fontproperties="SimSun",fontsize = 12)
ax4.set_xlabel("归一化频率",fontproperties="SimSun",fontsize = 12)
ax4.set_ylabel("XO",fontproperties="SimSun",fontsize = 12)
ax4.set_xlim(-1,1)
ax4.set_ylim(-10,10)
plt.tight_layout()
plt.show()
```

幅频特性及相频特性运行结果如图 2.27 所示。

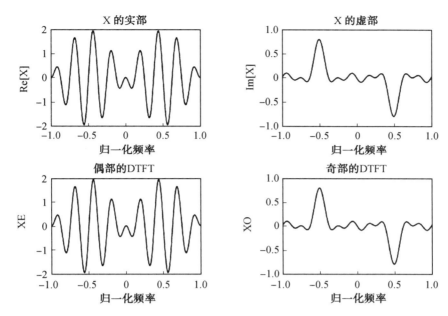

图 2.27　幅频特性及相频特性运行结果

### 19. 连续信号的傅里叶变换计算程序

【例 2.24】　设 $x_a(t) = e^{-1\,000|t|}$，画出其傅里叶变换。

运行代码：

```
import matplotlib. pyplot as plt
import numpy as np
#生成模拟信号
Dt = 0.00005
t = np. linspace(-0.005,0.005,201)
xa = np. exp(-1000 * abs(t))
#连续信号的傅里叶变换
Wmax = 2 * np. pi * 2000
K = 500
k = np. array(range(0,K+1))
W = k * Wmax/K
Xa = xa * np. exp(-1j * np. mat(t). T * W) * Dt
Xa = np. real(Xa)
W=np. concatenate([np. squeeze(-np. fliplr(W. reshape(1,-1))),
np. array(W)[1:501],axis=0)    #Ω∈[-Wmax,Wmax]
Xa=np. concatenate([np. squeeze(np. fliplr(np. array(Xa))),
np. squeeze(np. array(Xa))[1:501]],axis=0)    #Xa 在[-Wmax,Wmax]内的采样值
#画图
fig = plt. figure()
```

```
ax1 = fig. add_subplot(211)
ax2 = fig. add_subplot(212)


ax1. plot(t * 1000, xa)
ax1. set_title("模拟信号", fontproperties="SimSun", fontsize = 12)
ax1. set_xlabel("t/ms", fontproperties="SimSun", fontsize = 12)
ax1. set_ylabel("Xa(t)", fontproperties="SimSun", fontsize = 12)


ax2. plot(W/(2 * np. pi * 1000), Xa)
ax2. set_title("连续信号的傅里叶变换", fontproperties="SimSun", fontsize = 12)
ax2. set_xlabel("频率/kHz", fontproperties="SimSun", fontsize = 12)
ax2. set_ylabel("|Xa(j"+r" $\Omega$ "+")|",
fontproperties="SimSun", fontsize = 12)
plt. tight_layout()
plt. show()
```

连续信号的傅里叶变换计算程序运行结果如图 2.28 所示。

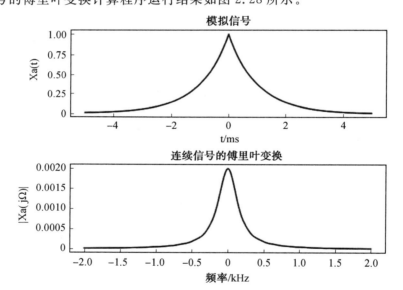

图 2.28　连续信号的傅里叶变换计算程序运行结果

**20. 连续时间信号采样序列及其频谱计算(DTFT 变换)程序**

对例 2.24 中的 $x_a(t)$ 采用两种不同的采样频率采样,得到离散时间信号,画出其频谱。

(1) $f_s = 5\,000$ Hz 时,对 $x_a(t)$ 采样得到 $x_1(n)$,画出 $X_1(e^{j\omega})$;

(2) $f_s = 1\,000$ Hz 时,对 $x_a(t)$ 采样得到 $x_2(n)$,画出 $X_2(e^{j\omega})$。

运行程序:

```
import matplotlib. pyplot as plt
import numpy as np
＃模拟信号
```

```python
Dt = 0.00005
t = np.linspace(-0.005,0.005,201)
xa = np.exp(-1000 * abs(t))
# 离散时间信号
Ts = 0.0002
n = np.array(range(-25,26))
x = np.exp(-1000 * abs(n * Ts))
# 离散时间信号傅里叶变换
K = 500
k = np.array(range(0,K+1))
w = np.pi * k/K
X = x * np.exp(-1j * np.mat(n).T * w)
X = np.real(X)
w=np.concatenate([np.squeeze(-np.fliplr(w.reshape(1,-1))),
np.array(w)[1:501]],axis=0)
X=np.concatenate([np.squeeze(np.fliplr(np.array(X))),
np.squeeze(np.array(X))[1:501]],axis=0)
# 画图
fig = plt.figure()
ax1 = fig.add_subplot(211)
ax2 = fig.add_subplot(212)
ax1.plot(t * 1000,xa)
ax1.stem(n * Ts * 1000,x,basefmt ="--")
ax1.text(x = 2.5,
        y =0.6,
        s ="Ts=0.2ms",
        fontproperties="SimSun",
        fontsize = 12)
ax1.set_title("离散信号",fontproperties="SimSun",fontsize = 12)
ax1.set_xlabel("t/ms",fontproperties="SimSun",fontsize = 12)
ax1.set_ylabel("x1(n)",fontproperties="SimSun",fontsize = 12)

ax2.plot(w/np.pi,X)
ax2.set_title("离散信号的傅里叶变换",fontproperties="SimSun",
fontsize = 12)
ax2.set_xlabel("归一化频率",fontproperties="SimSun",fontsize = 12)
ax2.set_ylabel("|X1("+r" $ {e^{j\omega}} $ "+")|")
plt.tight_layout()
plt.show()
```

连续时间信号采样序列及其 DTFT 变换运行结果如图 2.29 所示。

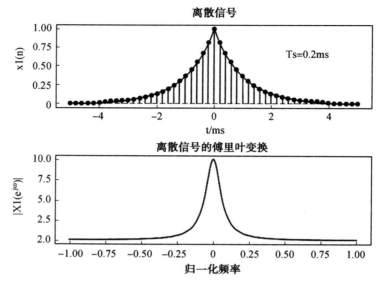

图 2.29　连续时间信号采样序列及其 DTFT 变换运行结果

# 习　　题

1. 如果 $x_1(n)$ 是偶序列，$x_2(n)$ 是奇序列，则 $y(n)=x_1(n) \cdot x_2(n)$ 奇偶性如何？

2. 如果 $x_e(n)$ 是序列 $x(n)$ 的共轭对称部分，$x_e(n)$ 的实部和虚部具有什么形式的对称关系？

3. 判断下面的序列是否是周期序列，若是，请确定它的最小周期。

(1) $x(n)=A\cos\left(\dfrac{5\pi}{8}n+\dfrac{\pi}{6}\right)$（$A$ 是常数）；

(2) $x(n)=\mathrm{e}^{\mathrm{j}\left(\frac{1}{8}n-\pi\right)}$。

4. 图 2.30 是单位冲激响应分别为 $h_1(n)$ 和 $h_2(n)$ 的两个线性移不变系统的级联，已知 $x(n)=u(n)$，$h_1(n)=\delta(n)-\delta(n-4)$，$h_2(n)=a^n u(n)$，$|a|<1$，求系统的输出 $y(n)$。

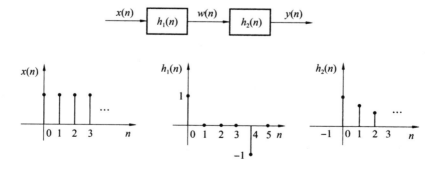

图 2.30　题 4 图

5. 试证明线性卷积满足交换律、结合律和加法分配律。

6. 判断下列系统是否为线性系统、移不变系统、稳定系统、因果系统。

(1)$y(n)=2x(n)+3$　　　　　　(2)$y(n)=x(n)\sin\left(\dfrac{2\pi}{3}n+\dfrac{\pi}{6}\right)$

(3)$y(n)=\displaystyle\sum_{k=-\infty}^{n}x(k)$　　　　　(4)$y(n)=\displaystyle\sum_{k=n_0}^{n}x(k)$

(5)$y(n)=x(n)g(n)$　　　　　　(6)$y(n)=x(n-n_0)$（$n_0$ 为整常数）

7.讨论下列系统的因果性和稳定性（已知(1)～(4)为线性移不变系统）。

(1)$h(n)=-a^{n}u(-n-1)$　　　　(2)$h(n)=\delta(n+n_0)$（$n_0>0$）

(3)$h(n)=2^{n}u(-n)$　　　　　(4)$h(n)=\left(\dfrac{1}{2}\right)^{n}u(n)$

(5)$y(n)=\dfrac{1}{N}\displaystyle\sum_{k=0}^{N-1}x(n-k)$　　　(6)$y(n)=x(n)+x(n+1)$

(7)$y(n)=\displaystyle\sum_{k=n-n_0}^{n+n_0}x(k)$　　　　(8)$y(n)=\mathrm{e}^{x(n)}$

8.已知序列 $h(n)$、$x(n)$ 为

$$h(n)=\begin{cases}2^{n} & (0\leqslant n\leqslant 10)\\ 0 & (n\ \text{为其他值})\end{cases}$$

$$x(n)=\begin{cases}1 & (0\leqslant n\leqslant 5)\\ 0 & (n\ \text{为其他值})\end{cases}$$

求：$y(n)=h(n)*x(n)$。

9.序列 $x(n)$ 的傅里叶变换为 $X(\mathrm{e}^{\mathrm{j}\omega})$，求下列各序列的傅里叶变换。

(1)$ax_1(n)+bx_2(n)$　　　　　(2)$\mathrm{e}^{\mathrm{j}\omega_0 n}x(n)$

(3)$x^{*}(-n)$　　　　　　　(4)$\mathrm{Re}[x(n)]$

(5)$nx(n)$

10.设一个因果的线性移不变系统由下列差分方程描述：

$$y(n)-\dfrac{1}{2}y(n-1)=x(n)+\dfrac{1}{2}x(n-1)$$

求该系统的单位冲激响应。

11.令 $x(n)$ 和 $X(\mathrm{e}^{\mathrm{j}\omega})$ 分别表示一个序列和其傅里叶变换，证明帕塞瓦尔定理：

$$\sum_{n=-\infty}^{+\infty}x(n)x^{*}(n)=\dfrac{1}{2\pi}\int_{-\pi}^{\pi}X(\mathrm{e}^{\mathrm{j}\omega})X^{*}(\mathrm{e}^{\mathrm{j}\omega})\mathrm{d}\omega$$

12.有一连续时间信号 $x_{\mathrm{a}}(t)=\cos(2\pi ft+\varphi)$，式中 $f=20\ \mathrm{Hz}$，$\varphi=\dfrac{\pi}{2}$。

(1) 求出 $x_{\mathrm{a}}(t)$ 的周期；

(2) 用抽样间隔 $T_{\mathrm{s}}=0.02\ \mathrm{s}$ 对 $x_{\mathrm{a}}(t)$ 进行抽样，试写出抽样信号 $x(nT_{\mathrm{s}})$ 的表达式；

(3) 画出对应 $x(nT_{\mathrm{s}})$ 的离散时间信号 $x(n)$ 的波形，并求出 $x(n)$ 的周期。

# 第 3 章

## Z 变换及其在线性移不变系统分析中的应用

Z 变换（Z Transform）是分析离散时间信号与系统的一种有用工具，它在离散时间信号与系统中的地位相当于连续时间信号与系统中的拉普拉斯变换。Z 变换可用于求解常系数差分方程，估计一个输入给定的线性移不变系统的响应，以及设计线性滤波器。在这一章，我们将介绍 Z 变换以及如何用 Z 变换来解决各种问题。

## 3.1 Z 变 换

一个序列 $x(n)$ 的傅里叶变换为

$$X(\mathrm{e}^{\mathrm{j}\omega}) = \sum_{n=-\infty}^{+\infty} x(n)\mathrm{e}^{-\mathrm{j}\omega n}$$

为了使这个序列收敛，信号必须绝对可和；然而，我们考虑的许多信号却不是绝对可和的，所以不能进行傅里叶变换。Z 变换是傅里叶变换的推广，它可以处理非绝对可和的序列。

### 3.1.1 定义

一个离散时间信号 $x(n)$ 的 Z 变换定义为

$$X(z) = \sum_{n=-\infty}^{+\infty} x(n)z^{-n} \tag{3.1}$$

这里 $z = re^{\mathrm{j}\omega}$ 是一个复变量，它所在的复平面称为 $z$ 平面（$z$ Plane）。

如果 $x(n)$ 的 Z 变换为 $X(z)$，我们记作

$$Z[x(n)] = X(z)$$

Z 变换可以看作是指数加权序列的傅里叶变换，特别地，当 $z = re^{\mathrm{j}\omega}$ 时

$$X(z) = \sum_{n=-\infty}^{+\infty} x(n)z^{-n} = \sum_{n=-\infty}^{+\infty} [r^{-n}x(n)]\mathrm{e}^{-\mathrm{j}\omega n} \tag{3.2}$$

即 $X(z)$ 是序列 $r^{-n}x(n)$ 的傅里叶变换。

式（3.1）的 Z 变换存在的条件是等号右边级数收敛，要求级数绝对可和，即

$$\sum_{n=-\infty}^{+\infty} |x(n)z^{-n}| < +\infty \tag{3.3}$$

为使式（3.3）成立，$z$ 变量取值的域称为收敛域（Region of Convergence，ROC）。因为 Z 变换是复变量的函数，便于用复 $z$ 平面描述，此时

$$z = \mathrm{Re}[z] + \mathrm{jIm}[z] = re^{\mathrm{j}\omega}$$

$z$ 平面的横轴、竖轴分别代表变量 $z$ 的实部和虚部，如图 3.1 所示。

对应于 $|z|=1$ 的围线是半径为 1 的圆,称为单位圆(Unit Circle)。单位圆上的 Z 变换就是序列的傅里叶变换,即

$$X(\mathrm{e}^{\mathrm{j}\omega}) = X(z)\,\big|_{z=\mathrm{e}^{\mathrm{j}\omega}} \qquad (3.4)$$

更具体地说,通过计算单位圆上各个点的 $X(z)$ 值,从 $z=1(\omega=0)$ 开始,到 $z=\mathrm{j}(\omega=\dfrac{\pi}{2})$,再到 $z=-1(\omega=\pi)$,我们可以得到 $0\leqslant\omega\leqslant\pi$ 的 $X(\mathrm{e}^{\mathrm{j}\omega})$ 值,值得注意的是,为了保证一个离散时间信号的傅里叶变换存在,单位圆必须包括在 $X(z)$ 的收敛域内。

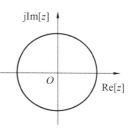

图 3.1　z 平面

### 3.1.2　Z 变换的收敛域

在数字信号处理中,许多有用信号的 Z 变换都是 $z$ 的确定函数,用两个多项式之比表示为

$$X(z) = \frac{P(z)}{Q(z)} \qquad (3.5)$$

分解分子和分母多项式,一个有理 Z 变换可以表示为

$$X(z) = A\,\frac{\displaystyle\prod_{i=1}^{M}(1-c_i z^{-1})}{\displaystyle\prod_{k=1}^{N}(1-d_k z^{-1})} \qquad (3.6)$$

分子多项式的根 $c_i$ 称为 $X(z)$ 的零点(Zero),分母多项式的根 $d_k$ 称为 $X(z)$ 的极点(Pole)。

**【例 3.1】**　令 $x(n)=a^n u(n)$,式中 $a$ 为常数,$u(n)$ 为单位阶跃序列,求 $x(n)$ 的 Z 变换,并确定其收敛域。

**解**　$$X(z) = \sum_{n=-\infty}^{+\infty} x(n)z^{-n} = \sum_{n=-\infty}^{+\infty} a^n u(n)z^{-n} = \sum_{n=0}^{+\infty} a^n z^{-n} = \sum_{n=0}^{+\infty}(az^{-1})^n$$

上式是一个幂级数,显然,如果 $|az^{-1}|<1$,即 $|z|>|a|$,该级数收敛,于是

$$X(z) = \frac{1}{1-az^{-1}} = \frac{z}{z-a}$$

其收敛域如图 3.2 所示,图中 $|a|<1$。如果 $|a|>1$,则收敛域在单位圆外,由于收敛域不包括单位圆,所以此时序列 $a^n u(n)$ 的傅里叶变换也不收敛。

图 3.2　例 3.1 收敛域

**【例 3.2】**　令 $x(n)=-a^n u(-n-1)$,式中 $u(-n-1)=\begin{cases}1 & (n\leqslant-1)\\0 & (n\geqslant 0)\end{cases}$,求其 Z 变换,并确定其收敛域。

**解**　$$X(z) = \sum_{n=-\infty}^{+\infty} x(n)z^{-n} = -\sum_{n=-\infty}^{-1} a^n z^{-n} = 1 - \sum_{n=0}^{+\infty}(a^{-1}z)^n$$

显然,只有当 $|a^{-1}z|<1$,即 $|z|<|a|$ 时,上式才收敛,这时

$$X(z) = 1 - \frac{1}{1-a^{-1}z} = \frac{z}{z-a}$$

其结果和例 3.1 相同。由此可以看出,对不同的 $x(n)$,其 Z 变换有可能具有相同的形式,区别在于各自的收敛域。因此,为了保证由 Z 反变换求出的序列是唯一的,则必须指明其收敛域。

**【例 3.3】** 令 $x(n) = u(n)$，试求其 Z 变换，并确定其收敛域。

**解**
$$X(z) = \sum_{n=0}^{+\infty} 1 \cdot z^{-n} = \frac{1}{1-z^{-1}} = \frac{z}{z-1}$$

其收敛性为 $|z| > 1$，即单位阶跃序列的 Z 变换的收敛域不包括单位圆，因此其傅里叶变换不存在。实际上，由于 $u(n)$ 不是绝对可和的，所以有

$$\left| \sum_{n=0}^{+\infty} u(n) z^{-n} \right|_{z=\mathrm{e}^{j\omega}} = \left| \sum_{n=0}^{+\infty} \mathrm{e}^{-j\omega n} \right| \rightarrow +\infty$$

### 3.1.3 序列特性对收敛域的影响

由定义式（3.1）所表示的 Z 变换是 $z^{-1}$ 的幂级数，即复变函数中的罗朗级数。该级数的系数即是序列 $x(n)$ 本身，对于级数总有一个收敛问题，即式（3.1）的级数只有收敛，$X(z)$ 才存在。因此，我们有必要讨论，对于给定的序列 $x(n)$，$z$ 取何值时，其 Z 变换收敛，取何值时发散。

由式（3.2）可以看出，$X(z)$ 是序列 $x(n)$ 被一实序列 $r^{-n}$ 加权后的傅里叶变换，当 $|r| > 1$ 时，这一加权序列 $r^{-n}$ 是衰减的；当 $|r| < 1$ 时，$r^{-n}$ 是增长的。因此，对给定的 $x(n)$，将会存在某一个 $r$ 值，使 $X(z)$ 收敛或发散，又因为 $r$ 是 $z$ 的模，因此，$X(z)$ 的收敛域将是 $z$ 平面中一个圆的内部或外部，也有可能为一环状区域。为了加深对收敛域问题的认识，下面列出收敛域的几种情况，了解序列特性与收敛域的一些一般关系对使用 Z 变换是很有帮助的。

设 $x(n)$ 在区间 $n_1 \sim n_2$ 有值，$n_1 < n_2$，即 $X(z) = \sum_{n=n_1}^{n_2} x(n) z^{-n}$，当 $n_1$、$n_2$ 取不同值时，$x(n)$ 可以是有限长序列、右边序列、左边序列或双边序列。

**1. 有限长序列**(Finite Duration/Length Sequence)

如序列 $x(n)$ 满足下式：
$$x(n) = \begin{cases} x(n) & (n_1 \leqslant n \leqslant n_2, n_1, n_2 \text{ 为有限值}) \\ 0 & (n \text{ 为其他值}) \end{cases}$$

即序列 $x(n)$ 从 $n_1$ 到 $n_2$ 的序列值不全为零，除此范围之外序列值全为零，这样的序列称为有限长序列，其 Z 变换为

$$X(z) = \sum_{n=n_1}^{n_2} x(n) z^{-n}$$

设 $x(n)$ 为有界序列，由于是有限项求和，收敛域包括除 $z = 0$ 和 $z = +\infty$ 外的整个 $z$ 平面。如果 $n < 0$，$x(n) = 0$，则收敛域还包括 $z = +\infty$ 点；如 $n > 0$，$x(n) = 0$，则收敛域还包括 $z = 0$ 点。具体来说有限长序列的收敛域表示如下：

$$n_1 < 0, n_2 \leqslant 0 \text{ 时}, 0 \leqslant |z| < +\infty$$
$$n_1 < 0, n_2 > 0 \text{ 时}, 0 < |z| < +\infty$$
$$n_1 \geqslant 0, n_2 > 0 \text{ 时}, 0 < |z| \leqslant +\infty$$

图 3.3 画出了有限长序列及其 Z 变换的收敛域，其中 $n_1 < 0, n_2 > 0$，除 $z = 0, z = +\infty$ 外皆收敛。

**2. 右边序列(右序列)**(Right-side Sequence)

右边序列是指 $n \geqslant n_1$ 时，序列值不全为零；而在 $n < n_1$ 时，序列值全为零的序列，其 Z 变换

为

$$X(z) = \sum_{n=n_1}^{+\infty} x(n)z^{-n} = \sum_{n=n_1}^{-1} x(n)z^{-n} + \sum_{n=0}^{+\infty} x(n)z^{-n} = X_1(z) + X_2(z) \qquad (3.7)$$

式(3.7)中第一项 $X_1(z)$ 是有限长序列的 Z 变换,若 $n_1 \leqslant -1$,其收敛域是 $0 \leqslant |z| < +\infty$;第二项 $X_2(z)$ 是因果序列的 Z 变换,其收敛域 $R_{x-} < |z| \leqslant +\infty$,证明如下:

$$X_2(z) = \sum_{n=0}^{+\infty} x(n)z^{-n}$$

设式 $X_2(z)$ 的级数在 $|z| = z_1$ 时绝对收敛,即

$$\sum_{n=0}^{+\infty} |x(n)z_1^{-n}| < +\infty \qquad (3.8)$$

那么当 $|z| > z_1$ 时,级数 $\sum\limits_{n=0}^{+\infty} |x(n)z^{-n}|$ 中每一项都小于式(3.8)级数中的对应项,所以

$$\sum_{n=0}^{+\infty} |x(n)z^{-n}| < +\infty \qquad (|z| > z_1)$$

如果 $z_1 = R_{x-}$ 是使式 $X_2(z)$ 级数收敛的最小 $|z|$ 值,则当 $|z| > R_{x-}$ 时,$X_2(z)$ 的级数收敛,即 $X_2(z)$ 的收敛域为 $R_{x-} < |z| \leqslant +\infty$。

取 $X_1(z)$ 和 $X_2(z)$ 收敛域的交集,得出 $X(z)$ 的收敛域为 $R_{x-} < |z| < +\infty$;若 $n_1 \geqslant 0$,$X(z)$ 的收敛域为 $R_{x-} < |z| \leqslant +\infty$。右边序列及其 Z 变换的收敛域如图 3.4 所示,其收敛域为以 $R_{x-}$ 为半径的圆的外部。

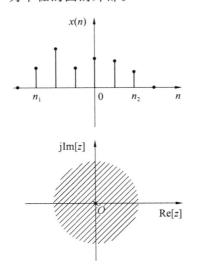

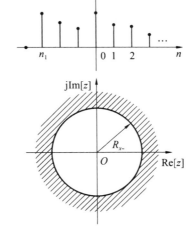

图 3.3　有限长序列及收敛域　　　　图 3.4　右边序列及收敛域

**3. 左边序列(左序列)**(Left-side Sequence)

左边序列是在 $n \leqslant n_2$ 时序列值不全为零,而在 $n > n_2$ 时序列值全为零的序列,其 Z 变换为

$$X(z) = \sum_{n=-\infty}^{n_2} x(n)z^{-n}$$

若 $n_2 > 0$,其收敛域不包括原点,即 $0 < |z| < R_{x+}$;若 $n_2 \leqslant 0$,其收敛域包括原点,即 $0 \leqslant |z| < R_{x+}$,和右边序列正相反,其 Z 变换的收敛域是以 $R_{x+}$ 为半径的圆的内部。图 3.5 为左边

序列及其 Z 变换的收敛域。

### 4. 双边序列 (Two-side/Bilateral Sequence)

双边序列是指 $n$ 从 $-\infty$ 延伸到 $+\infty$ 的序列,即 $x(n)$,$-\infty < n < +\infty$,其 Z 变换为

$$X(z) = \sum_{n=-\infty}^{+\infty} x(n)z^{-n} = \sum_{n=-\infty}^{-1} x(n)z^{-n} + \sum_{n=0}^{+\infty} x(n)z^{-n} \qquad (3.9)$$

综合上面所讨论的左边及右边序列,显然,双边序列的收敛域是使上述两个级数都收敛的公共部分,如果该公共部分存在,则其收敛域一定是一个环状区域,即 $R_{x-} < |z| < R_{x+}$,如图 3.6 所示,其中 $R_{x-}$,$R_{x+}$ 分别为式(3.9)中第二个级数和第一个级数对应的收敛域。

如果公共部分不存在,那么 $X(z)$ 就不收敛。

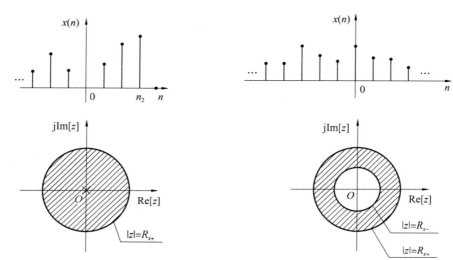

图 3.5　左边序列及收敛域($n_2 > 0$,故 $z = 0$ 除外)　　图 3.6　双边序列及收敛域

【例 3.4】　求双边序列 $x(n) = a^{|n|} = a^n u(n) + a^{-n} u(-n-1)$ 的 Z 变换,并确定其收敛域,式中 $a$ 为实数,且 $a > 0$。

**解**　由例 3.1 及例 3.2 可知,对级数 $a^n u(n)$,其 Z 变换是 $\dfrac{1}{1-az^{-1}}$,收敛域是 $|z| > a$;对级数 $a^{-n} u(-n-1)$,其 Z 变换是 $\dfrac{az}{1-az}$,收敛域是 $|z| < \dfrac{1}{a}$。这样

$X(z) = \dfrac{1}{1-az^{-1}} + \dfrac{az}{1-az}$ 的收敛域是 $a < |z| < \dfrac{1}{a}$。显然,如果 $a > 1$,则 $X(z)$ 不收敛;只有当 $a < 1$ 时,例如 $a = \dfrac{1}{2}$,则在 $\dfrac{1}{2} < |z| < 2$ 的范围内 $X(z)$ 才收敛。如图 3.7 所示。

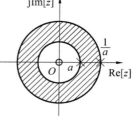

图 3.7　例 3.4 的收敛域

由上面的讨论可以看出,Z 变换的收敛域是 $z$ 平面上的一圆环 (Ring),某种情况下,该圆环可向内扩展到原点,形成一个圆盘 (Disk),在另外的情况下,也可以扩展到无穷大。只有当 $x(n)$ 是单位冲激函数 $\delta(n)$ 时,其收敛域才是整个 $z$ 平面。

# 3.2　Z 反(逆) 变换

　　Z 变换是线性系统分析的一种有用工具,和求一个序列的 Z 变换同样重要的是能用 Z 反变换从 $X(z)$ 中恢复出原序列 $x(n)$,求 Z 反变换的方法通常有三种:围线积分法(留数法)、幂级数法(长除法)和部分分式展开法。Z 反变换记为:$x(n) = Z^{-1}[X(z)]$。

## 3.2.1　围线积分法(留数法)

　　围线积分法(留数法)(Method of Contour Integration/Residues) 求解的过程主要依赖于柯西积分定理。柯西积分定理表述如下:如果 $C$ 是包围坐标原点的逆时针方向的闭合曲线,则

$$\frac{1}{2\pi j}\oint_C z^{k-1}dz = \begin{cases} 1 & (k=0) \\ 0 & (k\neq 0) \end{cases} \qquad k \text{ 为整数} \tag{3.10}$$

　　对于 $X(z) = \sum\limits_{n=-\infty}^{+\infty} x(n)z^{-n}$,可以用柯西积分定理证明,系数 $x(n)$ 可由 $X(z)$ 求得

$$x(n) = \frac{1}{2\pi j}\oint_C X(z)z^{n-1}dz \quad C \in (R_{x-}, R_{x+}) \tag{3.11}$$

这里 $C$ 是 $X(z)$ 的收敛域内包围原点的逆时针方向的闭合围线,如图 3.8 所示。式(3.11)就是用围线积分法表示的 Z 反变换公式。

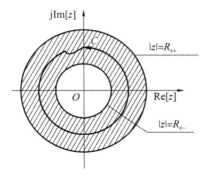

图 3.8　围线积分路径

　　证明如下:

　　序列 $x(n)$ 的 Z 变换为

$$X(z) = \sum_{n=-\infty}^{+\infty} x(n)z^{-n} \tag{3.12}$$

　　将式(3.12)两边同时乘以 $z^{k-1}$,并在 $X(z)$ 的收敛域内取一条逆时针方向包围原点的闭合曲线 $C$,计算 $X(z)z^{k-1}$ 的围线积分

$$\frac{1}{2\pi j}\oint_C x(z)z^{k-1}dz = \frac{1}{2\pi j}\oint_C \sum_{n=-\infty}^{+\infty} x(n)z^{-n} \cdot z^{k-1}dz =$$
$$\sum_{n=-\infty}^{+\infty} x(n)\frac{1}{2\pi j}\oint_C z^{-n+k-1}dz \tag{3.13}$$

　　依据式(3.10)可知

$$\frac{1}{2\pi j}\oint_C z^{-n+k-1}\,dz = \begin{cases} 1 & (n=k) \\ 0 & (n \neq k) \end{cases} \tag{3.14}$$

将式(3.14)代入式(3.13),得

$$\frac{1}{2\pi j}\oint_C X(z)z^{k-1}\,dz = x(k) \tag{3.15}$$

将式(3.15)中的 $k$ 用 $n$ 代替,便得到式(3.11)。

这种形式的围线积分常用柯西留数定理来计算,即

$$x(n) = \frac{1}{2\pi j}\oint_C X(z)z^{n-1}\,dz = \sum_k \left[ X(z)z^{n-1}, \text{在 } C \text{ 内极点处的留数} \right] \tag{3.16}$$

如果 $X(z)$ 是 $z$ 的有理函数,且在 $z=z_k$ 处有一个一阶(重)极点,则

$$\text{Res}\left[ X(z)z^{n-1} \right]_{z=z_k} = (z-z_k)\cdot X(z)z^{n-1}\,\big|_{z=z_k} \tag{3.17}$$

若 $z=z_k$ 是 $N$ 阶(重)极点,则

$$\text{Res}\left[ X(z)z^{n-1} \right]_{z=z_k} = \frac{1}{(N-1)!}\frac{d^{N-1}}{dz^{N-1}}\left[ (z-z_k)^N\cdot X(z)z^{n-1} \right]\big|_{z=z_k} \tag{3.18}$$

该式表明,对于 $N$ 阶极点,需要求 $N-1$ 次导数,这是比较麻烦的。

**【例 3.5】** 已知 $X(z) = (1-az^{-1})^{-1}$, $|z| > a$,求其 Z 反变换 $x(n)$。

**解** 首先在 $X(z)$ 的收敛域内取一条围线 $C$,即 $C$ 的半径大于 $a$。由式(3.11)得

$$x(n) = \frac{1}{2\pi j}\oint_C (1-az^{-1})^{-1}z^{n-1}\,dz$$

令

$$F(z) = \frac{1}{1-az^{-1}}z^{n-1} = \frac{z^n}{z-a}$$

为了用留数法求解,先找出 $F(z)$ 的极点。$z=a$ 是 $F(z)$ 的极点;$z=0$ 是否为 $F(z)$ 的极点和 $n$ 的取值有关:$n \geqslant 0$ 时,$z=0$ 不是极点;$n < 0$ 时,$z=0$ 是一个 $(-n)$ 阶(重)极点。因此分成 $n \geqslant 0$ 和 $n < 0$ 两种情况求 $x(n)$。

当 $n \geqslant 0$ 时 $\quad x(n) = \text{Res}\left[ F(z) \right]_{z=a} = (z-a)\frac{z^n}{z-a}\big|_{z=a} = a^n$

当 $n < 0$ 时,除 $z=a$ 一个一阶级点外,在 $z=0$ 处有 $(-n)$ 阶极点。围线积分应等于这两个极点留数之和。现对 $n$ 取不同负整数求留数:

令 $n=-1$,则

$$\text{Res}\left[ \frac{z^{-1}}{z-a} \right] = \left[ \frac{1}{z} \right]_{z=a} = \frac{1}{a}$$

$$\text{Res}\left[ \frac{z^{-1}}{z-a} \right] = \left[ \frac{1}{z-a} \right]_{z=0} = -\frac{1}{a}$$

所以

$$x(-1) = \sum \text{Res}\left[ \frac{z^{-1}}{z-a} \right] = \frac{1}{a} - \frac{1}{a} = 0$$

令 $n=-2$,则

$$\text{Res}\left[ \frac{z^{-2}}{z-a} \right] = \left[ \frac{1}{z^2} \right]_{z=a} = \frac{1}{a^2}$$

$$\text{Res}\left[ \frac{z^{-2}}{z-a} \right] = \left[ \frac{d}{dz}\left( \frac{1}{z-a} \right) \right]_{z=0} = -\frac{1}{a^2}$$

所以

$$x(-2) = \sum \text{Res}\left[\frac{z^{-2}}{z-a}\right] = \frac{1}{a^2} - \frac{1}{a^2} = 0$$

以此类推,对于 $n < 0$ 的所有情况皆有

$$\sum \text{Res}[X(z)z^{n-1}] = 0$$

即当 $n < 0$ 时,$x(n) = 0$。因此所求序列为

$$x(n) = a^n u(n)$$

由上例可见,当 $n < 0$ 时,$z = 0$ 处有高阶(多重)极点,随着 $n \to -\infty$,其极点阶数越高,求其留数越繁。为了避免这种繁难的求解,可以采用留数辅助定理来求留数。

留数辅助定理:如果围线积分的被积函数 $F(z)$ 在整个 $z$ 平面上除有限个极点外,都是解析的,且当 $z$ 趋向于无穷大时,$F(z)$ 以不低于二阶无穷小的速度趋近于零(对于 $F(z) = \dfrac{\varphi(z)}{\psi(z)}$ 为有理分式的情形,$\psi(z)$ 的次数至少高于 $\varphi(z)$ 两次),则当围线 $C$ 的半径趋向无穷大时,围线积分 $\dfrac{1}{2\pi \text{j}}\oint_{C_\infty} F(z)\text{d}z$ 以不低于二阶无穷小的速度趋近于零,即

$$\frac{1}{2\pi \text{j}}\oint_{C_\infty} F(z)\text{d}z = 0$$

或写成

$$\frac{1}{2\pi \text{j}}\oint_{C_\infty} F(z)\text{d}z = \sum[F(z),\text{在 } z \text{ 平面全部极点的留数}] = 0$$

在这种情况下,若在 $F(z)$ 的任意收敛区域内取任意有限围线 $C$,则有

$$\sum[F(z),\text{在 } C \text{ 内部极点的留数}] = -\sum[F(z),\text{在 } C \text{ 外全部极点的留数}]$$

此时逆变换的形式将变成

$$x(n) = \frac{1}{2\pi \text{j}}\oint_C X(z)z^{n-1}\text{d}z = -\sum[X(z)z^{n-1},\text{在 } C \text{ 外全部极点的留数}] \quad (3.19)$$

式(3.19)表明,当 $z \to +\infty$,$X(z)z^{n-1}$ 以不低于二阶无穷小的速度趋近于零时,围线内的留数可以用围线外的留数计算。

例 3.5 中的 $F(z)$ 的分母多项式 $z$ 的阶次比分子多项式 $z$ 的阶次高二阶或二阶以上,满足留数辅助定理的要求,因此可用留数辅助定理求解 $x(n)$。即 $n < 0$ 时,改求 $C$ 外极点留数,但 $F(z)$ 在 $C$ 外没有极点,如图 3.9 所示,故 $n < 0$,$x(n) = 0$,最后得到原序列为 $x(n) = a^n u(n)$。

事实上,该例题由于收敛域是 $|z| > a$,根据前面分析的序列特性对收敛域的影响可知,$x(n)$ 一定是因果的右边序列,于是,$n < 0$ 部分一定为零,就不需再求解。

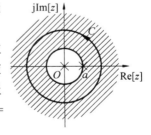

图 3.9　$n < 0$ 时,$F(z)$ 极点分布

【例 3.6】　已知序列的 Z 变换为

$$X(z) = \frac{z(2z-a-b)}{(z-a)(z-b)} \quad (|a| < |z| < |b|)$$

求原序列 $x(n)$。

解　根据式(3.16)有

$$x(n) = \frac{1}{2\pi j}\oint_C X(z)z^{n-1}\mathrm{d}z = \frac{1}{2\pi j}\oint_C \frac{2z-a-b}{(z-a)(z-b)}z^n\mathrm{d}z$$

其中所取围线 $C$ 在 $|a|$ 与 $|b|$ 之间。

当 $n \geqslant 0$ 时，在围线 $C$ 内只有 $z=a$ 一个一阶极点，很易求出留数，因此易得

$$x_1(n) = \mathrm{Res}[X(z)z^{n-1}] = \left[\frac{2z-a-b}{z-b}z^n\right]_{z=a} = a^n$$

当 $n < 0$ 时，则被积函数除 $z=a$ 处有一极点外，在 $z=0$ 处有 $(-n)$ 阶极点，不易求留数，但它满足留数辅助定理条件。应用式(3.19)有

$$x(n) = \frac{1}{2\pi j}\oint_C \frac{2z-a-b}{(z-a)(z-b)}z^n\mathrm{d}z = -\sum\left[\frac{2z-a-b}{(z-a)(z-b)}z^n, \text{在 } C \text{ 外所有极点的留数}\right]$$

而在 $C$ 外只有 $z=b$ 处的一个极点，所以

$$x_2(n) = -\mathrm{Res}[X(z)z^{n-1}] = -\left[\frac{2z-a-b}{z-a}z^n\right]_{z=b} = -b^n$$

即

$$x(n) = x_1(n) + x_2(n) = a^n u(n) - b^n u(-n-1)$$

例 3.6 的极点分布如图 3.10 所示。

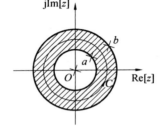

图 3.10　例 3.6 的极点分布

### 3.2.2　幂级数法(长除法)

幂级数法(长除法)(Power Series Expansion/Long Division)的基本处理过程如下：一般情况下 $X(z)$ 是一个有理分式，分子分母都是 $z$ 的多项式，则可直接用分子多项式除以分母多项式，从得到的商即可方便地求出 $x(n)$。需要说明的是，如果 $x(n)$ 是右序列，级数应是负幂级数；如果 $x(n)$ 是左序列，级数则是正幂级数。

**【例 3.7】**　已知 $X(z) = \dfrac{1}{1-az^{-1}}$，$|z| > |a|$，试求 $X(z)$ 的 Z 反变换 $x(n)$。

**解**　收敛域为 $|z| > |a|$，故 $x(n)$ 是因果序列(右序列)，因而 $X(z)$ 的分子分母应按 $z$ 的降幂或 $z^{-1}$ 的升幂排列，但按 $z$ 的降幂排列较方便，所以有

$$
\begin{array}{r}
1+az^{-1}+a^2z^{-2}+\cdots \\
1-az^{-1}\overline{)\,1\phantom{+az^{-1}+a^2z^{-2}+\cdots}} \\
\underline{1-az^{-1}} \\
az^{-1} \\
\underline{az^{-1}-a^2z^{-2}} \\
a^2z^{-2} \\
\vdots
\end{array}
$$

$$X(z) = 1 + az^{-1} + a^2z^{-2} + a^3z^{-3} + \cdots = \sum_{n=0}^{+\infty} a^n z^{-n}$$

因此

$$x(n) = a^n u(n)$$

**【例 3.8】**　已知 $X(z) = \dfrac{1}{1-az^{-1}}$，$|z| < |a|$，试求 $X(z)$ 的 Z 反变换 $x(n)$。

**解**　由收敛域 $|z| < |a|$ 可以确定，$x(n)$ 是一个左序列，所以将 $X(z)$ 展成正幂级数：

$$-az^{-1}+1\overline{)\begin{array}{l} \dfrac{-a^{-1}z-a^{-2}z^2-a^{-3}z^3\cdots}{1} \end{array}}$$

$$\dfrac{1-a^{-1}z}{a^{-1}z}$$

$$\dfrac{a^{-1}z-a^{-2}z^2}{a^{-2}z^2}$$

$$\vdots$$

$$X(z)=-\left[a^{-1}z+a^{-2}z^2+\cdots\right]=-\sum_{n=-\infty}^{-1}a^n z^{-n}$$

因此

$$x(n)=-a^n u(-n-1)$$

长除法的缺点是在复杂情况下,很难得到 $x(n)$ 的封闭解形式。

### 3.2.3　部分分式展开法

对于大多数具有单阶极点的序列,常常利用部分分式展开法(Partial Fraction Expansion)来求解其反变换。

设 $x(n)$ 的 Z 变换 $X(z)$ 是有理函数,分母多项式是 $N$ 阶,分子多项式是 $M$ 阶,将 $X(z)$ 展成一些简单的常用的部分分式之和,然后求每一部分分式的 Z 反变换(可利用 3.2 节中的表 3.1 的基本变换对的公式),再相加即可得到原序列 $x(n)$,设 $X(z)$ 只有 $N$ 个一阶极点,可展开为

$$X(z)=A_0+\sum_{m=1}^{N}\frac{A_m z}{z-z_m}$$

$$\frac{X(z)}{z}=\frac{A_0}{z}+\sum_{m=1}^{N}\frac{A_m}{z-z_m} \qquad (3.20)$$

观察式(3.20),$\dfrac{X(z)}{z}$ 在 $z=0$ 的极点的留数就是其系数 $A_0$;在 $z=z_m$ 的极点的留数就是系数 $A_m$。

$$A_0=\mathrm{Res}\left[\frac{X(z)}{z}\right]_{z=0}$$

$$A_m=\mathrm{Res}\left[\frac{X(z)}{z}\right]_{z=z_m}$$

求出系数 $A_m(m=0,1,2,3,\cdots,N)$ 后,很容易求得序列 $x(n)$。

**【例 3.9】**　已知 $X(z)=\dfrac{5z^{-1}}{1+z^{-1}-6z^{-2}}$,$2<|z|<3$,求 Z 反变换 $x(n)$。

**解**　$\dfrac{X(z)}{z}=\dfrac{5z^{-2}}{1+z^{-1}-6z^{-2}}=\dfrac{5}{z^2+z-6}=\dfrac{5}{(z-2)(z+3)}=\dfrac{A_1}{z-2}+\dfrac{A_2}{z+3}$

$A_1=\mathrm{Res}\left[\dfrac{X(z)}{z}\right]_{z=2}=\dfrac{X(z)}{z}(z-2)\big|_{z=2}=1$

$A_2=\mathrm{Res}\left[\dfrac{X(z)}{z}\right]_{z=-3}=\dfrac{X(z)}{z}(z+3)\big|_{z=-3}=-1$

$\dfrac{X(z)}{z}=\dfrac{1}{z-2}-\dfrac{1}{z+3}$

$$X(z) = \frac{1}{1-2z^{-1}} - \frac{1}{1+3z^{-1}}$$

因为收敛域为 $2 < |z| < 3$，上式中第一部分的极点是 $z=2$，因此收敛域为 $|z| > 2$，第二部分的极点 $z = -3$，收敛域应取 $|z| < 3$，查表 3.1 得

$$x(n) = 2^n u(n) + (-3)^n u(-n-1)$$

**表 3.1　几种常用序列的 Z 变换及其收敛域**

| 序号 | 序列 | Z 变换 | 收敛域 |
|---|---|---|---|
| 1 | $\delta(n)$ | $1$ | 全部 $z$ |
| 2 | $u(n)$ | $\dfrac{1}{1-z^{-1}}$ | $|z| > 1$ |
| 3 | $u(-n-1)$ | $-\dfrac{1}{1-z^{-1}}$ | $|z| < 1$ |
| 4 | $a^n u(n)$ | $\dfrac{1}{1-az^{-1}}$ | $|z| > |a|$ |
| 5 | $-a^n u(-n-1)$ | $\dfrac{1}{1-az^{-1}}$ | $|z| < |a|$ |
| 6 | $R_N(n)$ | $\dfrac{1-z^{-N}}{1-z^{-1}}$ | $|z| > 0$ |
| 7 | $nu(n)$ | $\dfrac{z^{-1}}{(1-z^{-1})^2}$ | $|z| > 1$ |
| 8 | $na^n u(n)$ | $\dfrac{az^{-1}}{(1-az^{-1})^2}$ | $|z| > |a|$ |
| 9 | $-na^n u(-n-1)$ | $\dfrac{az^{-1}}{(1-az^{-1})^2}$ | $|z| < |a|$ |
| 10 | $e^{-jn\omega_0} u(n)$ | $\dfrac{1}{1-e^{-j\omega_0} z^{-1}}$ | $|z| > 1$ |
| 11 | $\sin(n\omega_0) u(n)$ | $\dfrac{z^{-1}\sin \omega_0}{1-2z^{-1}\cos \omega_0 + z^{-2}}$ | $|z| > 1$ |
| 12 | $\cos(n\omega_0) u(n)$ | $\dfrac{1-z^{-1}\cos \omega_0}{1-2z^{-1}\cos \omega_0 + z^{-2}}$ | $|z| > 1$ |
| 13 | $e^{-an}\sin(\omega_0 n) u(n)$ | $\dfrac{z^{-1}e^{-a}\sin \omega_0}{1-2z^{-1}e^{-a}\cos \omega_0 + z^{-2}e^{-2a}}$ | $|z| > e^{-a}$ |
| 14 | $e^{-an}\cos(w_0 n) u(n)$ | $\dfrac{1-z^{-1}e^{-a}\cos \omega_0}{1-2z^{-1}e^{-a}\cos \omega_0 + z^{-2}e^{-2a}}$ | $|z| > e^{-a}$ |
| 15 | $\sin(\omega_0 n + \theta) u(n)$ | $\dfrac{\sin \theta + z^{-1}\sin(\omega_0 - \theta)}{1-2z^{-1}\cos \omega_0 + z^{-2}}$ | $|z| > 1$ |

# 3.3　Z 变换的基本性质和定理

**1. 线性**

线性就是要满足齐次性和可加性。

若
$$X(z) = Z[x(n)] \quad (R_{x-} < |z| < R_{x+})$$
$$Y(z) = Z[y(n)] \quad (R_{y-} < |z| < R_{y+})$$

则
$$Z[ax(n) + by(n)] = aX(z) + bY(z) \quad (R_- < |z| < R_+) \tag{3.21}$$

其中, $a$, $b$ 为任意常数。$R_- \leqslant \max[R_{x-}, R_{y-}]$, $R_+ \geqslant \min[R_{x+}, R_{y+}]$, 相加后 Z 变换的收敛域 $(R_-, R_+)$ 为两个相加序列的公共收敛域。其中取 "$\leqslant$" "$\geqslant$" 的原因是考虑到如果线性组合产生了一些零、极点对消, 则收敛域可能会扩大。

**2. 序列的移位**

设
$$Z[x(n)] = X(z) \quad (R_{x-} < |z| < R_{x+})$$

则有
$$Z[x(n-m)] = z^{-m} X(z) \quad (R_{x-} < |z| < R_{x+}) \tag{3.22}$$

式中　$m$——任意整数。$m$ 为正则为延迟；$m$ 为负则为超前。

证明: 按 Z 变换的定义式有
$$Z[x(n-m)] = \sum_{n=-\infty}^{+\infty} x(n-m) z^{-n} = z^{-m} \sum_{k=-\infty}^{+\infty} x(k) z^{-k} = z^{-m} X(z)$$

从式(3.22)可以看出, 序列移位后, 收敛域是相同的, 只是对单边序列在 $z=0$ 或 $z=+\infty$ 处可能有例外。

**3. 乘以指数序列($z$ 域尺度变换)**

若
$$X(z) = Z[x(n)] \quad (R_{x-} < |z| < R_{x+})$$

则
$$Z[a^n x(n)] = X\left(\frac{z}{a}\right) \quad \left(|a| R_{x-} < |z| < |a| R_{x+}\right) \tag{3.23}$$

证明: $Z[a^n x(n)] = \sum_{n=-\infty}^{+\infty} a^n x(n) z^{-n} = \sum_{n=-\infty}^{+\infty} x(n) \left(\frac{z}{a}\right)^{-n} = X\left(\frac{z}{a}\right)$, $|a| R_{x-} < |z| < |a| R_{x+}$

**4. 序列的线性加权($X(z)$ 的微分)**

设
$$Z[x(n)] = X(z) \quad (R_{x-} < |z| < R_{x+})$$

则
$$Z[nx(n)] = -z \frac{\mathrm{d}X(z)}{\mathrm{d}z} \quad (R_{x-} < |z| < R_{x+}) \tag{3.24}$$

证明:
$$\frac{\mathrm{d}X(z)}{\mathrm{d}z} = \frac{\mathrm{d}}{\mathrm{d}z} \left[ \sum_{n=-\infty}^{+\infty} x(n) z^{-n} \right] = \sum_{n=-\infty}^{+\infty} x(n) \frac{\mathrm{d}}{\mathrm{d}z} [z^{-n}] =$$
$$-\sum_{n=-\infty}^{+\infty} nx(n) z^{-n-1} = -z^{-1} \sum_{n=-\infty}^{+\infty} nx(n) z^{-n} = -z^{-1} Z[nx(n)]$$

所以
$$Z[nx(n)] = -z \frac{\mathrm{d}X(z)}{\mathrm{d}z}$$

因而序列的线性加权(乘以 $n$)等效于其 Z 变换取导数再乘以 $(-z)$, 同样可得

$$Z[n^2x(n)]=Z[n\cdot nx(n)]=-z\frac{\mathrm{d}}{\mathrm{d}z}Z[n\cdot x(n)]=$$

$$-z\frac{\mathrm{d}}{\mathrm{d}z}\left[-z\frac{\mathrm{d}}{\mathrm{d}z}X(z)\right]=$$

$$z^2\frac{\mathrm{d}^2}{\mathrm{d}z^2}X(z)+z\frac{\mathrm{d}}{\mathrm{d}z}X(z)$$

由此递推可得 $Z[n^mx(n)]=(-z\frac{\mathrm{d}}{\mathrm{d}z})^m X(z)$,其中符号 $(-z\frac{\mathrm{d}}{\mathrm{d}z})^m$ 表示

$$(-z\frac{\mathrm{d}}{\mathrm{d}z})^m=-z\frac{\mathrm{d}}{\mathrm{d}z}\left\{-z\frac{\mathrm{d}}{\mathrm{d}z}\left[-z\frac{\mathrm{d}}{\mathrm{d}z}\cdots(-z\frac{\mathrm{d}}{\mathrm{d}z}X(z)]\cdots\right\}$$

**5. 翻褶序列**

若 $\qquad Z[x(n)]=X(z)\quad(R_{x-}<|z|<R_{x+})$

则 $\qquad Z[x(-n)]=X(\frac{1}{z})\quad\left(\frac{1}{R_{x+}}<|z|<\frac{1}{R_{x-}}\right)$ (3.25)

证:按定义得

$$Z[x(-n)]=\sum_{n=-\infty}^{+\infty}x(-n)z^{-n}=\sum_{n=-\infty}^{+\infty}x(n)z^n=$$

$$\sum_{n=-\infty}^{+\infty}x(n)\cdot(z^{-1})^{-n}=X(\frac{1}{z})\quad(R_{x-}<|z^{-1}|<R_{x+})$$

**6. 复序列取共轭**(Conjugation of a Complex Sequence)

设 $\qquad Z[x(n)]=X(z)\quad(R_{x-}<|z|<R_{x+})$

则

$$Z[x^*(n)]=X^*(z^*)\quad(R_{x-}<|z|<R_{x+})$$ (3.26)

证明: $\qquad Z[x^*(n)]=\sum_{n=-\infty}^{+\infty}x^*(n)z^{-n}=\sum_{n=-\infty}^{+\infty}[x(n)(z^*)^{-n}]^*=$

$$\left[\sum_{n=-\infty}^{+\infty}x(n)(z^*)^{-n}\right]^*=X^*(z^*)\quad(R_{x-}<|z|<R_{x+})$$

**7. 初值定理**(Initial Value Theorem)

对于因果序列 $x(n)$,即 $x(n)=0,n<0$,有

$$x(0)=\lim_{z\to+\infty}X(z)$$ (3.27)

证明: $X(z)=\sum_{n=0}^{+\infty}x(n)z^{-n}=x(0)+x(1)z^{-1}+x(2)z^{-2}+\cdots$

因此 $\qquad\qquad\qquad\lim_{z\to+\infty}X(z)=x(0)$

**8. 终值定理**(Final Value Theorem)

若 $x(n)$ 是因果序列,其 Z 变换的极点均在单位圆 $|z|=1$ 以内(单位圆上最多在 $z=1$ 处可有一阶极点),则

$$\lim_{n\to+\infty}x(n)=\lim_{z\to 1}[(z-1)X(z)]$$ (3.28)

证明: $\qquad\qquad(z-1)X(z)=\sum_{n=-\infty}^{+\infty}[x(n+1)-x(n)]z^{-n}$

因为 $x(n)$ 是因果序列,即

$$x(n) = 0 \quad (n < 0)$$

则

$$(z-1)X(z) = \lim_{n \to +\infty} \Big[ \sum_{m=-1}^{n} x(m+1)z^{-m} - \sum_{m=0}^{n} x(m)z^{-m} \Big]$$

因为 $(z-1)X(z)$ 的全部极点在单位圆内,故 $(z-1)X(z)$ 在 $1 \leqslant |z| \leqslant +\infty$ 上都收敛,所以可对上式两端取 $z \to 1$ 的极限。

$$\lim_{z \to 1} \big[ (z-1)X(z) \big] = \lim_{n \to +\infty} \sum_{m=-1}^{n} \big[ x(m+1) - x(m) \big] =$$
$$\lim_{n \to +\infty} \{ \big[ x(0) - 0 \big] + \big[ x(1) - x(0) \big] +$$
$$\big[ x(2) - x(1) \big] + \cdots + \big[ x(n+1) - x(n) \big] \} =$$
$$\lim_{n \to +\infty} \big[ x(n+1) \big] = \lim_{n \to +\infty} x(n)$$

由于等式最左端即为 $X(z)$ 在 $z=1$ 处的留数,即

$$\lim_{z \to 1} (z-1)X(z) = \operatorname{Res} \big[ X(z) \big]_{z=1}$$

所以也可以将式(3.28)写成

$$x(+\infty) = \operatorname{Res} \big[ X(z) \big]_{z=1}$$

如果单位圆上 $X(z)$ 无极点,则 $x(+\infty) = 0$。

**9. 序列卷积和**

设 　　　　　　　　　　　　　$y(n) = x(n) * h(n)$

且 　　　　　　$X(z) = Z[x(n)] \quad (R_{x-} < |z| < R_{x+})$
　　　　　　　　$H(z) = Z[h(n)] \quad (R_{h-} < |z| < R_{h+})$

则

$$Y(z) = Z[y(n)] = H(z) \cdot X(z) \quad (R_{y-} < |z| < R_{y+}) \tag{3.29}$$

其中,$R_{y-} \leqslant \max[R_{x-}, R_{h-}], R_{y+} \geqslant \min[R_{x+}, R_{h+}]$。

证明:$Z[x(n)*h(n)] = \sum_{n=-\infty}^{+\infty} [x(n)*h(n)]z^{-n} = \sum_{n=-\infty}^{+\infty} \sum_{m=-\infty}^{+\infty} x(m)h(n-m)z^{-n} =$
$$\sum_{m=-\infty}^{+\infty} x(m) \Big[ \sum_{n=-\infty}^{+\infty} h(n-m)z^{-n} \Big] =$$
$$\sum_{m=-\infty}^{+\infty} x(m)z^{-m}H(z) =$$
$$X(z)H(z)$$

其收敛域为 $H(z)$ 和 $X(z)$ 的公共收敛域,但若发生零、极点对消,则收敛域可能扩大。

**【例 3.10】** 设 $x(n) = a^n u(n)$,$h(n) = b^n u(n) - ab^{-1}u(n-1)$,求 $y(n) = x(n) * h(n)$。

**解** 　　　　　$X(z) = Z[x(n)] = \dfrac{z}{z-a} \quad (|z| > |a|)$

$$H(z) = Z[h(n)] = \frac{z}{z-b} - \frac{a}{z-b} = \frac{z-a}{z-b} \quad (|z| > |b|)$$

所以 　　　　　$Y(z) = X(z)H(z) = \dfrac{z}{z-b} \quad (|z| > b)$

其 Z 反变换为

$$y(n) = x(n) * h(n) = Z^{-1}[Y(z)] = b^n u(n)$$

显然,在 $z=a$ 处,$X(z)$ 的极点与 $H(z)$ 的零点对消。如果 $|b|<|a|$,则 $Y(z)$ 的收敛域要比 $X(z)$ 与 $H(z)$ 收敛域的重叠部分要大,如图 3.11 所示。

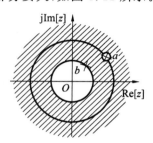

图 3.11  $x(n) * h(n)$ 的 Z 变换的收敛域

**10. 序列相乘($z$ 域复卷积定理)**

若
$$y(n) = x(n) \cdot h(n)$$

且
$$Z[x(n)] = X(z) \quad (R_{x-}<|z|<R_{x+})$$
$$Z[h(n)] = H(z) \quad (R_{h-}<|z|<R_{h+})$$

则
$$Y(z) = Z[y(n)] = \frac{1}{2\pi j}\oint_C X(v)H\left(\frac{z}{v}\right)v^{-1}\mathrm{d}v \tag{3.30}$$

其中,$C$ 是哑变量 $v$ 平面上,$X(v)$ 与 $H\left(\frac{z}{v}\right)$ 的公共收敛域内环绕原点的一条逆时针方向的闭合围线。

$Y(z)$ 的收敛域为

$$R_{x-}R_{h-}<|z|<R_{x+}R_{h+} \tag{3.31}$$

式(3.30)中 $v$ 平面上,被积函数的收敛域为

$$\max\left(R_{x-}, \frac{|z|}{R_{h+}}\right) < |v| < \min\left(R_{x+}, \frac{|z|}{R_{h-}}\right) \tag{3.32}$$

证明:
$$Y(z) = \sum_{n=-\infty}^{+\infty} x(n)h(n)z^{-n} = \sum_{n=-\infty}^{+\infty} h(n)\left[\frac{1}{2\pi j}\oint_C X(v)v^{n-1}\mathrm{d}v\right]z^{-n} =$$

$$\frac{1}{2\pi j}\sum_{n=-\infty}^{+\infty} h(n)\left[\oint_C X(v)v^n \frac{\mathrm{d}v}{v}\right]z^{-n} =$$

$$\frac{1}{2\pi j}\oint_C \left[X(v)\sum_{n=-\infty}^{+\infty} h(n)\left(\frac{z}{v}\right)^{-n}\right]\frac{\mathrm{d}v}{v} =$$

$$\frac{1}{2\pi j}\oint_C X(v)H\left(\frac{z}{v}\right)v^{-1}\mathrm{d}v$$

由 $X(z)$ 与 $H(z)$ 的收敛域得

$$R_{x-}<|v|<R_{x+}$$

$$R_{h-}<\left|\frac{z}{v}\right|<R_{h+}$$

因此
$$R_{x-}R_{h-}<|z|<R_{x+}R_{h+}$$

$$\max\left(R_{x-},\frac{|z|}{R_{h+}}\right)<|v|<\min\left(R_{x+},\frac{|z|}{R_{h-}}\right)$$

不难证明,由于 $x(n)$ 与 $h(n)$ 的相乘顺序可以调换,故 $X(\cdot)$ 与 $H(\cdot)$ 的位置也可以调换,故下式成立

$$Y(z)=Z[h(n)x(n)]=\frac{1}{2\pi j}\oint_C H(v)X(\frac{z}{v})v^{-1}\mathrm{d}v\qquad R_{x-}R_{h-}<|z|<R_{x+}R_{h+}\quad(3.33)$$

满足

$$\begin{cases}R_{h-}<|v|<R_{h+}\\R_{x-}<\left|\dfrac{z}{v}\right|<R_{x+}\quad\left[即\dfrac{|z|}{R_{x+}}<|v|<\dfrac{|z|}{R_{x-}}\right]\end{cases}\qquad(3.34)$$

将两不等式相乘得

$$R_{x-}\cdot R_{h-}<|z|<R_{x+}\cdot R_{h+}\qquad(3.35)$$

$v$ 平面收敛域为

$$\max\left[R_{h-},\frac{|z|}{R_{x+}}\right]<|v|<\min\left[R_{h+},\frac{|z|}{R_{x-}}\right]\qquad(3.36)$$

**11. 帕塞瓦尔定理**

利用复卷积定理即可以得到重要的帕塞瓦尔定理。

设
$$Z[x(n)]=X(z)\quad(R_{x-}<|z|<R_{x+})$$
$$Z[h(n)]=H(z)\quad(R_{h-}<|z|<R_{h+})$$

且
$$R_{x-}\cdot R_{h-}<1<R_{x+}\cdot R_{h+}\qquad(3.37)$$

那么

$$\sum_{n=-\infty}^{+\infty}x(n)h^*(n)=\frac{1}{2\pi j}\oint_C X(v)H^*(\frac{1}{v^*})v^{-1}\mathrm{d}v\qquad(3.38)$$

上式积分闭合围线 $C$ 应在 $X(v)$ 与 $H^*\left(\dfrac{1}{v^*}\right)$ 的公共收敛域内,即

$$\max\left[R_{x-},\frac{1}{R_{h+}}\right]<|v|<\min\left[R_{x+},\frac{1}{R_{h-}}\right]$$

证明:令
$$y(n)=x(n)\cdot h^*(n)$$
由
$$Z[h^*(n)]=H^*(z^*)$$

利用复卷积公式可得

$$Y(z)=Z[y(n)]=\sum_{n=-\infty}^{+\infty}x(n)h^*(n)z^{-n}=$$
$$\frac{1}{2\pi j}\oint_C X(v)H^*(\frac{z^*}{v^*})v^{-1}\mathrm{d}v\quad(R_{x-}R_{h-}<|z|<R_{x+}R_{h+})$$

由式(3.37)可知,$Y(z)$ 在单位圆上是收敛的,所以有

$$Y(z)\big|_{z=1}=\sum_{n=-\infty}^{+\infty}x(n)h^*(n)=\frac{1}{2\pi j}\oint_C X(v)H^*(\frac{1}{v^*})v^{-1}\mathrm{d}v$$

若 $h(n)$ 是实序列,两边就没有取共轭( $*$ )号。若 $X(z)$、$H(z)$ 都在单位圆上收敛,则 $C$ 可取单位圆,即

$$v = e^{j\omega}$$

于是得

$$\sum_{n=-\infty}^{+\infty} x(n)h^*(n) = \frac{1}{2\pi} \int_{-\pi}^{\pi} X(e^{j\omega}) H^*(e^{j\omega}) d\omega \tag{3.39}$$

若 $h(n) = x(n)$，则进一步有

$$\sum_{n=-\infty}^{+\infty} |x(n)|^2 = \frac{1}{2\pi} \int_{-\pi}^{\pi} |X(e^{j\omega})|^2 d\omega \tag{3.40}$$

式(3.39)与式(3.40)是序列及其傅里叶变换的帕塞瓦尔公式。Z 变换的主要性质见表 3.2。

**表 3.2　Z 变换的主要性质**

| 序列 | Z 变换 | 收敛域 |
|---|---|---|
| $x(n)$ | $X(z)$ | $R_{x-} < |z| < R_{x+}$ |
| $h(n)$ | $H(z)$ | $R_{h-} < |z| < R_{h+}$ |
| $ax(n) + bh(n)$ | $aX(z) + bH(z)$ | $\max[R_{x-}, R_{h-}] < |z| < \min[R_{x+}, R_{h+}]$ 若零、极点对消,收敛域可能扩大 |
| $x(n-m)$ | $z^{-m}X(z)$ | $R_{x-} < |z| < R_{x+}$ |
| $a^n x(n)$ | $X\left(\dfrac{z}{a}\right)$ | $|a|R_{x-} < |z| < |a|R_{x+}$ |
| $n^m x(n)$ | $\left(-z\dfrac{d}{dz}\right)^m X(z)$ | $R_{x-} < |z| < R_{x+}$ |
| $x^*(n)$ | $X^*(z^*)$ | $R_{x-} < |z| < R_{x+}$ |
| $x(-n)$ | $X\left(\dfrac{1}{z}\right)$ | $\dfrac{1}{R_{x+}} < |z| < \dfrac{1}{R_{x-}}$ |
| $x^*(-n)$ | $X^*\left(\dfrac{1}{z^*}\right)$ | $\dfrac{1}{R_{x+}} < |z| < \dfrac{1}{R_{x-}}$ |
| $\text{Re}[x(n)]$ | $\dfrac{1}{2}[X(z) + X^*(z^*)]$ | $R_{x-} < |z| < R_{x+}$ |
| $j\text{Im}[x(n)]$ | $\dfrac{1}{2}[X(z) - X^*(z^*)]$ | $R_{x-} < |z| < R_{x+}$ |
| $\displaystyle\sum_{m=0}^{n} x(m)$ | $\dfrac{z}{z-1}X(z)$ | $|z| > \max[R_{x-}, 1]$, $x(n)$ 为因果序列 |
| $x(n) * h(n)$ | $X(z) \cdot H(z)$ | $\max[R_{x-}, R_{h-}] < |z| < \min[R_{x+}, R_{h+}]$ 若零、极点对消收敛域可能扩大 |
| $x(n)h(n)$ | $\dfrac{1}{2\pi j}\oint_C X(v) H\left(\dfrac{z}{v}\right) v^{-1} dv$ | $R_{x-}R_{h-} < |z| < R_{x+}R_{h+}$ |
| $x(0) = \lim\limits_{z \to +\infty} X(z)$ | | $x(n)$ 为因果序列, $|z| > R_{x-}$ |
| $x(\infty) = \lim\limits_{z \to 1}(z-1)X(z)$ | | $x(n)$ 为因果序列, $X(z)$ 的极点落于单位圆内部,最多在 $z=1$ 处有一阶极点 |
| $\displaystyle\sum_{n=-\infty}^{+\infty} x(n)h^*(n) = \dfrac{1}{2\pi j}\oint_C X(v) H^*\left(\dfrac{1}{v^*}\right) v^{-1} dv$ | | $R_{x-}R_{h-} < 1 < R_{x+}R_{h+}$ |

# 3.4　利用 Z 变换分析信号和系统的特性

前面已经介绍了用傅里叶变换来分析系统的频率特性,这一节我们讨论用 Z 变换的方法来进行分析。

## 3.4.1　频率响应与系统函数

**1. 频率响应**(Frequency Response)

设系统初始状态为零,输出端对输入为单位冲激序列 $\delta(n)$ 的响应称为系统的单位冲激响应 $h(n)$。对 $h(n)$ 进行傅里叶变换得

$$H(\mathrm{e}^{\mathrm{j}\omega}) = \sum_{n=-\infty}^{+\infty} h(n)\mathrm{e}^{-\mathrm{j}\omega n} \tag{3.41}$$

一般称 $H(\mathrm{e}^{\mathrm{j}\omega})$ 为系统的频率响应,它表明了系统的频率特性。

**2. 系统函数**(System Function)

一个线性移不变系统的频率响应是单位冲激响应的傅里叶变换,它的系统函数是单位冲激响应的 Z 变换,它表征了系统的复频特性。

$$H(z) = \sum_{n=-\infty}^{+\infty} h(n)z^{-n} \tag{3.42}$$

通过计算单位圆上的 $H(z)$ 的值,频率响应可由系统函数导出为

$$H(\mathrm{e}^{\mathrm{j}\omega}) = H(z)\big|_{z=\mathrm{e}^{\mathrm{j}\omega}}$$

一个系统函数为 $H(z)$ 的线性移不变系统,如果输入序列 $x(n)$ 的 Z 变换为 $X(z)$,则输出序列 $y(n)$ 的 Z 变换为

$$Y(z) = H(z)X(z)$$

则

$$H(z) = \frac{Y(z)}{X(z)}$$

$H(z)$ 称为线性移不变系统的系统函数。

## 3.4.2　差分方程的 Z 变换

对于一个用线性常系数差分方程描述的线性移不变系统:

$$y(n) + \sum_{k=1}^{N} a_k y(n-k) = \sum_{i=0}^{M} b_i x(n-i)$$

其系统函数是 $z$ 的有理函数,对上式取 Z 变换,得

$$Y(z) = -Y(z)\sum_{k=1}^{N} a_k z^{-k} + X(z)\sum_{i=0}^{M} b_i z^{-i}$$

即

$$Y(z)\left[1 + \sum_{k=1}^{N} a_k z^{-k}\right] = X(z)\left[\sum_{i=0}^{M} b_i z^{-i}\right] \tag{3.43}$$

由 Z 变换的卷积性质,我们有 $Y(z) = X(z)H(z)$,对照式(3.43),得出

$$H(z) = \frac{Y(z)}{X(z)} = \frac{\sum\limits_{i=0}^{M} b_i z^{-i}}{1 + \sum\limits_{k=1}^{N} a_k z^{-k}} \tag{3.44}$$

也就是说，$H(z)$ 即可定义为系统单位冲激响应 $h(n)$ 的 Z 变换，又可以定义为系统输出、输入 Z 变换之比。

如果式（3.44）中 $a_k = 0, k = 1, 2, \cdots, N$，那么

$$H(z) = \sum_{i=0}^{M} b_i z^{-i} \tag{3.45}$$

对应的差分方程为

$$y(n) = \sum_{i=0}^{M} b_i x(n-i) \tag{3.46}$$

该系统的单位冲激响应为

$$h(n) = \sum_{i=0}^{M} b_i \delta(n-i) \tag{3.47}$$

即 $h(0) = b_0, h(1) = b_1, \cdots, h(M) = b_M, h(n) \equiv 0$，对 $n > M$，所以该系统为 FIR（有限长冲激响应）系统。FIR 系统由于其 $h(n)$ 为有限长，在输入端不包含输出对输入的反馈，因此 FIR 系统总是稳定的。

若 $a_k(k = 1, 2, \cdots, N)$ 中不全为零，那么输入端包含输出端的反馈，因此，$h(n)$ 将是无限长的，故称该系统为 IIR（无限长冲激响应）系统，IIR 系统存在稳定问题。

## 3.5　用系统函数的极点分布分析系统的因果性和稳定性

因果系统的单位冲激响应 $h(n)$ 一定为因果序列，即当 $n < 0$ 时，$h(n) = 0$。因果序列 Z 变换的收敛域为 $R_{x-} < |z| \leqslant +\infty$，也就是说因果系统的收敛域是以 $R_{x-}$ 为收敛半径的圆的外部，且必须包括 $z = +\infty$ 在内。

一个线性移不变系统稳定的充要条件是 $h(n)$ 必须满足绝对可和的条件，即

$$\sum_{n=-\infty}^{+\infty} |h(n)| < +\infty \tag{3.48}$$

而 Z 变换的收敛域是由满足 $\sum\limits_{n=-\infty}^{+\infty} |h(n)z^{-n}| < +\infty$ 的那些所有 $z$ 值的集合来确定的。所以说，如果系统函数 $H(z)$ 的收敛域包括单位圆 $|z| = 1$，则系统是稳定的；如果系统因果且稳定，收敛域一定包含 $+\infty$ 和单位圆，也就是说系统函数的全部极点必须在单位圆内。

【**例 3.11**】　已知 $H(z) = \dfrac{1-a^2}{(1-az^{-1})(1-az)}, 0 < a < 1$，分析其因果性和稳定性。

**解**　$H(z)$ 的极点 $z_1 = a, z_2 = a^{-1}$。

（1）收敛域 $a^{-1} < |z| \leqslant +\infty$ 对应的是因果系统，但其收敛域不包含单位圆，所以不是稳定的系统，其单位冲激响应 $h(n) = (a^n - a^{-n})u(n)$，这是一个因果序列，但不收敛。

（2）收敛域 $0 \leqslant |z| < a$ 对应的系统是非因果且不稳定系统，其单位冲激响应 $h(n) = (a^{-n} - a^n)u(-n-1)$，这是一个非因果且不收敛的序列。

（3）收敛域 $a < |z| < a^{-1}$ 对应的系统是一个非因果系统，但由于收敛域包含单位圆，所以是稳定的系统，其单位冲激响应 $h(n) = a^{|n|}$ 是一个收敛的双边序列。

## 3.6　用系统的零、极点分布分析系统的频率特性

对于 $N$ 阶差分方程，进行 Z 变换得到系统函数的一般表示式

$$H(z) = \frac{Y(z)}{X(z)} = \frac{\sum\limits_{i=0}^{M} b_i z^{-i}}{\sum\limits_{k=0}^{N} a_k z^{-k}} \tag{3.49}$$

将其因式分解，得

$$H(z) = A \frac{\prod\limits_{i=1}^{M}(1 - c_i z^{-1})}{\prod\limits_{k=1}^{N}(1 - d_k z^{-1})} \tag{3.50}$$

式中　　$A = \dfrac{b_0}{a_0}$；

　　　　$c_i$——$H(z)$ 的零点；

　　　　$d_k$——$H(z)$ 的极点。

$A$ 的变化只会影响到 $H(z)$ 的幅度，而系统的特性则由 $H(z)$ 的零点 $c_i$ 和极点 $d_k$ 来决定。下面采用几何法来研究系统零、极点分布对系统频率特性的影响。

将式（3.50）的分子、分母同乘以 $z^{N-M}$，得

$$H(z) = A \frac{\prod\limits_{i=1}^{M}(z - c_i)}{\prod\limits_{k=1}^{N}(z - d_k)} z^{N-M} \tag{3.51}$$

若系统稳定，令 $z = e^{j\omega}$ 代入式（3.51），有

$$H(e^{j\omega}) = A \frac{\prod\limits_{i=1}^{M}(e^{j\omega} - c_i)}{\prod\limits_{k=1}^{N}(e^{j\omega} - d_k)} e^{j\omega(N-M)} \tag{3.52}$$

其中，$e^{j\omega} - c_i$ 是 $z$ 平面上一条由零点 $c_i$ 指向单位圆上 $e^{j\omega}$ 点 $B$ 的向量，用 $\overrightarrow{c_i B}$ 表示，同样 $e^{j\omega} - d_k$ 是 $z$ 平面上一条由极点 $d_k$ 指向单位圆上 $e^{j\omega}$ 点 $B$ 的向量，用 $\overrightarrow{d_k B}$ 表示，如图 3.12 所示。

记

$$\overrightarrow{c_i B} = e^{j\omega} - c_i$$
$$\overrightarrow{d_k B} = e^{j\omega} - d_k$$

其分别称为零点矢量和极点矢量，将各向量用极坐标表示为

$$\overrightarrow{c_i B} = c_i B e^{j\alpha_i}$$
$$\overrightarrow{d_k B} = d_k B e^{j\beta_k}$$

将其代入式（3.52），有

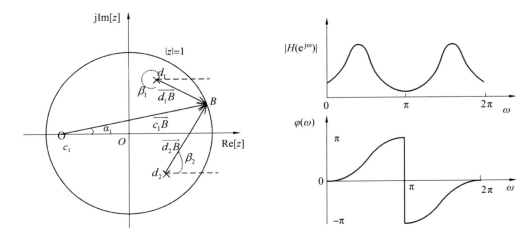

$$图 3.12 \quad 频率响应的几何表示法$$

$$H(\mathrm{e}^{\mathrm{j}\omega}) = A \frac{\prod\limits_{i=1}^{M} \overrightarrow{c_i B}}{\prod\limits_{k=1}^{N} \overrightarrow{d_k B}} \mathrm{e}^{\mathrm{j}\omega(N-M)} = \mid H(\mathrm{e}^{\mathrm{j}\omega}) \mid \mathrm{e}^{\mathrm{j}\varphi(\omega)} \tag{3.53}$$

其中

$$\mid H(\mathrm{e}^{\mathrm{j}\omega}) \mid = \mid A \mid \frac{\prod\limits_{i=1}^{M} c_i B}{\prod\limits_{k=1}^{N} d_k B} \tag{3.54}$$

$$\varphi(\omega) = \sum_{i=1}^{M} \alpha_i - \sum_{k=1}^{N} \beta_k + \varphi_A + (N-M)\omega \tag{3.55}$$

系统的频率特性完全由式(3.54)、(3.55)来确定。当频率 $\omega$ 从零变化到 $2\pi$ 时,这些向量的终点 $B$ 沿单位圆逆时针旋转一周,根据式(3.54)、(3.55),可以分别估算出系统的幅度特性和相位特性。

根据式(3.54),我们只要知道系统函数零、极点的分布就可以很容易地确定零、极点位置对系统频率特性的影响。即当 $B$ 点转到极点附近时,极点矢量长度最短,那么 $\mid H(\mathrm{e}^{\mathrm{j}\omega}) \mid$ 可能出现峰值,且 $d_k$ 越接近单位圆,则峰值越高越尖锐。若极点在单位圆上,则 $\mid H(\mathrm{e}^{\mathrm{j}\omega}) \mid$ 趋向无穷大,此时,系统不稳定。对零点则刚好相反,当 $B$ 点转到零点附近时,零点矢量长度变短,$\mid H(\mathrm{e}^{\mathrm{j}\omega}) \mid$ 将出现谷值。$c_i$ 在单位圆上时,$\mid H(\mathrm{e}^{\mathrm{j}\omega}) \mid = 0$。零点无论在单位圆内部还是外部,都不影响系统的稳定性。总结以上分析:极点位置主要影响频率响应的峰值位置及尖锐程度,而零点位置主要影响频率响应的谷点位置及形状,如图 3.12 所示。

由式(3.55)看出,系统的相位特性等于各零点矢量与实轴夹角(逆时针计算)及常数 $A$ 的相角 $\varphi_A$ 之和,减去各极点矢量与实轴夹角之和。

原点处的零、极点对 $\mid H(\mathrm{e}^{\mathrm{j}\omega}) \mid$ 没有影响,只对 $H(\mathrm{e}^{\mathrm{j}\omega})$ 的相位 $\varphi(\omega)$ 引入一线性分量 $(N-M)\omega$。

**【例 3.12】** 已知 $H(z) = z^{-1}$,分析其频率特性。

**解** 由 $H(z) = z^{-1}$ 可知极点为 $z = 0$,所以

$$|H(\mathrm{e}^{\mathrm{j}\omega})|=1 \quad \varphi(\omega)=-\omega$$

频率特性如图 3.13 所示。

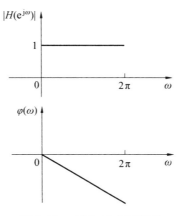

图 3.13　例 3.12 频率特性

用几何法也容易得到这样的结果。

当 $\omega=0$ 转到 $\omega=2\pi$ 时，相关矢量的长度始终为 1。由该例题也可以得到结论：处于原点处的零点或极点，由于零点矢量长度或者极点矢量长度始终为 1，因此原点处的零、极点对系统频率响应的幅频特性不产生影响，只是对相位引入一线性分量。

## 3.7　利用 Z 变换求解差分方程

第 2 章中介绍了求解差分方程的一些方法，也提到了可以利用 Z 变换的方法求解，现在详细介绍。

利用 Z 变换解差分方程，必须具备如下两个条件：

① 给定差分方程的初始条件；

② 给定输入序列 $x(n)$。

由此可解得系统的唯一输出 $y(n)$，计算步骤为：

① 对差分方程两边进行 Z 变换；

② 求出 $Y(z)=H(z)X(z)$；

③ 根据初始条件，确定 $Y(z)=H(z)X(z)$ 的收敛区域，并对其进行 Z 反变换而得差分方程的解 $y(n)$。

**【例 3.13】**　设差分方程为

$$y(n)=ay(n-1)+x(n) \tag{3.56}$$

输入序列为 $x(n)=\delta(n)$，初始条件为 $y(n)=0,n<0$，利用 Z 变换求解此差分方程。

**解**　对差分方程(3.56)两边进行 Z 变换，得

$$\sum_{n=-\infty}^{+\infty} y(n)z^{-n}=\sum_{n=-\infty}^{+\infty} ay(n-1)z^{-n}+\sum_{n=-\infty}^{+\infty} x(n)z^{-n}$$

利用 Z 变换的线性及移位性质，有

$$Y(z)=az^{-1}Y(z)+X(z)$$

整理得

$$Y(z) = \frac{1}{1 - az^{-1}} X(z) \qquad (3.57)$$

由式(3.57)看出,系统函数为

$$H(z) = \frac{1}{1 - az^{-1}} \qquad (3.58)$$

已知 $x(n) = \delta(n)$,则

$$X(z) = \sum_{n=-\infty}^{+\infty} x(n) z^{-n} = \sum_{n=-\infty}^{+\infty} \delta(n) z^{-n} = 1 \qquad (3.59)$$

将式(3.59)代入式(3.57),得

$$Y(z) = \frac{1}{1 - az^{-1}} \qquad (3.60)$$

根据初始条件:$y(n) = 0, n < 0$,即 $y(n)$ 为因果序列,因此 $Y(z)$ 的收敛域为 $|z| > |a|$。对式(3.60)作 Z 反变换,得

$$y(n) = a^n u(n)$$

【例 3.14】 设二阶差分方程为

$$y(n) = a_1 y(n-1) + a_2 y(n-2) + x(n) \qquad (3.61)$$

输入序列为 $x(n) = \delta(n)$,初始条件为 $y(n) = 0, n < 0$,利用 Z 变换求解此差分方程。

**解** 对差分方程(3.61)两边进行 Z 变换,得

$$\sum_{n=-\infty}^{+\infty} y(n) z^{-n} = \sum_{n=-\infty}^{+\infty} a_1 y(n-1) z^{-n} + \sum_{n=-\infty}^{+\infty} a_2 y(n-2) z^{-n} + \sum_{n=-\infty}^{+\infty} x(n) z^{-n}$$

利用 Z 变换的线性及移位性质,有

$$Y(z) = a_1 z^{-1} Y(z) + a_2 z^{-2} Y(z) + X(z)$$

整理得

$$Y(z) = \frac{1}{1 - a_1 z^{-1} - a_2 z^{-2}} X(z) \qquad (3.62)$$

即系统函数为

$$H(z) = \frac{1}{1 - a_1 z^{-1} - a_2 z^{-2}} \qquad (3.63)$$

已知 $x(n) = \delta(n)$,则

$$X(z) = 1 \qquad (3.64)$$

将式(3.64)代入式(3.62),得

$$Y(z) = \frac{1}{1 - a_1 z^{-1} - a_2 z^{-2}} = \frac{z^2}{z^2 - a_1 z - a_2} = \frac{z^2}{(z - p_1)(z - p_2)} \qquad (3.65)$$

式(3.65)中

$$p_{1,2} = \frac{a_1}{2} \pm \sqrt{\frac{a_1^2 + 4a_2}{4}} = \frac{a_1}{2} \pm \sqrt{\frac{a_1^2}{4} + a_2} \qquad (3.66)$$

根据初始条件:$y(n) = 0, n < 0$,知系统为因果系统,因此 $Y(z)$ 的收敛域为 $|z| > R_{x-}$,$R_{x-} = \max[|p_1|, |p_2|]$。 对式(3.65)作 Z 反变换,得

$$y(n) = \mathrm{Res}\left[\frac{z^{n+1}}{(z - p_1)(z - p_2)}\right]_{z = p_1} + \mathrm{Res}\left[\frac{z^{n+1}}{(z - p_1)(z - p_2)}\right]_{z = p_2} =$$

$$\frac{p_1^{n+1}}{p_1 - p_2} u(n) - \frac{p_2^{n+1}}{p_1 - p_2} u(n) = \frac{1}{p_1 - p_2} \left[ p_1^{n+1} - p_2^{n+1} \right] u(n)$$

从以上例题看出,利用 Z 变换求解差分方程比较方便,只不过在求 Z 反变换的过程可能会比较麻烦。

## 3.8　系统结构图与信号流图

到现在为止,我们学到了多种描述离散时间系统的方式,可以用它的单位冲激响应 $h(n)$ 描述,也可用它的频率响应 $H(e^{j\omega})$ 或系统函数 $H(z)$ 描述,还可以用差分方程描述。不但如此,还可通过图形的方式描述一个离散时间系统,即通过系统结构图(Block Diagram)或信号流图(Signal Flow Graph)的方式。

总结所学知识发现,在数字信号处理中存在四种基本运算:延迟(Unit Delay)、乘系数(Multiplication by a Constant)、相加(Addition of Sequences)和分支(Branch)。我们用图 3.14 中的符号表示这四种基本运算,其中图 3.14(a)表示的是系统结构图基本运算单元,图 3.14(b)表示的是信号流图基本运算单元。

这样,根据系统的差分方程,可以画出系统结构图以及信号流图,当然根据系统结构图以及信号流图也可写出差分方程。

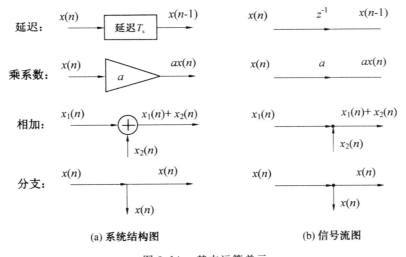

图 3.14　基本运算单元

【例 3.15】　设差分方程为

$$y(n) - a_1 y(n-1) - a_2 y(n-2) = b x(n)$$

画出该方程对应的系统结构图和信号流图。

**解**　首先将差分方程写为

$$y(n) = a_1 y(n-1) + a_2 y(n-2) + b x(n)$$

然后分别画出它对应的系统结构图以及信号流图,如图 3.15 和图 3.16 所示。

比较图 3.15 和图 3.16 很容易看出,信号流图明显比系统结构图简单,因此信号流图在数字信号处理的系统结构描述中得到了更广泛的应用。

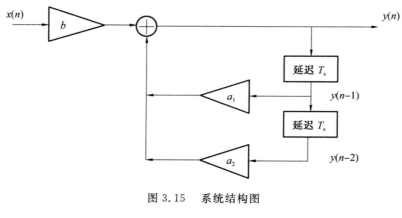

图 3.15　系统结构图

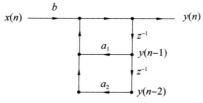

图 3.16　信号流图

# 3.9　相关 Python 函数与示例

**1. 留数法求 Z 反变换程序**

程序中使用的函数说明：residuez，计算 Z 反变换。

语法介绍：

［r，p，k］＝residuez(b，a)对有理式函数进行 Z 反变换。b 和 a 分别为有理式函数的分子多项式系数向量和分母多项式系数向量。返回 r 为留数列向量，p 为极点列向量，若分子多形式的阶数大于分母多项式的阶数，则 k 为展开式中的直接项。

［b，a］＝ residuez(r，p，k)三个输入参量，两个输出参量。

【例 3.16】　用留数法求有理函数 $X(z) = \dfrac{z}{3z^2 - 4z + 1}$ 的 Z 反变换。

运行代码：

```
imports cipy. signal as scis
import numpy as np
b =np. array([0,1])
a =np. array([3,-4,1])
[R,P,C] =scis. residuez(b,a)
print("R:",R)
print("P:",P)
print("C:",C)
```

运行结果及分析：

R：$[-0.5\ 0.5]$

P：$[0.33333333\ 1.]$

C：$[\ ]$

其中，$R$ 为 $X(z)$ 部分分式展开后的分子系数，$P$ 为 $X(z)$ 部分分式展开后的分母系数，可以得到 $X(z)$ 部分分式展开式如下：

$$X(z)=\frac{\dfrac{1}{2}}{1-z^{-1}}-\frac{\dfrac{1}{2}}{1-\dfrac{1}{3}z^{-1}}$$

进而可以根据 $z$ 的收敛域得到 $X(z)$ 的逆变换。

**2. Z 域系统稳定性验证程序**

【例 3.17】　若系统函数为 $H(z)=(z+2)(z-7)/(z^3-1.4z^2+0.84z-0.288)$，求系统的稳定性。

运行代码：

```
import numpy as np
a = [1,-1.4,0.84,-0.288]
zp = np.roots(a)
zpm = np.max(abs(zp))
if zpm<1:
    print("系统稳定")
else:
    print("系统不稳定")
```

运行结果及分析：

系统稳定。

# 习　　题

1. 求以下序列的 Z 变换及收敛域。

$(1)2^{-n}u(n)$　　　　　　　　　　$(2)-2^{-n}u(-n-1)$

$(3)2^{-n}u(-n)$　　　　　　　　　$(4)\delta(n)$

$(5)\delta(n-1)$　　　　　　　　　$(6)a^{-n}[u(n)-u(n-10)]$

$(7)\dfrac{1}{n}u(n-1)$　　　　　　　$(8)x(n)=n\sin(\omega_0 n)\quad(n\geqslant 0,\omega_0$ 为常数$)$

2. 求以下序列的 Z 变换及其收敛域，并在 $z$ 平面上画出零、极点分布图。

$(1)x(n)=R_N(n),N=4$；

$(2)x(n)=Ar^n\cos(\omega_0 n+\varphi)u(n),r=0.9,\omega_0=0.5\pi$ rad，$\varphi=0.25\pi$ rad。

3. 已知 $X(z)=\dfrac{3}{1-\dfrac{1}{2}z^{-1}}+\dfrac{2}{1-2z^{-1}}$，求出对应 $X(z)$ 的各种可能的序列表达式。

4. 已知 $x(n)=a^n u(n),0<a<1$，分别求：

(1)$x(n)$ 的 Z 变换     (2)$nx(n)$ 的 Z 变换

(3)$a^{-n}u(n)$ 的 Z 变换

5.已知序列 $x(n)$ 的 Z 变换 $X(z)$ 的零、极点(均为一阶)如图 3.17 所示。

(1) 如果已知 $x(n)$ 的傅里叶变换是收敛的,试求 $X(z)$ 的收敛域,并确定 $x(n)$ 是右边序列、左边序列或双边序列。

(2) 如果不知道序列 $x(n)$ 的傅里叶变换是否收敛,但知道序列是双边序列,试问图 3.17 所示的零、极点图可能对应多少个不同的序列,请写出具体表达式,并指出每种可能的序列的 Z 变换的收敛域。

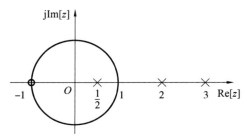

图 3.17   题 5 图

6.用留数法求下列 Z 变换的反变换。

(1)$X(z) = \dfrac{z(z-1)}{(z+1)\left(z+\dfrac{1}{3}\right)}$   $(|z|>1)$

(2)$X(z) = \dfrac{z(z-1)}{(z+1)\left(z+\dfrac{1}{3}\right)}$   $\left(|z|<\dfrac{1}{3}\right)$

(3)$X(z) = \dfrac{z(z-1)}{(z+1)\left(z+\dfrac{1}{3}\right)}$   $\left(\dfrac{1}{3}<|z|<1\right)$

7.有一信号 $y(n)$,它与另两个信号 $x_1(n)$ 和 $x_2(n)$ 的关系是 $y(n)=x_1(n+3)*x_2(-n-1)$,其中 $x_1(n)=\left(\dfrac{1}{2}\right)^n u(n)$,$x_2(n)=\left(\dfrac{1}{3}\right)^n u(n)$。已知 $Z[a^n u(n)]=\dfrac{1}{1-az^{-1}}$,$|z|>|a|$,利用 Z 变换的性质求 $y(n)$ 的 Z 变换 $Y(z)$。

8.利用 Z 变换求以下序列 $x(n)$ 的频谱 $X(e^{j\omega})$(即 $x(n)$ 的傅里叶变换)。

(1)$\delta(n-n_0)$    (2)$e^{-an}u(n)$    (3)$e^{-(\sigma+j\omega_0)n}u(n)$

(4)$e^{-an}u(n)\cos(\omega_0 n)$

9.若 $x_1(n)$、$x_2(n)$ 是因果稳定的实序列,求证

$$\frac{1}{2\pi}\int_{-\pi}^{\pi}X_1(e^{j\omega})X_2(e^{j\omega})d\omega = \left\{\frac{1}{2\pi}\int_{-\pi}^{\pi}X_1(e^{j\omega})d\omega\right\}\left\{\frac{1}{2\pi}\int_{-\pi}^{\pi}X_2(e^{j\omega})d\omega\right\}$$

10.设系统由下面差分方程描述

$$y(n)=y(n-1)+y(n-2)+x(n-1)$$

(1) 求系统的系统函数 $H(z)$,并画出零、极点分布图。

(2) 限定系统是因果的,写出 $H(z)$ 的收敛域,并求出其单位冲激响应 $h(n)$。

(3) 限定系统是稳定的,写出 $H(z)$ 的收敛域,并求出其单位冲激响应 $h(n)$。

11. 已知线性因果系统用下面的差分方程来描述

$$y(n) = 0.9y(n-1) + x(n) + 0.9x(n-1)$$

（1）求系统函数 $H(z)$ 及单位冲激响应 $h(n)$。

（2）写出频率响应 $H(e^{j\omega})$ 的表达式。

（3）设输入 $x(n) = e^{j\omega_0 n}$，求系统输出 $y(n)$。

# 第4章

# 离散傅里叶变换

对于在数字信号处理中占有重要地位的有限长序列来说,可以利用傅里叶变换和 Z 变换对其进行处理。除此之外,特别针对"有限长"这一特点,可以导出一种更为有用的工具——离散傅里叶变换(Discrete Fourier Transform,DFT)。离散傅里叶变换作为有限长序列的傅里叶表示法在理论上相当重要;同时,由于存在计算离散傅里叶变换的快速算法,因此离散傅里叶变换在各种数字信号处理的算法中起着核心的作用。

## 4.1 傅里叶变换的几种形式

傅里叶变换就是建立以时间为自变量的"信号"和以频率为自变量的"频谱函数"之间的某种变换关系,所以"时间"或"频率"取连续值还是离散值,就形成了四种不同形式的傅里叶变换对。

### 1. 连续时间、连续频率的傅里叶变换

根据"信号与系统"课程所学知识,对于连续时间非周期信号 $x(t)$,可以计算它的频谱密度函数 $X(\mathrm{j}\Omega)$,而 $X(\mathrm{j}\Omega)$ 是非周期的并且是连续的,示意图如图 4.1 所示,变换的数学表达式为

$$X(\mathrm{j}\Omega) = \int_{-\infty}^{+\infty} x(t)\mathrm{e}^{-\mathrm{j}\Omega t}\,\mathrm{d}t$$

$$x(t) = \frac{1}{2\pi}\int_{-\infty}^{+\infty} X(\mathrm{j}\Omega)\mathrm{e}^{\mathrm{j}\Omega t}\,\mathrm{d}\Omega$$

时域的连续性对应频域的非周期性,而时域非周期性则对应频域的连续谱。

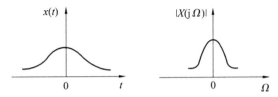

图 4.1 连续时间、连续频率的傅里叶变换

### 2. 连续时间、离散频率的傅里叶变换 —— 傅里叶级数

在"信号与系统"课程中讨论过,如果 $x(t)$ 是连续时间周期信号,周期为 $T_\mathrm{p}$,则可将 $x(t)$ 展成傅里叶级数,其傅里叶级数的系数(Fourier Series Coefficient)记为 $X(\mathrm{j}k\Omega_1)$,$X(\mathrm{j}k\Omega_1)$ 是离散频率的非周期函数,$x(t)$ 和 $X(\mathrm{j}k\Omega_1)$ 组成变换对(示意图如图 4.2 所示),其数学表达式为

$$X(\mathrm{j}k\varOmega_1) = \frac{1}{T_\mathrm{p}}\int_{-\frac{T_\mathrm{p}}{2}}^{\frac{T_\mathrm{p}}{2}} x(t)\mathrm{e}^{-\mathrm{j}k\varOmega_1 t}\mathrm{d}t$$

$$x(t) = \sum_{k=-\infty}^{+\infty} X(\mathrm{j}k\varOmega_1)\mathrm{e}^{\mathrm{j}k\varOmega_1 t}$$

式中　　$\varOmega_1$——离散频谱相邻两谱线的角频率间隔，$\varOmega_1 = 2\pi F = \dfrac{2\pi}{T_\mathrm{p}}$；

　　　　$k$——谐波序号。

时域的连续性对应频域的非周期性，而时域周期特性则对应频域的离散谱。

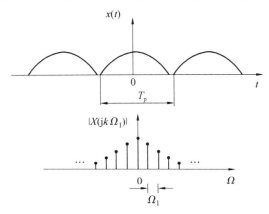

图 4.2　连续时间、离散频率的傅里叶变换

### 3. 离散时间、连续频率的傅里叶变换 —— 序列的傅里叶变换

在第 2 章中我们学到序列的傅里叶变换对为

$$X(\mathrm{e}^{\mathrm{j}\omega}) = \sum_{n=-\infty}^{+\infty} x(n)\mathrm{e}^{-\mathrm{j}\omega n}$$

$$x(n) = \frac{1}{2\pi}\int_{-\pi}^{\pi} X(\mathrm{e}^{\mathrm{j}\omega})\mathrm{e}^{\mathrm{j}\omega n}\mathrm{d}\omega$$

示意图如图 4.3 所示，其中 $\omega$ 是数字角频率，与模拟角频率 $\varOmega$ 的关系为 $\omega = \varOmega T_\mathrm{s}$。

如果把序列看成模拟信号的抽样，$T_\mathrm{s}$ 为抽样时间间隔，抽样频率为 $f_\mathrm{s} = 1/T_\mathrm{s}$，$\varOmega_\mathrm{s} = 2\pi/T_\mathrm{s}$，$x(n) = x(nT_\mathrm{s})$，有

$$X(\mathrm{e}^{\mathrm{j}\varOmega T_\mathrm{s}}) = \sum_{n=-\infty}^{+\infty} x(nT_\mathrm{s})\mathrm{e}^{-\mathrm{j}n\varOmega T_\mathrm{s}}$$

$$x(nT_\mathrm{s}) = \frac{1}{\varOmega_\mathrm{s}}\int_{-\frac{\varOmega_\mathrm{s}}{2}}^{\frac{\varOmega_\mathrm{s}}{2}} X(\mathrm{e}^{\mathrm{j}\varOmega T_\mathrm{s}})\mathrm{e}^{\mathrm{j}n\varOmega T_\mathrm{s}}\mathrm{d}\varOmega$$

时域的离散性对应频域的周期特性，而时域的非周期性则对应频域的连续谱。

### 4. 离散时间、离散频率的傅里叶变换 —— 离散傅里叶级数

我们知道，计算机只能用来处理离散的信号，因此以上 3 种傅里叶变换都不适于在计算机上运算，因为它们至少在一个域中的函数是连续的。从数字计算角度来看，我们感兴趣的是时域和频域都是离散的情况，即离散傅里叶级数。这里先引入一些结果（示意图如图 4.4 所示），4.2 节会详细讨论。

$$X(k) = \sum_{n=0}^{N-1} x(n) e^{-j\frac{2\pi}{N}nk}$$

$$x(n) = \frac{1}{N} \sum_{k=0}^{N-1} X(k) e^{j\frac{2\pi}{N}nk}$$

图 4.4 中，$\Omega_1 = \dfrac{2\pi}{T_p}$，$T_p = NT_s$ 为时域信号的周期。

时域的离散性对应频域的周期特性，而时域的周期性则对应频域的离散谱。

这种傅里叶变换时域和频域都是离散的，适合用计算机进行运算。

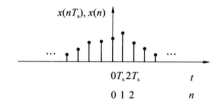

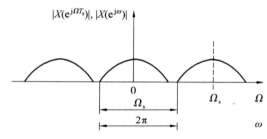

图 4.3　离散时间、连续频率的傅里叶变换

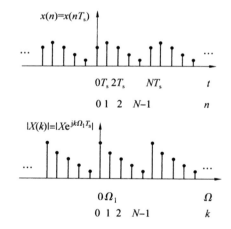

图 4.4　离散时间、离散频率的傅里叶变换

# 4.2　周期序列的离散傅里叶级数

有限长序列的离散傅里叶变换（DFT）和周期序列的离散傅里叶级数（Discrete Fourier Series，DFS）本质上是一样的，为了更好地理解 DFT，需要首先讨论周期序列的离散傅里叶级数。

## 4.2.1　离散傅里叶级数

周期为 $N$ 的周期序列 $x_p(n)$ 是无限长的,不能用 $Z$ 变换方法对它进行讨论,因为没有任何 $z$ 值能使 $\displaystyle\sum_{n=-\infty}^{+\infty} x_p(n)z^{-n}$ 收敛。

根据"信号与系统"所学知识,连续时间周期函数 $x_p(t)$ 可以用傅里叶级数表示,即

$$x_p(t) = \sum_{k=-\infty}^{+\infty} a_k \mathrm{e}^{\mathrm{j}\Omega_k t} \tag{4.1}$$

式中　　$k$——任意整数;

　　　　$\Omega_k = \Omega_1 k$;

　　　　$\Omega_1$——基频角频率(Fundamental Frequency);

　　　　$a_k$——傅里叶系数。

同样,周期为 $N$ 的周期序列 $x_p(n)$,即

$$x_p(n) = x_p(n+rN) \quad (r \text{ 为任意整数}) \tag{4.2}$$

也可用离散傅里叶级数表示,即用周期为 $N$ 的复指数序列表示:

$$x_p(n) = \sum_{k=-\infty}^{+\infty} X_p(k) \mathrm{e}^{\mathrm{j}\omega_k n} \tag{4.3}$$

式中　　$k$——任意整数;

　　　　$\omega_1$——$x_p(n)$ 基频分量的角频率,$\omega_1 = 2\pi/N$;

　　　　$\omega_k$——其 $k$ 次谐波分量的角频率,$\omega_k = \omega_1 k = 2\pi k/N$;

　　　　$X_p(k)$——$k$ 次谐波分量的幅值。

现把连续周期信号 $x_p(t)$ 与离散周期信号 $x_p(n)$ 作对比,见表 4.1。

**表 4.1　连续周期信号与离散周期信号的对比**

| 类别 | 基频分量 | 周期 | 基频 | $k$ 次谐波分量 |
|---|---|---|---|---|
| 连续周期信号 | $\mathrm{e}^{\mathrm{j}\Omega_1 t} = \mathrm{e}^{\mathrm{j}(\frac{2\pi}{T_p})t}$ | $T_p$ | $\Omega_1 = 2\pi/T_p$ | $\mathrm{e}^{\mathrm{j}k(\frac{2\pi}{T_p})t}$ |
| 离散周期信号 | $\mathrm{e}^{\mathrm{j}\omega_1 n} = \mathrm{e}^{\mathrm{j}(\frac{2\pi}{N})n}$ | $N$ | $\omega_1 = 2\pi/N$ | $\mathrm{e}^{\mathrm{j}k(\frac{2\pi}{N})n}$ |

我们将周期为 $N$ 的复指数序列的基频分量记为 $e_1(n)$:

$$e_1(n) = \mathrm{e}^{\mathrm{j}(\frac{2\pi}{N})n} \tag{4.4}$$

其 $k$ 次谐波分量记为 $e_k(n)$:

$$e_k(n) = \mathrm{e}^{\mathrm{j}(\frac{2\pi}{N})nk} \tag{4.5}$$

对于离散时间周期序列 $x_p(n)$ 来说,虽然它的展开式在表现形式上和连续时间周期信号 $x_p(t)$ 的展开式是相同的,但是离散傅里叶级数的谐波成分只有 $N$ 个独立成分,而连续傅里叶级数有无穷多个谐波成分,原因是

$$\mathrm{e}^{\mathrm{j}\frac{2\pi}{N}(k+rN)n} = \mathrm{e}^{\mathrm{j}\frac{2\pi}{N}kn} \quad (r \text{ 为任意整数})$$

即

$$e_{k+rN}(n) = e_k(n) \tag{4.6}$$

因此对于离散傅里叶级数，我们只取 $k=0$ 到 $N-1$ 的 $N$ 个独立谐波分量，即

$$x_\mathrm{p}(n)=\frac{1}{N}\sum_{k=0}^{N-1}X_\mathrm{p}'(k)\mathrm{e}^{\mathrm{j}\frac{2\pi}{N}kn} \tag{4.7}$$

式(4.7)中的 $X_\mathrm{p}'(k)$ 是将相同的谐波成分合并而得到的新系数，而 $1/N$ 是为了方便，并与一般表示形式保持一致而加的。此式强调只有 $N$ 个不同的分量，它们以 $N$ 个样本为周期重复出现。

为讨论方便，用 $X_\mathrm{p}(k)$ 代替 $X_\mathrm{p}'(k)$，即将式(4.7)写成

$$x_\mathrm{p}(n)=\frac{1}{N}\sum_{k=0}^{N-1}X_\mathrm{p}(k)\mathrm{e}^{\mathrm{j}\frac{2\pi}{N}kn} \tag{4.8}$$

值得注意的是，此式中的 $X_\mathrm{p}(k)$ 与式(4.3)中的 $X_\mathrm{p}(k)$ 不同。

下面求解系数 $X_\mathrm{p}(k)$。

利用性质

$$\frac{1}{N}\sum_{n=0}^{N-1}\mathrm{e}^{\mathrm{j}\frac{2\pi}{N}rn}=\begin{cases}1 & (r=mN,m\text{ 为任意整数})\\ 0 & (r\text{ 为其他值})\end{cases} \tag{4.9}$$

首先对此性质进行证明：

① 当 $r=mN$ 时，$\mathrm{e}^{\mathrm{j}\frac{2\pi}{N}rn}=\mathrm{e}^{\mathrm{j}\frac{2\pi}{N}mNn}=\mathrm{e}^{\mathrm{j}2\pi mn}=1$

$$\frac{1}{N}\sum_{n=0}^{N-1}\mathrm{e}^{\mathrm{j}\frac{2\pi}{N}rn}=\frac{1}{N}\sum_{n=0}^{N-1}1=1$$

② 当 $r\neq mN$ 时，

$$\frac{1}{N}\sum_{n=0}^{N-1}\mathrm{e}^{\mathrm{j}\frac{2\pi}{N}rn}=\frac{1}{N}\frac{1-\mathrm{e}^{\mathrm{j}\frac{2\pi}{N}rN}}{1-\mathrm{e}^{\mathrm{j}\frac{2\pi}{N}r}}=\frac{1}{N}\frac{1-\mathrm{e}^{\mathrm{j}2\pi r}}{1-\mathrm{e}^{\mathrm{j}\frac{2\pi}{N}r}}=\frac{1}{N}\frac{1-1}{1-\mathrm{e}^{\mathrm{j}\frac{2\pi}{N}r}}=0$$

得证。

将式(4.8)两端乘以 $\mathrm{e}^{-\mathrm{j}\frac{2\pi}{N}rn}$，然后从 $n=0$ 到 $N-1$ 的一个周期内求和，有

$$\sum_{n=0}^{N-1}x_\mathrm{p}(n)\mathrm{e}^{-\mathrm{j}\frac{2\pi}{N}rn}=\frac{1}{N}\sum_{n=0}^{N-1}\sum_{k=0}^{N-1}X_\mathrm{p}(k)\mathrm{e}^{\mathrm{j}\frac{2\pi}{N}(k-r)n}=\sum_{k=0}^{N-1}X_\mathrm{p}(k)\left[\frac{1}{N}\sum_{n=0}^{N-1}\mathrm{e}^{\mathrm{j}\frac{2\pi}{N}(k-r)n}\right] \tag{4.10}$$

利用式(4.9)的性质，$\dfrac{1}{N}\displaystyle\sum_{n=0}^{N-1}\mathrm{e}^{\mathrm{j}\frac{2\pi}{N}(k-r)n}$ 只有当 $k-r=mN$，即 $k=r+mN$ 时等于1，其他情况下都等于0，而式(4.10)中求和范围限定在 $k=0\sim N-1$ 之间，则 $k=r+mN$ 中只有 $k=r$ 满足条件，因此

$$\sum_{n=0}^{N-1}x_\mathrm{p}(n)\mathrm{e}^{-\mathrm{j}\frac{2\pi}{N}rn}=\sum_{k=0}^{N-1}X_\mathrm{p}(k)\left[\frac{1}{N}\sum_{n=0}^{N-1}\mathrm{e}^{\mathrm{j}\frac{2\pi}{N}(k-r)n}\right]=X_\mathrm{p}(r) \tag{4.11}$$

将式(4.11)中的 $r$ 用 $k$ 替换，有

$$X_\mathrm{p}(k)=\sum_{n=0}^{N-1}x_\mathrm{p}(n)\mathrm{e}^{-\mathrm{j}\frac{2\pi}{N}kn} \tag{4.12}$$

$X_\mathrm{p}(k)$ 也是一个以 $N$ 为周期的周期序列，即

$$X_\mathrm{p}(k+mN)=\sum_{n=0}^{N-1}x_\mathrm{p}(n)\mathrm{e}^{-\mathrm{j}\frac{2\pi}{N}(k+mN)n}=\sum_{n=0}^{N-1}x_\mathrm{p}(n)\mathrm{e}^{-\mathrm{j}\frac{2\pi}{N}kn}=X_\mathrm{p}(k) \tag{4.13}$$

这与前面提到的复指数序列只有在 $k=0,1,\cdots,N-1$ 时才各不相同，即离散傅里叶级数只有 $N$ 个不同系数 $X_\mathrm{p}(k)$ 的说法一致。

式(4.13)表明,时域周期序列的离散傅里叶级数在频域(即其系数)也是一个周期序列。为讨论方便,记

$$W_N = \mathrm{e}^{-\mathrm{j}\frac{2\pi}{N}} \tag{4.14}$$

我们得到离散傅里叶级数对:

$$X_\mathrm{p}(k) = \mathrm{DFS}[x_\mathrm{p}(n)] = \sum_{n=0}^{N-1} x_\mathrm{p}(n)\mathrm{e}^{-\mathrm{j}\frac{2\pi}{N}nk} = \sum_{n=0}^{N-1} x_\mathrm{p}(n)W_N^{nk} \tag{4.15}$$

$$x_\mathrm{p}(n) = \mathrm{IDFS}[X_\mathrm{p}(k)] = \frac{1}{N}\sum_{k=0}^{N-1} X_\mathrm{p}(k)\mathrm{e}^{\mathrm{j}\frac{2\pi}{N}nk} = \frac{1}{N}\sum_{k=0}^{N-1} X_\mathrm{p}(k)W_N^{-nk} \tag{4.16}$$

式中　　$\mathrm{DFS}[\cdot]$——离散傅里叶级数正变换;

　　　　$\mathrm{IDFS}[\cdot]$——离散傅里叶级数反变换。

从以上的讨论看出,只要知道周期序列的一个周期的内容,则其他内容也都知道了,所以实际上只有 $N$ 个序列值有独立的信息,因而这就和有限长序列有着本质的联系。

### 4.2.2　离散傅里叶级数的性质

设两个周期皆为 $N$ 的周期序列 $x_\mathrm{p}(n)$、$y_\mathrm{p}(n)$ 的离散傅里叶级数分别为

$$\mathrm{DFS}[x_\mathrm{p}(n)] = X_\mathrm{p}(k)$$
$$\mathrm{DFS}[y_\mathrm{p}(n)] = Y_\mathrm{p}(k)$$

**1. 线性**

两个序列线性组合的离散傅里叶级数,等于两个序列各自离散傅里叶级数的线性组合,即

$$\mathrm{DFS}[ax_\mathrm{p}(n) + by_\mathrm{p}(n)] = aX_\mathrm{p}(k) + bY_\mathrm{p}(k)$$

式中　　$a$、$b$——任意常数。

**2. 序列的位移**

$$\mathrm{DFS}[x_\mathrm{p}(n+m)] = W_N^{-mk}X_\mathrm{p}(k)$$
$$\mathrm{IDFS}[X_\mathrm{p}(k+l)] = W_N^{ln}x_\mathrm{p}(n)$$

如果 $m$、$l \geqslant N$,则 $m$、$l$ 分别用 $m'$、$l'$ 代替,其中 $m' = m(\mathrm{mod}\ N)$,$l' = l(\mathrm{mod}\ N)$。

证明如下:

(1)　　　　　　$$\mathrm{DFS}[x_\mathrm{p}(n+m)] = \sum_{n=0}^{N-1} x_\mathrm{p}(n+m)W_N^{nk}$$

令 $i = n+m$,作变量代换,有

$$\mathrm{DFS}[x_\mathrm{p}(n+m)] = \sum_{i=m}^{N-1+m} x_\mathrm{p}(i)W_N^{ik}W_N^{-mk}$$

由于 $x_\mathrm{p}(i)$ 及 $W_N^{ik}$ 都以 $N$ 为周期,故

$$\mathrm{DFS}[x_\mathrm{p}(n+m)] = W_N^{-mk}\sum_{i=0}^{N-1} x_\mathrm{p}(i)W_N^{ik} = W_N^{-mk}X_\mathrm{p}(k)$$

(2)　　$$\mathrm{DFS}[W_N^{ln}x_\mathrm{p}(n)] = \sum_{n=0}^{N-1} W_N^{ln}x_\mathrm{p}(n)W_N^{kn} = \sum_{n=0}^{N-1} x_\mathrm{p}(n)W_N^{(k+l)n} = X_\mathrm{p}(k+l)$$

即　　　　　　　　$$\mathrm{IDFS}[X_\mathrm{p}(k+l)] = W_N^{ln}x_\mathrm{p}(n)$$

**3. 对称性**

与序列的傅里叶变换类似,周期序列的离散傅里叶级数也具有类似的对称性,推导也类

似,这里只给出结果。

(1) 共轭对称性:若 $\text{DFS}[x_p(n)] = X_p(k)$,则
$$\text{DFS}[x_p^*(n)] = X_p^*(-k)$$
$$\text{DFS}[x_p^*(-n)] = X_p^*(k)$$

(2) 周期序列 $x_p(n)$ 的实部 $\text{Re}[x_p(n)]$ 的离散傅里叶级数等于 $x_p(n)$ 的离散傅里叶级数 $X_p(k)$ 的共轭对称部分 $X_{pe}(k)$;其虚部 $j\text{Im}[x_p(n)]$ 的离散傅里叶级数等于 $X_p(k)$ 的共轭反对称部分 $X_{po}(k)$,即

若
$$x_p(n) = \text{Re}[x_p(n)] + j\text{Im}[x_p(n)]$$
$$X_p(k) = X_{pe}(k) + X_{po}(k)$$
则
$$\text{DFS}\{\text{Re}[x_p(n)]\} = X_{pe}(k)$$
$$\text{DFS}\{j\text{Im}[x_p(n)]\} = X_{po}(k)$$

作为特例,实周期序列的离散傅里叶级数是共轭对称的,即

若
$$x_p(n) = \text{Re}[x_p(n)]$$
有
$$\text{DFS}[x_p(n)] = X_p(k) = X_{pe}(k)$$

极坐标形式为
$$X_p(k) = |X_p(k)| e^{j\varphi(k)}$$
则
$$|X_p(k)| = |X_p(-k)|$$
$$\varphi(k) = -\varphi(-k)$$

其幅度为一偶序列,相位为一奇序列。

(3) 周期序列 $x_p(n)$ 的共轭对称部分 $x_{pe}(n)$ 的离散傅里叶级数等于 $x_p(n)$ 的离散傅里叶级数 $X_p(k)$ 的实部 $\text{Re}[X_p(k)]$;其共轭反对称部分 $x_{po}(n)$ 的离散傅里叶级数等于 $X_p(k)$ 的虚部 $j\text{Im}[X_p(k)]$,即

若
$$x_p(n) = x_{pe}(n) + x_{po}(n)$$
$$X_p(k) = \text{Re}[X_p(k)] + j\text{Im}[X_p(k)]$$
则
$$\text{DFS}[x_{pe}(n)] = \text{Re}[X_p(k)]$$
$$\text{DFS}[x_{po}(n)] = j\text{Im}[X_p(k)]$$

作为特例,$x_p(n) = x_{pe}(n)$ 时
$$\text{DFS}[x_p(n)] = \text{Re}[X_p(k)] = X_p(k)$$

即一个共轭对称周期序列的离散傅里叶级数是一个实周期序列。

(4) 若周期序列是一个实偶序列,即

若
$$x_p(n) = \text{Re}[x_p(n)] = x_{pe}(n)$$
则
$$\text{DFS}[x_p(n)] = X_{pe}(k) = \text{Re}[X_p(k)]$$

即其 DFS 也是一实偶周期序列。

**4. 周期卷积**(Periodic Convolution)

对于两个周期同为 $N$ 的周期序列 $x_{p1}(n)$ 和 $x_{p2}(n)$,定义它们的周期卷积为
$$x_{p3}(n) = \sum_{m=0}^{N-1} x_{p1}(m) x_{p2}(n-m) = x_{p1}(n) \circledast x_{p2}(n) \tag{4.17}$$

它可以用两序列的离散傅里叶级数的乘积的逆离散傅里叶级数来计算,即,如果
$$\text{DFS}[x_{p1}(n)] = X_{p1}(k)$$

$$\mathrm{DFS}[x_{\mathrm{p2}}(n)] = X_{\mathrm{p2}}(k)$$
$$X_{\mathrm{p3}}(k) = X_{\mathrm{p1}}(k)X_{\mathrm{p2}}(k)$$
$$x_{\mathrm{p3}}(n) = \mathrm{IDFS}[X_{\mathrm{p3}}(k)]$$

则
$$x_{\mathrm{p3}}(n) = \sum_{m=0}^{N-1} x_{\mathrm{p1}}(m)x_{\mathrm{p2}}(n-m) = x_{\mathrm{p1}}(n) \circledast x_{\mathrm{p2}}(n)$$

证明：

$$x_{\mathrm{p3}}(n) = \mathrm{IDFS}[X_{\mathrm{p1}}(k)X_{\mathrm{p2}}(k)] = \frac{1}{N}\sum_{k=0}^{N-1} X_{\mathrm{p1}}(k)X_{\mathrm{p2}}(k)W_N^{-kn} \tag{4.18}$$

式中

$$X_{\mathrm{p1}}(k) = \sum_{m=0}^{N-1} x_{\mathrm{p1}}(m)W_N^{mk} \tag{4.19}$$

将式(4.19)代入式(4.18)，得

$$x_{\mathrm{p3}}(n) = \frac{1}{N}\sum_{k=0}^{N-1} X_{\mathrm{p2}}(k)\sum_{m=0}^{N-1} x_{\mathrm{p1}}(m)W_N^{-k(n-m)}$$

交换求和次序，得

$$x_{\mathrm{p3}}(n) = \sum_{m=0}^{N-1} x_{\mathrm{p1}}(m)\cdot\frac{1}{N}\sum_{k=0}^{N-1} X_{\mathrm{p2}}(k)W_N^{-k(n-m)} =$$
$$\sum_{m=0}^{N-1} x_{\mathrm{p1}}(m)x_{\mathrm{p2}}(n-m) = x_{\mathrm{p1}}(n) \circledast x_{\mathrm{p2}}(n)$$

得证。

现在讨论周期卷积与线性卷积的区别。根据线性卷积（即第 2 章讨论的卷积和）的表达式：

$$y(n) = x_1(n) * x_2(n) = \sum_{m=-\infty}^{+\infty} x_1(m)x_2(n-m) \tag{4.20}$$

以及周期卷积的表达式(4.17)，可知它们之间的区别：

① 周期卷积中参与运算的两个序列都是周期为 $N$ 的周期序列；

② 周期卷积只限于一个周期内求和，即 $m = 0, 1, \cdots, N-1$；

③ 周期卷积的计算结果也是一个周期为 $N$ 的周期序列。

周期卷积除了可以用两序列的离散傅里叶级数的乘积的逆离散傅里叶级数来计算，也可通过以下方式计算。

周期卷积过程示意图如图 4.5 所示，其中图 4.5(a)、4.5(b) 为两个周期序列 $x_{\mathrm{p1}}(m)$ 和 $x_{\mathrm{p2}}(m)$，图 4.5(c) ～ 4.5(f) 分别对应不同 $n$ 值的序列 $x_{\mathrm{p2}}(n-m)$，图 4.5(g) ～ 4.5(j) 分别对应不同 $n$ 值的两序列乘积 $x_{\mathrm{p1}}(m)x_{\mathrm{p2}}(n-m)$，图 4.5(k) 为周期卷积的结果 $x_{\mathrm{p3}}(n)$。

由于 DFS 和 IDFS 的对称性，可以证明，时域周期序列的乘积对应于频域周期序列的周期卷积，即如果

$$y_{\mathrm{p}}(n) = x_{\mathrm{p1}}(n)x_{\mathrm{p2}}(n)$$

则
$$Y_{\mathrm{p}}(k) = \mathrm{DFS}[y_{\mathrm{p}}(n)] = \sum_{n=0}^{N-1} y_{\mathrm{p}}(n)W_N^{nk} = \frac{1}{N}\sum_{l=0}^{N-1} X_{\mathrm{p1}}(l)X_{\mathrm{p2}}(k-l) =$$
$$\frac{1}{N}\sum_{l=0}^{N-1} X_{\mathrm{p2}}(l)X_{\mathrm{p1}}(k-l)$$

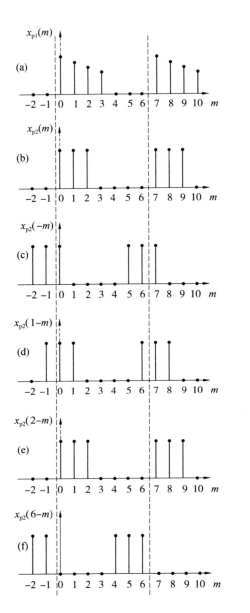

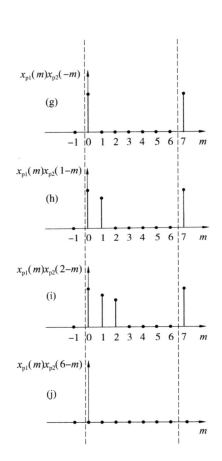

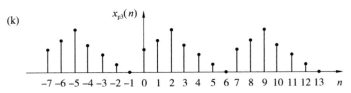

图 4.5 周期卷积过程示意图（$N = 7$）

# 4.3　离散傅里叶变换

4.2 节提到,周期序列实际上只有有限个序列值才有意义,因而它的离散傅里叶级数表示式也适用于有限长序列,这就得到了有限长序列的离散傅里叶变换(DFT)。

实际上,可以把长度为 $N$ 的有限长序列看成周期为 $N$ 的周期序列的一个周期,这样利用 DFS 计算周期序列的一个周期,也就是计算了有限长序列。

设 $x(n)$ 为有限长序列,长度为 $N$,即 $x(n)$ 只在 $n=0,1,\cdots,N-1$ 时有值,其他 $n$ 时, $x(n)=0$。 我们把它看成是周期为 $N$ 的周期序列 $x_\mathrm{p}(n)$ 的一个周期,而把 $x_\mathrm{p}(n)$ 看成是 $x(n)$ 以 $N$ 为周期的周期延拓,表达式为

$$x(n)=\begin{cases}x_\mathrm{p}(n) & (0\leqslant n\leqslant N-1)\\ 0 & (n \text{ 为其他值})\end{cases} \tag{4.21}$$

或

$$x(n)=x_\mathrm{p}(n)R_N(n) \tag{4.22}$$

式(4.22)中 $R_N(n)=\begin{cases}1 & (0\leqslant n\leqslant N-1)\\ 0 & (n \text{ 为其他值})\end{cases}$ 为矩形截断序列。而

$$x_\mathrm{p}(n)=\sum_{r=-\infty}^{+\infty} x(n+rN) \quad (-\infty<n<+\infty) \tag{4.23}$$

也可写成

$$x_\mathrm{p}(n)=x(\langle n\rangle_N) \quad (-\infty<n<+\infty) \tag{4.24}$$

或

$$x_\mathrm{p}(n)=x((n))_N \quad (-\infty<n<+\infty) \tag{4.25}$$

$\langle n\rangle_N$ 称为余数运算表达式,或称为取模(mod)运算,如果 $\langle n\rangle_N=n_1$,则表示 $n$、$n_1$ 和 $N$ 之间关系为 $n=n_1+rN$(其中 $r$ 为任意整数)。我们用 $x(\langle n\rangle_N)$ 或 $x((n))_N$ 表示 $x(n)$ 以 $N$ 为周期的周期延拓序列。

【例 4.1】　$x_\mathrm{p}(n)$ 是周期为 $N=9$ 的序列,求 $n=25$、$n=-5$ 两数对 $N$ 的余数。

**解**　因为
$$n=25=2\times 9+7$$
故
$$\langle 25\rangle_9=7$$
$$n=-5=(-1)\times 9+4$$
故
$$\langle -5\rangle_9=4$$
因此
$$x_\mathrm{p}(25)=x(\langle 25\rangle_9)=x(7)$$
$$x_\mathrm{p}(-5)=x(\langle -5\rangle_9)=x(4)$$

通常把 $x_\mathrm{p}(n)$ 的第一个周期 $n=0$ 到 $n=N-1$ 定义为“主值区间”,相应的称 $x(n)$ 是 $x_\mathrm{p}(n)$ 的“主值序列”。

同理,对频域的周期序列 $X_\mathrm{p}(k)$ 也可看成是对有限长序列 $X(k)$ 的周期延拓,而有限长序列 $X(k)$ 看成是周期序列 $X_\mathrm{p}(k)$ 的主值序列,即

$$X_\mathrm{p}(k)=X(\langle k\rangle_N)$$
$$X(k)=X_\mathrm{p}(k)R_N(k)$$

从 DFS 和 IDFS 的表达式看出,求和是只限定在 $n=0$ 到 $N-1$ 及 $k=0$ 到 $N-1$ 的主值区间进行,故完全适用于主值序列 $x(n)$ 及 $X(k)$。回顾 DFS 和 IDFS 的表达式

$$X_p(k) = \text{DFS}[x_p(n)] = \sum_{n=0}^{N-1} x_p(n) W_N^{nk}$$

$$x_p(n) = \text{IDFS}[X_p(k)] = \frac{1}{N} \sum_{k=0}^{N-1} X_p(k) W_N^{-nk}$$

从而得出新的定义,即有限长序列的离散傅里叶变换为

$$X(k) = \text{DFT}[x(n)] = \sum_{n=0}^{N-1} x(n) W_N^{nk} \quad (0 \leqslant k \leqslant N-1) \tag{4.26}$$

$$x(n) = \text{IDFT}[X(k)] = \frac{1}{N} \sum_{k=0}^{N-1} X(k) W_N^{-nk} \quad (0 \leqslant n \leqslant N-1) \tag{4.27}$$

或者写成

$$X(k) = \sum_{n=0}^{N-1} x(n) W_N^{nk} R_N(k) = X_p(k) R_N(k) \tag{4.28}$$

$$x(n) = \frac{1}{N} \sum_{k=0}^{N-1} X(k) W_N^{-nk} R_N(n) = x_p(n) R_N(n) \tag{4.29}$$

式中　　$\text{DFT}[\cdot]$——离散傅里叶变换;

　　　　$\text{IDFT}[\cdot]$——离散傅里叶反变换(逆离散傅里叶变换)。

由此可以看出有限长序列的离散傅里叶变换及周期序列的离散傅里叶级数之间的关系:它们仅仅是 $n$、$k$ 的取值不同,DFT 只取主值区间的值。

$x(n)$ 和 $X(k)$ 是一个有限长序列的离散傅里叶变换对,已知其中一个序列,就能唯一确定另一个序列,这是因为 $x(n)$ 和 $X(k)$ 都是长度为 $N$ 的序列,都有 $N$ 个独立值,所以信息量相等。

长度为 $N$ 的有限长序列和周期为 $N$ 的周期序列,都由 $N$ 个独立值来定义,但是我们要记住,凡是说到离散傅里叶变换关系之处,有限长序列都是作为周期序列的一个周期来表示的,具有隐含周期性,尤其在涉及其位移特性时更要注意。

# 4.4　Z 变换的抽样

## 4.4.1　离散傅里叶变换与 Z 变换的关系

对于有限长序列:

$$x(n) = \begin{cases} x(n) & (n_1 \leqslant n \leqslant n_2) \\ 0 & (n \text{ 为其他值}) \end{cases}$$

$x(n)$ 的 Z 变换为

$$X(z) = \sum_{n=n_1}^{n_2} x(n) z^{-n}$$

收敛域为 $0 < |z| < +\infty$。

当 $n_1 \geqslant 0$ 时,收敛域包含 $+\infty$ 点,即收敛域为 $0 < |z| \leqslant +\infty$。

当 $n_2 \leqslant 0$ 时,收敛域包含 0,即收敛域为 $0 \leqslant |z| < +\infty$。

因此长度为 $N$ 的有限长序列 $x(n)$,$(n = 0, \cdots, N-1)$ 的 Z 变换及收敛域为

$$X(z) = \sum_{n=0}^{N-1} x(n) z^{-n} \quad (z \neq 0) \tag{4.30}$$

在 $z$ 平面单位圆上 $(z = \mathrm{e}^{\mathrm{j}\omega})$，序列的 Z 变换就是其傅里叶变换，即

$$X(\mathrm{e}^{\mathrm{j}\omega}) = \sum_{n=0}^{N-1} x(n)\mathrm{e}^{-\mathrm{j}\omega n} = X(z)\big|_{z=\mathrm{e}^{\mathrm{j}\omega}} \tag{4.31}$$

我们把 $z$ 平面上的单位圆圆周 $N$ 等分，则各分点的角频率为 $\omega_k = \left(\dfrac{2\pi}{N}\right) \cdot k$，其中 $0 \leqslant k \leqslant N-1$，$\omega_k$ 也就是 $2\pi$ 范围内等间隔 $\left(\dfrac{2\pi}{N}\right)$ 抽样点的角频率。

故

$$X(z)\big|_{z=\mathrm{e}^{\mathrm{j}\frac{2\pi}{N}k}} = X(\mathrm{e}^{\mathrm{j}\frac{2\pi}{N}k}) = \sum_{n=0}^{N-1} x(n)\mathrm{e}^{-\mathrm{j}\frac{2\pi}{N}kn} = \sum_{n=0}^{N-1} x(n)W_N^{kn} \tag{4.32}$$

即

$$X(z)\big|_{z=\mathrm{e}^{\mathrm{j}\frac{2\pi}{N}k}} = \mathrm{DFT}[x(n)] \tag{4.33}$$

该式说明，长度为 $N$ 的有限长序列的离散傅里叶变换等于其 Z 变换在单位圆上 $N$ 个等间隔点的抽样值，也即等于其傅里叶变换在 $2\pi$ 范围内等间隔点 $\omega_k = \left(\dfrac{2\pi}{N}\right) \cdot k$ 上的抽样值。如图 4.6 所示。

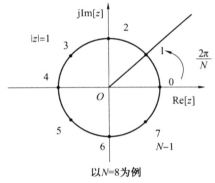

以 $N=8$ 为例

图 4.6　离散傅里叶变换与 Z 变换的关系

【例 4.2】　求等幅有限长序列

$$x(n) = \begin{cases} 1 & (0 \leqslant n \leqslant 4) \\ 0 & (n \text{ 为其他值}) \end{cases}$$

的离散傅里叶变换，并与其傅里叶变换的抽样进行比较，设抽样点数 $N=10$。

**解**　$x(n)$ 的离散傅里叶变换为

$$X(k) = \sum_{n=0}^{10-1} x(n)W_N^{kn} = \sum_{n=0}^{4} x(n)W_N^{kn} = \sum_{n=0}^{4} x(n)\mathrm{e}^{-\mathrm{j}\frac{2\pi}{10}kn} = \frac{1 - \mathrm{e}^{-\mathrm{j}\frac{2\pi}{10}(4+1)k}}{1 - \mathrm{e}^{-\mathrm{j}\frac{2\pi}{10}k}} =$$

$$\frac{1 - \mathrm{e}^{-\mathrm{j}k\pi}}{1 - \mathrm{e}^{-\mathrm{j}\frac{\pi}{5}k}} = \frac{1 - \mathrm{e}^{-\mathrm{j}k\pi}}{1 - \mathrm{e}^{-\mathrm{j}\frac{\pi}{5}k}} \cdot \frac{\mathrm{e}^{\mathrm{j}\frac{\pi}{2}k}}{\mathrm{e}^{\mathrm{j}\frac{\pi}{2}k}} \cdot \frac{\mathrm{e}^{-\mathrm{j}\frac{\pi}{2}k}}{\mathrm{e}^{-\mathrm{j}\frac{\pi}{2}k}} =$$

$$\frac{\mathrm{e}^{\mathrm{j}\frac{\pi}{2}k} - \mathrm{e}^{-\mathrm{j}\frac{\pi}{2}k}}{\mathrm{e}^{\mathrm{j}\frac{\pi}{10}k} - \mathrm{e}^{-\mathrm{j}\frac{\pi}{10}k}} \cdot \mathrm{e}^{-\mathrm{j}k\left(\frac{\pi}{2}-\frac{\pi}{10}\right)} = \frac{\sin\left(\dfrac{k\pi}{2}\right)}{\sin\left(\dfrac{k\pi}{10}\right)} \cdot \mathrm{e}^{-\mathrm{j}\frac{2}{5}k\pi}$$

$x(n)$ 的傅里叶变换为

$$X(\mathrm{e}^{\mathrm{j}\omega}) = \sum_{n=0}^{4} x(n)\mathrm{e}^{-\mathrm{j}\omega n} = \sum_{n=0}^{4} \mathrm{e}^{-\mathrm{j}\omega n} = \frac{1-\mathrm{e}^{-\mathrm{j}5\omega}}{1-\mathrm{e}^{-\mathrm{j}\omega}} =$$

$$\frac{\sin\left(\dfrac{5}{2}\omega\right)}{\sin\left(\dfrac{\omega}{2}\right)} \cdot \mathrm{e}^{-\mathrm{j}\omega\left(\frac{5}{2}-\frac{1}{2}\right)} = \frac{\sin\left(\dfrac{5}{2}\omega\right)}{\sin\left(\dfrac{\omega}{2}\right)} \cdot \mathrm{e}^{-\mathrm{j}2\omega}$$

将其在 $\omega_k = \dfrac{2\pi}{N}k = \dfrac{2\pi}{10}k$ 频率点上取样,得抽样值为

$$X(\mathrm{e}^{\mathrm{j}\omega_k}) = X(\mathrm{e}^{\mathrm{j}\frac{2\pi}{10}k}) = \frac{\sin\left(\dfrac{5}{2}\cdot\dfrac{2\pi}{10}k\right)}{\sin\left(\dfrac{1}{2}\cdot\dfrac{2\pi}{10}k\right)} \cdot \mathrm{e}^{-\mathrm{j}2\cdot\frac{2\pi}{10}k} = \frac{\sin\left(\dfrac{k\pi}{2}\right)}{\sin\left(\dfrac{k\pi}{10}\right)} \cdot \mathrm{e}^{-\mathrm{j}\frac{2}{5}k\pi}$$

两式结果相等,如图 4.7 所示。

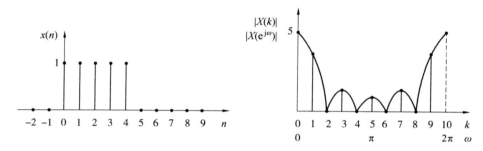

图 4.7　有限长序列的离散傅里叶变换与其傅里叶变换的关系

## 4.4.2　频域抽样定理

有限长序列 $x(n)$ 的离散傅里叶变换 $X(k)$,实质上是其傅里叶变换 $X(\mathrm{e}^{\mathrm{j}\omega})$ 在主周期内等间隔的抽样值。怎样抽样才能保证由 $X(k)$ 不失真地恢复 $X(\mathrm{e}^{\mathrm{j}\omega})$ 呢？频域抽样定理 (Frequency Sampling Theorem) 回答了这个问题。

**1. 抽样**

设任意序列 $x(n)$ 存在 Z 变换

$$X(z) = \sum_{n=-\infty}^{+\infty} x(n)z^{-n}$$

且 $X(z)$ 的收敛域包含单位圆(即 $x(n)$ 的傅里叶变换存在)。在单位圆上等间隔采样 $N$ 点得到

$$X(k) = X(z)\big|_{z=\mathrm{e}^{\mathrm{j}\frac{2\pi}{N}k}} = \sum_{n=-\infty}^{+\infty} x(n)\mathrm{e}^{-\mathrm{j}\frac{2\pi}{N}kn} \quad (0 \leqslant k \leqslant N-1) \tag{4.34}$$

式(4.34)表示在区间 $[0,2\pi]$ 上对 $x(n)$ 的傅里叶变换 $X(\mathrm{e}^{\mathrm{j}\omega})$ 的 $N$ 点等间隔采样。如将 $X(k)$ 看作长度为 $N$ 的有限长序列 $x'(n)$ 的 DFT,有

$$x'(n) = \mathrm{IDFT}[X(k)] \quad (0 \leqslant n \leqslant N-1)$$

下面推导序列 $x'(n)$ 与原序列 $x(n)$ 之间的关系,并导出频域抽样定理。

由 DFT 与 DFS 的关系可知,$X(k)$ 是 $x'(n)$ 以 $N$ 为周期的周期延拓序列 $x_\mathrm{p}(n)$ 的离散傅里叶级数的系数 $X_\mathrm{p}(k)$ 的主值序列,即

$$X_p(k) = X(\langle k \rangle_N) = \mathrm{DFS}[x_p(n)]$$

$$X(k) = X_p(k)R_N(k)$$

$$x_p(n) = x'(\langle n \rangle_N) = \mathrm{IDFS}[X_p(k)] =$$

$$\frac{1}{N}\sum_{k=0}^{N-1} X_p(k)W_N^{-kn} = \frac{1}{N}\sum_{k=0}^{N-1} X(k)W_N^{-kn} \tag{4.35}$$

将式(4.34)代入式(4.35),有

$$x_p(n) = \frac{1}{N}\sum_{k=0}^{N-1}\Big[\sum_{m=-\infty}^{+\infty} x(m)W_N^{km}\Big]W_N^{-kn} = \sum_{m=-\infty}^{+\infty} x(m)\frac{1}{N}\sum_{k=0}^{N-1}W_N^{k(m-n)}$$

式中

$$\frac{1}{N}\sum_{k=0}^{N-1}W_N^{k(m-n)} = \begin{cases} 1 & (m = n + rN, r \text{ 为整数}) \\ 0 & (m \text{ 为其他值}) \end{cases}$$

则有

$$x_p(n) = \sum_{r=-\infty}^{+\infty} x(n+rN)$$

所以

$$x'(n) = x_p(n)R_N(n) = \Big[\sum_{r=-\infty}^{+\infty} x(n+rN)\Big]R_N(n) \tag{4.36}$$

式(4.36)表明,$x'(n)$ 等于 $x(n)$ 以 $N$ 为周期进行延拓以后再截取其主周期的值,其中 $N$ 为单位圆一周($0 \sim 2\pi$)抽样的点数。

设 $x(n)$ 的长度为 $M$,若 $N < M$,则 $x(n)$ 周期延拓时产生混叠,不能使 $x'(n) = \sum_{r=-\infty}^{+\infty} x(n+rN)R_N(n) = x(n)$,即只有保证在频域$(0,2\pi)$范围内的抽样点数 $N$ 不小于 $M$ 的条件下,即只有当 $N \geqslant M$ 时,才能保证 $x'(n) = \mathrm{IDFT}[X(k)] = x(n)$,即可由频率抽样序列 $X(k)$ 不失真地恢复 $X(e^{j\omega})$ 或 $X(z)$,否则会产生时域混叠现象,这就是频域抽样定理。

**2. 内插公式**

频域抽样定理的内插公式,就是由 $X(k)$ 精确地恢复 $X(z)$ 或 $X(e^{j\omega})$ 的公式。推导如下:
有限长序列 $x(n)(0 \leqslant n \leqslant N-1)$ 的 Z 变换为

$$X(z) = \sum_{n=0}^{N-1} x(n)z^{-n} \tag{4.37}$$

根据 IDFT 的表达式,有

$$x(n) = \frac{1}{N}\sum_{k=0}^{N-1} X(k)W_N^{-kn} \tag{4.38}$$

将式(4.38)代入式(4.37),得

$$X(z) = \sum_{n=0}^{N-1}\Big[\frac{1}{N}\sum_{k=0}^{N-1} X(k)W_N^{-kn}\Big]z^{-n} =$$

$$\frac{1}{N}\sum_{k=0}^{N-1} X(k)\Big[\sum_{n=0}^{N-1}W_N^{-kn}z^{-n}\Big] =$$

$$\frac{1}{N}\sum_{k=0}^{N-1} X(k)\frac{1-W_N^{-Nk}z^{-N}}{1-W_N^{-k}z^{-1}} =$$

$$\frac{1-z^{-N}}{N}\sum_{k=0}^{N-1}\frac{X(k)}{1-W_N^{-k}z^{-1}} \tag{4.39}$$

式(4.39)就是由 $X(k)$ 来恢复 $X(z)$ 的内插公式。

将式(4.39)表示成

$$X(z) = \sum_{k=0}^{N-1} X(k)\Phi_k(z) \tag{4.40}$$

其中

$$\Phi_k(z) = \frac{1}{N} \frac{1-z^{-N}}{1-W_N^{-k}z^{-1}} \tag{4.41}$$

称为内插函数(Interpolation Function)。

下面讨论内插函数 $\Phi_k(z)$ 的特点:

令内插函数 $\Phi_k(z)$ 的分子为 0,则有

$$z = e^{j\frac{2\pi}{N}r} \quad (r=0,1,2,\cdots,k,\cdots,N-1)$$

即 $\Phi_k(z)$ 有 $N$ 个零点。

令内插函数 $\Phi_k(z)$ 的分母为零,则有

$$z = W_N^{-k} = e^{j\frac{2\pi}{N}k}$$

即内插函数 $\Phi_k(z)$ 有一个极点。它将和第 $k$ 个零点相抵消,因而内插函数 $\Phi_k(z)$ 只在本身抽样点 $e^{j\frac{2\pi}{N}k}$ 处不为零(零点被极点抵消),在其他 $N-1$ 个抽样点 $r$ 上($r \neq k$)都是零点,即有 $N-1$ 个零点。

将 $\Phi_k(z)$ 改写为

$$\Phi_k(z) = \frac{1}{N} \frac{z^N-1}{z-W_N^{-k}} \cdot \frac{1}{z^{N-1}} \tag{4.42}$$

由式(4.42)看出,内插函数 $\Phi_k(z)$ 在 $z=0$ 处有 $N-1$ 阶极点。

内插函数 $\Phi_k(z)$,$k=3$ 零、极点分布如图4.8所示。

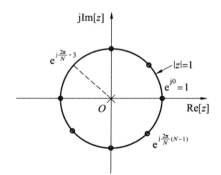

图 4.8　内插函数 $\Phi_k(z)(k=3)$ 零、极点分布图

若想由 $X(k)$ 恢复 $X(e^{j\omega})$,则内插公式为

$$X(e^{j\omega}) = \sum_{k=0}^{N-1} X(k)\Phi_k(e^{j\omega}) \tag{4.43}$$

其中

$$\Phi_k(e^{j\omega}) = \frac{1}{N} \frac{1-e^{-j\omega N}}{1-e^{-j(\omega-k\frac{2\pi}{N})}} = \frac{1}{N} \frac{\sin\frac{\omega N}{2}}{\sin\left[\left(\omega-\frac{2\pi}{N}k\right)/2\right]} e^{-j(\frac{N-1}{2}\omega+\frac{k\pi}{N})}$$

有时也写成

$$\Phi_k(\mathrm{e}^{\mathrm{j}\omega}) = \varphi\left[\mathrm{e}^{\mathrm{j}\left(\omega - k\frac{2\pi}{N}\right)}\right]$$

其中

$$\varphi(\mathrm{e}^{\mathrm{j}\omega}) = \frac{1}{N}\frac{\sin\left(\dfrac{\omega N}{2}\right)}{\sin\left(\dfrac{\omega}{2}\right)}\mathrm{e}^{-\mathrm{j}\left(\frac{N-1}{2}\right)\omega}$$

则

$$X(\mathrm{e}^{\mathrm{j}\omega}) = \sum_{k=0}^{N-1} X(k)\varphi\left[\mathrm{e}^{\mathrm{j}\left(\omega - \frac{2\pi}{N}k\right)}\right] \tag{4.44}$$

内插公式(4.43)或式(4.44)说明,频域的连续函数 $X(\mathrm{e}^{\mathrm{j}\omega})$ 可以通过其抽样序列 $X(k)$ 不失真地恢复。

## 4.5　离散傅里叶变换的性质

讨论离散傅里叶变换(DFT)的性质时,要注意 $x(n)$、$X(k)$ 的隐含周期性。

若 $X_1(k) = \mathrm{DFT}[x_1(n)]$,$X_2(k) = \mathrm{DFT}[x_2(n)]$,则离散傅里叶变换的性质如下。

**1. 线性**

$$X_3(k) = \mathrm{DFT}[ax_1(n) + bx_2(n)] = a\mathrm{DFT}[x_1(n)] + b\mathrm{DFT}[x_2(n)]$$

即

$$X_3(k) = aX_1(k) + bX_2(k)$$

式中　$a$、$b$——常数。

若 $x_1(n)$ 与 $x_2(n)$ 的长度 $N_1$、$N_2$ 不等,则 $N$ 的取值应满足:$N \geqslant \max[N_1, N_2]$。

**2. 序列的循环位移**(Circular Shift of a Sequence)

考虑隐含周期性,有限长序列 $x(n)$ 位移后的 DFT 是它对应的周期序列 $x_\mathrm{p}(n)$ 的 DFS 截取其主周期的结果。

一个有限长序列 $x(n)$ 的循环位移是指以它的长度 $N$ 为周期,将其延拓成周期序列 $x_\mathrm{p}(n)$,然后加以移位,最后截取主值区间($n=0$ 到 $N-1$)的序列值。因而有限长序列 $x(n)$ 的循环位移定义为

$$x_1(n) = x(\langle n+m\rangle_N)R_N(n) \tag{4.45}$$

其中 $x(\langle n+m\rangle_N)$ 表示 $x(n)$ 的周期延拓序列 $x_\mathrm{p}(n)$ 的移位,即

$$x(\langle n+m\rangle_N) = x_\mathrm{p}(n+m)$$

乘以 $R_N(n)$ 表示对移位后的周期序列截取主值序列。

对 $x_1(n)$ 进行 DFT,得

$$X_1(k) = \mathrm{DFT}[x_1(n)] = \{\mathrm{DFS}[x(\langle n+m\rangle_N)]\}R_N(k) =$$

$$\left[\sum_{n=0}^{N-1} x_\mathrm{p}(n+m)W_N^{nk}\right]R_N(k) = \left[\sum_{n=m}^{N-1+m} x_\mathrm{p}(n)W_N^{k(n-m)}\right]R_N(k) =$$

$$W_N^{-km}\left[\sum_{n=0}^{N-1} x_\mathrm{p}(n)W_N^{kn}\right]R_N(k) =$$

$$W_N^{-km}X(k)$$

即

$$\mathrm{DFT}[x(n+m)] = W_N^{-km}\mathrm{DFT}[x(n)]$$

同理可证
$$\text{IDFT}[X(k+l)] = \text{IDFT}[X(k)]W_N^{nl}$$

若式中 $m$、$l \geqslant N$,则用 $m' = m(\bmod N)$,$l' = l(\bmod N)$ 来代替 $m$ 和 $l$。

**3. 对称性**

在讨论序列的 DFT 对称性以前,首先讨论序列本身的对称性。因序列隐含周期性,所以序列的对称性也就是其对应的周期序列的对称性。

第 2 章中我们学到:
$$x(n) = x_e(n) + x_o(n) \tag{4.46}$$

其中,$x_e(n)$ 和 $x_o(n)$ 分别为序列 $x(n)$ 的共轭对称部分和共轭反对称部分。

$$x_e(n) = \frac{1}{2}[x(n) + x^*(-n)] \tag{4.47}$$

$$x_o(n) = \frac{1}{2}[x(n) - x^*(-n)] \tag{4.48}$$

设由有限长序列 $x(n)$ 延拓成的周期序列为 $x_p(n)$,则有
$$x_p(n) = x_{pe}(n) + x_{po}(n) \tag{4.49}$$

式中
$$x_{pe}(n) = \frac{1}{2}[x_p(n) + x_p^*(N-n)] \tag{4.50}$$

$$x_{po}(n) = \frac{1}{2}[x_p(n) - x_p^*(N-n)] \tag{4.51}$$

其中,$x_{pe}(n)$ 和 $x_{po}(n)$ 分别为周期序列 $x_p(n)$ 的共轭对称部分和共轭反对称部分。

这里 $x(n)$ 为有限长序列,考虑其隐含周期性 $x_p^*(N-n) = x_p^*(-n)$,把 $x_{pe}(n)$ 和 $x_{po}(n)$ 截取主周期,分别得
$$x_{pet}(n) = x_{pe}(n)R_N(n) \tag{4.52}$$

$$x_{pot}(n) = x_{po}(n)R_N(n) \tag{4.53}$$

于是原序列 $x(n)$ 可表示成
$$x(n) = x_p(n)R_N(n) = x_{pet}(n) + x_{pot}(n) \tag{4.54}$$

式(4.52)、(4.53)的 $x_{pet}(n)$ 和 $x_{pot}(n)$ 与式(4.47)、(4.48)中的 $x_e(n)$ 和 $x_o(n)$ 不同,主要原因是构成 $x_e(n)$ 和 $x_o(n)$ 的两序列 $x(n)$ 与 $x^*(-n)$ 在坐标轴上不重叠,使 $x_e(n)$ 和 $x_o(n)$ 的长度为原序列长度的两倍减 1,如图 4.9 所示。构成 $x_{pet}(n)$ 和 $x_{pot}(n)$ 的两序列是周期序列 $x_p(n)$ 与 $x_p^*(N-n)$ 截取主周期而得的,长度为 $N$,如图 4.10 所示。为了避免混淆,通常把 $x_{pet}(n)$ 和 $x_{pot}(n)$ 分别称为序列 $x(n)$ 的周期共轭对称分量和周期共轭反对称分量。

虽然 $x_{pet}(n)$ 和 $x_{pot}(n)$ 与 $x_e(n)$ 和 $x_o(n)$ 不同,但毕竟是由同一个序列 $x(n)$ 分解出来的,因此它们之间必然存在一定得联系。下面讨论 $x_e(n)$ 和 $x_o(n)$ 与 $x_{pet}(n)$ 和 $x_{pot}(n)$ 的关系。

首先用 $x(n)$ 和 $x^*(N-n)$ 来表示 $x_{pet}(n)$ 和 $x_{pot}(n)$。

根据式(4.50)～(4.53)得出
$$x_{pet}(n) = \frac{1}{2}[x(n) + x^*(N-n) + x^*(0)\delta(n)]R_N(n) \tag{4.55}$$

$$x_{pot}(n) = \frac{1}{2}[x(n) - x^*(N-n) - x^*(0)\delta(n)]R_N(n) \tag{4.56}$$

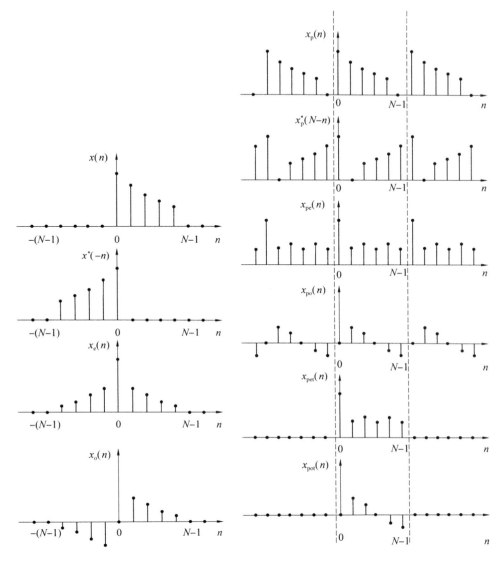

图 4.9　非周期序列的共轭对称部分和
　　　　共轭反对称部分

图 4.10　周期序列的周期共轭对称分量和
　　　　周期共轭反对称分量

$x^*(0)\delta(n)$ 项存在是因为对于有限长序列 $x(n)$ 来说，$x^*(N-n)$ 在 $n=0$ 点为 0，而上面提到的 $x_p(n)$ 与 $x_p^*(N-n)$ 在 $n=0$ 点有非零值。

利用多项式

$$\underbrace{[x^*(-n)}_{\parallel} - x^*(0)\delta(n) \pm \underbrace{x(n-N)]}_{\parallel} R_N(n) = 0$$

$$x^*(0)\delta(n)(\text{在}[0,N-1]\text{内})\quad 0(\text{在 } n=0,\cdots,N-1\text{无值}) \tag{4.57}$$

在式（4.55）和式（4.56）中分别加上和减去式（4.57）的多项式，有

$$x_{\mathrm{pet}}(n) = \frac{1}{2}[x(n) + x^*(N-n) + x^*(0)\delta(n) + x^*(-n) - x^*(0)\delta(n) + x(n-N)]R_N(n) =$$

$$\frac{1}{2}\big[x(n)+x(n-N)+x^*(N-n)+x^*(-n)\big]R_N(n)=$$

$$\left\{\frac{1}{2}\big[x(n)+x^*(-n)\big]+\frac{1}{2}\big[x(n-N)+x^*(N-n)\big]\right\}R_N(n)=$$

$$\big[x_e(n)+x_e(n-N)\big]R_N(n)\tag{4.58}$$

$$x_{\text{pot}}(n)=\frac{1}{2}\big\{x(n)-x^*(N-n)-x^*(0)\delta(n)-\big[x^*(-n)-x^*(0)\delta(n)-x(n-N)\big]\big\}R_N(n)=$$

$$\frac{1}{2}\big[x(n)-x^*(-n)+x(n-N)-x^*(N-n)\big]R_N(n)=$$

$$\left\{\frac{1}{2}\big[x(n)-x^*(-n)\big]+\frac{1}{2}\big[x(n-N)-x^*(N-n)\big]\right\}R_N(n)=$$

$$\big[x_o(n)+x_o(n-N)\big]R_N(n)\tag{4.59}$$

式(4.58)、(4.59)表明了 $x_{\text{pet}}(n)$ 和 $x_e(n)$、$x_{\text{pot}}(n)$ 和 $x_o(n)$ 的关系。

以上讨论的是时域序列的对称性,其结论也适用于频域序列。下面讨论序列离散傅里叶变换的对称性。

(1)$x(n)$ 的共轭序列 $x^*(n)$ 的离散傅里叶变换。

若 $$\text{DFT}[x(n)]=X(k)$$

则 $$\text{DFT}[x^*(n)]=X^*(\langle N-k\rangle_N)R_N(k)\quad(0\leqslant k\leqslant N-1)$$

证明:

$$\text{DFT}[x^*(n)]=\sum_{n=0}^{N-1}x^*(n)W_N^{kn}=\Big[\sum_{n=0}^{N-1}x_p^*(n)W_N^{nk}\Big]R_N(k)=$$

$$\Big[\sum_{n=0}^{N-1}x_p(n)W_N^{-nk}\Big]^*R_N(k)=$$

$$\Big[\sum_{n=0}^{N-1}x_p(n)W_N^{\langle N-k\rangle\,n}\Big]^*R_N(k)=$$

$$X^*(\langle N-k\rangle_N)R_N(k)\quad(0\leqslant k\leqslant N-1)$$

(2) $x(n)$ 的逆象 $x(\langle N-n\rangle_N)R_N(n)$ 的离散傅里叶变换为

$$\text{DFT}[x(\langle N-n\rangle_N)R_N(n)]=X(\langle N-k\rangle_N)R_N(k)\quad(0\leqslant k\leqslant N-1)$$

证明:

$$\text{DFT}[x(\langle N-n\rangle_N)R_N(n)]=\Big[\sum_{n=0}^{N-1}x_p(N-n)W_N^{kn}\Big]R_N(k)=$$

$$\Big[\sum_{n=0}^{N-1}x_p(-n)W_N^{kn}\Big]R_N(k)\xrightarrow[\text{再用}\,n\,\text{代替}\,m]{\text{令}\,m=-n}$$

$$\Big[\sum_{n=-(N-1)}^{0}x_p(n)W_N^{-kn}\Big]R_N(k)=$$

$$\Big[\sum_{n=0}^{N-1}x_p(n)W_N^{-kn}\Big]R_N(k)=$$

$$\Big[\sum_{n=0}^{N-1}x_p(n)W_N^{\langle N-k\rangle\,n}\Big]R_N(k)=$$

$$X(\langle N-k\rangle_N)R_N(k)$$

(3) $x(n)$ 的逆象共轭 $x^*(\langle N-n\rangle_N)R_N(n)$ 的离散傅里叶变换为

$$\mathrm{DFT}\left[x^*(\langle N-n\rangle_N)R_N(n)\right]=X^*(k) \quad (0 \leqslant k \leqslant N-1)$$

（4）序列 $x(n)$ 的实部和虚部的离散傅里叶变换为

$$\mathrm{DFT}\{\mathrm{Re}[x(n)]\}=X_{\mathrm{pet}}(k)$$

$$\mathrm{DFT}\{\mathrm{jIm}[x(n)]\}=X_{\mathrm{pot}}(k)$$

证明：因为

$$\mathrm{Re}[x(n)]=\frac{1}{2}\left[x(n)+x^*(n)\right]$$

所以

$$\mathrm{DFT}\{\mathrm{Re}[x(n)]\}=\mathrm{DFT}\left\{\frac{1}{2}\left[x(n)+x^*(n)\right]\right\}=$$

$$\frac{1}{2}\left[X_{\mathrm{p}}(k)+X_{\mathrm{p}}^*(N-k)\right]R_N(k)=$$

$$X_{\mathrm{pe}}(k)R_N(k)=X_{\mathrm{pet}}(k) \quad (0 \leqslant k \leqslant N-1)$$

同理可证：

$$\mathrm{DFT}\{\mathrm{jIm}[x(n)]\}=\frac{1}{2}\left[X_{\mathrm{p}}(k)-X_{\mathrm{p}}^*(N-k)\right]R_N(k)=$$

$$X_{\mathrm{po}}(k)R_N(k)=X_{\mathrm{pot}}(k)$$

此性质说明了序列实部的离散傅里叶变换等于其离散傅里叶变换的周期共轭对称分量，其虚部的离散傅里叶变换等于其离散傅里叶变换的周期共轭反对称分量。

（5）序列 $x(n)$ 的周期共轭对称分量 $x_{\mathrm{pet}}(n)$ 和周期共轭反对称分量 $x_{\mathrm{pot}}(n)$ 的傅里叶变换为

$$\mathrm{DFT}[x_{\mathrm{pet}}(n)]=\mathrm{Re}[X(k)]$$

$$\mathrm{DFT}[x_{\mathrm{pot}}(n)]=\mathrm{jIm}[X(k)]$$

证明：因为

$$x_{\mathrm{pet}}(n)=\frac{1}{2}\left[x_{\mathrm{p}}(n)+x_{\mathrm{p}}^*(N-n)\right]R_N(n)$$

所以

$$\mathrm{DFT}[x_{\mathrm{pet}}(n)]=\frac{1}{2}\left[X_{\mathrm{p}}(k)+X_{\mathrm{p}}^*(k)\right]R_N(k)=$$

$$\mathrm{Re}[X_{\mathrm{p}}(k)]R_N(k)=$$

$$\mathrm{Re}[X(k)] \quad (0 \leqslant k \leqslant N-1)$$

同理可证：

$$\mathrm{DFT}[x_{\mathrm{pot}}(n)]=\mathrm{jIm}[X(k)] \quad (0 \leqslant k \leqslant N-1)$$

此性质说明了序列的周期共轭对称分量的离散傅里叶变换等于该序列离散傅里叶变换的实部；而其周期共轭反对称分量的离散傅里叶变换等于该序列离散傅里叶变换的虚部。

（6）若 $x(n)$ 为实周期对称序列，则其离散傅里叶变换也为实周期对称序列；若 $x(n)$ 为纯虚周期反对称序列，则其离散傅里叶变换也是纯虚周期反对称序列。

证明：当 $x(n)$ 为实周期对称序列时，有

$$x(n)=x_{\mathrm{pet}}(n)=\mathrm{Re}[x(n)]$$

根据性质（5）有

$$\mathrm{DFT}[x(n)]=\mathrm{DFT}[x_{\mathrm{pet}}(n)]=\mathrm{Re}[X(k)]$$

根据性质（4）有

$$\mathrm{DFT}[x(n)] = \mathrm{DFT}\{\mathrm{Re}[x(n)]\} = X_{\mathrm{pet}}(k)$$

得证，$X(k)$ 为实周期对称序列。

同理可证第二部分。

**4. 循环卷积(圆周卷积和)(Circular Convolution)**

前面已讲过，周期卷积是两个周期相同(同为 $N$)的周期序列在一个周期内的卷积，其卷积结果仍是周期为 $N$ 的周期序列。数学表达式为

$$x_{\mathrm{p3}}(n) = \sum_{m=0}^{N-1} x_{\mathrm{p1}}(m) x_{\mathrm{p2}}(n-m) \tag{4.60}$$

循环卷积是周期卷积截取其主周期所得的结果，或者说是周期卷积在主周期内的值，即循环卷积为

$$x_3(n) = x_{\mathrm{p3}}(n) R_N(n) = \Big[\sum_{m=0}^{N-1} x_{\mathrm{p1}}(m) x_{\mathrm{p2}}(n-m)\Big] R_N(n) \tag{4.61}$$

对于循环卷积，可以想象一个序列在一个圆柱体侧面一周上，其一圈正好等于序列的长度 $N$，即只有 $N$ 点；另一个序列的时间轴是反向(即把它反转过后再移位 $n$)分布在圆柱体外边的套筒(与圆柱体半径相同)一周上，其一圈也正好等于序列的长度 $N$，即也有 $N$ 点。圆柱体和套筒上各对应点的序列值相乘并求和，即得循环卷积的一点值。为了得到循环卷积的各点值，将圆柱体和套筒相对(反向)旋转，重复上述运算过程即可。

若将圆柱体上的点做定标，则套筒上的序列对定标点来说，相当于一端移进，另一端移出，循环不止，故称循环卷积。循环卷积过程如图 4.11 所示，其中图 4.11(a)、4.11(b)为两个有限长序列，图 4.11(c) ~ 4.11(f)为"旋转"序列，图 4.11(g) ~ 4.11(j)为相应点乘积，图 4.11(k)为循环卷积结果。

为了与线性卷积和周期卷积相区别，循环卷积的运算符号记为 Ⓝ，需要说明的是，○ 内的 N 为循环卷积的具体点数，实际应用时可根据具体情况写成相应的数字，例如 ⑧ 表示8点循环卷积。至此，我们已经学到了三种卷积运算，总结如下：

① 线性卷积：$y(n) = x_1(n) * x_2(n) = \displaystyle\sum_{m=-\infty}^{+\infty} x_1(m) x_2(n-m)$

② 周期卷积：$x_{\mathrm{p3}}(n) = x_{\mathrm{p1}}(n) \circledast x_{\mathrm{p2}}(n) = \displaystyle\sum_{m=0}^{N-1} x_{\mathrm{p1}}(m) x_{\mathrm{p2}}(n-m)$

③ 循环卷积：$x_3(n) = x_1(n) \,Ⓝ\, x_2(n) = x_{\mathrm{p3}}(n) R_N(n)$

循环卷积可用两序列离散傅里叶变换乘积的逆离散傅里叶变换求得，即若

$$\mathrm{DFT}[x_1(n)] = X_1(k), \mathrm{DFT}[x_2(n)] = X_2(k)$$

则
$$x_3(n) = \mathrm{IDFT}[X_1(k) X_2(k)] = x_1(n) \,Ⓝ\, x_2(n) \tag{4.62}$$

证明：由离散傅里叶变换与离散傅里叶级数的关系可知，离散傅里叶变换是离散傅里叶级数的主周期值，因此由

$$x_3(n) = \mathrm{IDFT}[X_1(k) X_2(k)]$$

可得
$$x_3(n) = \{\mathrm{IDFS}[X_{\mathrm{p1}}(k) X_{\mathrm{p2}}(k)]\} R_N(n)$$

前面已经证明，$\mathrm{IDFS}[X_{\mathrm{p1}}(k) X_{\mathrm{p2}}(k)]$ 为 $x_{\mathrm{p1}}(n)$ 和 $x_{\mathrm{p2}}(n)$ 的周期卷积，其中 $x_{\mathrm{p1}}(n)$ 和 $x_{\mathrm{p2}}(n)$ 分别为 $x_1(n)$ 和 $x_2(n)$ 的周期延拓序列，即

$$x_{\mathrm{p3}}(n) = \mathrm{IDFS}[X_{\mathrm{p1}}(k) X_{\mathrm{p2}}(k)] = \sum_{m=0}^{N-1} x_{\mathrm{p1}}(m) x_{\mathrm{p2}}(n-m)$$

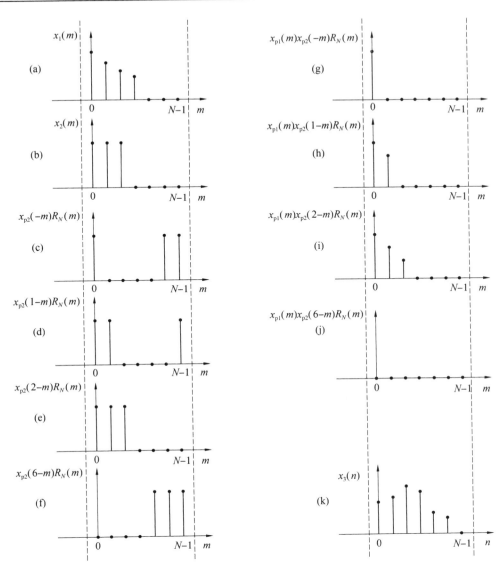

图 4.11 循环卷积过程示意图

所以

$$x_3(n) = x_{p3}(n)R_N(n) = \left[\sum_{m=0}^{N-1} x_{p1}(m)x_{p2}(n-m)\right]R_N(n) = x_1(n) \, \textcircled{N} \, x_2(n)$$

即两序列的离散傅里叶变换乘积的逆离散傅里叶变换等于这两序列的循环卷积。

循环卷积满足交换律,即

$$x_3(n) = x_1(n) \, \textcircled{N} \, x_2(n) = x_2(n) \, \textcircled{N} \, x_1(n)$$

在频域,同理可证,若

$$x_3(n) = x_1(n)x_2(n)$$

则

$$X_3(k) = \frac{1}{N}X_1(k) \, \textcircled{N} \, X_2(k) = \frac{1}{N}X_2(k) \, \textcircled{N} \, X_1(k)$$

即两个序列乘积的离散傅里叶变换等于它们的离散傅里叶变换的循环卷积乘上因子 $1/N$。

【例 4.3】 设两个有限长序列分别为

$$x_1(n) = \begin{cases} 1 & (0 \leqslant n \leqslant 2) \\ 0 & (n \text{ 为其他值}) \end{cases}, x_2(n) = \begin{cases} a & (0 \leqslant n \leqslant 3) \\ 0 & (n \text{ 为其他值}) \end{cases}, \text{试求这两序列 } N=6 \text{ 时的循环卷积。}$$

**解** 设 $x_3(n) = x_1(n) \; \text{Ⓝ} \; x_2(n)$，用图 4.12 来说明卷积过程，其中 4.12(a)、4.12(b) 为进行循环卷积的两个有限长序列，4.12(c) 为 $n=0$ 时的"旋转"序列 $x_{p2}(n-m)R_N(m)$，它随 $n$ 值的增加，右端移出，左端移入，进行循环。将不同 $n$ 值时的乘积 $x_1(m)[x_{p2}(n-m)R_N(m)]$ 的各样本求和即得不同点的循环卷积值 $x_3(n)$，如图 4.12(d) 所示。

$$x_3(0) = \sum_{m=0}^{N-1} x_1(m)\{[x_{p2}(0-m)]R_6(m)\} = a$$

$$x_3(1) = \sum_{m=0}^{N-1} x_1(m)\{[x_{p2}(1-m)]R_6(m)\} = 2a$$

$$x_3(2) = \sum_{m=0}^{N-1} x_1(m)\{[x_{p2}(2-m)]R_6(m)\} = 3a$$

同样方法，可得

$$x_3(3) = 3a$$
$$x_3(4) = 2a$$
$$x_3(5) = a$$

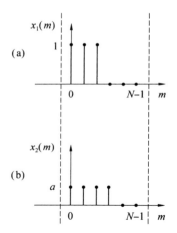

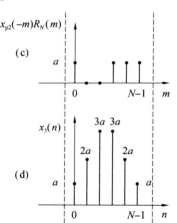

图 4.12　两序列的 6 点循环卷积

# 4.6　用循环卷积计算序列的线性卷积

两序列的循环卷积可通过它们各自的 DFT 乘积的 IDFT 求得，而 DFT 又可用其快速算法 FFT 来计算，如能用循环卷积来计算线性卷积，就可以用 FFT 来计算线性卷积，这就大大提高了线性卷积的计算速度。

现将讨论在何种条件下循环卷积才能实现线性卷积。两个有限长序列 $x_1(n)$ 和 $x_2(n)$，设其长度分别为 $N_1$ 和 $N_2$，它们的线性卷积为

$$y(n) = \sum_{m=-\infty}^{+\infty} x_1(m) x_2(n-m)$$

$x_1(m)$ 的非零区间为 $0 \leqslant m \leqslant N_1-1$，$x_2(n-m)$ 的非零区间为 $0 \leqslant n-m \leqslant N_2-1$，将两个不等式相加，得

$$0 \leqslant n \leqslant N_1 + N_2 - 2$$

在这个区间外，$y(n) = 0$，因而 $y(n)$ 是有限长序列，长度为 $N_1 + N_2 - 1$。

现在我们来看 $x_1(n)$ 和 $x_2(n)$ 的循环卷积：

这里 $x_1(n)$ 和 $x_2(n)$ 的长度分别为 $N_1$ 和 $N_2$。先对它们进行长度为 $N$ 的循环卷积，再讨论 $N$ 取何值时，循环卷积可以代表线性卷积。把 $x_1(n)$ 和 $x_2(n)$ 的长度都取为 $N$，$N \geqslant \max(N_1, N_2)$，即

$$x_1(n) = \begin{cases} x_1(n) & (0 \leqslant n \leqslant N_1 - 1) \\ 0 & (N_1 - 1 < n \leqslant N - 1) \\ 0 & (n \text{ 为其他值}) \end{cases}$$

$$x_2(n) = \begin{cases} x_2(n) & (0 \leqslant n \leqslant N_2 - 1) \\ 0 & (N_2 - 1 < n \leqslant N - 1) \\ 0 & (n \text{ 为其他值}) \end{cases}$$

根据前面知识，周期卷积为

$$x_{p3}(n) = \sum_{m=0}^{N-1} x_{p1}(m) x_{p2}(n - m)$$

式中　$x_{p1}(n)$、$x_{p2}(n)$——$x_1(n)$、$x_2(n)$ 的周期延拓序列。

而 $x_1(n)$ 和 $x_2(n)$ 的循环卷积为

$$x_3(n) = x_{p3}(n) R_N(n)$$

即

$$x_3(n) = x_1(n) \, \text{Ⓝ} \, x_2(n) = \left[ \sum_{m=0}^{N-1} x_{p1}(m) x_{p2}(n - m) \right] R_N(n) \tag{4.63}$$

在主值区间 $0 \leqslant m \leqslant N - 1$ 内，$x_{p1}(m) = x_1(m)$，$0 \leqslant m \leqslant N - 1$，则式（4.63）可写为

$$x_3(n) = \left[ \sum_{m=0}^{N-1} x_1(m) x_{p2}(n - m) \right] R_N(n) =$$

$$\left[ \sum_{m=0}^{N-1} x_1(m) x_2(\langle n - m \rangle_N) \right] R_N(n) \tag{4.64}$$

式（4.64）中

$$x_2(\langle n - m \rangle_N) = \sum_{r=-\infty}^{+\infty} x_2(n - m + rN) \tag{4.65}$$

将式（4.65）代入式（4.64），有

$$x_3(n) = \left[ \sum_{m=0}^{N-1} x_1(m) \sum_{r=-\infty}^{+\infty} x_2(n + rN - m) \right] R_N(n) =$$

$$\left[ \sum_{r=-\infty}^{+\infty} \underbrace{\sum_{m=0}^{N-1} x_1(m) x_2(n + rN - m)}_{\text{线性卷积}} \right] R_N(n) =$$

$$\left[ \sum_{r=-\infty}^{+\infty} y(n + rN) \right] R_N(n) = \left[ y_p(n) \right] R_N(n) \tag{4.66}$$

式（4.66）中 $y_p(n)$ 为 $y(n)$ 以 $N$ 为周期的周期延拓序列。此式表明，循环卷积 $x_3(n)$ 是线性卷积 $y(n)$ 以 $N$ 为周期的周期延拓序列 $y_p(n)$ 的主值序列。因为 $y(n)$ 有 $N_1 + N_2 - 1$ 个非零值，所以延拓的周期 $N$ 必须满足 $N \geqslant N_1 + N_2 - 1$，这时各 $y(n + rN)$ 才不重叠。而 $x_3(n)$ 的前 $N_1 + N_2 - 1$ 个值正好是 $x_3(n)$ 的全部非零序列值，也正是 $y(n)$，$x_3(n)$ 剩下的 $N - (N_1 + N_2 - 1)$ 个点上的序列值则是补充的零值。

即当 $N \geqslant N_1 + N_2 - 1$ 时，$x_3(n) = y(n)$，可以通过循环卷积实现线性卷积，即

$$x_1(n) \ \text{Ⓝ} \ x_2(n) = x_1(n) * x_2(n) \quad (N \geqslant N_1 + N_2 - 1; 0 \leqslant n \leqslant N_1 + N_2 - 2)$$

当 $N < N_1 + N_2 - 1$ 时,对 $y(n)$ 进行周期延拓时会发生重叠,此时不能用循环卷积实现线性卷积。图 4.13 给出了 $N \geqslant N_1 + N_2 - 1$ 和 $N < N_1 + N_2 - 1$ 两种情况下的循环卷积。

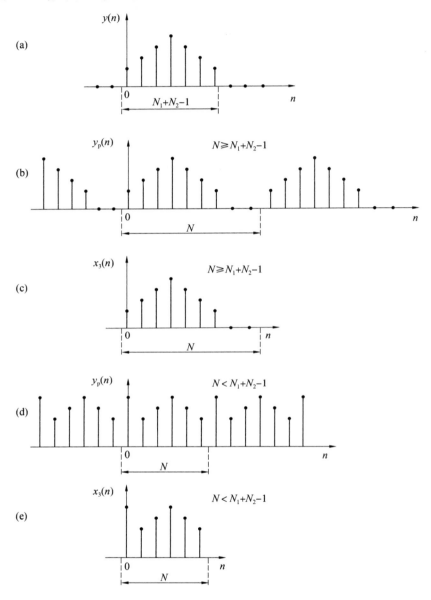

图 4.13　不同 $N$ 值的循环卷积

因为两序列的循环卷积可用各自离散傅里叶变换乘积的逆离散傅里叶变换求得,而离散傅里叶变换又有快速算法,所以可以加快线性卷积的运算速度,如图 4.14 所示。

实际中,经常会遇到两序列长度相差很多的情况,如将两序列长度处理成不小于两序列长度之和减 1,会浪费计算机容量及运算时间,此时可用分段循环卷积的方法实现上述两序列的卷积。如图 4.15 所示,序列 $h(n)$ 长度为 $M$,$x(n)$ 长度为 $3N$。

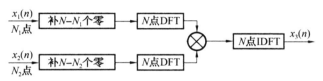

图 4.14 用 DFT 实现循环卷积示意图

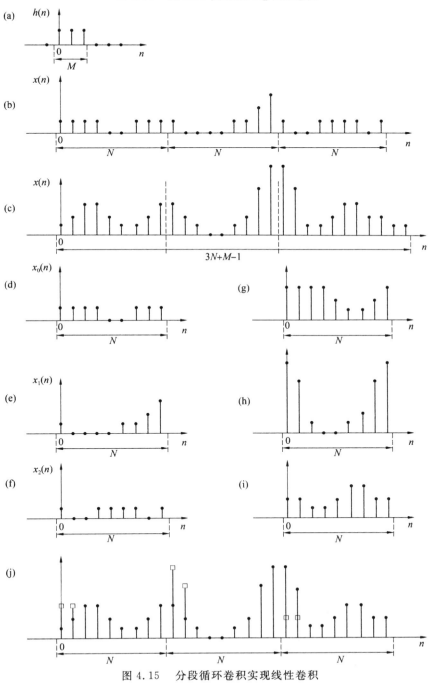

图 4.15 分段循环卷积实现线性卷积

将 $x(n)$ 分成三段,每段长度为 $N$,它们分别与 $h(n)$ 进行 $N$ 点循环卷积。由于混叠(不满足利用循环卷积计算线性卷积的条件),前 $M-1$ 点值与线性卷积值不符,后 $N-(M-1)$ 点相符。这样每段产生 $M-1$ 点失真,为解决此问题,需要采用改进的分段循环卷积法 —— 重叠保留法和重叠相加法。

**1. 重叠保留法**(Overlap-Save Method)/ **重叠舍去法**

把每一段序列 $x_k(n)$ 向前多取 $M-1$ 点,这样与 $h(n)$ 卷积多了 $M-1$ 点数据,由于混叠这些数据不正确,所以将其舍去,剩下 $N$ 点符合线性卷积值的数据。将各段 $y_k(n)$ 合成便得到 $y(n)$,即 $x(n)$ 与 $h(n)$ 的线性卷积。

实际中是把每段最后的 $M-1$ 点数据作为下一段向前填充的 $M-1$ 点数据,保留使用,故称重叠保留,又称重叠舍去法。示意图如图 4.16 所示。

重叠保留法的数学表达式为

$$y(n) = \sum_{k=0}^{+\infty} y_k(n)$$

式中

$$y_k(n) = \begin{cases} y'_k(n) & (M-1 < n \leqslant N+M-1) \\ 0 & (n \text{ 为其他值}) \end{cases}$$

$$y'_k(n) = h(n) \, \textcircled{L} \, x'_k(n) \quad (L = N+M-1)$$

值得注意的是,对于长度为 $3N$ 的序列 $x(n)$,在完成它的最后一段与 $h(n)$ 的卷积运算后,经合成得到的是总长度为 $3N$ 的线性卷积,这与直接计算 $x(n)$ 和 $h(n)$ 的线性卷积结果(长度为 $3N+M-1$)相比,缺少了 $M-1$ 点数据。为保证线性卷积结果的正确性,需将 $x(n)$ 的最后 $M-1$ 点数据后面补 $N$ 个零,并将其与 $h(n)$ 再做一次卷积运算,同样舍去运算结果中的前 $M-1$ 个值,保留后面的非零值,而此时非零值的个数恰好为 $M-1$ 个。这样,便得到了与直接计算两个序列线性卷积完全相同的结果。

**2. 重叠相加法**(Overlap-add Method)

为消除由重叠效应引起的失真,可以选择每段运算点数 $L \geqslant N+M-1$,使每段循环卷积都与线性卷积一致,然后将各段的卷积结果相加,即为整个序列 $x(n)$ 与 $h(n)$ 的线性卷积,所得前一段的末尾 $M-1$ 点与后一段开始 $M-1$ 点卷积值之和即为对应整个线性卷积相应点的值,因此称为重叠相加法。示意图如图 4.17 所示。

如果取 $x(n)$ 中的 $N$ 点数据作为一段,为了保证 $L \geqslant N+M-1$,则必须填充 $M-1$ 个 0,即

$$x(n) = \sum_{k=0}^{+\infty} x_k(n)$$

其中

$$x_k(n) = \begin{cases} x(n) & (kN \leqslant n \leqslant (k+1)N-1) \\ 0 & (n \text{ 为其他值}) \end{cases}$$

这样,序列 $x(n)$ 与 $h(n)$ 的线性卷积为

$$y(n) = h(n) * x(n) = h(n) * \sum_{k=0}^{+\infty} x_k(n) = \sum_{k=0}^{+\infty} h(n) * x_k(n) = \sum_{k=0}^{+\infty} y_k(n)$$

当选择 $L \geqslant N+M-1$ 时

$$h(n) * x_k(n) = h(n) \, \textcircled{L} \, x_k(n)$$

对于以上两种分段循环卷积,$L$ 的取值有一个最佳值,一般情况下,取 $L = 2^r$($r$ 为正整数),见表 4.2。

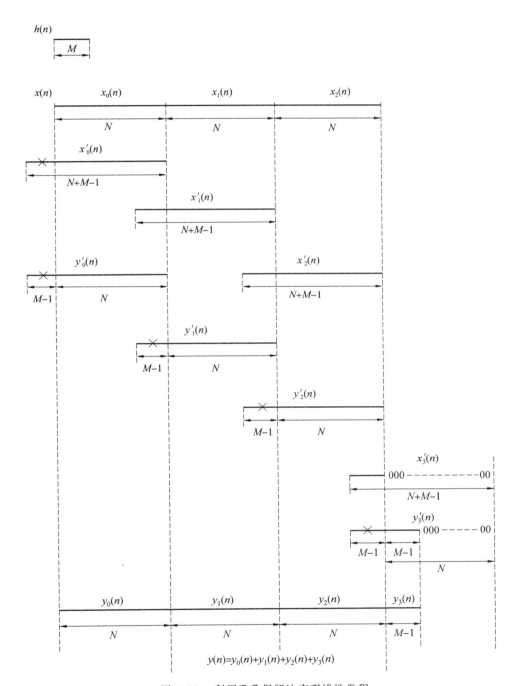

图 4.16   利用重叠保留法实现线性卷积

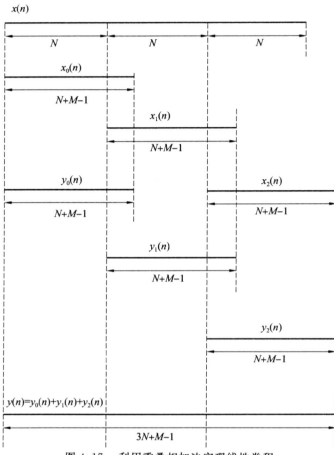

图 4.17　利用重叠相加法实现线性卷积

**表 4.2　分段卷积时 $L$ 的最佳取值**

| $M$ | $L$ | $r$ |
|---|---|---|
| 1 ～ 10 | 32 | 5 |
| 11 ～ 19 | 64 | 6 |
| 20 ～ 29 | 128 | 7 |
| 30 ～ 49 | 256 | 8 |
| 50 ～ 99 | 512 | 9 |
| 100 ～ 199 | 1 024 | 10 |
| 200 ～ 299 | 2 048 | 11 |
| 300 ～ 599 | 4 096 | 12 |
| 600 ～ 999 | 8 192 | 13 |
| 1 000 ～ 1 999 | 16 384 | 14 |
| 2 000 ～ 3 999 | 32 768 | 15 |

# 4.7　相关 Python 函数与示例

**1. DFS 的系数计算程序**

程序中使用的函数说明：mat，生成矩阵。

程序中使用的函数说明：range，生成序列。

运行代码：

```
import numpy as np
＃自定义函数,计算 DFS 系数
def dfs(xn,N):
    n = np. mat(range(0,N,1))   ＃变量 n
    k = np. mat(range(0,N,1))   ＃变量 k
    WN = np. exp(−1 * 1j * 2 * np. pi/N)   ＃Wn 因数
    nk = n. T * k   ＃建立 N * N 矩阵 nk
    WNnk＝WN * * nk   ＃DFS 矩阵
    Xk＝xn * WNnk   ＃DFS 系数
    return Xk
xn = np. mat([3,5,7])   ＃生成一个 3 点一维矩阵
N = 3   ＃计算 3 点 DFS
Xk = dfs(xn,N)
print("DFS 系数:",Xk)
```

运行结果及分析：

DFS 系数：[[15. +0. j　−3. +1.73205081j　−3. −1.73205081j]]

**2. 逆离散傅里叶级数(IDFS)系数计算程序**

运行代码：

```
import numpy as np
＃自定义函数,计算逆离散傅里叶级数(IDFS)系数
def idfs(Xk,N):
    n = np. mat(range(0,N,1))   ＃变量 n
    k = np. mat(range(0,N,1))   ＃变量 k
    WN = np. exp(−1 * 1j * 2 * np. pi/N)
    nk = n. T * k
    WNnk ＝WN * * (−nk)
    xn = Xk * WNnk/N
    return xn
N = 3
Xk = dfs(np. mat([3,5,7]),3)
xn = idfs(Xk,N)
```

```
print("xn:",xn)
```

运行结果及分析：

xn：[[3.－1.77635684e－15j 5.－4.44089210e－16j 7.＋1.03620816e－15j]]

### 3. DFT 和 IDFT 的直接计算程序

**【例 4.4】** 设 $x(n)$ 是 4 点序列 $x(n)=\begin{cases}1 & (0\leqslant n\leqslant3)\\0 & (n\text{ 为其他值})\end{cases}$。

(1)计算离散时间傅里叶变换 $X(e^{j\omega})$，并画出其幅度和相位；

(2)计算 $x(n)$ 的 4 点 DFT。

运行代码：

```python
import matplotlib. pyplot as plt
import numpy as np
from scipy. fftpack import ff
# 第(1)个问题
w = np. linspace(0,2,200+1)
X=1+np. exp(－1j * w * np. pi)+np. exp(－1j * 2 * w * np. pi)+\
np. exp(－1j * 3 * w * np. pi)
print("X",X)
# 画图
fig = plt. figure()
ax1 = fig. add_subplot(211)
ax1. plot(w,abs(X))
ax1. set_title("DTFT 幅频特性",fontproperties＝"SimSun",fontsize＝12)
ax1. set_xlabel("角频率/π",fontproperties＝"SimSun",fontsize＝12)
ax1. set_ylabel("幅度|X|",fontproperties＝"SimSun",fontsize＝12)

ax2 = fig. add_subplot(212)
ax2. plot(w,np. angle(X)/np. pi)
ax2. set_title("DTFT 相频特性",fontproperties＝"SimSun",fontsize＝12)
ax2. set_xlabel("角频率/π",fontproperties＝"SimSun",fontsize＝12)
ax2. set_ylabel("相位/π",fontproperties＝"SimSun",fontsize＝12)
plt. tight_layout()

# 第(2)个问题
xx = np. array([1,1,1,1])
n = np. linspace(0,2－2/len(xx),len(xx))
N = 4
XX = dfs(xx,N)
magX = abs(XX)
phaX = np. angle(XX)/np. pi
```

♯画图
```
fig = plt.figure()
ax1 = fig.add_subplot(211)
ax1.stem(w,abs(X))
ax1.set_title("DFT 幅频特性",fontproperties="SimSun",fontsize=12)
ax1.set_xlabel("角频率/π",fontproperties="SimSun",fontsize=12)
ax1.set_ylabel("幅度",fontproperties="SimSun",fontsize=12)

ax2 = fig.add_subplot(212)
ax2.stem(w,np.angle(X)/np.pi)
ax2.set_title("DFT 相频特性",fontproperties="SimSun",fontsize=12)
ax2.set_xlabel("角频率/π",fontproperties="SimSun",fontsize=12)
ax2.set_ylabel("相位/π",fontproperties="SimSun",fontsize=12)
plt.tight_layout()
plt.show()
```
运行结果如图 4.18 和图 4.19 所示。

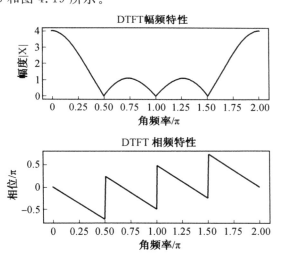

图 4.18　第(1)个问题运行结果

## 4. 序列的循环移位程序

【例 4.5】　$x(n) = [1,2,3,4,5]$，求 $x(n)$ 向右和向左的 3 点循环移位。

运行代码：
```
import numpy as np
♯自定义函数,实现序列的循环移位
def cirshift(x,m,N):
    if len(x)>N:
        return "N 必须大于 x 的长度"
    else:
```

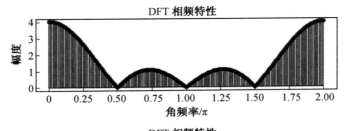

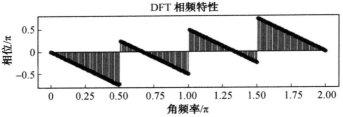

图 4.19　第(2)个问题程序运行结果

```
x1＝np. zeros(N－len(x))
x ＝ np. concatenate([x,x1],axis＝0)
n ＝ np. array(range(0,N,1))
n ＝ divmod(n－m,N)[1]
y ＝ x[n]
    return y
x ＝ np. array([1,2,3,4,5])
y1 ＝ cirshift(x,3,5)
y2 ＝ cirshift(x,－3,6)
print("y1:",y1)
print("y2:",y2)
```

运行结果及分析：

y1：[3. 4. 5. 1. 2. ]

y2：[4. 5. 0. 1. 2. 3. ]

### 5. 利用循环卷积计算线性卷积程序

【例 4.6】　设 $x_1(n)$ 和 $x_2(n)$ 是如下给出的两个 4 点序列，$x_1(n)=\{1,2,2,1\}$，$x_2(n)=\{1,-1,-1,1\}$。

(1)求它们的线性卷积 $x_3(n)$；

(2)计算循环卷积 $x_4(n)$，使它等于 $x_3(n)$。

运行代码：

```
import numpy as np
#自定义函数,利用循环卷积计算线性卷积
def circonvt(x1,x2,N):
    #x1 和 x2 的 N 点循环卷积
```

```
♯y＝输出循环卷积结果
♯x1＝输入序列,N1＜N
♯x2＝输入序列,N2＜N
♯N＝循环卷积长度
♯功能 y(n)＝sum(x1(m) * x2((n－m)mod N))
♯检验 x1 的长度
if len(x1)＞N:
    return "N 必须大于输入序列 x1(n)长度"
if len(x2)＞N:
    return "N 必须大于输入序列 x2(n)长度"
if len(x1)＜＝N and len(x2)＜＝N:
    x1 = np.concatenate([x1,np.zeros(N－len(x1))],axis = 0)
    x2 = np.concatenate([x2,np.zeros(N－len(x2))],axis = 0)
    m = np.array(range(0,N,1))
    x2 = x2[np.divmod(－m,N)[1]]
    H = np.zeros((N,N))
    for n in range(0,N):
        H[n,:]＝cirshift(x2,n,N)
    y = np.dot(x1,np.conj(H.T))
    return y
♯实例
x1 = np.array([1,2,2,1])
x2 = np.array([1,－1,－1,1])
x3 = np.convolve(x1,x2)
x4 = circonvt(x1,x2,7)
print("x3:",x3)
print("x4:",x4)
```

运行结果及分析:

x3:[ 1　1　－1　－2　－1　1　1]

x4:[ 1　1　－1　－2　－1　1　1]

**6. 循环卷积(圆周卷积和)计算程序**

【例 4.7】　已知 $x_1(n) = [2, 4, 3, 1]$，$x_2(n) = [2, 1, 3]$，求 4 点圆周卷积 $y(n) = x1(n)$ ④$x2(n)$。

运行代码:

```
import numpy as np
x1 = np.array([2,4,3,1])
x2 = np.array([2,1,3])
y = circonvt(x1,x2,4)    ♯调用自定义函数 circonvt
```

```
print("y:",y)
```

运行结果及分析：

y：〔14. 13. 16. 17. 〕

**7. 高密度和高分辨谱分析程序**

【例4.8】 考虑序列 $x(n) = \cos(0.48\pi n) + \cos(0.52\pi n)$。

(1)求出并画出 $x(n), 0 \leq n \leq 10$ 的离散时间傅里叶变换；

(2)求出并画出 $x(n), 0 \leq n \leq 100$ 的离散时间傅里叶变换。

程序中使用的函数说明：fft，计算序列的傅里叶变换。

运行代码：

```
import matplotlib. pyplot as plt
import numpy as np
from scipy. fftpack import fft
n = np. array(range(0,100,1))
x = np. cos(0. 48 * np. pi * n)+np. cos(0. 52 * np. pi * n)
n1 = np. array(range(0,10,1))
y1 = x[0:10]
#画图
fig = plt. figure()
ax1 = fig. add_subplot(211)
ax1. stem(n1,y1,basefmt="--")
ax1. set_title("信号 x(n),0<=n<=9",
fontproperties="SimSun",fontsize=12)
ax1. set_xlabel("n",fontproperties="SimSun",fontsize=12)
ax1. set_ylabel("幅值",fontproperties="SimSun",fontsize=12)

Y1 =fft(y1,10)
magY1 =abs(Y1[0:6])
k1 = np. array(range(0,6,1))
w1 = 2/10 * k1

ax2 = fig. add_subplot(212)
ax2. plot(w1,magY1)
ax2. set_title("序列 x 的 DTFT 模值",
fontproperties="SimSun",fontsize=12)
ax2. set_xlabel("角频率/π",fontproperties="SimSun",fontsize=12)
ax2. set_ylabel("模值",fontproperties="SimSun",fontsize=12)
plt. tight_layout()

n2 = np. array(range(0,100,1))
```

```python
y2 = np.concatenate([x[0:10],np.zeros(90)],axis=0)
#第二张图
fig = plt.figure()
ax1 = fig.add_subplot(211)
ax1.stem(n2,y2,basefmt="--")
ax1.set_title("信号 x(n),0<=n<=9,并添 0 延长",
fontproperties="SimSun",fontsize=12)
ax1.set_xlabel("n",fontproperties="SimSun",fontsize=12)
ax1.set_ylabel("幅值",fontproperties="SimSun",fontsize=12)
Y2 =fft(y2,100)
magY2 = abs(Y2[0:51])
k2 = np.array(range(0,51,1))
w2 = 2/100 * k2
ax2 = fig.add_subplot(212)
ax2.plot(w2,magY2)
ax2.set_title("序列 y2 的 DTFT 模值",
fontproperties="SimSun",fontsize=12)
ax2.set_xlabel("角频率/π",fontproperties="SimSun",fontsize=12)
ax2.set_ylabel("模值",fontproperties="SimSun",fontsize=12)
plt.tight_layout()
#第三张图
fig = plt.figure()
ax1 = fig.add_subplot(211)
ax1.stem(n,x,basefmt="--")
ax1.set_title("信号 x(n),0<=n<=99",
fontproperties="SimSun",fontsize=12)
ax1.set_xlabel("n",fontproperties="SimSun",fontsize=12)
ax1.set_ylabel("幅值",fontproperties="SimSun",fontsize=12)
X =fft(x,100)
magX = abs(X[0:51])
k = np.array(range(0,51,1))
w = 2/100 * k
ax2 = fig.add_subplot(212)
ax2.plot(w,magX)
ax2.set_title("序列 x 的 DTFT 模值",
fontproperties="SimSun",fontsize=12)
ax2.set_xlabel("角频率/π",fontproperties="SimSun",fontsize=12)
ax2.set_ylabel("模值",fontproperties="SimSun",fontsize=12)
plt.tight_layout()
```

plt. show()

运行结果如图 4.20～4.22 所示。

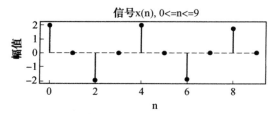

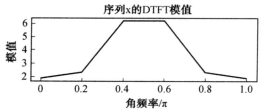

图 4.20　序列 x 的 DTFT 模值运行结果 1

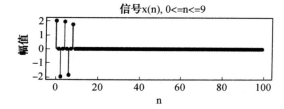

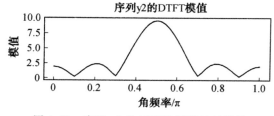

图 4.21　序列 y2 的 DTFT 模值运行结果

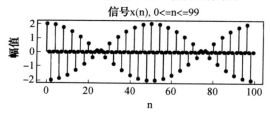

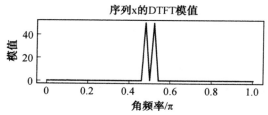

图 4.22　序列 x 的 DTFT 模值运行结果 2

**8. 利用重叠保留法计算线性卷积的程序**

【例 4.9】　设 $x(n)=(n+1),0 \leqslant n \leqslant 9$ 和 $h(n)=\{1,0,-1\}$,试利用 $N=6$ 用重叠保留法计算 $y(n)=x(n) * h(n)$。

程序中使用的函数说明:concatenate,拼接数组。

程序中使用的函数说明:squeeze,删除数组中的一个维度来降低数组的总体维度。

运行代码:

```python
import numpy as np
#自定义函数,利用重叠保留法计算线性卷积
def ovrlpsav(x,h,N):
#重叠保留法块卷积,y=输出序列,x=输入序列,h=系统冲激响应,N=块长度
    LenX = len(x)
    M = len(h)
    M1 = M - 1
    L = N - M1
    h = np.concatenate([h,np.zeros(N-M)],axis = 0)
    x = np.concatenate([np.zeros(M1),x,np.zeros(N-1)],
    axis = 0)   #preappend(M-1)zeros
    K = int(np.floor((LenX+M1-1)/L))
    Y = np.zeros((K+1,N))

#连续块卷积
    for k in range(0,K+1):
        xk = x[k*L:k*L+N]
        Y[k,:] = circonvt(xk,h,N)   #调用自定义函数 circonvt
    Y = Y[:,M-1:N].T
    y = np.squeeze(Y.T.reshape(-1,1))
    return y

#实例:生成两个序列 x 和 h,利用重叠保存法程序,计算其线性卷积结果
n = np.array(range(0,10))
x = n+1
h = np.array([1,0,-1])
N = 6
y = ovrlpsav(x,h,N)
print("y:",y)
```

运行结果及分析:

y:[1.　2.　2.　2.　2.　2.　2.　2.　2.　2.　-9.　-10.]

# 习　题

1. 计算以下序列的 $N$ 点 DFT, 在变换区间 $0 \leqslant n \leqslant N-1$ 内, 序列定义为

(1) $x(n)=1$

(2) $x(n)=\delta(n)$

(3) $x(n)=\delta(n-n_0)$ 　 $(0<n_0<N)$

(4) $x(n)=R_m(n)$ 　 $(0<m<N)$

(5) $x(n)=e^{j\frac{2\pi}{N}mn}$ 　 $(0<m<N)$

2. 已知序列 $x(n)=a^n u(n)$, $0<a<1$, 对 $x(n)$ 的 Z 变换 $X(z)$ 在单位圆上等间隔采样 $N$ 点, 采样值为

$$X(k)=X(z)\big|_{z=W_N^{-k}} \quad (k=0,1,\cdots,N-1)$$

求有限长序列 $\mathrm{IDFT}[X(k)]$。

3. 用计算机对实数序列作谱分析, 要求谱分辨率 $\Delta f \leqslant 50\ \mathrm{Hz}$, 信号最高频率为 $1\ \mathrm{kHz}$, 试确定以下各参数：

(1) 最小记录时间 $T_{\mathrm{pmin}}$;

(2) 最大抽样间隔 $T_{\max}$;

(3) 最少采样点数 $N_{\min}$;

(4) 在频带宽度不变的情况下, 将频率分辨率提高一倍的 $N$ 值。

4. 已知 $x(n)$ 为长度为 $N$ 的有限长序列, $X(k)=\mathrm{DFT}[x(n)]$, 现将 $x(n)$ 的后面补零使其成为长度为 $rN$ 点的有限长序列 $y(n)$：

$$y(n)=\begin{cases} x(n) & (0 \leqslant n \leqslant N-1) \\ 0 & (N \leqslant n \leqslant rN-1) \end{cases}$$

记 $Y(k)=\mathrm{DFT}[y(n)]$, $0 \leqslant k \leqslant rN-1$, 求 $Y(k)$ 与 $X(k)$ 的关系。

5. 已知 $x(n)$ 为长度为 $N$ 的有限长序列, $X(k)=\mathrm{DFT}[x(n)]$, 现将 $x(n)$ 的每两点之间补进 $r-1$ 个零值点, 得到一个长度为 $rN$ 点的有限长序列 $y(n)$：

$$y(n)=\begin{cases} x(n/r) & (n=ir, 0 \leqslant i \leqslant N-1) \\ 0 & (n\ \text{为其他值}) \end{cases}$$

记 $Y(k)=\mathrm{DFT}[y(n)]$, $0 \leqslant k \leqslant rN-1$, 求 $Y(k)$ 与 $X(k)$ 的关系。

6. 证明离散帕塞瓦尔定理：

若 $X(k)=\mathrm{DFT}[x(n)]$, 则

$$\sum_{n=0}^{N-1}|x(n)|^2=\frac{1}{N}\sum_{k=0}^{N-1}|X(k)|^2$$

7. 一周期为 $N$ 的周期序列 $x_{\mathrm{p}}(n)$, 其离散傅里叶级数的系数为 $X_{\mathrm{p}}(k)$。若将 $x_{\mathrm{p}}(n)$ 看成以 $2N$ 为周期序列 $x_{\mathrm{p1}}(n)$, 其离散傅里叶级数的系数为 $X_{\mathrm{p1}}(k)$。试用 $X_{\mathrm{p}}(k)$ 表示 $X_{\mathrm{p1}}(k)$。

8. 已知序列 $x(n)=\begin{cases} a^n & (0 \leqslant n \leqslant 9) \\ 0 & (n\ \text{为其他值}) \end{cases}$, 求其 10 点和 20 点离散傅里叶变换。

9. 已知序列 $x_1(n)=\begin{cases} \left(\dfrac{1}{2}\right)^n & (0 \leqslant n \leqslant 3) \\ 0 & (n\ \text{为其他值}) \end{cases}$, $x_2(n)=\begin{cases} 1 & (0 \leqslant n \leqslant 3) \\ 0 & (n\ \text{为其他值}) \end{cases}$, 试求它们的 4 点

和 8 点循环卷积。

10. 为作频谱分析,对模拟信号以 10 kHz 的速率进行抽样,并计算了 1 024 个抽样的离散傅里叶变换。

(1) 求频谱抽样之间的间隔;

(2) 分析处理后,作逆离散傅里叶变换:

① 逆离散傅里叶变换后,抽样点的间隔为多少?

② 逆离散傅里叶变换后,整个 1 024 点的时宽为多少?

# 第 5 章

## DFT 的有效计算:快速傅里叶变换

离散傅里叶变换从理论上解决了傅里叶变换应用于实际的可能性,但若直接按 DFT 公式计算,运算量太大(与 $N^2$ 成比例)。快速傅里叶变换(FFT)是离散傅里叶变换的快速算法,它大大减少了离散傅里叶变换的运算量,一般可缩短一、二个数量级,且 $N$ 越大改善的效果越明显,从而使 DFT 的运算在实际工作中才真正得到广泛的应用。

## 5.1 基 2 时域抽选 FFT 的基本原理

### 5.1.1 DFT 的运算量

为了突出 FFT 的优点,首先讨论直接计算 DFT 的运算量。

设 $x(n)$ 为 $N$ 点有限长序列,$n = 0, 1, \cdots, N-1$,其 DFT 为

$$X(k) = \sum_{n=0}^{N-1} x(n) W_N^{nk} \quad (k = 0, \cdots, N-1) \tag{5.1}$$

IDFT 为

$$x(n) = \frac{1}{N} \sum_{k=0}^{N-1} X(k) W_N^{-nk} \quad (n = 0, \cdots, N-1) \tag{5.2}$$

对比式(5.1)和式(5.2)可看出,两者的差别仅在于 $W_N$ 的指数符号不同,以及相差一个常数乘因子 $\frac{1}{N}$,而这两点变化基本不影响运算次数,因此我们只讨论 DFT 正变换的运算量。

一般来说 $x(n)$ 和 $W_N^{nk}$ 都是复数,$X(k)$ 也是复数,因此每计算一个 $X(k)$ 值,需要 $N$ 次复数乘法($x(n)$ 与 $W_N^{nk}$ 相乘)以及 $N-1$ 次复数加法,而 $X(k)$ 一共有 $N$ 个点($k$ 从 0 到 $N-1$),所以完成整个 DFT 运算总共需 $N^2$ 次复数乘法和 $N(N-1)$ 次复数加法。而复数运算实际上是由实数运算来完成的,因此讨论 DFT 的实数运算次数更有实际意义。将 $X(k)$ 写成下面形式:

$$X(k) = \sum_{n=0}^{N-1} x(n) W_N^{nk} = \sum_{n=0}^{N-1} \{\operatorname{Re}[x(n)] + \mathrm{j}\operatorname{Im}[x(n)]\}\{\operatorname{Re}[W_N^{nk}] + \mathrm{j}\operatorname{Im}[W_N^{nk}]\} =$$

$$\sum_{n=0}^{N-1} \left\{ \begin{array}{l} (\operatorname{Re}[x(n)]\operatorname{Re}[W_N^{nk}] - \operatorname{Im}[x(n)]\operatorname{Im}[W_N^{nk}]) + \\ \mathrm{j}(\operatorname{Re}[x(n)]\operatorname{Im}[W_N^{nk}] + \operatorname{Im}[x(n)]\operatorname{Re}[W_N^{nk}]) \end{array} \right\} \tag{5.3}$$

由式(5.3)可见,一次复数乘法需要四次实数乘法和两次实数加(减)法,而一次复数加法则需要两次实数加法(实部与实部相加,虚部与虚部相加),因而每计算一个 $X(k)$ 需要 $4N$ 次实数乘法及 $2N + 2(N-1) = 4N - 2$ 次实数加法。所以整个 DFT 运算总共需要 $4N^2$ 次实数乘法和 $N(4N-2)$ 次实数加法。由于 $N(4N-2) \approx 4N^2 (N \gg 1)$,所以有时可统称离散傅里

叶变换需要计算 $4N^2$ 次实数乘法和实数加法,或 $N^2$ 次复数乘法和复数加法。

上述统计与实际需要的运算次数有些出入,因为某些 $W_N^{nk}$ 可能是 1 或 j,就不必相乘了。例如,$W_N^0=1,W_N^{N/2}=-1,W_N^{N/4}=-j$ 等就不需乘法。但是为了比较,一般不考虑这些特殊情况,而是把 $W_N^{nk}$ 都看成复数,当 N 很大时,这种特例的比重很小。

因而直接计算 DFT 时,乘法次数和加法次数都和 $N^2$ 成正比。当 N 很大时,运算量是很可观的。例如,当 $N=8$ 时,DFT 运算需 64 次复数乘法;当 $N=1\,024$ 时,DFT 运算需 $1\,048\,576$ 次复数乘法。而 N 的取值可能会更大,因此,寻找减少运算量的途径是很必要的。

### 5.1.2　FFT 算法原理

大多数减少离散傅里叶变换运算次数的方法都是基于 $W_N^{nk}$ 的对称性和周期性。

(1) 对称性

$$W_N^{k(N-n)}=(W_N^{kn})^*=W_N^{-kn} \tag{5.4}$$

(2) 周期性

$$W_N^{(kn)(\mathrm{mod}\,N)}=W_N^{kn}=W_N^{(n+N)k}=W_N^{n(k+N)} \tag{5.5}$$

由此可得

$$\begin{cases} W_N^{n(N-k)}=W_N^{(N-n)k}=W_N^{-nk} \\ W_N^{N/2}=-1 \\ W_N^{(k+N/2)}=-W_N^k \end{cases} \tag{5.6}$$

这样:

① 利用式(5.6)的这些特性,DFT 运算中有些项可以合并;

② 将长序列的 DFT 分解为短序列的 DFT。

前面已经说过,DFT 的运算量是与 $N^2$ 成正比的,所以 N 越小对计算越有利,因而小点数序列的 DFT 比大点数序列的 DFT 运算量要小。

快速傅里叶变换算法正是基于这样的基本思路而发展起来的,它的算法基本上可分成两大类,即按时间抽取(选)法(Decimation-In-Time, DIT)和按频率抽取(选)法(Decimation-In-Frequence, DIF)。

所谓抽选,就是把长序列分为短序列的过程,可在时域也可在频域进行。最常用的时域抽选方法是按奇偶将长序列不断地变为短序列,结果使输入序列为倒序、输出序列为顺序排列,这就是 Coolly-Tukey 算法。

我们最常用的是 $N=2^M$(M 为正整数)的情况,该情况下的变换称为基 2 快速傅里叶变换。下面详细讨论分组过程:

若将 $x(n)$ 进行奇偶分组,则 $x(n)$ 的离散傅里叶变换为

$$X(k)=\sum_{\substack{n=0\\n=偶}}^{N-1}x(n)W_N^{nk}+\sum_{\substack{n=0\\n=奇}}^{N-1}x(n)W_N^{nk} \quad (0\leqslant k\leqslant N-1) \tag{5.7}$$

$x(n)$ 按奇偶分组($n=0,1,\cdots,N-1$),记为

$$\begin{cases} n=偶,\quad x(2r)=x_1(r) \\ n=奇,x(2r+1)=x_2(r) \end{cases} \quad (r=0,1,\cdots,\frac{N}{2}-1) \tag{5.8}$$

则式(5.7)可写为

$$X(k) = \sum_{r=0}^{(N/2)-1} x(2r)W_N^{2rk} + \sum_{r=0}^{(N/2)-1} x(2r+1)W_N^{(2r+1)k} =$$

$$\sum_{r=0}^{(N/2)-1} x(2r)\left(W_N^2\right)^{rk} + W_N^k \sum_{r=0}^{(N/2)-1} x(2r+1)\left(W_N^2\right)^{rk} =$$

$$\sum_{r=0}^{(N/2)-1} x_1(r)\left(W_N^2\right)^{rk} + W_N^k \sum_{r=0}^{(N/2)-1} x_2(r)\left(W_N^2\right)^{rk} \qquad (5.9)$$

由于

$$W_N^2 = e^{-j\frac{2\pi}{N}\cdot 2} = e^{-j\frac{2\pi}{\left(\frac{N}{2}\right)}} = W_{\frac{N}{2}} \qquad (5.10)$$

所以式(5.9)可写为

$$X(k) = \sum_{r=0}^{\frac{N}{2}-1} x_1(r)W_{N/2}^{rk} + W_N^k \sum_{r=0}^{\frac{N}{2}-1} x_2(r)W_{N/2}^{rk} = X_1(k) + W_N^k X_2(k) \qquad (5.11)$$

式(5.11)中 $X_1(k)$ 和 $X_2(k)$ 分别是 $x_1(r)$ 和 $x_2(r)$ 的 $\frac{N}{2}$ 点 DFT，即

$$X_1(k) = \sum_{r=0}^{\frac{N}{2}-1} x_1(r)W_{N/2}^{rk} = \sum_{r=0}^{\frac{N}{2}-1} x(2r)W_{N/2}^{rk} \qquad (5.12)$$

$$X_2(k) = \sum_{r=0}^{\frac{N}{2}-1} x_2(r)W_{N/2}^{rk} = \sum_{r=0}^{\frac{N}{2}-1} x(2r+1)W_{N/2}^{rk} \qquad (5.13)$$

式(5.11)表明，一个 $N$ 点 DFT 可分解成两个 $\frac{N}{2}$ 点 DFT。但是 $x_1(r)$、$x_2(r)$ 以及 $X_1(k)$、$X_2(k)$ 都是 $\frac{N}{2}$ 点的序列，即 $r,k = 0,\cdots,\frac{N}{2}-1$，而 $X(k)$ 却有 $N$ 点，因此利用式(5.11)计算得到的只是 $X(k)$ 的前一半项数的结果。要用 $X_1(k)$、$X_2(k)$ 来表达全部 $X(k)$ 值，还必须应用系数的周期性，即

$$W_{N/2}^{rk} = W_{N/2}^{r\left(k+\frac{N}{2}\right)}$$

这样可得

$$X_1\left(\frac{N}{2}+k\right) = \sum_{r=0}^{\frac{N}{2}-1} x_1(r)W_{N/2}^{r\left(\frac{N}{2}+k\right)} = \sum_{r=0}^{\frac{N}{2}-1} x_1(r)W_{N/2}^{rk} = X_1(k) \qquad (5.14)$$

同理可得

$$X_2\left(\frac{N}{2}+k\right) = X_2(k) \qquad (5.15)$$

这说明后半部分 $k$ 值 $\left(\frac{N}{2} \leqslant k \leqslant N-1\right)$ 所对应的 $X_1(k)$、$X_2(k)$ 分别等于前半部分 $k$ 值 $\left(0 \leqslant k \leqslant \frac{N}{2}-1\right)$ 所对应的 $X_1(k)$、$X_2(k)$。再考虑 $W_N^k$ 的对称性：

$$W_N^{\left(\frac{N}{2}+k\right)} = W_N^{\frac{N}{2}} \cdot W_N^k = -W_N^k \qquad (5.16)$$

把式(5.14)～(5.16)代入式(5.11)，有

前半部分 $X(k)$

$$X(k) = X_1(k) + W_N^k X_2(k) \quad \left(k=0,1,\cdots,\frac{N}{2}-1\right) \qquad (5.17)$$

后半部分 $X(k)$

$$X\left(k+\frac{N}{2}\right)=X_1\left(k+\frac{N}{2}\right)+W_N^{\left(k+\frac{N}{2}\right)}X_2\left(k+\frac{N}{2}\right)=$$

$$X_1(k)-W_N^k X_2(k) \quad (k=0,1,\cdots,\frac{N}{2}-1) \tag{5.18}$$

这样,只要求出 $0$ 到 $\frac{N}{2}-1$ 区间的所有 $X_1(k)$ 和 $X_2(k)$ 值,即可求出 $0$ 到 $N-1$ 区间内所有的 $X(k)$ 值,大大节省了运算量。

式(5.17)、(5.18) 的运算可用图 5.1 的蝶形计算(Butterfly Computation) 信号流程图表示。

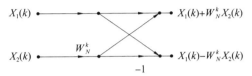

图 5.1　蝶形信号流程图

采用这种表示法,可将上面讨论的分解过程表示成如图 5.2 所示的形式。

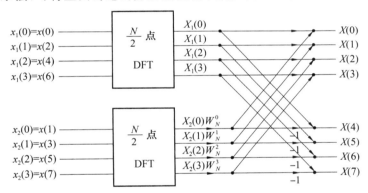

图 5.2　$N$ 点 DFT 分解成两个 $N/2$ 点 DFT

($N = 2^3 = 8$ 时的情况)

其中输出值 $X(0)$ 到 $X(3)$ 由式(5.17)给出,而输出值 $X(4)$ 到 $X(7)$ 由式(5.18)给出。

从图 5.1 的碟形信号流图可以看出,每个蝶形运算需要一次复数乘法($X_2(k)W_N^k$)及两次复数加(减)法。

据此,一个 $N$ 点 DFT 分解为两个 $\frac{N}{2}$ 点 DFT 后,如果直接计算 $\frac{N}{2}$ 点 DFT,则每一个 $\frac{N}{2}$ 点 DFT 需 $\left(\frac{N}{2}\right)^2=\frac{N^2}{4}$ 次复数乘法,以及 $\frac{N}{2}\left(\frac{N}{2}-1\right)$ 次复数加法,两个 $\frac{N}{2}$ 点 DFT 共需 $2\times\left(\frac{N}{2}\right)^2=\frac{N^2}{2}$ 次复数乘法和 $N\left(\frac{N}{2}-1\right)$ 次复数加法。此外,把两个 $\frac{N}{2}$ 点 DFT 合成为 $N$ 点 DFT 时,有 $\frac{N}{2}$ 个蝶形运算,还需 $\frac{N}{2}$ 次复数乘法和 $2\times\left(\frac{N}{2}\right)=N$ 次复数加法。因而通过第一步分解后,总共需要 $\frac{N^2}{2}+\frac{N}{2}=\frac{N(N+1)}{2}\approx\frac{N^2}{2}$ ($N\gg1$) 次复数乘法和 $N\left(\frac{N}{2}-1\right)+N=\frac{N^2}{2}$ 次复数加法,因此通过这样分解后运算量差不多减少了一半。由于 $N=2^M$,则 $\frac{N}{2}$ 仍是偶数,可以进一步把每个

$\dfrac{N}{2}$ 子序列再按奇偶分解为两个 $\dfrac{N}{4}$ 点的子序列。

例如:针对 $x_1(r)=x(2r)$，$n=$ 偶数时，$r=0,1,\cdots,\dfrac{N}{2}-1$，仿照上面分组方式继续将 $x_1(r)$ 按奇偶分组，记为

$$\begin{cases} x_1(2l)=x_3(l) \\ x_1(2l+1)=x_4(l) \end{cases} \quad \left(l=0,1,\cdots,\dfrac{N}{4}-1\right)$$

则有

$$X_1(k)=\sum_{l=0}^{\frac{N}{4}-1} x_1(2l)W_{N/2}^{2lk} + \sum_{l=0}^{\frac{N}{4}-1} x_1(2l+1)W_{N/2}^{(2l+1)k} =$$

$$\sum_{l=0}^{\frac{N}{4}-1} x_3(l)W_{N/4}^{lk} + W_{N/2}^{k}\sum_{l=0}^{\frac{N}{4}-1} x_4(l)W_{N/4}^{lk} =$$

$$X_3(k)+W_{N/2}^{k}X_4(k) \quad \left(k=0,1,\cdots,\dfrac{N}{4}-1\right) \tag{5.19}$$

同样

$$X_1\left(k+\dfrac{N}{4}\right)=X_3(k)-W_{N/2}^{k}X_4(k) \quad \left(k=0,1,\cdots,\dfrac{N}{4}-1\right) \tag{5.20}$$

其中

$$X_3(k)=\sum_{l=0}^{\frac{N}{4}-1} x_3(l)W_{N/4}^{lk} \tag{5.21}$$

$$X_4(k)=\sum_{l=0}^{\frac{N}{4}-1} x_4(l)W_{N/4}^{lk} \tag{5.22}$$

图 5.3 为将一个 $\dfrac{N}{2}$（$N=8$ 时）点 DFT 分解成两个 $\dfrac{N}{4}$ 点 DFT 的过程，由两个 $\dfrac{N}{4}$ 点 DFT 组合成一个 $\dfrac{N}{2}$ 点 DFT。

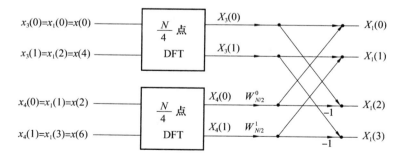

图 5.3　$N/2$ 点 DFT 分解成两个 $N/4$ 点 DFT

$X_2(k)$ 也进行同样的分解

$$\begin{cases} X_2(k)=X_5(k)+W_{N/2}^{k}X_6(k) \\ X_2\left(k+\dfrac{N}{4}\right)=X_5(k)-W_{N/2}^{k}X_6(k) \end{cases} \quad \left(k=0,1,\cdots,\dfrac{N}{4}-1\right) \tag{5.23}$$

其中

$$X_5(k) = \sum_{l=0}^{\frac{N}{4}-1} x_2(2l) W_{N/4}^{lk} = \sum_{l=0}^{\frac{N}{4}-1} x_5(l) W_{N/4}^{lk} \qquad (5.24)$$

$$X_6(k) = \sum_{l=0}^{\frac{N}{4}-1} x_2(2l+1) W_{N/4}^{lk} = \sum_{l=0}^{\frac{N}{4}-1} x_6(l) W_{N/4}^{lk} \qquad (5.25)$$

这样一个 $N=8$ 点的 DFT 就可以分解为 4 个 $\frac{N}{4}=2$ 点的 DFT。利用 4 个 $\frac{N}{4}$ 点的 DFT 及两级蝶形运算来计算 $N$ 点 DFT，比只用一次分解蝶形组合方式的计算量又减少了大约一半。

现在来讨论按奇偶分组过程中序列序号的变化。仍以 $N=8$ 为例，输入序列 $x(n)$ 按奇偶第一次分解为两个 $\frac{N}{2}$ 点序列：

$$r=0,1,\cdots,\frac{N}{2}-1$$

<table>
<tr><td colspan="5" align="center">（偶序列）<br>$x(2r)=x_1(r)$</td><td colspan="5" align="center">（奇序列）<br>$x(2r+1)=x_2(r)$</td></tr>
<tr><td>$r$</td><td>0</td><td>1</td><td>2</td><td>3</td><td>$r$</td><td>0</td><td>1</td><td>2</td><td>3</td></tr>
<tr><td>$n=2r$</td><td>0</td><td>2</td><td>4</td><td>6</td><td>$n=2r+1$</td><td>1</td><td>3</td><td>5</td><td>7</td></tr>
</table>

第二次分解：把每个 $\frac{N}{2}$ 点的子序列按奇偶分解为两个 $\frac{N}{4}$ 点子序列。

$$l=0,1,\cdots,\frac{N}{4}-1$$

<table>
<tr><td colspan="3" align="center">（偶序列中的偶数序列）<br>$x_1(2l)=x_3(l)$</td><td colspan="3" align="center">（偶序列中的奇数序列）<br>$x_1(2l+1)=x_4(l)$</td></tr>
<tr><td>$l$</td><td>0</td><td>1</td><td>$l$</td><td>0</td><td>1</td></tr>
<tr><td>$r=2l$</td><td>0</td><td>2</td><td>$r=2l+1$</td><td>1</td><td>3</td></tr>
<tr><td>$n=2r$</td><td>0</td><td>4</td><td>$n=2r$</td><td>2</td><td>6</td></tr>
</table>

<table>
<tr><td colspan="3" align="center">（奇序列中的偶数序列）<br>$x_2(2l)=x_5(l)$</td><td colspan="3" align="center">（奇序列中的奇数序列）<br>$x_2(2l+1)=x_6(l)$</td></tr>
<tr><td>$l$</td><td>0</td><td>1</td><td>$l$</td><td>0</td><td>1</td></tr>
<tr><td>$r=2l$</td><td>0</td><td>2</td><td>$r=2l+1$</td><td>1</td><td>3</td></tr>
<tr><td>$n=2r+1$</td><td>1</td><td>5</td><td>$n=2r+1$</td><td>3</td><td>7</td></tr>
</table>

最后剩下的是 4 个 2 点的 DFT，输出为 $X_3(k)$、$X_4(k)$、$X_5(k)$、$X_6(k)$，$k=0,1$，由式 (5.21)、(5.22)、(5.24)、(5.25) 计算。例如按式 (5.22) 计算，有

$$X_4(k) = \sum_{l=0}^{2-1} x_4(l) W_2^{lk} \quad (k=0,1)$$

即

$$X_4(0) = x_4(0) + W_2^0 x_4(1) = x(2) + W_N^0 x(6)$$

$$X_4(1) = x_4(0) + W_2^1 x_4(1) = x(2) - W_N^0 x(6)$$

上面两式中，$W_2^1 = e^{-j\frac{2\pi}{2}\times 1} = e^{-j\pi} = -1 = -W_N^0$。

类似可求出 $X_3(k)$、$X_5(k)$、$X_6(k)$，这两点 DFT 也可用一个蝶形图表示，由此得出一个按时间抽取运算的完整的 8 点 FFT 流图，如图 5.4 所示。

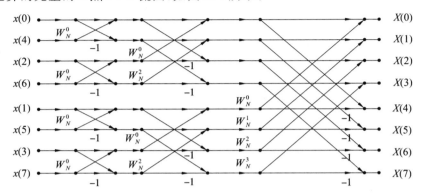

图 5.4　基 2 时域抽选输入倒序、输出顺序的 FFT 流图（$N = 8$）

这种方法的每一步分解都是按输入序列在时间上的次序是属于偶数还是属于奇数将长序列分解为两个更短的子序列，所以称为"按时间抽取法"（DIT）。

### 5.1.3　FFT 运算量

由按时间抽取法 FFT 的流图 5.4 可见，当 $N = 2^M$ 时共有 $M$ 级蝶形，每级都由 $\frac{N}{2}$ 个蝶形运算组成。计算每个蝶形需要一次复数乘法和两次复数加法，因而每级运算需 $\frac{N}{2}$ 次复数乘法和 $N$ 次复数加法，这样 $M$ 级运算总共需要：

复数乘法次数

$$m_F = \frac{N}{2} \cdot M = \frac{N}{2} \log_2 N \tag{5.26}$$

复数加法次数

$$a_F = NM = N \log_2 N \tag{5.27}$$

因为一般情况下，复数乘法所需时间比复数加法多，因此以复数乘法为例将 DFT 运算量与 FFT 运算量进行对比。直接进行 DFT 运算复数乘法次数为 $N^2$ 次，利用 FFT 运算复数乘法为 $\frac{N}{2} \log_2 N$ 次。

计算量之比为

$$\frac{\text{DFT 复数乘法次数}}{\text{FFT 复数乘法次数}} = \frac{N^2}{\frac{N}{2} \log_2 N} = \frac{2N}{\log_2 N} \tag{5.28}$$

表 5.1 列出了 $N$ 在取不同值时直接进行 DFT 运算与采用 FFT 算法的复数乘法次数之比。很明显，$N$ 越大，FFT 的优点就越突出。

表 5.1　直接进行 DFT 运算与采用 FFT 算法的复数乘法次数之比

| $N$ | DFT 复数乘法次数 | FFT 复数乘法次数 | 次数之比（DFT/FFT） |
|---|---|---|---|
| 2 | 4 | 1 | 4 |
| 16 | 256 | 32 | 8 |
| 128 | 16 384 | 448 | 36.6 |
| 512 | 262 144 | 2 304 | 113.8 |
| 1 024 | 1 048 576 | 5 120 | 204.8 |
| 2 048 | 4 194 304 | 11 264 | 372.4 |

# 5.2　基 2 时域抽选 FFT 的蝶形运算公式

为了最终写出 FFT 运算程序或设计出硬件实现电路，有必要对 FFT 运算的核心部分 —— 蝶形运算公式进一步深入了解。

**1. 原位运算（同位运算）（In-Place Computation）**

从 FFT 流图 5.4 中可看出这种运算是很有规律的，每级运算都是由 $\dfrac{N}{2}$ 个蝶形运算构成。每一个蝶形结构完成下述基本迭代运算：

$$\begin{cases} X_m(k) = X_{m-1}(k) + X_{m-1}(j)W_N^p \\ X_m(j) = X_{m-1}(k) - X_{m-1}(j)W_N^p \end{cases} \tag{5.29}$$

式中　　$m$ —— 第 $m$ 列迭代；

　　　　$k, j$ —— 数据所在行数。

此蝶形运算结构如图 5.5 所示，从图中可看出：完成一个蝶形运算需要一次复数乘法，两次复数加法。

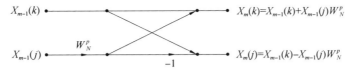

图 5.5　蝶形运算结构

由图 5.4 看出，某一列的任何两个节点 $k$ 和 $j$ 的节点变量进行蝶形运算后，得到结果为下一列 $k, j$ 两节点的节点变量，而和其他节点变量无关。因而可以采用原位运算，即某一列的 $N$ 个数据送到存储器后，经蝶形运算，其结果为另一列数据，它们以蝶形为单位仍存储在这同一组存储器中，直到最后输出，中间无需其他存储器，也就是蝶形的两个输出值仍放回蝶形的两个输入所在的存储器中。每列的 $\dfrac{N}{2}$ 个蝶形运算全部完成后，再开始下一列的蝶形运算。这样存储数据只需 $N$ 个存储单元。下一级的运算仍采用这种原位运算，只不过进入蝶形结构组合关系有所不同。这种原位运算结构可节省存储单元，降低设备成本。

**2. 倒位序规律**(Bit-reversed Sorting)

按原位运算时,FFT 的输出 $X(k)$ 是按正常顺序排列在存储单元中,即按 $X(0)$,$X(1)$,$\cdots$,$X(7)$ 的顺序排列。但输入 $x(n)$ 却不是按自然顺序存储的,看起来是混乱无序,而实际上是有规律的,这种规律称为倒位序。

产生倒位序的原因是输入 $x(n)$ 按标号 $n$ 的偶奇不断分组造成的。如果标号 $n$ 用二进制数表示为 $(n_2 n_1 n_0)$(当 $N = 8$ 时)。第一次分组,$n_0 = 0$ 对应偶数抽样,在上半部分,$n_0 = 1$ 对应奇数抽样,在下半部分。下一次则依 $n_1$ 为 0 或 1 来分组,以此类推,如图 5.6 所示。

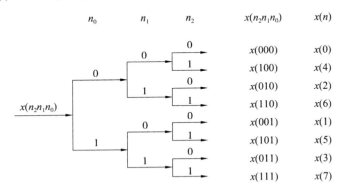

图 5.6    倒位序规律

**3. 倒位序的实现**

所谓倒位序,实际上是二进制意义上的倒序,即 $(n_2 n_1 n_0) \rightarrow (n_0 n_1 n_2)$。我们可以按照图 5.7 所示的方式实现倒位序,非常简单便捷。

| 自然顺序($n$) | 二进制数 | 倒位序二进制数 | 倒位序顺序($\hat{n}$) |
|---|---|---|---|
| 0 | 000 | 000 | 0 |
| 1 | 001 | 100 | 4 |
| 2 | 010 | 010 | 2 |
| 3 | 011 | 110 | 6 |
| 4 | 100 | 001 | 1 |
| 5 | 101 | 101 | 5 |
| 6 | 110 | 011 | 3 |
| 7 | 111 | 111 | 7 |

图 5.7    倒位序的实现($N = 8$)

**4. 与对偶节点相关的几个定义**

图 5.5 中,$X_{m-1}(k)$ 与 $X_{m-1}(j)$ 称为对偶节点(结点)。观察图 5.4,对于 $N = 8$ 的 FFT 流图,其第一级(第一列)每个蝶形两节点"距离"为 1,第二级两节点"距离"为 2,第三级两节点"距离"为 4。以此类推,对 $N = 2^M$ 点的 FFT,当输入为倒序,输出为正常顺序时,其第 $m$ 级运算,每个蝶形两节点间的"距离"为 $2^{m-1}$,称为"对偶节点跨距"。2 倍的对偶节点跨距 $2^m$ 称为

"分组间隔"。$N/2^m$ 称为"分组数"。

**5. $W_N^p$ 的确定**

将 $W_N^p$ 称为旋转因子(Twiddle Factor),$p$ 则称为旋转因子的指数,对于第 $m$ 级运算,蝶形公式可写成

$$\begin{cases} X_m(k) = X_{m-1}(k) + X_{m-1}(k+2^{m-1})W_N^p \\ X_m(k+2^{m-1}) = X_{m-1}(k) - X_{m-1}(k+2^{m-1})W_N^p \end{cases} \quad (0 \leqslant k \leqslant 2^{m-1}-1) \qquad (5.30)$$

现在讨论如何确定旋转因子的指数 $p$:

从 FFT 流程图 5.4 看出,第 $m$ 级共有 $2^{m-1}$ 个不同的旋转因子。对于 $N=2^3=8$ 时,

$$m=1, W_N^p = W_{N/4}^k = W_{2^m}^k \quad (k=0)$$

$$m=2, W_N^p = W_{N/2}^k = W_{2^m}^k \quad (k=0,1)$$

$$m=3, W_N^p = W_N^k = W_{2^m}^k \quad (k=0,1,2,3)$$

因此,对 $N=2^M$ 的一般情况,第 $m$ 级的旋转因子为

$$W_N^p = W_{2^m}^k \quad (k=0,\cdots,(2^{m-1}-1))$$

由于 $2^m = 2^M \cdot 2^{m-M} = N \cdot 2^{m-M}$,所以

$$W_N^p = W_{N \cdot 2^{m-M}}^k = W_N^{k \cdot 2^{M-m}} \quad (k=0,\cdots,(2^{m-1}-1))$$

因此有

$$p = k \cdot 2^{M-m} \qquad (5.31)$$

则基 2 时域抽选 FFT 的蝶形运算公式为

$$\begin{cases} T = X_{m-1}(k+2^{m-1}) \cdot W_N^p \\ X_m(k) = X_{m-1}(k) + T \\ X_m(k+2^{m-1}) = X_{m-1}(k) - T \\ p = 2^{M-m} \cdot k \end{cases} \quad (0 \leqslant k \leqslant 2^{m-1}-1, 1 \leqslant m \leqslant M) \qquad (5.32)$$

式(5.32)中的蝶形公式由于节点标号 $k$ 的取值是从 0 到 $2^{m-1}-1$,所以不能计算全部节点,例如第一级只能算出第一组数据。为了使蝶形运算适用于全部节点,必须把节点标号扩展到全部节点。我们用 $l$ 表示分组的序号,则可用 $l \cdot 2^m + k$ 表示各节点的标号,有

$$X_m(l \cdot 2^m + k) = X_{m-1}(l \cdot 2^m + k) + W_N^p X_{m-1}(l \cdot 2^m + k + 2^{m-1}) \qquad (5.33)$$

$$X_m(l \cdot 2^m + k + 2^{m-1}) = X_{m-1}(l \cdot 2^m + k) - W_N^p X_{m-1}(l \cdot 2^m + k + 2^{m-1}) \qquad (5.34)$$

其中,$p = 2^{M-m} \cdot (k + l \cdot 2^m)$,$0 \leqslant l \leqslant \dfrac{N}{2^m}-1$,$0 \leqslant k \leqslant 2^{m-1}-1$。

注意,$2^m$ 为分组间隔,所以式(5.33)、(5.34)中用 $l \cdot 2^m$ 代表不同的组,第一级 $l=0,1,2,3$,第二级 $l=0,1$,第三级 $l=0$,而

$$X_0(0) = x(0), X_0(1) = x(4), X_0(2) = x(2), X_0(3) = x(6),$$

$$X_0(4) = x(1), X_0(5) = x(5), X_0(6) = x(3), X_0(7) = x(7)$$

也可将式(5.33)、(5.34)合并,引入 $q$ 值,$q=0$ 表示第一个式子,$q=1$ 表示第二个式子,则

$$\begin{cases} X_m(l \cdot 2^m + k + q \cdot 2^{m-1}) = X_{m-1}(l \cdot 2^m + k) + (-1)^q W_N^p X_{m-1}(l \cdot 2^m + k + 2^{m-1}) \\ p = 2^{M-m} \cdot (k + l \cdot 2^m) \end{cases} \qquad (5.35)$$

其中,$0 \leqslant q \leqslant 1$,$0 \leqslant l \leqslant \dfrac{N}{2^m}-1$,$0 \leqslant k \leqslant 2^{m-1}-1$。

**6. 存储单元**

由于是原位运算,只需有输入序列 $x(n)(n=0,1,\cdots,N-1)$ 的 $N$ 个存储单元,加上系数 $W_N^p\left(p=0,1,\cdots,\dfrac{N}{2}-1\right)$ 的 $\dfrac{N}{2}$ 个存储单元。需要注意的是,一般情况下 $x(n)$ 与 $W_N^p$ 均为复数,因此这里所说的存储单元为复数存储单元。

# 5.3    基 2 时域抽选 FFT 的其他形式

5.2 节给出的计算流图是输入数据倒序、输出数据顺序的快速傅里叶变换算法。根据前面讨论,每一级的运算结果只与输入两点的数据和系数 $W_N^p$ 有关(原位运算),因此可以任意安排输入输出数据的排列方式来拟定快速傅里叶变换的方案。它可以是输入为顺序、输出为倒序,或输入输出均为顺序排列的方案。

**1. 输入顺序、输出倒序的算法**(Input in Normal Order, Output in Bit-reversed Order)

仍以 $N=8$ 为例,只要把 $x(4)$ 与 $x(1)$ 以及 $x(6)$ 与 $x(3)$ 换位就可以实现输入序列的顺序排列,但需要注意的是,为了保证原位运算,输出则成为倒序。此种算法流图如图 5.8 所示。

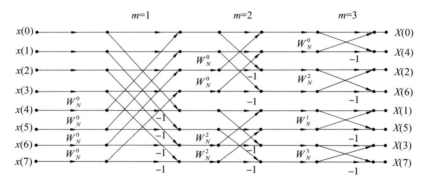

图 5.8    输入顺序、输出倒序的算法

相应的蝶形运算公式为

$$
\begin{cases}
X_m(n)=X_{m-1}(n)+W_N^p X_{m-1}\left(n+\dfrac{N}{2^m}\right) \\[3mm]
X_m\left(n+\dfrac{N}{2^m}\right)=X_{m-1}(n)-W_N^p X_{m-1}\left(n+\dfrac{N}{2^m}\right)
\end{cases}
\quad \left(0\leqslant n\leqslant \dfrac{N}{2^m}-1\right) \qquad (5.36)
$$

式中,$W_N^p=W_N^{2^{M-m}\cdot k}$,$k$ 为 $n$ 的倒码,$p=2^{M-m}\cdot \mathrm{IBR}(n)$,$0\leqslant n\leqslant \dfrac{N}{2^m}-1$,对偶节点跨距由 $2^{m-1}$ 变为 $N/2^m$。由于 $k$ 变成了倒码,而在蝶形运算公式中又应该用顺码表示节点标号,因此式(5.36)中的节点标号采用 $n$ 表示。

**2. 输入输出均为顺序的算法**(Both Input and Output in Normal Order)

该算法省去了输入或输出整序的过程,特点是在 $m<M/2$ 时保持顺序输入的流图形状,而在 $m\geqslant M/2$ 时逐级地输出也变为顺序,如图 5.9 所示。该算法以牺牲原位运算为代价,因此除旋转因子外,还需要 $2N$ 个复数存储单元。

这里要说明的是,我们在工作中用到的 FFT 算法程序虽然输入数据和输出数据皆为顺序排列的,但是一般并不是按照此算法编制的,而是按照输入倒序输出顺序或者输入顺序输出倒序的算法编制的,只不过是在 FFT 之前或之后进行了简单的排序而已。

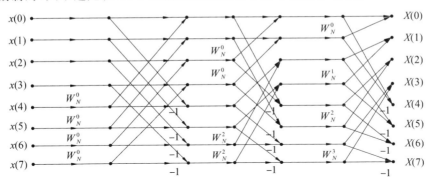

图 5.9　　输入输出皆为顺序的时域抽选算法流图

**3. 适于顺序存储的算法**(Sequential Data Accessing and Storage)

以上算法中的数据存入和取出都不是按顺序进行的,需要随机存储器。我们可以将以上算法改成适于顺序存储的算法,如图 5.10 所示。此种算法的特点是每级都有相同的几何形状,可以得到顺序存储和取出的方案。很明显,该算法同样以牺牲原位运算为代价。值得注意的是,虽然每级的几何形状相同,但旋转因子 $W_N^p$ 是不同的。

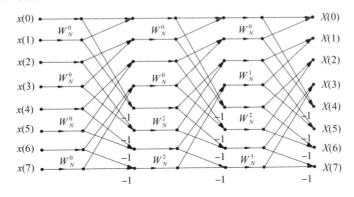

图 5.10　　适合于顺序存储的时域抽选算法流图

# 5.4　基 2 频域抽选快速傅里叶变换

前面讨论的是对 $x(n)$ 在时域进行抽选,将长序列不断地分为短序列,以达到减少运算量的目的。由于是按 $n$ 取值的奇偶分组的,因此时域抽选法也称为奇偶抽选法。频域抽选是按奇偶原则把输出长序列 $X(k)$ 逐步分解成越来越短的序列,这种分选的结果是使时域序列 $x(n)$ 成为前后分组,故又称为前后抽选法——Sande-Tukey 算法。

## 5.4.1　基 2 频域抽选 FFT 的基本原理

仍设序列长度为 $N=2^M$,$M$ 为整数。根据对偶原理,如果在时域把 $x(n)$ 分解成前后两组,则必使频域的 $X(k)$ 变成奇偶抽选分组。

$x(n)$ 的 DFT 为

$$X(k) = \sum_{n=0}^{N-1} x(n) W_N^{nk} = \sum_{n=0}^{\frac{N}{2}-1} x(n) W_N^{nk} + \sum_{n=\frac{N}{2}}^{N-1} x(n) W_N^{nk} =$$

$$\sum_{n=0}^{\frac{N}{2}-1} x(n) W_N^{nk} + \sum_{n=0}^{\frac{N}{2}-1} x\left(n+\frac{N}{2}\right) W_N^{\left(n+\frac{N}{2}\right)k} =$$

$$\sum_{n=0}^{\frac{N}{2}-1} \left[ x(n) + x\left(n+\frac{N}{2}\right) \cdot W_N^{\frac{N}{2}k} \right] W_N^{nk} \quad (k=0,1,\cdots,N-1)$$

$$(5.37)$$

由于 $W_N^{N/2} = -1$，故 $W_N^{\frac{N}{2} \cdot k} = (-1)^k$。注意式 $(5.37)$ 中用的是 $W_N^{nk}$，而不是 $W_{N/2}^{nk}$，故式 $(5.37)$ 并不是 $\frac{N}{2}$ 点 DFT 的表达式。

式 $(5.37)$ 可写成

$$X(k) = \sum_{n=0}^{\frac{N}{2}-1} \left[ x(n) + (-1)^k x\left(n+\frac{N}{2}\right) \right] W_N^{nk} \quad (k=0,1,\cdots,N-1) \quad (5.38)$$

当 $k$ 为偶数时 $(-1)^k = 1$，$k$ 为奇数时 $(-1)^k = -1$，故按 $k$ 的奇偶将 $X(k)$ 分为两部分。令

$$\begin{cases} k = 2r \\ k = 2r+1 \end{cases} \quad \left(r=0,1,\cdots,\frac{N}{2}-1\right)$$

则

$$X(2r) = \sum_{n=0}^{\frac{N}{2}-1} \left[ x(n) + x\left(n+\frac{N}{2}\right) \right] W_N^{2nr} =$$

$$\sum_{n=0}^{\frac{N}{2}-1} \left[ x(n) + x\left(n+\frac{N}{2}\right) \right] W_{N/2}^{nr} \quad (5.39)$$

$$X(2r+1) = \sum_{n=0}^{\frac{N}{2}-1} \left[ x(n) - x\left(n+\frac{N}{2}\right) \right] W_N^{n(2r+1)} =$$

$$\sum_{n=0}^{\frac{N}{2}-1} \left\{ \left[ x(n) - x\left(n+\frac{N}{2}\right) \right] W_N^n \right\} W_{N/2}^{nr} \quad (5.40)$$

式 $(5.39)$ 为前一半输入与后一半输入之和的 $\frac{N}{2}$ 点 DFT，式 $(5.40)$ 为前一半输入与后一半输入之差再与 $W_N^n$ 之积的 $\frac{N}{2}$ 点 DFT，令

$$\begin{cases} x_1(n) = x(n) + x\left(n+\frac{N}{2}\right) \\ y_1(n) = \left[ x(n) - x\left(n+\frac{N}{2}\right) \right] W_N^n \end{cases} \quad \left(n=0,1,\cdots,\frac{N}{2}-1\right) \quad (5.41)$$

则 $X(k)$ 分为两部分：

$$\begin{cases} X(2r) = \sum_{n=0}^{\frac{N}{2}-1} x_1(n) W_{N/2}^{nr} \\[2mm] X(2r+1) = \sum_{n=0}^{\frac{N}{2}-1} y_1(n) W_{N/2}^{r} \end{cases} \qquad \left(r=0,1,\cdots,\frac{N}{2}-1\right) \qquad (5.42)$$

此算法蝶形运算单元如图 5.11 所示。

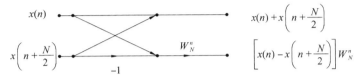

图 5.11　基 2 频域抽选 FFT 蝶形运算单元

这样就把一个 $N$ 点 DFT 按频率 $k$ 的奇偶分解为两个 $\dfrac{N}{2}$ 点 DFT,如图 5.12 所示($N=8$)。

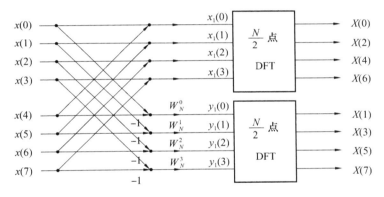

图 5.12　$N$ 点 DFT 分解成两个 $N/2$ 点 DFT

与时间抽取法一样,由于 $N=2^M$,$\dfrac{N}{2}$ 仍是一偶数,因而可将每个 $\dfrac{N}{2}$ 点 DFT 的输出再分解为偶数组与奇数组,这就将 $\dfrac{N}{2}$ 点 DFT 进一步分解为两个 $\dfrac{N}{4}$ 点 DFT。这两个 $\dfrac{N}{4}$ 点 DFT 的输入也是将 $\dfrac{N}{2}$ 点 DFT 的输入上下对半分开后通过蝶形运算而形成,如图 5.13 所示。因为 $N$ 是 2 的整数次幂,故可一直化到两点 DFT,而两点 DFT 又可化为一点 DFT,如图 5.14 所示。

这样一直分下去,最后得到 $N=8$ 点频域抽选 FFT 完整流图,如图 5.15 所示。

很明显,该算法的运算量与时域抽选法的运算量相同,因为它也是共分为 $M$ 级,每级有 $\dfrac{N}{2}$ 个蝶形。

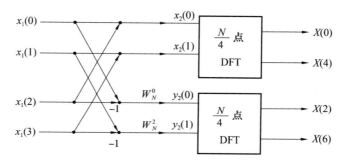

图 5.13　$N/2$ 点 DFT 分解成两个 $N/4$ 点 DFT

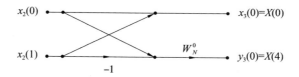

图 5.14　两点 DFT

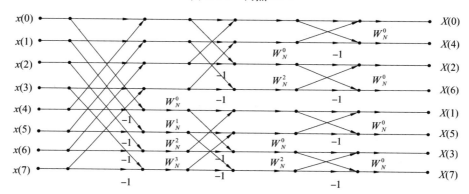

图 5.15　频域抽选 8 点 FFT 完整流图

## 5.4.2　频域抽选法的蝶形运算公式

将式（5.41）写成一般形式

$$x_m(n) = x_{m-1}(n) + x_{m-1}\left(n + \frac{N}{2^m}\right) \tag{5.43}$$

$$y_m(n) = \left[x_{m-1}(n) - x_{m-1}\left(n + \frac{N}{2^m}\right)\right] W_{N/2^{m-1}}^n \quad \left(0 \leqslant n \leqslant \frac{N}{2^m} - 1\right) \tag{5.44}$$

用 $x_m\left(n + \dfrac{N}{2^m}\right)$ 取代 $y_m(n)$，有

$$\begin{cases} x_m(n) = x_{m-1}(n) + x_{m-1}\left(n + \dfrac{N}{2^m}\right) \\ x_m\left(n + \dfrac{N}{2^m}\right) = \left[x_{m-1}(n) - x_{m-1}\left(n + \dfrac{N}{2^m}\right)\right] W_N^p \end{cases} \quad \left(0 \leqslant n \leqslant \dfrac{N}{2^m} - 1\right) \tag{5.45}$$

式中
$$W_N^p = W_{N/2^{m-1}}^n, \quad p = 2^{m-1} \cdot n$$

式（5.45）中 $x_{m-1}(n)$ 为第 $m$ 级运算（$m = 1, \cdots, M$）的输入数据，$x_m(n)$ 则为输出数据。当

$m=1$ 时,$x_0(n)=x(n)$,当 $m=M$ 时,$x_M(n)=X(k)$,并且 $k$ 为倒码。$N=8$ 时,对应关系为

$$x_M(0)=X(0),x_M(1)=X(4),x_M(2)=X(2),x_M(3)=X(6)$$
$$x_M(4)=X(1),x_M(5)=X(5),x_M(6)=X(3),x_M(7)=X(7)$$

仿照前面讨论,将蝶形运算公式写成一般形式为

$$x_m\left(l\cdot\frac{N}{2^{m-1}}+n+q\cdot\frac{N}{2^m}\right)=\left[x_{m-1}\left(l\cdot\frac{N}{2^{m-1}}+n\right)+(-1)^q\cdot x_{m-1}\left(l\cdot\frac{N}{2^{m-1}}+n+\frac{N}{2^m}\right)\right]W_N^{qp}$$

$$\text{(5.46)}$$

式中,$p=2^{m-1}\cdot\left(n+l\cdot\frac{N}{2^m}\right)$;$0\leqslant q\leqslant 1,0\leqslant l\leqslant 2^{m-1}-1,0\leqslant n\leqslant\frac{N}{2^m}-1$;$l$ 为分组序号。

现在分析频域抽选法与时域抽选法的异同。

① 时域抽选法:输入倒序、输出顺序。频域抽选法:输入顺序、输出倒序。但这不是实质区别,因为在保证原位运算的前提下可任意变换序列的顺序。

② 时域抽选法与频域抽选法的基本蝶形不同,频域抽选法中 DFT 的复数乘法出现在减法之后。

③ 时域抽选法与频域抽选法的运算量相同,都可进行原位运算。

④ 时域抽选法与频域抽选法的基本蝶形互为转置。

注:转置 —— 将流图的所有支路方向都取反向,并且交换输入输出变量(但节点变量值不改变,即不交换),对比图 5.15 与图 5.4 可看出,它们互为转置。

## 5.5　逆离散傅里叶变换的快速算法

IDFT 数学表达式为

$$x(n)=\frac{1}{N}\sum_{k=0}^{N-1}X(k)W_N^{-kn}\quad(0\leqslant n\leqslant N-1)$$

与 DFT 相比,一方面是多乘了系数 $\frac{1}{N}$,另一方面是 $W_N$ 的指数符号不同。因此前面讨论的 FFT 算法同样适用于 IDFT 的计算,称为 IFFT,即快速傅里叶反变换。下面介绍三种求逆离散傅里叶变换的快速算法。

**1. 方法一**

利用将时域抽选 FFT 算法流图转置的方法来获得 IDFT 的快速算法 IFFT。

按 5.1 节的方法分组,不同的是把 $X(k)$ 作为输入数据,把 $x(n)$ 作为输出数据,即 $X(k)=X_0(k),x(n)=X_M(k),k=\text{IBR}(n)$,即 $k$ 为 $n$ 的倒码。对每一级来说,$X_m(k),X_m(k+2^{m-1})$ 为输入数据,$X_{m-1}(k),X_{m-1}(k+2^{m-1})$ 为输出数据。

在 5.1 节中,蝶形公式为

$$\begin{cases}X_m(k)=X_{m-1}(k)+W_N^p X_{m-1}(k+2^{m-1})\\X_m(k+2^{m-1})=X_{m-1}(k)-W_N^p X_{m-1}(k+2^{m-1})\end{cases}\quad(0\leqslant k\leqslant 2^{m-1}-1)$$

因此可解出

$$\begin{cases} X_{m-1}(k) = \dfrac{1}{2}\left[X_m(k) + X_m(k+2^{m-1})\right] \\ X_{m-1}(k+2^{m-1}) = \dfrac{1}{2}\left[X_m(k) - X_m(k+2^{m-1})\right]W_N^{-p} \end{cases} \quad (0 \leqslant k \leqslant 2^{m-1}-1) \quad (5.47)$$

习惯上用 $m-1$ 表示输入，$m$ 表示输出，则上式变为

$$\begin{cases} X_m(k) = \dfrac{1}{2}\left[X_{m-1}(k) + X_{m-1}\left(k+\dfrac{N}{2^m}\right)\right] \\ X_m\left(k+\dfrac{N}{2^m}\right) = \dfrac{1}{2}\left[X_{m-1}(k) - X_{m-1}\left(k+\dfrac{N}{2^m}\right)\right]W_N^{-p} \end{cases} \quad (5.48)$$

式中，$p = 2^{m-1} \cdot k; 0 \leqslant k \leqslant \dfrac{N}{2^m}-1$。

具体实现方法可由时域抽选的蝶形流图转置后把系数 $W_N^p$ 改为 $W_N^{-p}$，并添加系数 $1/2$ 而成，如图 5.16 所示。此为计算逆离散傅里叶变换的一种快速算法，记为

$$\text{IDFT}[X(k)] = \text{FFT}\left[X(k), \frac{1}{2}W_N^{-p}\right] \quad (5.49)$$

由此方法构成的完整流图如图 5.17 所示。

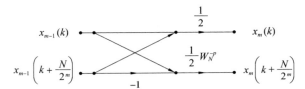

图 5.16　逆快速傅里叶变换的蝶形运算单元

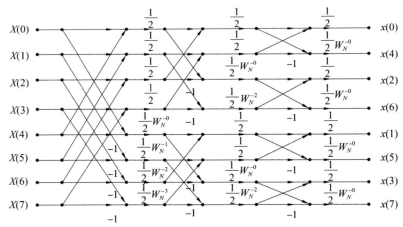

图 5.17　逆快速傅里叶变换的计算流图（$N=8$）

## 2. 方法二

与方法一类似，区别只是计算逆离散傅里叶变换时将 $\dfrac{1}{2}$ 集中起来考虑。

由于计算 IDFT 时每级都有 $\dfrac{1}{2}$，而 $\left(\dfrac{1}{2}\right)^M = \dfrac{1}{N}$，则有

$$\text{IDFT}[X(k)] = \frac{1}{N}\text{FFT}[X(k), W_N^{-p}] \quad (5.50)$$

### 3. 方法三

先用快速傅里叶变换计算 $X^*(k)$ 的离散傅里叶变换,然后取其共轭并乘以 $\dfrac{1}{N}$,得到 $x(n)$,即

$$x(n) = \frac{1}{N} \left\{ \sum_{k=0}^{N-1} X^*(k) W_N^{kn} \right\}^* \tag{5.51}$$

前面两种方法是从算法内部加以变化而求出逆离散傅里叶变换,第三种方法则是维持原算法不变,用改变外部输入序列及输出序列的方法来求得逆离散傅里叶变换。

## 5.6　基 4FFT 算法

基 2 时域抽选 / 频域抽选 FFT 是目前较为普及的离散傅里叶变换的快速算法,但并不是所有 FFT 算法都是建立在基 2($N=2^M$) 基础上的,还存在基 4FFT、基 8FFT 和分裂基 FFT 等快速算法。

基 2FFT 可分为按时间抽选和按频率抽选两大类,基 4FFT 算法也是如此。下面以按频率抽选为例进行介绍。

设序列 $x(n)$ 的点数为 $N=4^M$,$M$ 为正整数,$x(n)$ 的 $N$ 点 DFT 为

$$X(k) = \sum_{n=0}^{N-1} x(n) W_N^{nk} \tag{5.52}$$

参照 5.4 节基 2 频域抽选 FFT 的方式,将序列 $x(n)$ 按照 $n$ 的顺序分为 4 组,则式(5.52)变为

$$X(k) = \sum_{n=0}^{N/4-1} x(n) W_N^{nk} + \sum_{n=N/4}^{N/2-1} x(n) W_N^{nk} + \sum_{n=N/2}^{3N/4-1} x(n) W_N^{nk} + \sum_{n=3N/4}^{N-1} x(n) W_N^{nk} \tag{5.53}$$

分别令 $k=4r, k=4r+1, k=4r+2, k=4r+3, r=0, 1, \cdots, \dfrac{N}{4}-1$,则由式(5.53) 可以求出

$$
\begin{aligned}
X(4r) =& \sum_{n=0}^{N/4-1} x(n) W_N^{4nr} + \sum_{n=0}^{N/4-1} x\left(n+\frac{N}{4}\right) W_N^{4\left(n+\frac{N}{4}\right)r} + \\
& \sum_{n=0}^{N/4-1} x\left(n+\frac{N}{2}\right) W_N^{4\left(n+\frac{N}{2}\right)r} + \sum_{n=0}^{N/4-1} x\left(n+\frac{3}{4}N\right) W_N^{4\left(n+\frac{3}{4}N\right)r} = \\
& \sum_{n=0}^{N/4-1} x(n) W_{N/4}^{nr} + \sum_{n=0}^{N/4-1} x\left(n+\frac{N}{4}\right) W_{N/4}^{nr} + \\
& \sum_{n=0}^{N/4-1} x\left(n+\frac{N}{2}\right) W_{N/4}^{nr} + \sum_{n=0}^{N/4-1} x\left(n+\frac{3}{4}N\right) W_{N/4}^{nr} = \\
& \sum_{n=0}^{N/4-1} \left\{ \left[ x(n) + x\left(n+\frac{N}{2}\right) \right] + \left[ x\left(n+\frac{N}{4}\right) + x\left(n+\frac{3}{4}N\right) \right] \right\} W_{N/4}^{nr}
\end{aligned} \tag{5.54}
$$

$$
\begin{aligned}
X(4r+2) =& \sum_{n=0}^{N/4-1} x(n) W_N^{(4r+2)n} + \sum_{n=0}^{N/4-1} x\left(n+\frac{N}{4}\right) W_N^{(4r+2)\left(n+\frac{N}{4}\right)} + \\
& \sum_{n=0}^{N/4-1} x\left(n+\frac{N}{2}\right) W_N^{(4r+2)\left(n+\frac{N}{2}\right)} + \sum_{n=0}^{N/4-1} x\left(n+\frac{3}{4}N\right) W_N^{(4r+2)\left(n+\frac{3}{4}N\right)} = \\
& \sum_{n=0}^{N/4-1} x(n) W_{N/4}^{nr} \cdot W_N^{2n} + \sum_{n=0}^{N/4-1} x\left(n+\frac{N}{4}\right) W_{N/4}^{nr} \cdot W_N^{2n} \cdot W_N^{N/2} +
\end{aligned}
$$

$$\sum_{n=0}^{N/4-1} x(n+\frac{N}{2})W_{N/4}^{nr} \cdot W_N^{2n} + \sum_{n=0}^{N/4-1} x(n+\frac{3}{4}N)W_{N/4}^{nr} \cdot W_N^{2n} \cdot W_N^{3N/2} =$$

$$\sum_{n=0}^{N/4-1} \left\{ \left[ x(n) + x(n+\frac{N}{2}) \right] - \left[ x(n+\frac{N}{4}) + x(n+\frac{3}{4}N) \right] \right\} W_N^{2n} W_{N/4}^{nr} \quad (5.55)$$

$$X(4r+1) = \sum_{n=0}^{N/4-1} x(n)W_N^{(4r+1)n} + \sum_{n=0}^{N/4-1} x(n+\frac{N}{4})W_N^{(4r+1)(n+\frac{N}{4})} +$$

$$\sum_{n=0}^{N/4-1} x(n+\frac{N}{2})W_N^{(4r+1)(n+\frac{N}{2})} + \sum_{n=0}^{N/4-1} x(n+\frac{3}{4}N)W_N^{(4r+1)(n+\frac{3}{4}N)} =$$

$$\sum_{n=0}^{N/4-1} x(n)W_{N/4}^{nr} \cdot W_N^{n} + \sum_{n=0}^{N/4-1} x(n+\frac{N}{4})W_{N/4}^{nr} \cdot W_N^{n} \cdot W_N^{N/4} +$$

$$\sum_{n=0}^{N/4-1} x(n+\frac{N}{2})W_{N/4}^{nr} \cdot W_N^{n} \cdot W_N^{N/2} + \sum_{n=0}^{N/4-1} x(n+\frac{3}{4}N)W_{N/4}^{nr} \cdot W_N^{n} \cdot W_N^{3N/4} =$$

$$\sum_{n=0}^{N/4-1} \left\{ \left[ x(n) - x(n+\frac{N}{2}) \right] - j\left[ x(n+\frac{N}{4}) - x(n+\frac{3}{4}N) \right] \right\} W_N^{n} W_{N/4}^{nr} \quad (5.56)$$

$$X(4r+3) = \sum_{n=0}^{N/4-1} x(n)W_N^{(4r+3)n} + \sum_{n=0}^{N/4-1} x(n+\frac{N}{4})W_N^{(4r+3)(n+\frac{N}{4})} +$$

$$\sum_{n=0}^{N/4-1} x(n+\frac{N}{2})W_N^{(4r+3)(n+\frac{N}{2})} + \sum_{n=0}^{N/4-1} x(n+\frac{3}{4}N)W_N^{(4r+3)(n+\frac{3}{4}N)} =$$

$$\sum_{n=0}^{N/4-1} x(n)W_{N/4}^{nr} \cdot W_N^{3n} + \sum_{n=0}^{N/4-1} x(n+\frac{N}{4})W_{N/4}^{nr} \cdot W_N^{3n} \cdot W_N^{3N/4} +$$

$$\sum_{n=0}^{N/4-1} x(n+\frac{N}{2})W_{N/4}^{nr} \cdot W_N^{3n} \cdot W_N^{3N/2} + \sum_{n=0}^{N/4-1} x(n+\frac{3}{4}N)W_{N/4}^{nr} \cdot W_N^{3n} \cdot W_N^{9N/4} =$$

$$\sum_{n=0}^{N/4-1} \left\{ \left[ x(n) - x(n+\frac{N}{2}) \right] + j\left[ x(n+\frac{N}{4}) - x(n+\frac{3}{4}N) \right] \right\} W_N^{3n} W_{N/4}^{nr}$$

$$(5.57)$$

当 $M=1$ 时，$N=4^M=4$，$r=0$。由式(5.54)、(5.55)、(5.56)、(5.57)，可求得

$$X(0) = \sum_{n=0}^{1-1} \left\{ \left[ x(n) + x(n+2) \right] + \left[ x(n+1) + x(n+3) \right] \right\} W_1^{nr} =$$
$$\left[ x(0) + x(2) \right] + \left[ x(1) + x(3) \right] \quad (5.58)$$

$$X(2) = \sum_{n=0}^{1-1} \left\{ \left[ x(n) + x(n+2) \right] - \left[ x(n+1) + x(n+3) \right] \right\} W_4^{2n} W_1^{nr} =$$
$$\left[ x(0) + x(2) \right] - \left[ x(1) + x(3) \right] \quad (5.59)$$

$$X(1) = \sum_{n=0}^{1-1} \left\{ \left[ x(n) - x(n+2) \right] - j\left[ x(n+1) - x(n+3) \right] \right\} W_4^{n} W_1^{nr} =$$
$$\left[ x(0) - x(2) \right] - j\left[ x(1) - x(3) \right] \quad (5.60)$$

$$X(3) = \sum_{n=0}^{1-1} \left\{ \left[ x(n) - x(n+2) \right] + j\left[ x(n+1) - x(n+3) \right] \right\} W_4^{3n} W_1^{nr} =$$
$$\left[ x(0) - x(2) \right] + j\left[ x(1) - x(3) \right] \quad (5.61)$$

将式(5.58)、(5.59)、(5.60)、(5.61)写成矩阵形式，为

$$\begin{bmatrix} X(0) \\ X(2) \\ X(1) \\ X(3) \end{bmatrix} = \begin{bmatrix} 1 & 1 & 1 & 1 \\ 1 & -1 & 1 & -1 \\ 1 & -j & -1 & j \\ 1 & j & -1 & -j \end{bmatrix} \begin{bmatrix} x(0) \\ x(1) \\ x(2) \\ x(3) \end{bmatrix} \qquad (5.62)$$

将式(5.62)用信号流图表示,如图 5.18 所示。

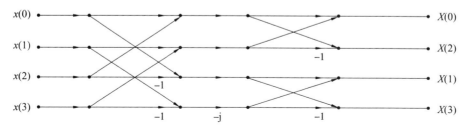

图 5.18　4 点基 4FFT 流图

图 5.18 所示的是基 4FFT 的一个基本单元,由图可见该基本单元仅有一个纯虚数 j 需要做乘法。

当 $M=2$ 时,$N=4^M=16$,$r=0,1,2,3$。仿照上述推导过程,可得 16 点基 4FFT 信号流图,如图 5.19 所示。

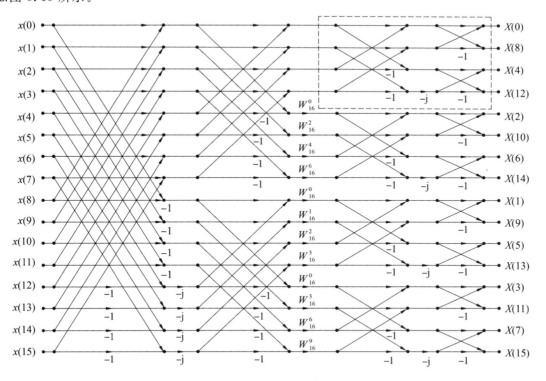

图 5.19　16 点基 4FFT 信号流图

图 5.19 中虚线框内为基 4FFT 的一个基本单元,与图 5.18 相同。该图共分为 $M(M=2)$ 级,每级包含 $\dfrac{N}{4}(N=16)$ 个基 4FFT 基本单元。

依据 5.4 节内容得到的 16 点基 2 频域抽选 FFT 信号流图如图 5.20 所示。

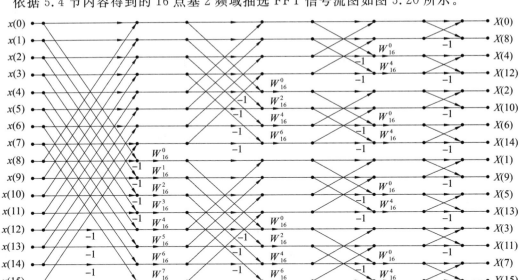

图 5.20　16 点基 2 频域抽选 FFT 信号流图

对比图 5.19 和图 5.20 可以看出,基 4FFT 和基 2FFT 具有相同的复数加法次数,但基 4FFT 所需的复数乘法次数却比基 2FFT 的复数乘法次数少(基 4FFT 中参与复数乘法运算的旋转因子个数较少)。这其实是利用了旋转因子 $W_N^k$ 的性质,将其特殊值(1,$-1$,j,$-$j)进行合理分配,从而减少了实际参与与复数乘法运算的旋转因子个数。

而复数乘法比复数加法需要更多的计算时间,因而相对于基 2FFT,基 4FFT 可获得明显的运算量的改善。

从理论上讲,选择更大的基数可以进一步减少运算量,但要以牺牲灵活性(基数越大,满足条件的 $N$ 值的选择性越少)和程度(或硬件)变得更为复杂为代价,因此取大于 8 的基数没有太大的实际意义。

# 5.7　分裂基 FFT 算法

1984 年,法国的杜梅尔和霍尔曼将基 2FFT 与基 4FFT 结合起来,提出了分裂基 FFT 算法,进一步减少了运算量。

观察图 5.20 可以看出,基 2 频域抽选 FFT 流图中每一级中每一组的上半部分的输出均没有乘以旋转因子,它们对应偶序号的输出,旋转因子都出现在奇序号的输出中。由式(5.39)和式(5.40)也可得出此结论。分裂基 FFT 的基本思想是对偶序号输出使用基 2FFT 算法,对奇序号输出使用基 4FFT 算法。算法推导如下:

令 $N=2^M$,由式(5.39)可知,基 2 频域抽选 FFT 的偶序号输出为

$$X(2r) = \sum_{n=0}^{N/2-1} \left[ x(n) + x\left(n+\frac{N}{2}\right) \right] W_{N/2}^{nr} \quad \left( r = 0,1,\cdots,\frac{N}{2}-1 \right) \tag{5.63}$$

而 $k$ 的奇序号项用基 4FFT 算法形式表示,即

$$X(4r+1) = \sum_{n=0}^{N/4-1} \left\{ \left[ x(n) - x(n+\frac{N}{2}) \right] - \mathrm{j} \left[ x(n+\frac{N}{4}) - x(n+\frac{3}{4}N) \right] \right\} W_N^n W_{N/4}^{nr}$$

$$(5.64)$$

$$X(4r+3) = \sum_{n=0}^{N/4-1} \left\{ \left[ x(n) - x(n+\frac{N}{2}) \right] + \mathrm{j} \left[ x(n+\frac{N}{4}) - x(n+\frac{3}{4}N) \right] \right\} W_N^{3n} W_{N/4}^{nr}$$

$$(5.65)$$

式(5.64)、(5.65) 中,$r=0,1,\cdots,\dfrac{N}{4}-1$。式(5.63)、(5.64)、(5.65) 构成了分裂基 FFT 算法的 L 型算法结构,如图 5.21 所示。

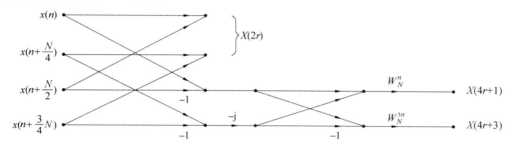

图 5.21　分裂基 FFT 算法的结构

设 $N=16$,为方便讨论,记

$$a(n)=x(n)+x(n+8) \qquad (n=0,1,2,\cdots,7)$$
$$b(n)=x(n)-x(n+8) \qquad (n=0,1,2,3)$$
$$c(n)=x(n+4)-x(n+12) \qquad (n=0,1,2,3)$$
$$d(n)=[b(n)-\mathrm{j}c(n)]W_{16}^n \qquad (n=0,1,2,3)$$
$$e(n)=[b(n)+\mathrm{j}c(n)]W_{16}^{3n} \qquad (n=0,1,2,3)$$

则式(5.63)、(5.64)、(5.65) 可写为

$$X(2r) = \sum_{n=0}^{7} a(n)W_8^{nr} \quad (r=0,1,2,\cdots,7)$$

$$(5.66)$$

$$X(4r+1) = \sum_{n=0}^{3} d(n)W_4^{nr} \quad (r=0,1,2,3)$$

$$(5.67)$$

$$X(4r+3) = \sum_{n=0}^{3} e(n)W_4^{nr} \quad (r=0,1,2,3)$$

$$(5.68)$$

式(5.67)、(5.68) 分别是 $d(n)$、$e(n)$ 的 4 点 DFT,不需进一步分解。而式(5.66) 可以进一步采用分裂基算法进行分解。由式(5.66) 得

$$
\begin{aligned}
X(2r) &= \sum_{n=0}^{3} a(n)W_8^{nr} + \sum_{n=4}^{7} a(n)W_8^{nr} \\
&= \sum_{n=0}^{3} a(n)W_8^{nr} + \sum_{n=0}^{3} a(n+4)W_8^{(n+4)r} \\
&= \sum_{n=0}^{3} a(n)W_8^{nr} + \sum_{n=0}^{3} a(n+4)(W_8^4)^r W_8^{nr} \\
&= \sum_{n=0}^{3} [a(n) + (-1)^r a(n+4)] W_8^{nr}
\end{aligned}
$$

$$(5.69)$$

记

$$f(n) = a(n) + a(n+4) \quad (n=0,1,2,3)$$

$$g(n) = a(n) - a(n+4) \quad (n=0,1)$$

$$h(n) = a(n+2) - a(n+6) \quad (n=0,1)$$

$$u(n) = [g(n) - jh(n)]W_{16}^{2n} \quad (n=0,1)$$

$$v(n) = [g(n) + jh(n)]W_{16}^{6n} \quad (n=0,1)$$

针对式(5.69),分别令 $r=2l,r=4l+1,r=4l+3$,得

$$X(4l) = \sum_{n=0}^{3} f(n)W_4^{nl} \quad (l=0,1,2,3) \tag{5.70}$$

$$X(8l+2) = \sum_{n=0}^{1} u(n)W_2^{nl} \quad (l=0,1) \tag{5.71}$$

$$X(8l+6) = \sum_{n=0}^{1} v(n)W_2^{nl} \quad (l=0,1) \tag{5.72}$$

式(5.70)为 $f(n)$ 的4点DFT,式(5.71)、(5.72)分别为 $u(n)$、$v(n)$ 的2点DFT。由此得出16点分裂基FFT算法信号流图如图5.22所示。

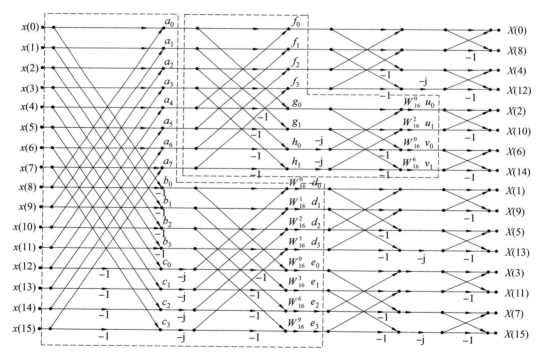

图 5.22　16点分裂基FFT算法信号流图

分裂基FFT算法通过合理地设计算法结构,进一步减少了参与复数乘法运算的旋转因子个数,相对于基2FFT和基4FFT,分裂基FFT算法的运算量得到进一步的减少。有研究表明,分裂基FFT算法所需复数乘法的次数接近理论上的最小值。感兴趣的读者可参阅参考文献[32]、[33]。

# 5.8　相关 Python 函数与示例

**1. 用 FFT 计算有限长序列频谱的程序**

【例 5.1】 已知有限长序列 $x(n) = \begin{cases} 1 & (-4 \leqslant n \leqslant 4) \\ 0 & (n \text{ 为其他值}) \end{cases}$，这里 $x(n)$ 的长度为 $N = 9$，求 $x(n)$ 的频谱 DTFT。

程序中使用的函数说明:array,生成数组。

程序中使用的函数说明:fft,计算快速傅里叶变换。

程序中使用的函数说明:fftshift,将零频分量移动到数组中心,重新排列快速傅里叶变换结果。

运行代码:

```python
import numpy as np
import matplotlib. pyplot as plt
import scipy as sci
Fs = 1000   #采样频率
T = 1/Fs   #采样周期
L = 1000   #信号长度
t = np. array(range(0,L)) * T    #时间向量
#生成 50 Hz 正弦信号与 120 Hz 正弦信号组合信号
x = 0. 7 * np. sin(2 * np. pi * 50 * t)+np. sin(2 * np. pi * 120 * t)
y = x + 2 * np. random. randn(len(t))
#画图
plt. figure()
plt. plot(Fs * t[0:50],y[0:50])
plt. title("夹杂零均值随机噪声的信号 y",
fontproperties="SimSun",fontsize=12)
plt. xlabel("时间/ms",fontproperties="SimSun",fontsize=12)
plt. tight_layout()

c = np. array([9,16,32,512])
T = 0. 4
i = 1
#画图
fig = plt. figure()
for i in range(0,4):
    L = c[i]
    D = 2 * np. pi/(L * T)
    x = np. concatenate([np. ones(5),np. zeros(L-9),np. ones(4)],axis=0)
    k = np. floor(np. array(np. arange(-(L-1)/2,(L-1)/2+1,1)))
```

```
X = sci. fft. fftshift(sci. fft. fft(x,L))
locals()[f"ax{i+1}"] = fig. add_subplot(2,2,i+1)
locals()[f"ax{i+1}"]. plot(k * D, abs(np. real(X)))
locals()[f"ax{i+1}"]. set_xlabel(r" $ \omega $ /rad")
locals()[f"ax{i+1}"]. set_ylabel("|X"+"("+r" $ {e^{j\omega}} $ "+")|")
locals()[f"ax{i+1}"]. set_xlim(min(k * D),max(k * D))
locals()[f"ax{i+1}"]. set_ylim(-5,10)
locals()[f"ax{i+1}"]. set_title("N ="+f"{L}")
plt. tight_layout()
plt. show()
```

运行结果如图 5.23、图 5.24 所示。

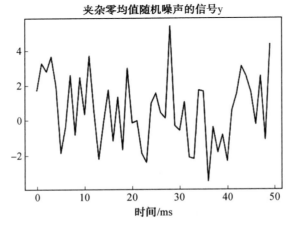

图 5.23　夹杂零均值随机噪声的信号 y

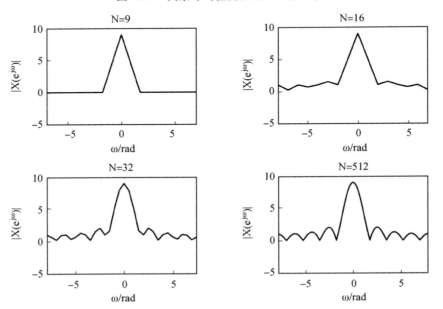

图 5.24　用 FFT 计算有限长序列的频谱运行结果

**2. 用 FFT 计算非周期序列频谱的程序**

运行代码:

```python
import numpy as np
import matplotlib. pyplot as plt
import scipy as sci
T0 = np. array([0.05,0.02,0.01,0.01])
L0 = np. array([10,10,10,20])
#画图
fig = plt. figure()
fori in range(0,4):
    T = T0[i]
    N = L0[i]/T0[i]
    D = 2 * np. pi/(N * T)
    n = np. array(np. arange(0,N))
    x = np. exp(-0.02 * n * T) * np. cos(6 * np. pi * n * T)+2 * np. cos(14 * np. pi * n * T)
    k = np. floor(np. arange(-(N-1)/2,(N-1)/2+1))
    X = T * sci. fft. fftshift(sci. fft. fft(x))
    locals()[f"ax{i + 1}"] = fig. add_subplot(2, 2, i + 1)
    locals()[f"ax{i + 1}"]. plot(k * D, abs(X))
    locals()[f"ax{i + 1}"]. set_xlabel("模拟角频率(rad/s)",
    fontproperties="SimSun",fontsize = 12)
    locals()[f"ax{i + 1}"]. set_ylabel("幅度",
    fontproperties="SimSun",fontsize = 12)
    locals()[f"ax{i + 1}"]. set_xlim(min(k * D), max(k * D))
    locals()[f"ax{i + 1}"]. set_title("T =" + f"{T}"+"  N ="+f"{N}")
plt. tight_layout()
plt. show()
```

运行结果如图 5.25 所示。

**3. 用 FFT 计算连续时间周期信号频谱的程序**

【例 5.27】 设周期信号为全部时间 $t$ 上的 $x_a(t) = \cos(10t)$,使用 DFT 法分析其频谱。

运行代码:

```python
import numpy as np
import matplotlib. pyplot as plt
import scipy as sci
N = int(input("N ="))
```

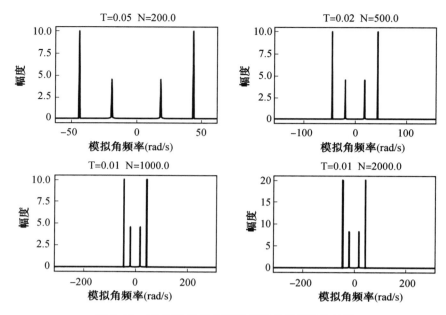

图 5.25　用 FFT 计算非周期序列的频谱运行结果

T ＝ 0.05

n ＝np. array(range(1,N＋1))　♯原始数据

D ＝ 2 * np. pi/(N * T)　♯计算分辨率

xa ＝ np. cos(10 * n * T)　♯有限长余弦序列

Xa ＝ T * sci. fft. fftshift(sci. fft. fft(xa,N))　♯求 x(n)的 DFT,移到对称位置

♯对 w ＝ 0 对称的奈奎斯特频率的下标向量

k ＝np. floor(np. arange(－(N－1)/2,(N－1)/2＋1))

TITLE ＝ print(f"N ＝ {N},L ＝ {N * T}")

♯画图

plt. figure()　♯N ＝ 100,200,300,400 分别执行

plt. title(f"N ＝ {N}　　L ＝ {N * T}")

plt. plot(k * D,abs(Xa))

plt. xlim(－20,20)

plt. ylim(0,max(abs(Xa))＋2)

plt. xlabel(r" $ \omega $ /rad",fontsize ＝ 12)

plt. ylabel("|X"＋"("＋r" $ {e^{j\omega}} $ "＋"|",fontsize ＝ 12)

plt. tight_layout()

plt. show()

用 FFT 计算连续时间周期信号的频谱运行结果如图 5.26 所示。

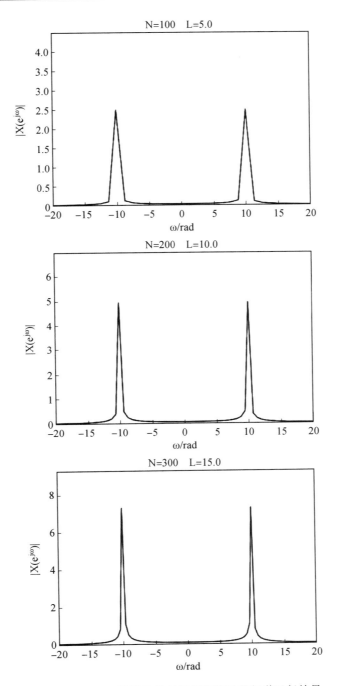

图 5.26　用 FFT 计算连续时间周期信号的频谱运行结果

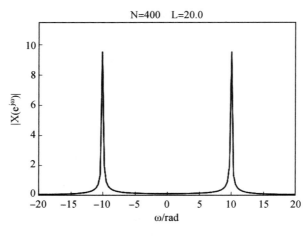

续图 5.26

### 4. 用 FFT 计算连续时间系统冲激响应的程序

【例 5.3】 设理想低通滤波器的频率响应为 $H(\mathrm{j}\Omega)=\begin{cases}1 & (|\Omega|<5) \\ 0 & (n\text{ 为其他值})\end{cases}$，求 $h(t)=\mathrm{IFT}$

$[H(\mathrm{j}\Omega)]$。

运行代码：

```
import numpy as np
import matplotlib. pyplot as plt
import scipy as sci
from scipy. fftpack import fft


wc =5
T = 0. 1 * np. pi/wc    #选 T 为抽样间隔的 1/10
N = 100 * 2 * np. pi/wc/T    #输入的样点数
D = 2 * np. pi/(N * T)
w =np. array(np. arange(0,N)) * D    #模拟角频率的分辨率及角频率向量
M =np. floor(wc/D)    #有效频段的边界下标
H =np. concatenate([np. ones(int(M+1)),np. zeros(int(N-2 * M-1)),
np. ones(int(M))],axis=0)    #按新的频率排序后的频谱
h =sci. fft. ifft(H/T)    #用 IFFT 求 h(n)/T
#画图
plt. figure()
plt. plot(np. array(np. arange(0,N-1)) * T,h)
plt. xlabel("t",fontsize = 12)
plt. ylabel("h(t)",fontsize = 12)
plt. tight_layout()
plt. show()
```

用 FFT 计算连续时间系统冲激响应的运行结果如图 5.27 所示。

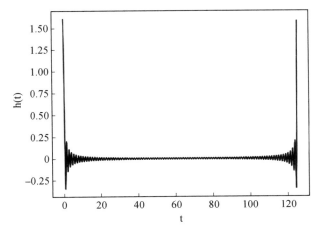

图 5.27　用 FFT 计算连续时间系统冲激响应的运行结果

**5. 用 FFT 计算快速卷积的程序**

运行代码:

```python
import numpy as np
import matplotlib. pyplot as plt
import datetime as dt
import scipy as sci
from scipy. fftpack import fft
conv_time = np. zeros(150)
print(type(conv_time),conv_time. shape)
fft_time = np. zeros(150)
#计算所用时间
for n in range(1,151):
    L = n * 500
    tc = 0
    tf = 0
    h =np. random. randn(L)
    x =np. random. rand(L)
    t0 =dt. datetime. now()
    y1 =np. convolve(h,x)
    t1 = (dt. datetime. now()−t0). microseconds
    tc = tc + t1
    t0 =dt. datetime. now()
    y2 =sci. fft. ifft(sci. fft. fft(h) * sci. fft. fft(x))
    t2 = (dt. datetime. now()−t0). microseconds
    tf = tf + t2
```

```
        conv_time[n-1] = tc
        fft_time[n-1] = tf
        print("n:",n)
    n = np. array(range(1,151))
    #画图
    plt. figure()
    plt. title("线性卷积与快速卷积计算时间比较",
    fontproperties="SimSun",fontsize=12)
    plt. xlabel("序列长度",fontproperties="SimSun",fontsize=12)
    plt. ylabel("运算时间/s",fontproperties="SimSun",fontsize=12)
    plt. plot(n[24:150] * 500,conv_time[24:150]/(10 * * 6),"--",label ="线性卷积")
    plt. plot(n[24:150] * 500,fft_time[24:150]/(10 * * 6),c="r",label = "快速卷积")
    plt. legend(prop={'family':'SimSun','size':12})
    plt. tight_layout()
    plt. show()
```

线性卷积与快速卷积计算时间比较运行结果如图 5.28 所示。

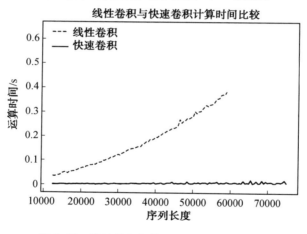

图 5.28　线性卷积与快速卷积计算时间比较

# 习　　题

1. 如果通用计算机的速度为平均每次复数乘法需要 $50~\mu s$，每次复数加需要 $10~\mu s$，用来计算 $N=1\,024$ 点 DFT，问直接计算需要多少时间？用 FFT 计算呢？

2. 设 $x(n)$ 是长度为 $2N$ 的有限长实序列，$X(k)$ 为 $x(n)$ 的 $2N$ 点 DFT。

(1) 试设计用一次 $N$ 点 FFT 完成计算 $X(k)$ 的高效算法。

(2) 若已知 $X(k)$，试设计用一次 $N$ 点 IFFT 实现求 $x(n)$ 的 $2N$ 点 IDFT 运算。

3. 请给出 16 点时域抽选输入倒序、输出顺序基 2FFT 完整计算流图，注意 $W_N^p$ 及其中 $p$ 值的确定。

# 第 6 章

## 无限长冲激响应(IIR)数字滤波器结构与设计

## 6.1 数字滤波器设计概述

滤波器可广义的理解为一个信号选择系统,它让某些信号成分通过又阻止或衰减为另一成分。在更多的情况下,滤波器可理解为选频系统,如低通(Low Pass)、高通(High Pass)、带通(Band Pass)、带阻(Band Stop)等。

常用的滤波器有模拟滤波器和数字滤波器。模拟滤波器可以是由 RLC 构成的无源滤波器,也可以是加上运放的有源滤波器,是连续时间系统;而数字滤波器是通过对输入信号进行数值运算的方法来实现的。数字滤波器对输入的数字序列通过特定运算转变成输出的数字序列,如果要处理的是模拟信号,可通过A/D和D/A,在信号形式上进行匹配转换,同样可以使用数字滤波器对模拟信号进行滤波。

### 6.1.1 滤波原理

若滤波器的输入、输出都是离散的,则系统(滤波器)的单位冲激响应也是离散的,这样的滤波器就称为数字滤波器(Digital Filter)。

一个输入序列 $x(n)$ 通过一个单位冲激响应为 $h(n)$ 的线性移不变系统后,其输出响应 $y(n)$ 为

$$y(n) = x(n) * h(n) = \sum_{m=-\infty}^{+\infty} h(m)x(n-m) \tag{6.1}$$

将上式两边经过傅里叶变换,可得

$$Y(e^{j\omega}) = X(e^{j\omega})H(e^{j\omega}) \tag{6.2}$$

式中　　$Y(e^{j\omega})$、$X(e^{j\omega})$——输出序列和输入序列的频谱函数;

　　　　$H(e^{j\omega})$——系统的频率响应函数。

一般情况下,$H(e^{j\omega})$ 是一个复数,因此可用极坐标形式表示为

$$H(e^{j\omega}) = |H(e^{j\omega})|e^{j\varphi(\omega)}$$

式中　　$|H(e^{j\omega})|$——幅频特性;

　　　　$\varphi(\omega)$——相频特性。

它们共同构成数字滤波器的频率响应。

可以看出,输入序列的频谱 $X(e^{j\omega})$ 经过系统滤波后,变为 $X(e^{j\omega})H(e^{j\omega})$。如果 $|H(e^{j\omega})|$ 的值在某些频率上是比较小的,则输入信号中的这些频率分量在输出信号中将被抑制掉。因

此,只要按照输入信号频谱的特点和处理信号的目的,适当选择 $H(\mathrm{e}^{\mathrm{j}\omega})$,使得滤波后的信号的频谱 $Y(\mathrm{e}^{\mathrm{j}\omega})=X(\mathrm{e}^{\mathrm{j}\omega})H(\mathrm{e}^{\mathrm{j}\omega})$ 符合人们的要求,这就是数字滤波器的滤波原理。

如图 6.1 所示,具有图 6.1(a) 的频率成分的信号通过具有图 6.1(b) 的幅频特性的系统(滤波器)后,输出信号就只有 $|\omega|\leqslant\omega_{\mathrm{c}}$ 的频率成分,而不再含有 $|\omega|>\omega_{\mathrm{c}}$ 的频率成分。

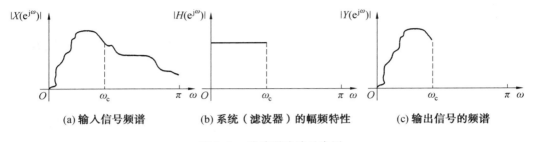

(a) 输入信号频谱　　(b) 系统(滤波器)的幅频特性　　(c) 输出信号的频谱

图 6.1　滤波器滤波示意图

## 6.1.2　数字滤波器的分类

从滤波器特性上考虑,数字滤波器可以分成数字低通、数字高通、数字带通和数字带阻等滤波器,它们的理想幅频特性如图 6.2 所示。

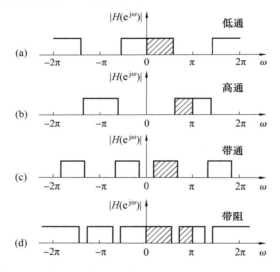

图 6.2　数字滤波器的理想幅频特性

与模拟滤波器不同的是,由于序列的傅里叶变换具有以 $2\pi$ 为周期的周期性。因此,数字滤波器的频率响应也有这种周期性。低通滤波器的通带处于 $0$ 或 $2\pi$ 的整数倍频率附近,高通滤波器的通带则处于 $\pi$ 的奇数倍频率附近。

满足抽样定理时,信号的频率特性只能限带于 $|\omega|<\pi$ 的范围,因此,只需画出 $2\pi$ 范围内的频谱即可。由图 6.2 可知,理想低通滤波器选择出输入信号中的低频分量,而把输入信号频率在 $\omega_{\mathrm{c}}<\omega\leqslant\pi$ 范围内的所有分量全部滤掉;相反,理想高通滤波器使输入信号中频率在 $\omega_{\mathrm{c}}\leqslant\omega\leqslant\pi$ 范围内的所有分量不失真地通过,而滤掉低于 $\omega_{\mathrm{c}}$ 的低频分量;带通滤波器只保留介于低频和高频之间的频率分量。

### 6.1.3　滤波器的幅度逼近

**1. 理想滤波器的不可实现性**

图 6.2 所示的理想滤波器的幅频特性是理想的。它有理想、陡截止的通带和无穷大衰减的阻带两个范围(即从通带到阻带是突变的),这在物理上是无法实现的,因为它们的单位冲激响应均是非因果和无限长的(例如,理想截止角频率为 $\omega_c$ 的低通滤波器的单位冲激响应为 $h_d(n) = \sin(\omega_c n)/n\pi$ , $-\infty < n < +\infty$。

为了在物理上能够实现,在实际中,我们设计的滤波器只能是在某些准则下对理想滤波器的逼近,这保证了滤波器是物理上可实现的(或者说是因果的)、稳定的。

**2. 实际设计的考虑 —— 因果逼近**

理想滤波器不可实现的原因是它从一个频带(通带(Passband)或阻带(Stopband))到另一个频带(阻带或通带)是突变的。为了在物理上可以实现,可以从一个频带到另一个频带之间设立一个过滤带,且通带和阻带也不是严格的 1 或 0,而是有一定的波动,这种波动应该满足一定的容限。

也就是说,实际设计的滤波器,是用一种因果(物理可实现)的滤波器去对理想滤波器的逼近,滤波器的性能要求往往以频率响应的幅频特性的允许误差来表征,也就是说,这种逼近应满足给定的误差容限。一个实际滤波器的幅频特性在通带中允许有一定的波动,阻带衰减则应大于给定的衰减要求,且在通带与阻带之间允许有一定宽度的过渡带(Transition Band),过渡带宽也要满足一定的要求。

图 6.3 所示为一个实际低通滤波器的幅频特性,特性曲线中有通带、过渡带和阻带三个区间。通带范围是 $0 \leqslant \omega \leqslant \omega_p$,在通带内,幅频特性以误差 $\delta_1$ 逼近于 1,即

$$1 - \delta_1 \leqslant | H(e^{j\omega}) | \leqslant 1 + \delta_1 \quad (| \omega | \leqslant \omega_p) \tag{6.3}$$

式中　　$\omega_p$ —— 通带截止角频率。

阻带范围是 $\omega_s \leqslant \omega \leqslant \pi$,$\omega_s$ 则称为阻带截止角频率。在阻带内,幅频特性以最大误差 $\delta_2$ 逼近于零,即

$$| H(e^{j\omega}) | \leqslant \delta_2 \quad (\omega_s \leqslant | \omega | \leqslant \pi) \tag{6.4}$$

在通带与阻带之间的区域 $\omega_p < \omega < \omega_s$,则称为过渡带,一般要求幅频特性在过渡带内单调下降。

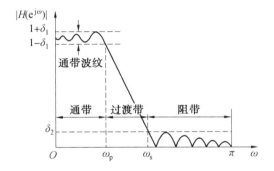

图 6.3　具有通带波纹的低通滤波器幅频特性

实际设计的数字低通滤波器也可能具有单调下降的幅频特性,如图 6.4 所示。

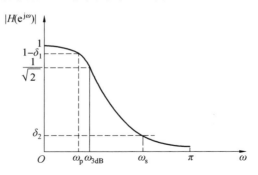

图 6.4　单调下降的低通滤波器幅频特性

此时,通带内最大衰减(通带波纹、带内波动)$A_p$ 和阻带内最小衰减(阻带衰减)$A_s$ 一般用分贝表示,即

$$A_p = -10\lg[\mid H(e^{j\omega_p}) \mid]^2 = -20\lg[\mid H(e^{j\omega_p}) \mid] = -20\lg(1-\delta_1) \tag{6.5}$$

$$A_s = -10\lg[\mid H(e^{j\omega_s}) \mid]^2 = -20\lg[\mid H(e^{j\omega_s}) \mid] = -20\lg\delta_2 \tag{6.6}$$

特别地,当 $\mid H(e^{j\omega_{3dB}}) \mid = \dfrac{1}{\sqrt{2}}$ 时,$-20\lg[\mid H(e^{j\omega_{3dB}}) \mid] = 3$ dB,因此称 $\omega_{3dB}$ 为滤波器的 3 dB 截止角频率。

### 6.1.4　滤波器的相位特性要求

一个实际的数字滤波器可能对相频特性 $\varphi(\omega)$ 没有过多的要求,只要保证滤波器的稳定性即可。但在现代信号处理的很多场合均要求系统具有线性相位特性,以保证信号通过该系统后不会破坏信号原有的相位信息,便于后续信息的正确提取。而数字滤波器本身就是一个数字系统,此时便要求数字滤波器具有线性相位特性。

设数字滤波器的频率响应为

$$H(e^{j\omega}) = \mid H(e^{j\omega}) \mid e^{j\varphi(\omega)} \tag{6.7}$$

输入信号为 $x(n)$,其频谱为

$$X(e^{j\omega}) = \mid X(e^{j\omega}) \mid e^{j\varphi_X(\omega)} \tag{6.8}$$

则该信号通过数字滤波器的输出信号 $y(n)$ 的频谱为

$$Y(e^{j\omega}) = X(e^{j\omega})H(e^{j\omega}) = \mid Y(e^{j\omega}) \mid e^{j\varphi_Y(\omega)} \tag{6.9}$$

式(6.9)中

$$\mid Y(e^{j\omega}) \mid = \mid X(e^{j\omega}) \mid \cdot \mid H(e^{j\omega}) \mid \tag{6.10}$$

$$\varphi_Y(\omega) = \varphi_X(\omega) + \varphi(\omega) \tag{6.11}$$

式(6.10)表示的是输出信号 $y(n)$ 频谱的幅频特性,数字滤波器的滤波特性(低通、高通、带通、带阻等)就是体现在 $\mid Y(e^{j\omega}) \mid$ 的变化上,即利用 $\mid H(e^{j\omega}) \mid$ 对 $\mid X(e^{j\omega}) \mid$ 进行了适当的取舍。

式(6.11)表示的是输出信号 $y(n)$ 频谱的相频特性,若数字滤波器的相频特性 $\varphi(\omega)$ 是线性的,则很容易从输出信号 $y(n)$ 频谱的相频特性 $\varphi_Y(\omega)$ 中将原输入信号 $x(n)$ 频谱的相频特性 $\varphi_X(\omega)$ 提取出来。但若数字滤波器的相频特性是非线性的,则会使以上过程变得困难,甚至难以实现。

### 6.1.5　数字滤波器的实现 ——FIR 型滤波器和 IIR 型滤波器

数字滤波器按单位冲激响应 $h(n)$ 的时域特性可分为无限长冲激响应（Infinite Impulse Response，IIR）滤波器和有限长冲激响应（Finite Impulse Response，FIR）滤波器。

IIR 滤波器一般采用递归型结构，$N$ 阶递归型数字滤波器的差分方程为

$$y(n) = \sum_{i=0}^{M} b_i x(n-i) - \sum_{k=1}^{N} a_k y(n-k) \tag{6.12}$$

相应的系统函数为

$$H(z) = \frac{\sum_{i=0}^{M} b_i z^{-i}}{1 + \sum_{k=1}^{N} a_k z^{-k}} \tag{6.13}$$

式（6.12）、（6.13）中若至少有一个 $a_k \neq 0, k = 1, \cdots, N$，该滤波器为 IIR 滤波器，是递归型滤波器，其差分方程及系统函数即为式（6.12）和式（6.13）。

若 $a_k = 0, k = 1, \cdots, N$，该滤波器为 FIR 滤波器，是非递归型滤波器，此时，其差分方程及系统函数分别为

$$y(n) = \sum_{i=0}^{M} b_i x(n-i) \tag{6.14}$$

$$H(z) = \sum_{i=0}^{M} b_i z^{-i} \tag{6.15}$$

### 6.1.6　数字滤波器设计的基本步骤及设计方法

数字滤波器设计的基本步骤如下：

（1）按照实际任务要求，确定滤波器的性能指标。

（2）根据不同要求确定采用 IIR 系统函数，还是采用 FIR 系统函数去逼近。

（3）用一个因果稳定的离散线性移不变系统的系统函数去逼近这一性能要求，即采用某种设计方法确定式（6.12）或式（6.13）中的阶数 $M$、$N$ 及系数 $a_k$、$b_i$。

（4）利用有限精度算法来实现这个系统函数，包括选择运算结构、选择合适的字长（包括系数量化及输入变量、中间变量和输出变量的量化）以及有效数字的处理方法（舍入、截尾）等。

（5）验证设计的滤波器是否满足给定的性能指标，如果不满足，则重复步骤（2）～（4）。

数字滤波器通常可以分成 IIR 数字滤波器和 FIR 数字滤波器，这两种滤波器的设计方法和性能特点也截然不同。其中 IIR 数字滤波器的设计方法分成间接设计法和直接设计法。间接设计法是借助模拟滤波器设计方法进行设计的，先根据数字滤波器的设计指标设计相应的过渡模拟滤波器，再将过渡模拟滤波器转换成为数字滤波器。直接设计法是在时域或频域直接设计数字滤波器。

FIR 滤波器的设计方法和 IIR 滤波器的设计方法不一样，它不能以模拟滤波器为桥梁来设计，它的主要设计方法包含窗函数法、频率抽样法等，有关它的内容将在第 7 章介绍。

数字滤波器的实现方法有多种，可以用软件在计算机上实现，可以用专用的数字信号处理芯片完成，也可以搭建硬件（用加法器、乘法器、延时器的组合）实现。

# 6.2 IIR 数字滤波器的网络结构

## 6.2.1 系统函数与网络结构

一般离散时间系统可以用差分方程、单位冲激响应以及系统函数进行描述。一个 $N$ 阶差分表示如下

$$\sum_{k=0}^{N} a_k y(n-k) = \sum_{i=0}^{M} b_i x(n-i), a_0 = 1 \qquad (6.16)$$

则其系统函数 $H(z)$ 为

$$H(z) = \frac{Y(z)}{X(z)} = \frac{\sum_{i=0}^{M} b_i z^{-i}}{1 + \sum_{k=1}^{N} a_k z^{-k}} \qquad (6.17)$$

式(6.16)直接表示了输入和输出的关系，可以采用递推法求出输出值。式(6.17)的表示方法有多种，一种表示方法代表着一种算法，在实现时对应的实现方法也不同，例如

$$H_1(z) = \frac{1}{1 - 0.6z^{-1} + 0.08z^{-2}}$$

$$H_2(z) = \frac{1}{1 - 0.2z^{-1}} \times \frac{1}{1 - 0.4z^{-1}}$$

$$H_3(z) = \frac{-1}{1 - 0.2z^{-1}} + \frac{2}{1 - 0.4z^{-1}}$$

可以证明以上 $H_1(z) = H_2(z) = H_3(z)$，但它们具有不同的算法。不同的算法代表不同的结构，不同的结构所需的存储单元及乘法次数是不同的，前者影响复杂性，后者影响运算速度。同时对于系统运算误差也有一定的影响，因此研究实现信号处理的算法是一个重要的问题。可用网络结构表示具体的算法，因此网络结构实际表示的是一种运算结构。

## 6.2.2 采用信号流图表示网络结构

第 3 章提到，在数字信号处理中存在四种基本运算：延迟、乘系数、相加和分支（有些书上称为三种基本运算，即不包括"分支"），其信号流图如图 3.14(b) 所示。

不同的信号流图代表不同的运算方法，而对于同一个系统函数可以有很多种信号流图与之对应。从基本运算考虑，满足以下条件的称为基本信号流图。

① 信号流图中所有支路都是基本的，即支路增益是常数或者是 $z^{-1}$；

② 流图环路中必须存在延迟支路；

③ 节点和支路的数目是有限的。

如果信号流图不是基本信号流图，则它不能决定一种具体算法。

## 6.2.3 IIR 数字滤波器的基本网络结构

无限长冲激响应(IIR)数字滤波器有以下特点：

(1) 系统的单位冲激响应 $h(n)$ 是无限长的；

（2）系统函数 $H(z)$ 在有限 $z$ 平面上有极点存在；

（3）结构上存在着输出到输入的反馈，也就是结构上是递归的。

但是，同一种系统函数 $H(z)$ 可以有多种不同的结构，它的基本结构分为直接型、级联型、并联型等。

**1. 直接型**（Direct Forms）

将 $N$ 阶差分方程重写如下

$$\sum_{k=0}^{N} a_k y(n-k) = \sum_{i=0}^{M} b_i x(n-i)$$

设 $N=M=2$，根据差分方程可以直接画出网络结构（即信号流图）如图 6.5(a) 所示，图中第一部分系统函数用 $H_1(z)$ 表示，第二部分用 $H_2(z)$ 表示，有 $H(z)=H_1(z)H_2(z)$，当然也可以写成 $H(z)=H_2(z)H_1(z)$，按照该式，相当于 6.5(a) 中两部分互换位置，如图 6.5(b) 所示，互换后前后两部分的延迟支路可以合并，形成如图 6.5(c) 所示的网络结构流图。我们将 6.5(a) 所示的网络结构流图称为 IIR 直接 Ⅰ 型网络结构，而把 6.5(c) 所示的网络结构流图称为直接 Ⅱ 型（规范型、典范型）网络结构。

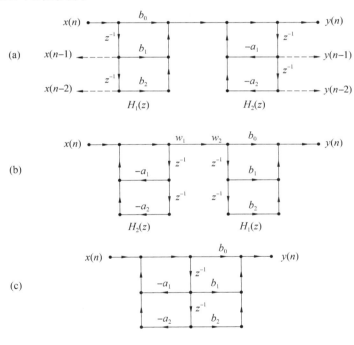

图 6.5 IIR 网络直接型结构

**【例 6.1】** 设 IIR 数字滤波器的系统函数为

$$H(z) = \frac{8z^3 - 4z^2 + 11z - 2}{(z - \frac{1}{4})(z^2 - z + \frac{1}{2})}$$

先将 $H(z)$ 写成 $z^{-1}$ 的多项式形式为

$$H(z) = \frac{8 - 4z^{-1} + 11z^{-2} - 2z^{-3}}{1 - \frac{5}{4}z^{-1} + \frac{3}{4}z^{-2} - \frac{1}{8}z^{-3}}$$

再将其写成差分方程的形式为

$$y(n) = 8x(n) - 4x(n-1) + 11x(n-2) - 2x(n-3) + \frac{5}{4}y(n-1) -$$

$$\frac{3}{4}y(n-2) + \frac{1}{8}y(n-3)$$

根据上面差分方程,即可画出直接 Ⅱ 型结构如图 6.6 所示。

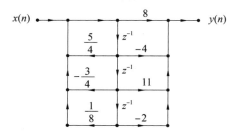

图 6.6　直接 Ⅱ 型结构

**2. 级联型**(Cascade Forms)

IIR 数字滤波器在采用级联型实现时,常将数字滤波器的系统函数分解成为若干个一阶和二阶数字滤波器系统函数的乘积,即

$$H(z) = H_1(z)H_2(z)H_3(z)\cdots H_K(z) \tag{6.18}$$

因此 $Y(z)$ 可以写为

$$Y(z) = H_1(z)H_2(z)H_3(z)\cdots H_K(z)X(z) \tag{6.19}$$

为了节约延时器,其中每一级的子滤波器 $H_i(z)$ 常取以下的形式:

$$H_i(z) = \frac{b_{i0} + b_{i1}z^{-1} + b_{i2}z^{-2}}{1 - a_{i1}z^{-1} - a_{i2}z^{-2}} \quad (i = 1, 2, \cdots, K) \tag{6.20}$$

上式的系数均为实数。因此分子、分母均有多个多项式,组成二阶网络时可能有多种组合,从理论上说每种组合的实现效果一样,但实际中由于量化效应可能会有不同的运算精度。实现时每个一阶或者二阶网络均采用前面介绍的直接 Ⅱ 型实现。

**【例 6.2】**　设 IIR 数字滤波器的系统函数 $H(z)$ 为

$$H(z) = \frac{8z^3 - 4z^2 + 11z - 2}{(z - 0.25)(z^2 - z + 0.5)}$$

为了采用级联型实现,将 $H(z)$ 分解为一阶或二阶数字滤波器系统函数的乘积,即

$$H(z) = \frac{8(z - 0.189\ 9)(z^2 - 0.310z + 1.316\ 1)}{(z - 0.25)(z^2 - z + 0.5)}$$

再将其写成 $z^{-1}$ 的形式为

$$H(z) = \frac{(2 - 0.379\ 9z^{-1})}{(1 - 0.25z^{-1})} \frac{(4 - 1.240\ 2z^{-1} + 5.264\ 4z^{-2})}{(1 - z^{-1} + 0.5z^{-2})}$$

则级联型的流图如图 6.7 所示。

**3. 并联型**(Parallel Forms)

IIR 数字滤波器在采用并联实现时,常将数字滤波器的系统函数分解成为若干个一阶和二阶数字滤波器系统函数和的形式,即

$$H(z) = H_1(z) + H_2(z) + H_3(z) + \cdots + H_K(z) \tag{6.21}$$

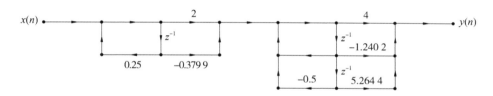

图 6.7　例 6.2 滤波器级联型的流图

因此 $Y(z)$ 可以写成

$$Y(z) = H_1(z)X(z) + H_2(z)X(z) + H_3(z)X(z) + \cdots + H_K(z)X(z) \qquad (6.22)$$

这意味着输入序列 $x(n)$ 通过 $K$ 个滤波器后,在输出端把它们累加起来就可以得到输出 $y(n)$,这种形式称为数字滤波器的并联形式。每个子滤波器 $H_i(z)$ 常取以下的形式:

$$H_i(z) = \frac{b_{i0} + b_{i1}z^{-1}}{1 - a_{i1}z^{-1} - a_{i2}z^{-2}} \qquad (i = 1, 2, \cdots, K) \qquad (6.23)$$

上式的系数均为实数。

【例 6.3】　设 IIR 数字滤波器的系统函数 $H(z)$ 为

$$H(z) = \frac{8z^3 - 4z^2 + 11z - 2}{(z - 0.25)(z^2 - z + 0.5)}$$

为了采用并联型实现,将 $H(z)$ 写成 $z^{-1}$ 的展开式,并应用部分分式展开的方法,可得

$$H(z) = \frac{8 - 4z^{-1} + 11z^{-2} - 2z^{-3}}{(1 - 0.25z^{-1})(1 - z^{-1} + 0.5z^{-2})} = \frac{A}{1 - 0.25z^{-1}} + \frac{Bz^{-1} + C}{1 - z^{-1} + 0.5z^{-2}} + D$$

可以求出 $A = 8, B = 20, C = -16, D = 16$,则

$$H(z) = \frac{8}{1 - 0.25z^{-1}} + \frac{20z^{-1} - 16}{1 - z^{-1} + 0.5z^{-2}} + 16$$

若每一部分采用直接 II 型实现,其流图如图 6.8 所示。

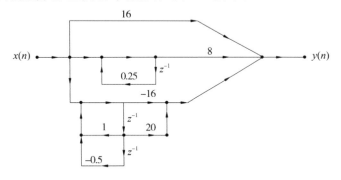

图 6.8　例 6.3 并联型结构流图

由于并联型各个基本环节是并联的,各自的运算误差互不影响,所以不会增加积累误差,比级联型的误差一般来说要稍小一些。另外信号是同时加到各个基本网络上的,实现时速度较快。而级联型的特点是可以单独调整零、极点位置,便于调整滤波器频率响应。

另外还有格型网络结构,读者可以参阅参考文献[26]。

# 6.3　模拟滤波器的设计

　　IIR 数字滤波器的间接设计法是借助模拟滤波器设计方法进行设计的,先根据数字滤波器的设计指标设计相应的过渡模拟滤波器,再将过渡模拟滤波器转换成为数字滤波器。本节对模拟滤波器的设计做简要介绍。

## 6.3.1　模拟滤波器的设计过程

　　模拟滤波器的一般设计过程如下:
　　(1) 根据具体要求确定设计指标;
　　(2) 选择滤波器类型;
　　(3) 计算滤波器阶数;
　　(4) 通过查表或计算确定滤波器系统函数 $H_a(s)$;
　　(5) 综合实现装配并调试。

## 6.3.2　模拟滤波器设计指标

　　在进行滤波器设计时,需要确定其性能指标。模拟滤波器的性能指标定义与数字滤波器类似。以低通滤波器为例,模拟滤波器的性能指标有 $A_p$、$\Omega_p$、$A_s$ 和 $\Omega_s$,其中 $\Omega_p$ 和 $\Omega_s$ 分别称为通带截止角频率(Pass-band Cutoff Frequency)和阻带截止角频率,截止(角)频率有时也称为边界(角)频率,$A_p$ 是通带($0 \sim \Omega_p$)中的最大衰减系数,$A_s$ 是阻带($\Omega \geqslant \Omega_s$)中的最小衰减系数,$A_p$ 和 $A_s$ 一般采用 dB 表示。对于单调下降的幅频特性,如果 $\Omega = 0$ 处幅度已归一化到 1,即 $|H_a(j0)| = 1$,则 $A_p$ 和 $A_s$ 表示为

$$A_p = -10\lg |H_a(j\Omega_p)|^2 = -20\lg |H_a(j\Omega_p)| \text{ (dB)} \tag{6.24}$$

$$A_s = -10\lg |H_a(j\Omega_s)|^2 = -20\lg |H_a(j\Omega_s)| \text{ (dB)} \tag{6.25}$$

　　以上技术指标可用图 6.9 表示,图中 $\Omega_c$ 为 3 dB 截止角频率 ,因为 $|H_a(j\Omega_c)| = \dfrac{1}{\sqrt{2}}$,$-20\lg |H_a(j\Omega_c)| = 3$ dB。$\Delta\Omega = \Omega_s - \Omega_p$ 称为过渡带宽。

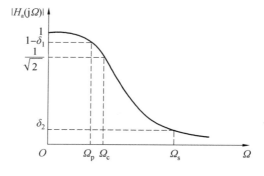

图 6.9　模拟低通滤波器的幅度特性

　　在一些应用中,模拟低通滤波器的幅度指标以归一化形式给出,如图 6.10 所示。则

$$A_{\mathrm{p}}=-20\lg\mid H_{\mathrm{a}}(\mathrm{j}\Omega_{\mathrm{p}})\mid=-20\lg\left(\frac{1}{\sqrt{1+\varepsilon^{2}}}\right)=10\lg(1+\varepsilon^{2}) \tag{6.26}$$

$$A_{\mathrm{s}}=-20\lg\mid H_{\mathrm{a}}(\mathrm{j}\Omega_{\mathrm{s}})\mid=-20\lg\left(\frac{1}{A}\right)=20\lg(A) \tag{6.27}$$

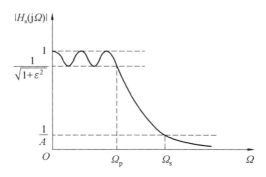

图 6.10　模拟低通滤波器的归一化幅度指标

滤波器的技术指标给定后，需要设计一个系统函数 $H_{\mathrm{a}}(s)$，希望其幅度平方函数 $\mid H_{\mathrm{a}}(\mathrm{j}\Omega)\mid^{2}$ 满足给定的指标 $A_{\mathrm{p}}$ 和 $A_{\mathrm{s}}$，由于滤波器的单位冲激响应为实函数，因此

$$\mid H_{\mathrm{a}}(\mathrm{j}\Omega)\mid^{2}=H_{\mathrm{a}}(\mathrm{j}\Omega) \cdot H_{\mathrm{a}}^{*}(\mathrm{j}\Omega)=H_{\mathrm{a}}(\mathrm{j}\Omega)H_{\mathrm{a}}(-\mathrm{j}\Omega)=H_{\mathrm{a}}(s)H_{\mathrm{a}}(-s)\mid_{s=\mathrm{j}\Omega}$$

式中　$H_{\mathrm{a}}(s)$——模拟滤波器的系统函数，它是 $s$ 的有理函数；

　　　$\mid H_{\mathrm{a}}(\mathrm{j}\Omega)\mid$——滤波器的幅频特性。

### 6.3.3　巴特沃斯模拟低通滤波器的设计方法

**1. 巴特沃斯低通滤波器的幅度平方函数**

$N$ 阶巴特沃斯(Butterworth Low Pass Filter)模拟低通滤波器的幅度平方函数为

$$\mid H_{\mathrm{a}}(\mathrm{j}\Omega)\mid^{2}=\frac{1}{1+(\Omega/\Omega_{\mathrm{c}})^{2N}} \tag{6.28}$$

式中　$N$——滤波器的阶数。

当 $\Omega=0$ 时，$\mid H_{\mathrm{a}}(\mathrm{j}\Omega)\mid=1$；$\Omega=\Omega_{\mathrm{c}}$ 时，$\mid H_{\mathrm{a}}(\mathrm{j}\Omega)\mid=\frac{1}{\sqrt{2}}$，$\Omega_{\mathrm{c}}$ 是 3 dB 截止角频率。当 $\Omega>\Omega_{\mathrm{c}}$ 时，随 $\Omega$ 增大，幅度迅速下降。下降速度与阶数 $N$ 有关，$N$ 越大，幅度下降的速度越快，过渡带越窄。幅度特性与 $\Omega$ 和 $N$ 的关系如图 6.11 所示。

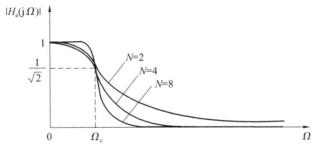

图 6.11　巴特沃斯幅频特性与 $\Omega$ 和 $N$ 的关系

**2. 幅度平方函数的极点分布及 $H_a(s)$ 的构成**

可以将幅度平方函数 $|H_a(j\Omega)|^2$ 写成 $s$ 的函数为

$$H_a(s)H_a(-s) = \frac{1}{1 + \left(\frac{s}{j\Omega_c}\right)^{2N}}$$

此式表明幅度平方函数有 $2N$ 个极点, 极点 $s_k$ 表示为

$$s_k = (-1)^{\frac{1}{2N}}(j\Omega_c) = \Omega_c e^{j\pi\left(\frac{1}{2} + \frac{2k+1}{2N}\right)} \tag{6.29}$$

式中    $k = 0,1,2,\cdots,2N-1$。

$2N$ 个极点等间隔分布在半径为 $\Omega_c$ 的圆上(该圆称为巴特沃斯圆), 间隔是 $\pi/N$ rad。当 $N=3$ 时极点分布如图 6.12 所示。极点以虚轴为对称轴, 且不会落在虚轴上。为形成稳定的滤波器, $2N$ 个极点中只取 $s$ 平面左半平面的 $N$ 个极点构成 $H_a(s)$, 而右半平面的 $N$ 个极点构成 $H_a(-s)$。则 $H_a(s)$ 的表示式为

$$H_a(s) = \frac{\Omega_c^N}{\prod\limits_{k=0}^{N-1}(s - s_k)} \tag{6.30}$$

这里分子系数为 $\Omega_c^N$, 是由 $H_a(s)$ 的低频特性决定的, 即是为了保证 $|H_a(j0)| = 1$ 而得出的。

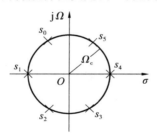

图 6.12    三阶巴特沃斯滤波器极点分布

设 $N=3$, 则极点有 6 个, 它们分别为

$$s_0 = \Omega_c e^{j\frac{2}{3}\pi}, \quad s_1 = -\Omega_c, \quad s_2 = \Omega_c e^{-j\frac{2}{3}\pi}$$

$$s_3 = \Omega_c e^{-j\frac{1}{3}\pi}, \quad s_4 = \Omega_c, \quad s_5 = \Omega_c e^{j\frac{1}{3}\pi}$$

取 $s$ 平面左半平面的极点 $s_0, s_1, s_2$ 组成 $H_a(s)$, 则

$$H_a(s) = \frac{\Omega_c^3}{(s + \Omega_c)(s - \Omega_c e^{j\frac{2}{3}\pi})(s - \Omega_c e^{-j\frac{2}{3}\pi})}$$

**3. 频率归一化问题**

由于各滤波器的幅频特性不同, 为使设计统一, 应将所有的频率归一化。这里采用对 3 dB 截止角频率 $\Omega_c$ 归一化, 归一化后的 $H_a(s)$ 表示为

$$H_a(s) = \frac{1}{\prod\limits_{k=0}^{N-1}\left(\frac{s}{\Omega_c} - \frac{s_k}{\Omega_c}\right)} \tag{6.31}$$

式中, $s/\Omega_c = j\Omega/\Omega_c$。令 $\lambda = \Omega/\Omega_c$, $\lambda$ 称为归一化频率。令 $p = j\lambda$, $p$ 称为归一化复变量, 这样归一化巴特沃斯的系统函数为

$$H_a(p) = \cfrac{1}{\prod\limits_{k=0}^{N-1}(p-p_k)} \tag{6.32}$$

其中，$p = \mathrm{j}\lambda = \dfrac{s}{\Omega_c}$；$p_k$ 为归一化极点，表示为

$$p_k = \frac{s_k}{\Omega_c} = \mathrm{e}^{\mathrm{j}\pi\left(\frac{1}{2}+\frac{2k+1}{2N}\right)} \quad (k = 0, 1, \cdots, N-1) \tag{6.33}$$

这样只要根据技术指标求出阶数 $N$，即可按照式(6.33)求出 $N$ 个极点，再按照式(6.32)得到归一化的系统函数 $H_a(p)$。经过整理，还可以得到 $H_a(p)$ 的如下形式(即分母是 $p$ 的 $N$ 阶多项式)：

$$H_a(p) = \frac{1}{b_0 + b_1 p + b_2 p^2 + \cdots + b_{N-1}p^{N-1} + p^N} = \frac{1}{B(p)} \tag{6.34}$$

归一化的系统函数 $H_a(p)$ 的系数 $b_k(k=0,1,2,\cdots,N-1)$ 以及极点可以从表6.1查出，表中还给出了 $H_a(p)$ 的因式分解形式中的各个系数，这样只要求出阶数 $N$，查表可得到 $H_a(p)$ 及各极点，节约大量时间。

$H_a(p)$ 并不是实际的滤波器系统函数，在确定 $\Omega_c$ 后，还应去归一化，才能得到实际的系统函数 $H_a(s)$，即将 $p = \mathrm{j}\lambda = \dfrac{s}{\Omega_c}$ 代入 $H_a(p)$ 中，便得到 $H_a(s)$。

**表 6.1　巴特沃斯归一化低通滤波器参数**

| 阶数$N$ ＼ 极点位置 | $P_{0,N-1}$ | $P_{1,N-2}$ | $P_{2,N-3}$ | $P_{3,N-4}$ | $P_4$ |
|---|---|---|---|---|---|
| 1 | $-1.0000$ | | | | |
| 2 | $-0.7071\pm\mathrm{j}0.7071$ | | | | |
| 3 | $-0.5000\pm\mathrm{j}0.8660$ | $-1.0000$ | | | |
| 4 | $-0.3827\pm\mathrm{j}0.9239$ | $-0.9239\pm\mathrm{j}0.3827$ | | | |
| 5 | $-0.3090\pm\mathrm{j}0.9511$ | $-0.8090\pm\mathrm{j}0.5878$ | $-1.0000$ | | |
| 6 | $-0.2588\pm\mathrm{j}0.9659$ | $-0.7071\pm\mathrm{j}0.7071$ | $-0.9659\pm\mathrm{j}0.2588$ | | |
| 7 | $-0.2225\pm\mathrm{j}0.9749$ | $-0.6235\pm\mathrm{j}0.7818$ | $-0.9010\pm\mathrm{j}0.4339$ | $-1.0000$ | |
| 8 | $0.1951\pm\mathrm{j}0.9808$ | $0.5556\pm\mathrm{j}0.8315$ | $-0.8315\pm\mathrm{j}0.5556$ | $-0.9808\pm\mathrm{j}0.1951$ | |
| 9 | $-0.1736\pm\mathrm{j}0.9848$ | $-0.5000\pm\mathrm{j}0.8660$ | $-0.7660\pm\mathrm{j}0.6428$ | $-0.9397\pm\mathrm{j}0.3420$ | $-1.0000$ |

| 阶数$N$ ＼ 分母多项式 | $B(p) = b_0 + b_1 p + b_2 p^2 + \cdots + b_{N-1}p^{N-1} + p^N$ | | | | | | | | |
|---|---|---|---|---|---|---|---|---|---|
| | $b_0$ | $b_1$ | $b_2$ | $b_3$ | $b_4$ | $b_5$ | $b_6$ | $b_7$ | $b_8$ |
| 1 | $1.0000$ | | | | | | | | |
| 2 | $1.0000$ | $1.4142$ | | | | | | | |
| 3 | $1.0000$ | $2.0000$ | $2.0000$ | | | | | | |
| 4 | $1.0000$ | $2.6131$ | $3.4142$ | $2.613$ | | | | | |
| 5 | $1.0000$ | $3.2361$ | $5.2361$ | $5.2361$ | $3.2361$ | | | | |
| 6 | $1.0000$ | $3.8637$ | $7.4641$ | $9.1416$ | $7.4641$ | $3.8637$ | | | |
| 7 | $1.0000$ | $4.4940$ | $10.0978$ | $14.5918$ | $14.5918$ | $10.0978$ | $4.4940$ | | |
| 8 | $1.0000$ | $5.1258$ | $13.1371$ | $21.8462$ | $25.6884$ | $21.8642$ | $13.1371$ | $5.1258$ | |
| 9 | $1.0000$ | $5.7588$ | $16.5817$ | $31.1634$ | $41.9864$ | $41.9864$ | $31.1634$ | $16.5817$ | $5.7588$ |

**续表 6.1**

| 分母因式<br>阶数 $N$ | $B(p) = B_1(p)B_2(p)B_3(p)B_4(p)B_5(p)$ |
|---|---|
| 1 | $(p+1)$ |
| 2 | $(p^2 + 1.414\ 2p + 1)$ |
| 3 | $(p^2 + p + 1)(p+1)$ |
| 4 | $(p^2 + 0.765\ 4p + 1)(p^2 + 1.847\ 8p + 1)$ |
| 5 | $(p^2 + 0.618\ 0p + 1)(p^2 + 1.618\ 0p + 1)(p+1)$ |
| 6 | $(p^2 + 0.517\ 6p + 1)(p^2 + 1.414\ 2p + 1)(p^2 + 1.931\ 9p + 1)$ |
| 7 | $(p^2 + 0.445\ 0p + 1)(p^2 + 1.247\ 0p + 1)(p^2 + 1.801\ 9p + 1)(p+1)$ |
| 8 | $(p^2 + 0.390\ 2p + 1)(p^2 + 1.111\ 1p + 1)(p^2 + 1.662\ 9p + 1)(p^2 + 1.961\ 6p + 1)$ |
| 9 | $(p^2 + 0.347\ 3p + 1)(p^2 + p + 1)(p^2 + 1.532\ 1p + 1)(p^2 + 1.879\ 4p + 1)(p+1)$ |

**4. 阶数 $N$ 的确定**

阶数 $N$ 的大小主要影响幅频特性下降速度,它应该由技术指标 $A_p$、$\Omega_p$、$A_s$ 和 $\Omega_s$ 确定。将 $\Omega = \Omega_p$ 代入幅度平方函数式(6.28)中,再将幅度平方函数 $|H_a(j\Omega_p)|^2$ 代入式(6.24),得到

$$1 + \left(\frac{\Omega_p}{\Omega_c}\right)^{2N} = 10^{A_{p}/10} \tag{6.35}$$

将 $\Omega = \Omega_s$ 代入式(6.28),再将 $|H_a(j\Omega_s)|^2$ 代入式(6.25),得

$$1 + \left(\frac{\Omega_s}{\Omega_c}\right)^{2N} = 10^{A_{s}/10} \tag{6.36}$$

由式(6.35)和式(6.36)得

$$\left(\frac{\Omega_p}{\Omega_s}\right)^{N} = \sqrt{\frac{10^{A_{p}/10} - 1}{10^{A_{s}/10} - 1}}$$

令 $\lambda_{sp} = \Omega_s / \Omega_p$,$k_{sp} = \sqrt{\dfrac{10^{A_{p}/10} - 1}{10^{A_{s}/10} - 1}}$,则 $N$ 由下式表示:

$$N = -\frac{\lg k_{sp}}{\lg \lambda_{sp}} = \frac{\lg\left[(10^{A_{p}/10} - 1)/(10^{A_{s}/10} - 1)\right]}{2\lg(\Omega_p/\Omega_s)} \tag{6.37}$$

用式(6.37)求出的 $N$ 可能有小数部分,应该取大于或等于 $N$ 的最小整数。关于 3 dB 截止角频率 $\Omega_c$,如果技术指标没有给出,可以按照式(6.35)或式(6.36)求出,如果由式(6.35)求出,则阻带指标有富余量;如果由式(6.36)求出,则通带指标有富余量。

**5. 设计步骤**

总结以上,低通巴特沃斯滤波器的设计步骤如下:

(1)根据技术指标 $\Omega_p$、$A_p$、$\Omega_s$ 和 $A_s$,用确定滤波器的阶数 $N$;

(2)求出归一化极点 $p_k$,进而得到归一化系统函数 $H_a(p)$;

(3)将 $H_a(p)$ 去归一化。将 $p = s/\Omega_c$ 代入 $H_a(p)$,得到实际的滤波器系统函数 $H_a(s)$。

**【例 6.4】** 已知通带截止频率 $f_p = 5$ kHz,通带最大衰减 $A_p = 2$ dB,阻带截止频率 $f_s =$

12 kHz，阻带最小衰减 $A_s = 30$ dB，按照以上技术指标设计巴特沃斯低通滤波器。

**解**　（1）确定阶数 $N$

$$k_{sp} = \sqrt{\frac{10^{0.1A_p} - 1}{10^{0.1A_s} - 1}} = 0.024\ 2$$

$$\lambda_{sp} = \frac{2\pi f_s}{2\pi f_p} = 2.4$$

$$N = -\frac{\lg 0.024\ 2}{\lg 2.4} = 4.25$$

取 $N = 5$。

（2）求极点分别为

$$p_0 = e^{j\frac{3}{5}\pi},\ p_1 = e^{j\frac{4}{5}\pi},\ p_2 = e^{j\pi},\ p_3 = e^{j\frac{6}{5}\pi},\ p_4 = e^{j\frac{7}{5}\pi}$$

（3）则归一化系统函数为

$$H_a(p) = \frac{1}{\prod\limits_{k=0}^{4}(p - p_k)}$$

上式分母可以展开成为五阶多项式，或者将共轭极点放在一起，形成因式分解形式。也可以直接查表，由 $N = 5$，得到极点：$-0.309\ 0 \pm j0.951\ 1$，$-0.809\ 0 \pm j0.587\ 8$，$-1.000\ 0$。

$$H_a(p) = \frac{1}{b_0 + b_1 p + b_2 p^2 + b_3 p^3 + b_4 p^4 + p^5}$$

$$b_0 = 1.000\ 0,\ b_1 = 3.236\ 1,\ b_2 = 5.236\ 1,\ b_3 = 5.236\ 1,\ b_4 = 3.236\ 1$$

为将 $H_a(p)$ 去归一化，先求 3 dB 截止角频率 $\Omega_c$。由式（6.35）和式（6.36）可分别推出

$$\Omega_c = \Omega_p (10^{0.1A_p} - 1)^{-\frac{1}{2N}} = 2\pi \cdot 5.275\ 5\ \text{krad/s}$$

或

$$\Omega_c = \Omega_s (10^{0.1A_s} - 1)^{-\frac{1}{2N}} = 2\pi \cdot 6.014\ 8\ \text{krad/s}$$

将 $p = s/\Omega_c$ 代入 $H_a(p)$ 中得到

$$H_a(s) = \frac{\Omega_c^5}{b_0\Omega_c^5 + b_1\Omega_c^4 s + b_2\Omega_c^3 s^2 + b_3\Omega_c^2 s^3 + b_4\Omega_c s^4 + s^5}$$

### 6.3.4　切比雪夫模拟滤波器的设计方法

巴特沃斯滤波器的频率特性曲线，无论在通带和阻带内都是频率的单调函数，因此，当通带边界处满足指标要求时，通带内肯定有余量。更有效的设计方法是将精度均匀地分布在整个通带内，或者均匀地分布在整个阻带内，或者同时分布在两者之间，从而就可以用阶数较低的系统满足设计要求，这可以通过选择具有等波纹特性（Equiripple Behavior）的逼近函数来满足。

切比雪夫滤波器（Chebychev Filter）主要分两种：切比雪夫 Ⅰ 型和切比雪夫 Ⅱ 型。切比雪夫 Ⅰ 型特点为幅频特性在通带内是等波纹的，在阻带内是单调的。切比雪夫 Ⅱ 型特点为幅频特性在通带内是单调的，在阻带内是等波纹的。

下面仅简单介绍切比雪夫 Ⅰ 型的设计方法。

$N$ 阶切比雪夫 Ⅰ 型模拟低通滤波器 $H_a(s)$ 的幅度平方函数为

$$|H_a(j\Omega)|^2 = \frac{1}{1 + \varepsilon^2 C_N^2(\Omega/\Omega_p)} \tag{6.38}$$

式中,$\varepsilon$ 为小于 1 的正数,表示通带波纹幅度参数。$C_N(x)$ 是 $N$ 阶切比雪夫多项式,定义为

$$C_N(\Omega) = \begin{cases} \cos(N\arccos \Omega) & (|\Omega| \leqslant 1) \\ \cosh(N\mathrm{arcosh} \Omega) & (|\Omega| > 1) \end{cases} \quad (6.39)$$

当 $N=0$ 时,$C_0(\Omega)=1$;当 $N=1$ 时,$C_1(\Omega)=\Omega$;当 $N=2$ 时,$C_2(\Omega)=2\Omega^2-1$;当 $N=3$ 时,$C_3(\Omega)=4\Omega^3-3\Omega$。

由此可归纳出高阶切比雪夫多项式特性为

$$C_N(\Omega) = 2\Omega C_{N-1}(\Omega) - C_{N-2}(\Omega) \quad (N \geqslant 2) \quad (6.40)$$

对两个不同的阶数 $N$,取相同的通带波纹幅度参数 $\varepsilon$,切比雪夫 Ⅰ 型模拟低通滤波器幅频特性曲线可参考图 6.10。图 6.13 给出了不同阶数 $N$ 的切比雪夫 Ⅰ 型模拟低通滤波器幅频特性曲线。图 6.13 中通带最大衰减 $A_p=1$ dB,$\varepsilon=0.5088$。由图 6.13 可见,幅频特性曲线在通带 $[0,1]$ 内为等波纹,当 $\Omega>1$ 时,单调下降,而且阶数 $N$ 越大过渡带越窄。

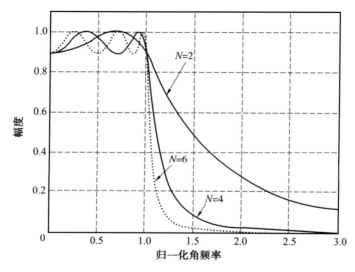

图 6.13　切比雪夫 Ⅰ 型模拟低通滤波器幅频特性曲线

切比雪夫 Ⅰ 型模拟低通滤波器的阶数 $N$ 由所给通带截止角频率 $\Omega_p$、通带波纹参数 $\varepsilon$、阻带截止角频率 $\Omega_s$ 和阻带波纹 $(1/A)$ 共同决定。从式(6.39)和式(6.40)得

$$|H_a(\mathrm{j}\Omega_s)|^2 = \frac{1}{1+\varepsilon^2 C_N^2(\Omega_s/\Omega_p)} = \frac{1}{1+\varepsilon^2\{\cosh[N\mathrm{arcosh}(\Omega_s/\Omega_p)]\}^2} = \frac{1}{A^2} \quad (6.41)$$

求解上式得

$$N = \frac{\mathrm{arcosh}(\sqrt{A^2-1}/\varepsilon)}{\mathrm{arcosh}(\Omega_s/\Omega_p)} \quad (6.42)$$

用式(6.42)计算 $N$ 时,利用恒等式 $\mathrm{arcosh}(x) = \ln(x+\sqrt{x^2-1})$ 较为方便,当然最后 $N$ 取大于等于式(6.42)计算结果的最小整数。

系统函数为

$$H_a(s) = \frac{\Omega_p^N}{\displaystyle\prod_{k=0}^{N-1}(s-s_k)} \quad (6.43)$$

式中　$s_k$——$s$ 平面左半平面的极点。

# 6.4　无限冲激响应数字滤波器设计的模拟－数字转换法

利用模拟滤波器来设计数字滤波器(模拟－数字转换法),也就是使数字滤波器能模仿模拟滤波器的特性。因此,利用模拟滤波器来完成数字滤波器的设计,就需要先确定模拟滤波器的 $H_a(s)$,进而确定数字滤波器的系统函数 $H(z)$。 它实际上是由 $s$ 平面到 $z$ 平面间的一种映射转换,此时必须满足两种基本要求:

(1) $H(z)$ 的频率响应要能模仿 $H_a(s)$ 的频率响应,即 $s$ 平面的虚轴必须映射到 $z$ 平面的单位圆上。

(2)因果稳定的模拟滤波器 $H_a(s)$ 转换成数字滤波器 $H(z)$,仍是因果稳定的。也就是 $s$ 平面的左半平面应该映射到 $z$ 平面的单位圆内。

将系统函数 $H_a(s)$ 从 $s$ 平面映射到 $z$ 平面可以有多种方法,主要有时域转换法和频域转换法。前者是使数字滤波器时域响应与模拟滤波器的时域响应的抽样值相等,冲激不变法、阶跃不变法属于该类方法;后者则是使数字滤波器在 $-\pi \leqslant \Omega T_s < \pi$ 范围内的幅度特性和模拟滤波器的幅度特性一致,双线性变换法属于该类方法。

## 6.4.1　冲激(响应)不变法(脉冲响应不变法)

### 1. 变换原理

冲激不变法是从滤波器的单位冲激响应出发,是依据数字滤波器的单位冲激响应 $h(n)$ 与模拟滤波器的单位冲激响应 $h_a(t)$ 在抽样点上的值相等,即

$$h(n) = h_a(t)\,|_{t=nT_s} = h_a(nT_s) \tag{6.44}$$

来得到变换关系(式中, $T_s$ 是抽样间隔)。

如果给定模拟滤波器的系统函数 $H_a(s)$,则 $h_a(t)$ 就是 $H_a(s)$ 的拉普拉斯反变换:

$$h_a(t) = L^{-1}[H_a(s)] \tag{6.45}$$

于是,所求数字滤波器的系统函数为

$$H(z) = Z[h(n)] = Z\{L^{-1}[H_a(s)]\,|_{t=nT_s}\} \tag{6.46}$$

### 2. 模拟滤波器的数字化方法

若模拟滤波器的系统函数 $H_a(s)$ 只有单阶极点,且分母的阶次大于分子的阶次,则有

$$H_a(s) = \sum_{k=1}^{N} \frac{A_k}{s - s_k} \tag{6.47}$$

相应的单位冲激响应为

$$h_a(t) = L^{-1}[H_a(s)] = \sum_{k=1}^{N} A_k e^{s_k t} u(t) \tag{6.48}$$

因此,冲激不变法转换得到的数字滤波器的单位冲激响应为

$$h(n) = h_a(nT_s) = \sum_{k=1}^{N} A_k e^{s_k nT_s} u(n) = \sum_{k=1}^{N} A_k (e^{s_k T_s})^n u(n) \tag{6.49}$$

对 $h(n)$ 求 $Z$ 变换,即得数字滤波器的系统函数

$$H(z) = Z[h(n)] = Z\Big[\sum_{k=1}^{N} A_k \, (\mathrm{e}^{s_k T_s})^n u(n)\Big] = \sum_{k=1}^{N} A_k Z\big[(\mathrm{e}^{s_k T_s})^n u(n)\big] =$$

$$\sum_{k=1}^{N} \frac{A_k}{1 - \mathrm{e}^{s_k T_s} z^{-1}} = \sum_{k=1}^{N} \frac{A_k}{1 - p_k z^{-1}} \qquad (6.50)$$

将式(6.47)、(6.50)对比可见：

① $s$ 平面的每一个单阶极点 $s_k$ 映射到 $z$ 平面上的单阶极点 $p_k$。

$$p_k = \mathrm{e}^{s_k T_s} \qquad (6.51)$$

② $H_a(s)$ 与 $H(z)$ 的部分分式的系数是相同的，都是 $A_k$。

根据以上分析可知：

① 若模拟滤波器的系统函数的极点是单阶，则可将其展开成部分分式表达，冲激响应不变法的设计步骤可不再经历 $H_a(s) \rightarrow h_a(t) \rightarrow h(n) \rightarrow H(z)$ 的过程，而是直接将 $H_a(s)$ 写成若干个单极点的部分分式之和的形式，然后将各个部分分式依据上述原则转换成数字系统的部分分式，从而得到所需的数字滤波器系统函数 $H(z)$。

② 若模拟滤波器的极点不是单阶的，则应按照 $H_a(s) \rightarrow h_a(t) \rightarrow h(n) \rightarrow H(z)$ 的过程来设计数字滤波器 $H(z)$。

**3. 冲激不变法的特点**

(1) 如果模拟滤波器是因果稳定的，则数字滤波器也是因果稳定的。因为，模拟滤波器是因果稳定的，则所有极点 $s_k$ 位于 $s$ 平面的左半平面，即 $\mathrm{Re}[s_k] < 0$，则变换后的数字滤波器的全部极点 $|p_k| = |\mathrm{e}^{s_k T_s}| = \mathrm{e}^{\mathrm{Re}[s_k]T_s} < 1$，因此数字滤波器也是因果稳定的。

(2) 一个线性相位的模拟滤波器通过冲激不变法得到的仍然是一个线性相位的数字滤波器。

从以上讨论可以看出，冲激不变法使得数字滤波器的单位冲激响应完全模仿模拟滤波器的单位冲激响应，也就是时域逼近良好，而且模拟角频率 $\Omega$ 和数字角频率 $\omega$ 之间呈线性关系 $\omega = \Omega T_s$。 因而，一个线性相位的模拟滤波器(例如贝塞尔滤波器)通过冲激响应不变法得到的数字滤波器的相频特性从理论上讲仍然是线性的。

(3) $s$ 平面到 $z$ 平面的映射是多值的，存在混叠失真，只适用于带宽有限的滤波器设计。

为说明此问题，设 $H_a(s)$ 在 $s$ 平面上有两个单阶极点 $s_1$ 和 $s_2$，它们的实部相等，虚部相差 $\frac{2\pi}{T_s} r \ (r = \pm 1, \pm 2, \pm 3, \cdots)$，即

$$s_1 = \sigma_1 + \mathrm{j}\Omega_1$$
$$s_2 = \sigma_2 + \mathrm{j}\Omega_2$$

其中，$\sigma_1 = \sigma_2$，$\Omega_2 = \Omega_1 + \dfrac{2\pi}{T_s} r$，由式(6.51)可求得它们映射到 $z$ 平面的单阶极点分别为

$$p_1 = \mathrm{e}^{s_1 T_s} = \mathrm{e}^{(\sigma_1 + \mathrm{j}\Omega_1)T_s} = \mathrm{e}^{\sigma_1 T_s} \cdot \mathrm{e}^{\mathrm{j}\Omega_1 T_s} = |p_1| \, \mathrm{e}^{\mathrm{j}\Omega_1 T_s}$$

$$p_2 = \mathrm{e}^{s_2 T_s} = \mathrm{e}^{(\sigma_2 + \mathrm{j}\Omega_2)T_s} = \mathrm{e}^{\sigma_2 T_s}\mathrm{e}^{\mathrm{j}\Omega_2 T_s} = \mathrm{e}^{\sigma_1 T_s}\mathrm{e}^{\mathrm{j}(\Omega_1 + \frac{2\pi}{T_s} r)T_s} =$$

$$|p_1| \, \mathrm{e}^{\mathrm{j}\Omega_1 T_s}\mathrm{e}^{\mathrm{j}2\pi r} = |p_1| \, \mathrm{e}^{\mathrm{j}\Omega_1 T_s} = p_1$$

即 $s$ 平面上实部相等、虚部相差 $\dfrac{2\pi}{T_s} r$ 的多个单阶极点映射到 $z$ 平面上同一个单阶极点。由此可见，冲激不变法将模拟滤波器的 $s$ 平面内宽度为 $2\pi/T_s$ 的带状区映射成数字滤波器整个 $z$ 平

面;$s$ 平面中每一带状区的左半边映入 $z$ 平面单位圆内;$s$ 平面中每一带状区的右半边映射到 $z$ 平面单位圆外部,如图 6.14 所示。

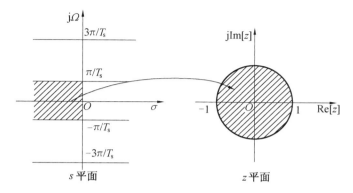

图 6.14　冲激不变法的映射关系

根据抽样定理,数字滤波器的频率响应和模拟滤波器的频率响应间的关系为

$$H(\mathrm{e}^{\mathrm{j}\omega}) = \frac{1}{T_\mathrm{s}} \sum_{k=-\infty}^{+\infty} H_\mathrm{a}\left(\mathrm{j}\frac{\omega - 2\pi k}{T_\mathrm{s}}\right) \tag{6.52}$$

因此,如果模拟滤波器的频率响应是限带(带宽有限)的,并且

$$H_\mathrm{a}(\mathrm{j}\Omega) = 0 \quad (\mid \Omega \mid \geqslant \pi/T_\mathrm{s} = \frac{\Omega_\mathrm{s}}{2} = \pi f_\mathrm{s}, f_\mathrm{s} = 1/T_\mathrm{s})$$

才能使数字滤波器的频率响应在折叠频率以内重现模拟滤波器的频率响应,而不产生混叠失真,即

$$H(\mathrm{e}^{\mathrm{j}\omega}) = \frac{1}{T_\mathrm{s}} H_\mathrm{a}\left(\mathrm{j}\frac{\omega}{T_\mathrm{s}}\right) \quad (\mid \omega \mid < \pi) \tag{6.53}$$

由式(6.53)可以看出,冲激不变法频率坐标的变换是线性的($\omega = \Omega T_\mathrm{s}$),因此变换不会改变原来的相位特性。

但是,任何一个实际滤波器的频率响应都不可能是真正限带的,所以由式(6.52)就会出现频谱交叠现象,引起频率响应失真,如图 6.15 所示。所以,冲激不变法只适用于限带的模拟滤波器(例如,衰减特性很好的低通或带通滤波器),而且高频衰减越快,混叠效应越小。至于高通和带阻滤波器,由于它们在高频部分不衰减,因此不适合采用冲激不变法进行转换。

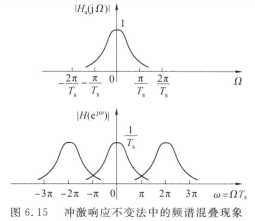

图 6.15　冲激响应不变法中的频谱混叠现象

#### 4. 减少混叠失真的方法

为了减少混叠失真,设计时应减少 $T_s$ 值,提高折叠频率,使在折叠频率处的衰减加大,但这就会导致数字滤波器的指标发生变化。由于这种方法只适于限带滤波器,所以对高通或带阻数字滤波器的设计是不适用的。

顺便指出,当 $T_s$ 值取得过小时,根据式(6.53),数字滤波器会有较高的增益。因此可以不用式(6.50)建立数字滤波器的系统函数,而是采用如下表示式

$$H(z) = \sum_{k=1}^{N} \frac{T_s A_k}{1 - e^{s_k T_s} z^{-1}} \qquad (6.54)$$

对应的冲激响应为

$$h(n) = T_s h_a(nT_s) \qquad (6.55)$$

**【例 6.5】** 设模拟滤波器的系统函数为

$$H_a(s) = \frac{1}{s^2 + 5s + 6}$$

试利用冲激不变法(设 $T_s = 1$)将 $H_a(s)$ 转换成 IIR 数字滤波器的系统函数 $H(z)$。

**解** 因为

$$H_a(s) = \frac{1}{s^2 + 5s + 6} = \frac{1}{s+2} - \frac{1}{s+3}$$

所以

$$H(z) = \frac{T_s}{1 - z^{-1} e^{-2T_s}} - \frac{T_s}{1 - z^{-1} e^{-3T_s}} = \frac{T_s z^{-1} (e^{-2T_s} - e^{-3T_s})}{1 - z^{-1} (e^{-2T_s} + e^{-3T_s}) + z^{-2} e^{-5T_s}}$$

由 $T_s = 1$ 有

$$H(z) = \frac{0.085\ 5 z^{-1}}{1 - 0.185\ 1 z^{-1} + 0.006\ 7 z^{-2}}$$

这是二阶递归型数字滤波器。它的两个极点是模拟滤波器系统函数的两个极点在 $z$ 平面中的映射。它还有两个零点,一个位于原点,另一个位于无穷远点。由图 6.16 可看出,由于 $H_a(j\Omega)$ 不是限带的,在折叠频率附近仍不为零,所以数字滤波器的频率响应 $H(e^{j\omega})$ 产生了严重的频谱混叠失真。

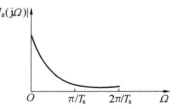

图 6.16　例 6.5 的幅频特性

### 6.4.2　阶跃(响应)不变法

阶跃不变法是使数字滤波器的阶跃响应 $h_s(n)$ 与模拟滤波器的阶跃响应抽样值 $h_{s_a}(nT_s)$ 相等来得到变换关系的,即

$$h_s(n) = h_{s_a}(t)\mid_{t=nT_s} = h_{s_a}(nT_s) \qquad (6.56)$$

根据阶跃响应的定义,模拟滤波器的阶跃响应为

$$h_{s_a}(t) = \int_{-\infty}^{+\infty} u(\tau) h_a(t-\tau) d\tau \qquad (6.57)$$

其拉普拉斯变换为

$$H_{s_a}(s) = \frac{1}{s} H_a(s) \qquad (6.58)$$

所以,阶跃响应的 Z 变换为

$$H_s(z) = Z[h_s(n)] = Z\{L^{-1}[H_{s_a}(s)] \mid_{t=nT_s}\} = Z\{L^{-1}[\frac{1}{s}H_a(s)] \mid_{t=nT_s}\} \quad (6.59)$$

又由于

$$h(n) = h_s(n) - h_s(n-1) \quad (6.60)$$

其对应的 Z 变换为

$$H(z) = \frac{z-1}{z}H_s(z) \quad (6.61)$$

因此

$$H(z) = \frac{z-1}{z}Z\{L^{-1}[\frac{1}{s}H_a(s)] \mid_{t=nT_s}\} \quad (6.62)$$

这就是用阶跃不变法由模拟滤波器求得响应数字滤波器系统函数的表达式。也就是说,如果给定了模拟滤波器的系统函数 $H_a(s)$,保持阶跃不变时,可按下面方法求数字滤波器的系统函数。步骤如下:先把 $H_a(s)/s$ 展成部分分式,然后按照冲激不变法的数字化过程求出 $H_s(z)$,再乘以 $(z-1)/z$,即为所要求的 $H(z)$。

用阶跃不变法设计的滤波器与用冲激不变法设计的滤波器一样,也会产生混叠现象。但是,由于式(6.62)括号中比式(6.46)的括号中多了一个因子 $1/s$,因而在高频段将有一定的衰减,因此,对同一个滤波器的系统函数,阶跃不变法所引入的混叠误差将比冲激不变法小,但变换过程比冲激不变法更加复杂,因此并未得到广泛应用。

### 6.4.3　双线性变换法

#### 1. 变换原理

冲激不变法产生频率响应的混叠失真的原因是:冲激不变法从 s 平面到 z 平面的映射是多值的,其将模拟滤波器的 s 平面内宽度为 $2\pi/T_s$ 的带状区都映射到数字滤波器的整个 z 平面;s 平面中每一带状区的左半边映入 z 平面单位圆内;s 平面中每一带状区的右半边映射到 z 平面单位圆外部。

为了克服这一缺点,可以采用非线性频率压缩方法,将整个频率轴上的频率范围压缩到 $-\pi/T_s \sim \pi/T_s$ 之间的 $2\pi/T_s$ 的带状区,然后再采用冲激不变法用 $z = e^{sT_s}$ 将此条带转换到 z 平面上。即:① 采用某种变换将整个 s 平面压缩映射到 $s_1$ 平面的 $-\pi/T_s \sim \pi/T_s$ 一条横带里;② 通过变换关系 $z = e^{s_1 T_s}$,将此横带变换到整个 z 平面上去。这样就使 s 平面与 z 平面建立了一一对应的单值关系,消除了多值变换性,也就消除了频谱混叠现象,映射关系如图 6.17 所示。

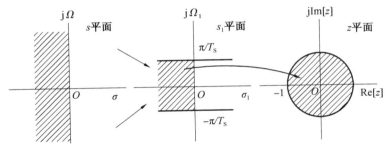

图 6.17　双线性变换法的映射关系

### 2. 双线性变换公式

下面我们按照上述步骤建立 $s$ 平面到 $z$ 平面的映射关系。

（1）$s$ 到 $s_1$ 平面的映射。

为了建立 $s$ 到 $s_1$ 平面的映射，首先建立 $s$ 平面的整个虚轴 $\mathrm{j}\Omega$ 压缩到 $s_1$ 平面 $\mathrm{j}\Omega_1$ 轴上的映射关系。

将 $\Omega$ 从 $(-\infty, +\infty)$ 的范围压缩到 $\Omega_1$ 轴上的 $-\pi/T_s$ 到 $\pi/T_s$ 段上，有许多函数使用，这里通过以下的正切变换实现（如图 6.18 所示）。

$$\Omega = C\tan\left(\frac{\Omega_1 T_s}{2}\right) \tag{6.63}$$

式中　$C$——一个大于 0 的常数。

引入 $C$ 是为了控制数字滤波器的截止频率等指标。

于是

$$\mathrm{j}\Omega = \mathrm{j}C\tan\left(\frac{\Omega_1 T_s}{2}\right) = \mathrm{j}C\frac{\sin(\Omega_1 T_s/2)}{\cos(\Omega_1 T_s/2)} =$$

$$\mathrm{j}C\frac{\left[\mathrm{e}^{\mathrm{j}\Omega_1 T_s/2} - \mathrm{e}^{-\mathrm{j}\Omega_1 T_s/2}\right]/(2\mathrm{j})}{\left[\mathrm{e}^{\mathrm{j}\Omega_1 T_s/2} + \mathrm{e}^{-\mathrm{j}\Omega_1 T_s/2}\right]/2} = C\frac{\mathrm{e}^{\mathrm{j}\Omega_1 T_s/2} - \mathrm{e}^{-\mathrm{j}\Omega_1 T_s/2}}{\mathrm{e}^{\mathrm{j}\Omega_1 T_s/2} + \mathrm{e}^{-\mathrm{j}\Omega_1 T_s/2}} \tag{6.64}$$

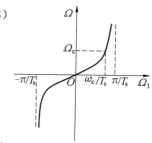

图 6.18　利用正切函数实现频率轴压缩

将上式延拓到整个 $s$ 平面和 $s_1$ 平面，即令 $\mathrm{j}\Omega = s$，$\mathrm{j}\Omega_1 = s_1$，代入上式可得

$$s = C\frac{\mathrm{e}^{s_1 T_s/2} - \mathrm{e}^{-s_1 T_s/2}}{\mathrm{e}^{s_1 T_s/2} + \mathrm{e}^{-s_1 T_s/2}} = C\frac{1 - \mathrm{e}^{-s_1 T_s}}{1 + \mathrm{e}^{-s_1 T_s}} \tag{6.65}$$

显然，上式可将整个 $s$ 平面压缩映射到 $s_1$ 平面的 $-\pi/T_s \sim \pi/T_s$ 一条横带里。

（2）$s_1$ 到 $z$ 平面的映射。

由图 6.17 可见，$s_1$ 到 $z$ 的映射是一一对应的，因此可采用如下公式完成 $s_1$ 到 $z$ 的映射。

$$z = \mathrm{e}^{s_1 T_s} \tag{6.66}$$

（3）$s$ 到 $z$ 平面的映射。

将式（6.66）代入式（6.65）得

$$s = C\frac{1 - z^{-1}}{1 + z^{-1}} \tag{6.67}$$

上式即称为双线性变换公式。它可完成 $s$ 平面到 $z$ 平面的一一映射。

### 3. 逼近情况

将式（6.67）改写为

$$z = \frac{C + s}{C - s} \tag{6.68}$$

式中　$s = \sigma + \mathrm{j}\Omega$。

由式（6.68）可见：

（1）当 $\sigma < 0$ 时，$s$ 平面的左半平面即映射到 $z$ 平面的单位圆内（$z < 1$）；当 $\sigma > 0$ 时 $s$ 平面的右半平面即映射到 $z$ 平面的单位圆外（$|z| > 1$）。因此，稳定的模拟滤波器经双线性变换后所得的数字滤波器也一定是稳定的。

证明如下：

因为
$$s = \sigma + j\Omega \Rightarrow z = \frac{C+s}{C-s} = \frac{(C+\sigma)+j\Omega}{(C-\sigma)-j\Omega}$$

所以
$$|z| = \left| \frac{(C+\sigma)+j\Omega}{(C-\sigma)-j\Omega} \right| = \frac{\sqrt{(C+\sigma)^2+\Omega^2}}{\sqrt{(C-\sigma)^2+\Omega^2}}$$

可见:当 $\sigma < 0$ 时 $|z| < 1$;当 $\sigma > 0$ 时 $|z| > 1$。

(2) 当 $\sigma = 0$ 时,即对应于 $s$ 平面的虚轴,则有 $|z| = 1$。也就是虚轴映射到 $z$ 平面的单位圆上,即模拟滤波器频谱转换为数字域的频谱。而 $s$ 平面的原点映射到 $z$ 平面的 $z = 1$ 处。

令 $z = e^{j\omega}$,则
$$s = C\frac{1-z^{-1}}{1+z^{-1}} = C\frac{1-e^{-j\omega}}{1+e^{-j\omega}} = jC\tan\frac{\omega}{2} = j\Omega$$

可得 $\Omega$ 与 $\omega$ 的变换关系为
$$\Omega = C\tan\frac{\omega}{2} \tag{6.69}$$

#### 4. 变换常数 $C$ 的计算

常数 $C$ 可用如下方法确定:

(1) 根据特定的频率点,例如用数字截止角频率 $\omega_c$ 和模拟截止角频率 $\Omega_c$ 来确定常数 $C$(图6.19 所示),即

$$C = \Omega_c \cot\frac{\omega_c}{2} \tag{6.70}$$

为使 $C > 0$,则应使 $\omega_c < \pi$。

(2) 在低频部分保持 $\Omega$ 与 $\omega$ 有近似的线性关系。由式(6.69)看出,当 $\omega$ 很小时,有

$$\Omega \approx C\frac{\omega}{2} = C\frac{\Omega T_s}{2}$$

$$C = \frac{2}{T_s} \tag{6.71}$$

图 6.19　频率关系

显然 $C > 0$,所以常用的双线性变换 $s$ 与 $z$ 的关系为
$$s = \frac{2}{T_s}\frac{1-z^{-1}}{1+z^{-1}} \tag{6.72}$$

$\Omega$ 与 $\omega$ 之间的关系为
$$\Omega = \frac{2}{T_s}\tan\frac{\omega}{2} \tag{6.73}$$

#### 5. 优缺点

(1) 优点:避免了频率响应的混叠现象。这是因为 $s$ 平面与 $z$ 平面是单值的一一对应关系。$s$ 平面整个 $j\Omega$ 轴单值地对应于 $z$ 平面单位圆一周,即频率轴是单值变换关系。

(2) 缺点:$s$ 平面上 $\Omega$ 与 $z$ 平面的 $\omega$ 呈非线性的正切关系:$\Omega = C\tan\frac{\omega}{2}$,因而存在频率的非线性失真。

双线性变换的无混叠的优点是靠频率的严重非线性关系而得到的,由于这种频率之间的非线性变换关系,就产生了新的问题。

首先,一个线性相位的模拟滤波器经双线性变换后得到非线性相位的数字滤波器,不再保持原有的线性相位。

其次,这种非线性关系要求模拟滤波器的幅频特性必须是分段常数型的,即某一频率段的幅频特性近似等于某一常数(这正是一般典型的低通、高通、带通、带阻型滤波器的响应特性),否则变换所产生的数字滤波器幅频特性相对于原模拟滤波器的幅频特性会有畸变,如图 6.20 所示,因此,双线性变换不能将一个模拟微分器转换成数字微分器。

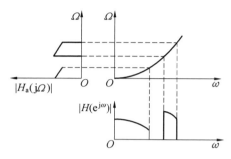 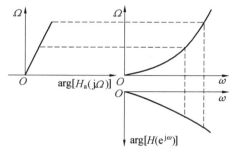

(a) 模拟滤波器的幅频特性不是分段常数的,造成幅频特性畸变      (b) 相位失真

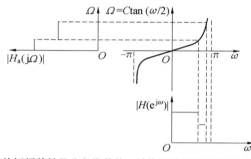

(c) 模拟滤波器的幅频特性是分段常数的,转换后数字滤波器的幅频特性也是分段常数的

图 6.20    双线性变换法幅度和相位特性的非线性映射

对于分段常数的滤波器,双线性变换后,仍得到幅频特性为分段常数的滤波器,但是各个分段边缘的临界频率点产生了畸变,为了避免某个频率点(如截止频率)的畸变,可以通过频率的预畸变来加以校正。也就是将临界模拟频率事先加以畸变,然后经双线性变换后正好映射到所需的数字频率上。

**6. 模拟滤波器的数字化方法**

(1) 表格化设计方法。

相对于冲激不变法,双线性变换法在设计和运算上比较直接和简单。可以直接将双线性变换公式(6.67)代入到模拟系统传递函数得到数字滤波器的系统函数,即

$$H(z) = H_a(s)\big|_{s=C\frac{1-z^{-1}}{1+z^{-1}}} = H_a\left(C\frac{1-z^{-1}}{1+z^{-1}}\right) \tag{6.74}$$

应用式(6.74)求 $H(z)$ 时,若阶数较高,则难以将 $H(z)$ 整理成需要的形式。为简化设计,可采取如下方法:

① 可以先将模拟系统函数分解成并联的形式(子系统函数相加)或级联的形式(子系统函数相乘),其中每个子系统函数都是低阶的(例如一、二阶的),然后再对每个子系统函数分别采用双线性变换转换成数字滤波器。此时,数字滤波器也是以并联或级联的形式出现。由于

分解为低阶的方法是在模拟系统函数上进行的,而模拟系统函数的分解已有大量的图表可以利用,因此分解起来比较方便。

② 采用表格化方法来完成双线性变换设计,即预先求出双线性变换法中离散系统函数的系数与模拟系统函数的系数之间的关系式,并列成表格,便可利用表格进行设计。

设模拟系统函数的表达式为

$$H_a(s) = \frac{\sum_{k=0}^{N} A_k s^k}{\sum_{k=0}^{N} B_k s^k} = \frac{A_0 + A_1 s + A_2 s^2 + \cdots + A_N s^N}{B_0 + B_1 s + B_2 s^2 + \cdots + B_N s^N} \tag{6.75}$$

所以

$$H(z) = H_a(s) \mid_{s=C\frac{1-z^{-1}}{1+z^{-1}}} = \frac{\sum_{k=0}^{N} a_k z^{-k}}{\sum_{k=0}^{N} b_k z^{-k}} = \frac{a_0 + a_1 z^{-1} + a_2 z^{-2} + \cdots + a_N z^{-N}}{1 + b_1 z^{-1} + b_2 z^{-2} + \cdots + b_N z^{-N}} \tag{6.76}$$

在 $N = 1, 2, 3, 4, 5$ 时,式(6.75)中 $H_a(s)$ 的系数与式(6.76)中 $H(z)$ 的系数之间的关系列于表 6.2,其中,$A$ 是一个中间变量。

表 6.2　系数关系表($C$ 为双线性变换常数)

| | | |
|---|---|---|
| | $A$ | $B_0 + B_1 C$ |
| $N = 1$ | $a_0$ | $(A_0 + A_1 C)/A$ |
| | $a_1$ | $(A_0 - A_1 C)/A$ |
| | $b_1$ | $(B_0 - B_1 C)/A$ |
| | $A$ | $B_0 + B_1 C + B_2 C^2$ |
| | $a_0$ | $(A_0 + A_1 C + A_2 C^2)/A$ |
| $N = 2$ | $a_1$ | $(2A_0 - 2A_2 C^2)/A$ |
| | $a_2$ | $(A_0 - A_1 C + A_2 C^2)/A$ |
| | $b_1$ | $(2B_0 - 2B_2 C^2)/A$ |
| | $b_2$ | $(B_0 - B_1 C + B_2 C^2)/A$ |
| | $A$ | $B_0 + B_1 C + B_2 C^2 + B_3 C^3$ |
| | $a_0$ | $(A_0 + A_1 C + A_2 C^2 + A_3 C^3)/A$ |
| | $a_1$ | $(3A_0 + A_1 C - A_2 C^2 - 3A_3 C^3)/A$ |
| | $a_2$ | $(3A_0 - A_1 C - A_2 C^2 + 3A_3 C^3)/A$ |
| $N = 3$ | $a_3$ | $(A_0 - A_1 C + A_2 C^2 - A_3 C^3)/A$ |
| | $b_1$ | $(3B_0 + B_1 C - B_2 C^2 - 3B_3 C^3)/A$ |
| | $b_2$ | $(3B_0 - B_1 C - B_2 C^2 + 3B_3 C^3)/A$ |
| | $b_3$ | $(B_0 - B_1 C + B_2 C^2 - B_3 C^3)/A$ |

续表 6.2

| | | |
|---|---|---|
| | $A$ | $B_0 + B_1 C + B_2 C^2 + B_3 C^3 + B_4 C^4$ |
| | $a_0$ | $(A_0 + A_1 C + A_2 C^2 + A_3 C^3 + A_4 C^4)/A$ |
| | $a_1$ | $(4A_0 + 2A_1 C - 2A_3 C^3 - 4A_4 C^4)/A$ |
| | $a_2$ | $(6A_0 - 2A_2 C^2 + 6A_4 C^4)/A$ |
| $N = 4$ | $a_3$ | $(4A_0 - 2A_1 C + 2A_3 C^3 - 4A_4 C^4)/A$ |
| | $a_4$ | $(A_0 - A_1 C + A_2 C^2 - A_3 C^3 + A_4 C^4)/A$ |
| | $b_1$ | $(4B_0 + 2B_1 C - 2B_3 C^3 - 4B_4 C^4)/A$ |
| | $b_2$ | $(6B_0 - 2B_2 C^2 + 6B_4 C^4)/A$ |
| | $b_3$ | $(4B_0 - 2B_1 C + 2B_3 C^3 - 4B_4 C^4)/A$ |
| | $b_4$ | $(B_0 - B_1 C + B_2 C^2 - B_3 C^3 + B_4 C^4)/A$ |
| | $A$ | $B_0 + B_1 C + B_2 C^2 + B_3 C^3 + B_4 C^4 + B_5 C^5$ |
| | $a_0$ | $(A_0 + A_1 C + A_2 C^2 + A_3 C^3 + A_4 C^4 + A_5 C^5)/A$ |
| | $a_1$ | $(5A_0 + 3A_1 C + A_2 C^2 - A_3 C^3 - 3A_4 C^4 - 5A_5 C^5)/A$ |
| | $a_2$ | $(10A_0 + 2A_1 C - 2A_2 C^2 - 2A_3 C^3 + 2A_4 C^4 + 10A_5 C^5)/A$ |
| | $a_3$ | $(10A_0 - 2A_1 C - 2A_2 C^2 + 2A_3 C^3 + 2A_4 C^4 - 10A_5 C^5)/A$ |
| $N = 5$ | $a_4$ | $(5A_0 - 3A_1 C + A_2 C^2 + A_3 C^3 - 3A_4 C^4 + 5A_5 C^5)/A$ |
| | $a_5$ | $(A_0 - A_1 C + A_2 C^2 - A_3 C^3 + A_4 C^4 - A_5 C^5)/A$ |
| | $b_1$ | $(5B_0 + 3B_1 C + B_2 C^2 - B_3 C^3 - 3B_4 C^4 - 5B_5 C^5)/A$ |
| | $b_2$ | $(10B_0 + 2B_1 C - 2B_2 C^2 - 2B_3 C^3 + 2B_4 C^4 + 10B_5 C^5)/A$ |
| | $b_3$ | $(10B_0 - 2B_1 C - 2B_2 C^2 + 2B_3 C^3 + 2B_4 C^4 - 10B_5 C^5)/A$ |
| | $b_4$ | $(5B_0 - 3B_1 C + B_2 C^2 + B_3 C^3 - 3B_4 C^4 + B_5 C^5)/A$ |
| | $b_5$ | $(B_0 - B_1 C + B_2 C^2 - B_3 C^3 + B_4 C^4 - B_5 C^5)/A$ |

（2）频率预畸变。

① 如果给出的是待设计的带通滤波器的数字域边界角频率（通、阻带截止角频率）$\omega_1$、$\omega_2$、$\omega_3$、$\omega_4$ 及采样频率（$1/T_s$），则直接采用下式：

$$\Omega = C \tan(\omega/2)$$

计算出相应的模拟滤波器的边界角频率 $\Omega_1$、$\Omega_2$、$\Omega_3$ 和 $\Omega_4$（如图 6.21 所示）。采用这样的模拟频率指标设计模拟滤波器 $H_a(s)$ 后，经双线性变换映射到数字滤波器 $H(z)$，则数字滤波器 $H(z)$ 的边界角频率才为 $\omega_1$、$\omega_2$、$\omega_3$ 和 $\omega_4$，与要求的一致；否则，就与这个结果不同。

② 如果给出的是待设计的带通滤波器的模拟域

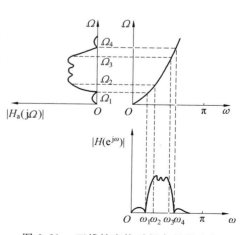

图 6.21 双线性变换时频率的预畸变

边界频率(通、阻带截止频率)$f_1$、$f_2$、$f_3$、$f_4$ 和采样频率($1/T_s$),则需要采用下述方法进行频率预畸变。

首先,利用下式计算数字滤波器的边界角频率(通、阻带截止角频率)$\omega_1$、$\omega_2$、$\omega_3$ 和 $\omega_4$。

$$\omega = 2\pi f T_s$$

然后,计算按公式 $\Omega = C\tan(\omega/2)$ 对频率预畸变,得到预畸变后的模拟滤波器的边界角频率 $\Omega_1$、$\Omega_2$、$\Omega_3$ 和 $\Omega_4$。采用这样的模拟频率指标设计模拟滤波器 $H_a(s)$ 后,经双线性变换映射到数字滤波器 $H(z)$,则数字滤波器 $H(z)$ 的边界角频率 $\omega_1$、$\omega_2$、$\omega_3$、$\omega_4$ 才能与给定的模拟域边界频率 $f_1$、$f_2$、$f_3$、$f_4$ 呈线性关系。

需要特别强调的是,若模拟滤波器 $H_a(s)$ 为低通滤波器,应用双线性变换法得到的数字滤波器 $H(z)$ 也是低通滤波器;若 $H_a(s)$ 为高通滤波器,应用双线性变换法得到的数字滤波器 $H(z)$ 也是高通滤波器;若为带通、带阻滤波器也是如此。

利用模拟滤波器设计 IIR 数字低通滤波器的步骤总结如下:

① 确定数字低通滤波器的技术指标:通带截止角频率 $\omega_p$、通带衰减 $A_p$、阻带截止角频率 $\omega_s$、阻带衰减 $A_s$。

② 将数字低通滤波器的技术指标转换成模拟低通滤波器的技术指标。主要包括 $\omega_p$ 和 $\omega_s$ 到 $\Omega_p$ 和 $\Omega_s$ 的转换,对 $A_p$ 和 $A_s$ 不变换。如果采用冲激响应不变法,截止角频率转换关系为 $\omega = \Omega T_s$;如果采用双线性变换法,截止角频率转换关系为 $\Omega = C\tan(\frac{1}{2}\omega)$。

③ 按照模拟低通滤波器的技术指标设计模拟低通滤波器。

④ 从 $s$ 平面转换到 $z$ 平面。由模拟滤波器 $H_a(s)$ 得到数字低通滤波器的系统函数 $H(z)$。

**【例 6.6】** 设计数字低通滤波器,要求如下:

在通带内角频率低于 $0.2\pi$ rad 时,允许幅度误差在 1 dB 以内;在角频率 $0.3\pi$ rad 到 $\pi$ rad 之间的阻带衰减大于 15 dB。指定模拟滤波器采用巴特沃斯低通滤波器。试分别用冲激响应不变法和双线性变换法设计滤波器(双线性变换常数取 $C = \dfrac{2}{T_s}$,设 $T_s = 1$ s)。

**解** (1)用冲激响应不变法。

① 数字低通的技术指标为

$$\omega_p = 0.2\pi \text{ rad}, A_p = 1 \text{ dB}; \omega_s = 0.3\pi \text{ rad}, A_s = 15 \text{ dB}$$

② 模拟低通的技术指标为

$$\Omega = \frac{\omega}{T_s}$$

$$T_s = 1 \text{ s}, \Omega_p = 0.2\pi \text{ rad/s}, A_p = 1 \text{ dB};$$

$$\Omega_s = 0.3\pi \text{ rad/s}, A_s = 15 \text{ dB}$$

③ 设计巴特沃斯低通滤波器,计算阶数 $N$ 及 3 dB 截止角频率 $\Omega_c$。

$$N = -\frac{\lg k_{sp}}{\lg \lambda_{sp}}$$

$$\lambda_{sp} = \frac{\Omega_s}{\Omega_p} = \frac{0.3\pi}{0.2\pi} = 1.5$$

$$k_{sp} = \sqrt{\frac{10^{0.1A_p} - 1}{10^{0.1A_s} - 1}} = 0.092$$

$$N = -\frac{\lg 0.092}{\lg 1.5} = 5.884$$

取 $N=6$。为求 3 dB 截止角频率 $\Omega_c$，将 $\Omega_p$ 和 $A_p$ 代入式(6.35)，得到 $\Omega_c=0.703\ 2$ rad/s，显然此值满足通带技术要求，同时给阻带衰减留一定余量，这对防止频率混叠有一定好处。

根据阶数 $N=6$ 得到归一化传输函数为

$$H_a(p)=\frac{1}{1+3.863\ 7p+7.464\ 1p^2+9.141\ 6p^3+7.464\ 1p^4+3.863\ 7p^5+p^6}$$

为去归一化，将 $p=s/\Omega_c$ 代入 $H_a(p)$ 中，得到实际的传输函数 $H_a(s)$：

$$H_a(s)=\frac{\Omega_c^6}{s^6+3.863\ 7\Omega_c s^5+7.464\ 1\Omega_c^2 s^4+9.141\ 6\Omega_c^3 s^3+7.464\ 1\Omega_c^4 s^2+3.863\ 7\Omega_c^5 s+\Omega_c^6}=$$

$$\frac{0.120\ 9}{s^6+2.716s^5+3.691s^4+3.179s^3+1.825s^2+0.121s+0.120\ 9}$$

④用冲激响应不变法将 $H_a(s)$ 转换成 $H(z)$。首先将 $H_a(s)$ 进行部分分式，然后依据变换关系得

$$H(z)=\frac{0.287\ 1-0.446\ 6z^{-1}}{1-0.129\ 7z^{-1}+0.694\ 9z^{-2}}+\frac{-2.142\ 8+1.145\ 4z^{-1}}{1-1.069\ 1z^{-1}+0.369\ 9z^{-2}}+$$

$$\frac{1.855\ 8-0.630\ 4z^{-1}}{1-0.997\ 2z^{-1}+0.257\ 0z^{-2}}$$

由设计得到的 $H(z)$ 可以看出，冲激响应不变法适合并联型网络结构，欲采用极联型或直接型，还需要对 $H(z)$ 作进一步处理。该滤波器的幅频特性如图 6.22 所示。

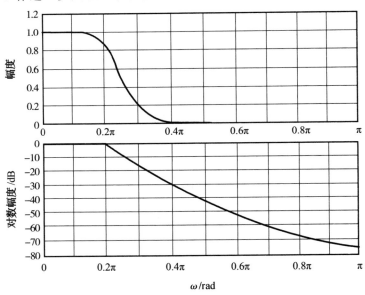

图 6.22　用冲激响应不变法设计的数字低通滤波器的幅频特性

（2）用双线性变换法设计数字低通滤波器。

① 数字低通技术指标仍为

$$\omega_p=0.2\pi \text{ rad},\ A_p=1 \text{ dB}$$

$$\omega_s=0.3\pi \text{ rad},\ A_s=15 \text{ dB}$$

② 模拟低通的技术指标为

$$\Omega = \frac{2}{T_s}\tan\frac{1}{2}\omega, T_s = 1$$

$$\Omega_p = 2\tan 0.1\pi = 0.65 \ \text{rad/s}, A_p = 1 \ \text{dB}$$

$$\Omega_s = 2\tan(0.15\pi) = 1.019 \ \text{rad/s}, A_s = 15 \ \text{dB}$$

③ 设计巴特沃斯低通滤波器。阶数 $N$ 计算如下

$$N = -\frac{\lg k_{sp}}{\lg \lambda_{sp}}$$

$$\lambda_{sp} = \frac{\Omega_s}{\Omega_p} = \frac{1.019}{0.65} = 1.568$$

$$k_{sp} = 0.092$$

$$N = -\frac{\lg 0.092}{\lg 1.568} = 5.306$$

取 $N=6$。为求 $\Omega_c$,将 $\Omega_s$ 和 $A_s$ 代入式(6.36)中,得到 $\Omega_c = 0.766\ 2$ rad/s。这样阻带技术指标满足要求,通带指标留有一定余量。

根据 $N=6$,查表得到的归一化系统函数 $H_a(p)$ 与冲激响应不变法得到的相同。为去归一化,将 $p=s/\Omega_c$ 代入 $H_a(p)$,得实际的系统函数 $H_a(s)$

$$H_a(s) = \frac{0.202\ 4}{(s^2 + 0.396s + 0.587\ 1)(s^2 + 1.083s + 0.587\ 1)(s^2 + 1.480s + 0.587\ 1)}$$

④ 用双线性变换法将 $H_a(s)$ 转换成数字滤波器 $H(z)$

$$H(z) = H_a(s)\Big|_{s=2\frac{1-z^{-1}}{1+z^{-1}}} = \frac{0.000\ 737\ 8(1+z^{-1})^6}{(1-1.268z^{-1}+0.705\ 1z^{-2})(1-1.010z^{-1}+0.358z^{-2})} \cdot$$

$$\frac{1}{1-0.904\ 4z^{-1}+0.215\ 5z^{-2}}$$

其幅频特性如图 6.23 所示,此图表明数字滤波器满足技术指标要求。

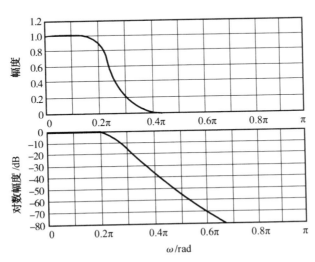

图 6.23　用双线性变换法设计的数字低通滤波器的幅频特性

# 6.5 无限长冲激响应数字滤波器的频率变换设计法

6.4 节介绍的将模拟滤波器转换为数字滤波器的设计方法仅是将某一类型的模拟滤波器变换为同样类型的数字滤波器。而实际设计数字滤波器则可以是先设计低通模拟滤波器,再由模拟低通滤波器转换为所需类型的数字滤波器。这种用于设计数字滤波器的低通模拟滤波器常称为原型滤波器。一般,原型滤波器是采用截止角频率为 $\Omega_c = 1$ 的低通滤波器,称为归一化原型滤波器。因此,频率变换设计法也称为原型变换设计法。

如果数字滤波器希望由模拟低通原型滤波器转换得到,则可能有三种方法,如图 6.24 所示。

(1)由模拟低通原型滤波器变成所需类型的模拟滤波器,然后再把它转换成需要类型的数字滤波器。

(2)由模拟低通原型滤波器直接转换成所需类型的数字滤波器。

(3)由模拟低通原型滤波器先转换成数字低通原型,然后再用变量代换变换成所需类型的数字滤波器。

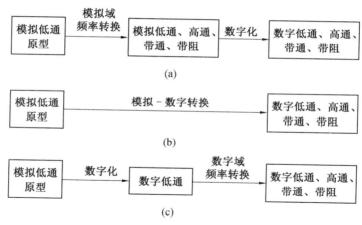

图 6.24　设计 IIR 滤波器的频率变换法

实际上,第二种方法是第一种方法的特例。这种方法是将第一种方法的两步合成一步,而且,在第二步中的模拟到数字域的转换采用双线性变换。即把模拟低通原型变换到模拟低通、高通、带通、带阻等滤波器的公式与用双线性变换得到相应数字滤波器的公式合并,就可直接将模拟低通原型滤波器通过一定的频率变换关系,一步完成各种类型数字滤波器的设计,因而简捷便利,得到普遍采用。

下面就上述三种转换方法分别予以讨论。

## 6.5.1 先由归一化模拟低通原型滤波器 $H_L(s)$ 转换成所需形式的模拟滤波器 $H_a(p)$,再把它转换成数字滤波器 $H(z)$ 的方法

该法的设计流程如图 6.24(a)所示,此法主要包括两步,第二步在 6.4 中已详细讨论过,可以采用冲激不变法,也可以采用双线性变换法。但是由于冲激不变法只适用于限带滤波器的设计,不适合带阻、高通滤波器的设计,因此,一般采用的是双线性变换方法。

而第一步,即由归一化模拟低通原型滤波器到其他类型的模拟滤波器的转换方法,需要进一步讨论。下面给出一种归一化模拟低通原型滤波器变换成另一个低通滤波器或带通、高通、带阻滤波器的变换关系式。

**1. 归一化模拟低通原型滤波器到各种类型的模拟滤波器的转换方法**

(1) 归一化模拟低通原型滤波器到截止角频率为 $\Omega_2$ 的模拟低通滤波器的转换。

显然,可以采用函数 $\theta = k\Omega$ 将截止角频率为 $\Omega_c$ 的模拟低通滤波器的频率特性 $H(j\theta)$ 转换到截止角频率为 $\Omega_2$ 的模拟低通滤波器的频率特性 $H(j\Omega)$,如图 6.25 所示。其中,$\Omega_c$ 和 $\Omega_2$ 存在映射关系

$$\Omega_c = k\Omega_2 \quad 或 \quad k = \Omega_c/\Omega_2$$

于是

$$\theta = k\Omega = \Omega_c\Omega/\Omega_2$$

或

$$j\theta = \frac{\Omega_c}{\Omega_2}j\Omega$$

延拓到 $s$ 域(令:$j\theta = s$;$j\Omega = p$),则有

$$s = \frac{\Omega_c}{\Omega_2}p$$

若 $\Omega_c = 1$,则得归一化模拟低通原型滤波器到截止角频率为 $\Omega_2$ 的低通滤波器的映射公式:

$$s = \frac{1}{\Omega_2}p \tag{6.77}$$

令 $s = j\theta$,$p = j\Omega$,则得相应的频率变换公式为

$$\theta = \frac{1}{\Omega_2}\Omega \tag{6.78}$$

(2) 归一化模拟低通原型到模拟高通滤波器的转换。

可采用如下函数完成模拟低通到模拟高通滤波器的转换

$$\theta = -k/\Omega \tag{6.79}$$

图 6.26 给出了映射关系示意图,低通滤波器 $H(j\theta)$ 的负频率一侧映射成高通滤波器 $H(j\Omega)$ 正频率一侧,而 $H(j\theta)$ 正频率一侧映射成 $H(j\Omega)$ 的负频率一侧。

由图 6.26 可得映射关系

$$0 \leftrightarrow \pm\infty; \; -\Omega_c \leftrightarrow \Omega_2; \; \pm\infty \leftrightarrow 0$$

可以计算得到

$$k = \Omega_c\Omega_2$$

代入式(6.79)可得

$$j\theta = \Omega_c\Omega_2/j\Omega$$

令 $j\theta = s$,$j\Omega = p$,延拓到 $s$ 域,得

$$s = \frac{\Omega_c\Omega_2}{p}$$

若令 $\Omega_c = 1$,则得模拟低通原型滤波器到截止角频率为 $\Omega_2$ 的高通滤波器的映射公式:

$$s = \frac{\Omega_2}{p} \tag{6.80}$$

令 $s = j\theta$,$p = j\Omega$,相应的频率变换公式则为

$$\theta = -\frac{\Omega_2}{\Omega} \tag{6.81}$$

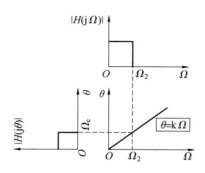

图 6.25　低通到低通滤波器的映射

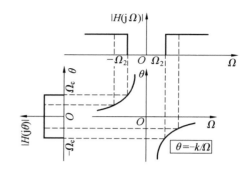

图 6.26　低通到高通滤波器的映射

（3）归一化模拟低通原型到模拟带通滤波器的转换。

① 模拟低通原型到模拟带通的映射。下列映射函数可以将模拟低通滤波器转换为模拟带通滤波器，如图 6.27 所示。

$$\theta = \frac{\Omega^2 - \Omega_0^2}{\Omega} \tag{6.82}$$

式中　$\Omega_0$——一个待定常数。

由图 6.27 可见，若设模拟带通滤波器的上下边界角频率分别为 $\Omega_1$、$\Omega_2$，模拟低通滤波器的边界角频率为 $\theta_c$，则可得如下的映射关系：

$$0 \to \Omega_0 ; \theta_c \to \Omega_2 ; -\theta_c \to \Omega_1$$

代入式（6.82）可得

$$\begin{cases} \theta_c = \dfrac{\Omega_2^2 - \Omega_0^2}{\Omega_2} \\ -\theta_c = \dfrac{\Omega_1^2 - \Omega_0^2}{\Omega_1} \end{cases}$$

解得　　$$\begin{cases} \Omega_0 = \sqrt{\Omega_1 \Omega_2} \\ \theta_c = \Omega_2 - \Omega_1 = B \end{cases} \tag{6.83}$$

其中，$B = \Omega_2 - \Omega_1$ 为带通滤波器的带宽。

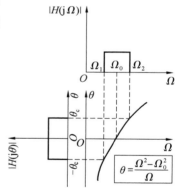

图 6.27　低通到带通滤波器的映射

令 $\mathrm{j}\theta = s, \mathrm{j}\Omega = p$，延拓到 $s$ 域，得

$$s = p + \frac{\Omega_1 \Omega_2}{p} \tag{6.84}$$

式中　$s$——模拟低通滤波器的拉普拉斯变量；

　　　$p$——模拟带通滤波器的拉普拉斯变量；

　　　$\Omega_0$——一个常数。

式（6.84）是将截止角频率为 $\theta_c = B = \Omega_2 - \Omega_1$ 的模拟低通滤波器转换为角频率分别为 $\Omega_1$，$\Omega_2$ 的模拟带通滤波器。而我们一般是先设计归一化低通原型滤波器，所以还需进一步转换。

② 归一化模拟低通原型到模拟带通的映射。设低通原型滤波器的拉普拉斯变量是 $s_1$，而

截止角频率为 $\theta_c = B = \Omega_2 - \Omega_1$ 的模拟低通滤波器的拉普拉斯变量是 $s$,于是由式(6.77)可得

$$s_1 = \frac{1}{\Omega_2 - \Omega_1} s \tag{6.85}$$

将式(6.84)代入式(6.85)可得模拟低通原型滤波器到边界角频率分别为 $\Omega_1, \Omega_2$ 的带通滤波器的映射公式

$$s_1 = \frac{1}{\Omega_2 - \Omega_1}\left(p + \frac{\Omega_1 \Omega_2}{p}\right) = \frac{p^2 + \Omega_1 \Omega_2}{(\Omega_2 - \Omega_1)p} \tag{6.86}$$

令 $s_1 = \mathrm{j}\theta, p = \mathrm{j}\Omega$,代入式(6.86),得模拟低通原型滤波器和模拟带通滤波器的频率关系:

$$\theta = \frac{\Omega^2 - \Omega_1 \Omega_2}{(\Omega_2 - \Omega_1)\Omega} \tag{6.87}$$

(4)归一化模拟低通原型到模拟带阻滤波器的转换。

① 模拟低通原型到模拟带阻的映射。下列映射函数可以将模拟低通滤波器转换为模拟带阻滤波器,如图 6.28 所示。

$$\theta = \frac{\Omega \Omega_0^2}{\Omega_0^2 - \Omega^2} \tag{6.88}$$

式中　$\Omega_0$—— 一个待定常数。

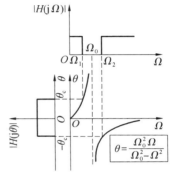

图 6.28　低通到带阻滤波器的映射

由图 6.29 可见,若设模拟带阻滤波器的两个边界角频率分别为 $\Omega_1, \Omega_2$,模拟低通滤波器的边界角频率为 $\theta_c$,则可得如下的映射关系:

$$0 \to 0, \pm\infty; \theta_c \to \Omega_1; -\theta_c \to \Omega_2; \pm\infty \to \Omega_0$$

代入式(6.87)可得

$$\begin{cases} \theta_c = \dfrac{\Omega_1 \Omega_0^2}{\Omega_0^2 - \Omega_1} \\ -\theta_c = \dfrac{\Omega_2 \Omega_0^2}{\Omega_0^2 - \Omega_2} \end{cases}$$

解得

$$\begin{cases} \Omega_0 = \sqrt{\Omega_1 \Omega_2} \\ B = \Omega_2 - \Omega_1 = \dfrac{\Omega_1 \Omega_2}{\theta_c} \end{cases} \tag{6.89}$$

或

$$\theta_c = \frac{\Omega_1 \Omega_2}{\Omega_2 - \Omega_1}$$

其中,$B = \Omega_2 - \Omega_1$ 为带通滤波器的带宽。

令 $s = \mathrm{j}\theta, p = \mathrm{j}\Omega$,延拓到 $s$ 域,得

$$s = \frac{p \Omega_0^2}{\Omega_0^2 + p^2} = \frac{\Omega_1 \Omega_2 p}{p^2 + \Omega_1 \Omega_2} \tag{6.90}$$

式(6.90)是将截止角频率为 $\theta_c = \dfrac{\Omega_1 \Omega_2}{\Omega_2 - \Omega_1}$ 的模拟低通滤波器转换为角频率分别为 $\Omega_1, \Omega_2$ 的模拟带阻滤波器,而我们一般是先设计归一化低通原型滤波器,所以还需进一步转换。

② 归一化模拟低通原型到模拟带阻的映射。设低通原型滤波器的拉普拉斯变量是 $s_1$,而截止角频率为 $\theta_c = \dfrac{\Omega_1 \Omega_2}{\Omega_2 - \Omega_1}$ 的模拟低通滤波器的拉普拉斯变量是 $s$,于是由式(6.77)可得

$$s_1 = \frac{\Omega_2 - \Omega_1}{\Omega_2 \Omega_1} s \tag{6.91}$$

将式(6.90)代入式(6.91)可得模拟低通原型滤波器到边界角频率分别为 $\Omega_1,\Omega_2$ 的带阻滤波器的映射公式

$$s_1 = \frac{\Omega_2 - \Omega_1}{\Omega_1 \Omega_2} \frac{\Omega_1 \Omega_2 p}{p^2 + \Omega_1 \Omega_2} = \frac{(\Omega_2 - \Omega_1)p}{p^2 + \Omega_1 \Omega_2} \tag{6.92}$$

令 $s_1 = \mathrm{j}\theta$, $p = \mathrm{j}\Omega$, 代入式(6.92), 得模拟低通原型滤波器和模拟带阻滤波器的频率关系

$$\theta = \frac{(\Omega_2 - \Omega_1)\Omega}{\Omega^2 - \Omega_1 \Omega_2} \tag{6.93}$$

上述将模拟低通原型转换为各种模拟滤波器的变换公式示于表6.3。

表 6.3　低通原型滤波器到低通、带通、高通、带阻滤波器的变换关系

| 变换类型 | 变换公式 | 频率变换公式 | 参数意义 |
| --- | --- | --- | --- |
| 低通原型 → 低通 | $s = \dfrac{p}{\Omega_2}$ | $\theta = \dfrac{1}{\Omega_2}\Omega$ | $\Omega_2$: 实际低通滤波器的截止角频率 |
| 低通原型 → 高通 | $s = \dfrac{\Omega_2}{p}$ | $\theta = -\dfrac{\Omega_2}{\Omega}$ | $\Omega_2$: 实际高通滤波器的截止角频率 |
| 低通原型 → 带通 | $s = \dfrac{p^2 + \Omega_L \Omega_H}{(\Omega_H - \Omega_L)p}$ | $\theta = \dfrac{\Omega^2 - \Omega_H \Omega_L}{(\Omega_H - \Omega_L)\Omega}$ | $\Omega_H$、$\Omega_L$: 实际带通滤波器的上下通带(3 dB)截止角频率 |
| 低通原型 → 带阻 | $s = \dfrac{(\Omega_H - \Omega_L)p}{p^2 + \Omega_H \Omega_L}$ | $\theta = \dfrac{(\Omega_H - \Omega_L)\Omega}{\Omega_H \Omega_L - \Omega^2}$ | $\Omega_H$、$\Omega_L$: 实际带阻滤波器的上下通带(3 dB)截止角频率 |

注: $s$ 是低通原型滤波器的拉普拉斯变量; 而 $p$ 则是实际的模拟滤波器的拉普拉斯变量; $\theta$ 是模拟低通原型滤波器的频率变量; 而 $\Omega$ 则是要设计的模拟滤波器的频率变量; $\Omega_H$, $\Omega_L$ 分别对应前面讨论中的 $\Omega_2$, $\Omega_1$。

**2. 模拟滤波器转换到数字滤波器**

将模拟滤波器转换到数字滤波器可采用6.4节所介绍的冲激不变法、双线性变换法, 冲激不变法适合作低通滤波器、带通滤波器的设计, 而双线性变换法则适合各种情况。

由于双线性变换法有确定的公式, 当第二步采用此法时, 可将两步的公式合为一个公式, 这就得到了6.5.2所述的第二种方法。

设计步骤如下:

(1) 根据要求确定数字滤波器的指标。

(2) 将数字指标转换成模拟频率指标。这里要注意:

① 若采用冲激不变法, 可采用无预畸变的变换公式

$$\Omega = \omega f_s = \omega / T_s$$

式中　$f_s$, $T_s$——抽样频率及抽样间隔。

② 若采用频域的双线性变换法, 则采用预畸变的变换公式

$$\Omega = C\tan(\omega/2)$$

(3) 根据表6.3的频率变换公式计算模拟低通原型滤波器的频率指标, 即确定阻带截止角频率。

注意: 在设计模拟带通滤波器或模拟带阻滤波器时, 由于有上下截止角频率, 因此, 转换成

低通原型指标时会得到两个阻带截止角频率,实际处理是取其较小值作为低通原型滤波器的阻带截止角频率(按设计原理,计算的两个低通滤波器的 3 dB 通带截止角频率相等,因此,只考虑阻带截止角频率的选择),即

$$\Omega_s = \min(|\theta_{s1}|, |\theta_{s2}|) \tag{6.94}$$

因为,按现有设计方法,模拟低通滤波器通常采用巴特沃斯(Butterworth)滤波器,它具有单调下降的特性,因此,取较小的频率值。此处满足阻带衰减的指标要求,在阻带其他频率(较大)处也是满足指标要求的。

(4)设计归一化模拟低通原型滤波器。

(5)采用表 6.3 的公式转化成所需形式的模拟滤波器。

(6)采用 6.4 节的方法将模拟滤波器转换成数字滤波器。

**【例 6.7】**　设计一个数字带通滤波器,3 dB 处的通带截止角频率分别为 $0.3\pi$ 和 $0.4\pi$;阻带截止角频率分别为 $0.2\pi$ 和 $0.5\pi$,阻带衰减要求为衰减 18 dB。模拟滤波器的设计要求采用巴特沃斯低通原型滤波器设计,而模拟到数字的转换则采用冲激不变法。 抽样间隔设为 $T_s = 1$。

**解**　(1)依题意,可得数字指标。

通带截止角频率:$\omega_L = 0.3\pi$;$\omega_H = 0.4\pi$

通带衰减:$A_p = 3$ dB

阻带截止角频率:$\omega_{s1} = 0.2\pi$;$\omega_{s2} = 0.5\pi$

阻带衰减:$A_s = 18$ dB

(2)模拟带通指标。

由于采用冲激不变法,因此

通带截止角频率:$\Omega_L = \omega_L / T_s = 0.3\pi$;$\Omega_H = \omega_H / T_s = 0.4\pi$

通带衰减:$A_p = 3$ dB

阻带截止角频率:$\Omega_{s1} = 0.2\pi$;$\Omega_{s2} = 0.5\pi$

阻带衰减:$A_s = 18$ dB

(3)模拟低通原型滤波器的阻带截止角频率。

根据表 6.3 可得

$$\theta_{s1} = \frac{\Omega_{s1}^2 - \Omega_H \Omega_L}{(\Omega_H - \Omega_L)\Omega_{s1}} = \frac{(0.2\pi)^2 - (0.3\pi)(0.4\pi)}{(0.4\pi - 0.3\pi)(0.2\pi)} = 4$$

$$\theta_{s2} = \frac{\Omega_{s2}^2 - \Omega_H \Omega_L}{(\Omega_H - \Omega_L)\Omega_{s2}} = \frac{(0.5\pi)^2 - (0.3\pi)(0.4\pi)}{(0.4\pi - 0.3\pi)(0.5\pi)} = 2.6$$

因此
$$\Omega_s = \min(|\theta_{s1}|, |\theta_{s2}|) = 2.6$$

(4)低通原型滤波器设计。

根据式(6.37)得

$$N = \frac{\lg\left[(10^{A_p/10} - 1)/(10^{A_s/10} - 1)\right]}{2\lg(\Omega_p/\Omega_s)} = \frac{\lg\left[(10^{3/10} - 1)/(10^{18/10} - 1)\right]}{2\lg(1/2.6)} = 2.16$$

取 $N = 3$。

3 阶 butterworth 原型滤波器

$$H_{LP}(s) = \frac{1}{s^3 + 2s^2 + 2s + 1}$$

（5）转换成带通滤波器。

由表 6.3 可得转换公式
$$s = \frac{p^2 + \Omega_{\mathrm{L}}\Omega_{\mathrm{H}}}{(\Omega_{\mathrm{H}} - \Omega_{\mathrm{L}})p} = \frac{p^2 + (0.3\pi)(0.4\pi)}{(0.4\pi - 0.3\pi)p} = \frac{p^2 + 0.12\pi^2}{0.1\pi p}$$

代入得模拟带通滤波器的系统函数
$$H_{\mathrm{BP}}(p) = H_{\mathrm{LP}}(s)\Big|_{s=\frac{p^2+0.12\pi^2}{0.1\pi p}} = \frac{1}{s^3 + 2s^2 + 2s + 1}\Big|_{s=\frac{p^2+0.12\pi^2}{0.1\pi p}}$$

（6）按冲激不变法将模拟带通滤波器转换成数字带通滤波器。

略。

【例 6.8】 重做题 6.7，但是，模拟到数字的转换则采用双线性变换。

**解** （1）依题意，可得数字指标。

通带截止角频率：$\omega_{\mathrm{L}} = 0.3\pi$；$\omega_{\mathrm{H}} = 0.4\pi$

通带衰减：$A_{\mathrm{p}} = 3$ dB

阻带截止角频率：$\omega_{\mathrm{s1}} = 0.2\pi$；$\omega_{\mathrm{s2}} = 0.5\pi$

阻带衰减：$A_{\mathrm{s}} = 18$ dB

（2）模拟带通指标。

由于采用双线性变换，先求双线性变换公式，这里取
$$C = 2/T_{\mathrm{s}} = 2$$

则
$$\Omega = C\tan(\omega/2) = 2\tan(\omega/2),\ \Omega = C\frac{1 - z^{-1}}{1 + z^{-1}} = 2\frac{1 - z^{-1}}{1 + z^{-1}}$$

于是，

通带截止角频率：$\Omega_{\mathrm{L}} = 2\tan(\omega_{\mathrm{L}}/2) = 2\tan(0.3\pi/2) = 1.019\ 1$
$$\Omega_{\mathrm{H}} = 2\tan(\omega_{\mathrm{H}}/2) = 2\tan(0.4\pi/2) = 1.453\ 1$$

通带衰减：$A_{\mathrm{p}} = 3$ dB

阻带截止角频率：$\Omega_{\mathrm{s1}} = 2\tan(\omega_{\mathrm{s1}}/2) = 2\tan(0.2\pi/2) = 0.649\ 8$
$$\Omega_{\mathrm{s2}} = 2\tan(\omega_{\mathrm{s2}}/2) = 2\tan(0.5\pi/2) = 2$$

阻带衰减：$A_{\mathrm{s}} = 18$ dB；

（3）模拟低通原型滤波器的阻带截止角频率。

根据表 6.3 可得
$$\theta_{\mathrm{s1}} = \frac{\Omega_{\mathrm{s1}}^2 - \Omega_{\mathrm{H}}\Omega_{\mathrm{L}}}{(\Omega_{\mathrm{H}} - \Omega_{\mathrm{L}})\Omega_{\mathrm{s1}}} = \frac{0.649\ 8^2 - 1.453\ 1 \times 1.019\ 1}{(1.453\ 1 - 1.019\ 1) \times 0.649\ 8} = -3.753\ 8$$

$$\theta_{\mathrm{s2}} = \frac{\Omega_{\mathrm{s2}}^2 - \Omega_{\mathrm{H}}\Omega_{\mathrm{L}}}{(\Omega_{\mathrm{H}} - \Omega_{\mathrm{L}})\Omega_{\mathrm{s2}}} = \frac{2^2 - 1.453\ 1 \times 1.019\ 1}{(1.453\ 1 - 1.019\ 1) \times 2} = 2.902\ 2$$

因此
$$\Omega_{\mathrm{s}} = \min(|\theta_{\mathrm{s1}}|, |\theta_{\mathrm{s2}}|) = 2.902\ 2$$

（4）低通原型滤波器设计。

根据式（6.37）得
$$N = \frac{\lg\left[(10^{A_{\mathrm{p}}/10} - 1)/(10^{A_{\mathrm{s}}/10} - 1)\right]}{2\lg(\Omega_{\mathrm{p}}/\Omega_{\mathrm{s}})} = \frac{\lg\left[(10^{3/10} - 1)/(10^{18/10} - 1)\right]}{2\lg(1/2.902\ 2)} = 1.935\ 3$$

取 $N = 2$。

3 阶 butterworth 原型滤波器

$$H_{LP}(s) = \frac{1}{s^2 + \sqrt{2}\,s + 1}$$

（5）转换成带通滤波器。

由表 6.3 可得转换公式

$$s = \frac{p^2 + \Omega_L\Omega_H}{(\Omega_H - \Omega_L)p} = \frac{p^2 + 1.453\,1 \times 1.019\,1}{(1.453\,1 - 1.019\,1)p} = \frac{p^2 + 1.480\,9\pi^2}{0.434\,p}$$

代入得模拟带通滤波器的系统函数

$$H_{BP}(s) = \frac{1}{s^2 + \sqrt{2}\,s + 1}\Bigg|_{s = \frac{p^2 + 1.480\,9}{0.434\,p}} = \frac{1}{\left(\dfrac{p^2 + 1.480\,9}{0.434\,p}\right)^2 + \sqrt{2}\,\dfrac{p^2 + 1.480\,9}{0.434\,p} + 1} =$$

$$\frac{0.188\,4p^2}{(p^2 + 1.480\,9)^2 + \sqrt{2}\,(p^2 + 1.480\,9)0.434\,p + 0.188\,4p^2} =$$

$$\frac{0.188\,4p^2}{p^4 + 2.961\,8p^2 + 2.193\,1 + 0.613\,8p^3 + 0.908\,9p + 0.188\,4p^2} =$$

$$\frac{0.188\,4p^2}{p^4 + 0.613\,8p^3 + 3.150\,2p^2 + 0.908\,9p + 2.193\,1}$$

（6）采用双线性变换法将模拟带通滤波器转换成数字带通滤波器。

$$H(z) = \frac{0.188\,4p^2}{p^4 + 0.613\,8p^3 + 3.150\,2p^2 + 0.908\,9p + 2.193\,1}\Bigg|_{p = 2\frac{1-z^{-1}}{1+z^{-1}}} =$$

$$\frac{0.188\,4\left(2\dfrac{1-z^{-1}}{1+z^{-1}}\right)^2}{\left(2\dfrac{1-z^{-1}}{1+z^{-1}}\right)^4 + 0.613\,8\left(2\dfrac{1-z^{-1}}{1+z^{-1}}\right)^3 + 3.150\,2\left(2\dfrac{1-z^{-1}}{1+z^{-1}}\right)^2 + 0.908\,9\left(2\dfrac{1-z^{-1}}{1+z^{-1}}\right) + 2.193\,1} =$$

$$\frac{0.753\,6(1 - 2z^{-2} + z^{-4})}{37.666\,1 - 61.700\,8z^{-1} + 83.957\,0z^{-2} - 48.754\,4z^{-3} + 23.921\,7z^{-4}} =$$

$$\frac{0.02(1 - 2z^{-2} + z^{-4})}{1 - 1.638\,1z^{-1} + 2.229z^{-2} - 1.294\,4z^{-3} + 0.635\,1z^{-4}}$$

### 6.5.2　直接由归一化模型原型到其他数字滤波器的转换

这种转换方法是把 $s$ 平面到 $p$ 平面的映射及 $p$ 到 $z$ 的转换统一考虑,因此要求 $s$ 到 $z$ 有确定的表达式。这种方法适于双线性变换法,而不适用于冲激不变方法。它是将第一种方法的两步合成一步,而且,在第二步中的模拟到数字域的转换采用双线性变换。这种方法可以得到直接从模拟低通原型到各种类型数字滤波器的设计公式,简捷便利,得到普遍采用。因此,下面我们重点讨论这种方法。

#### 1. 归一化模拟低通原型滤波器变换成数字低通滤波器

根据双线性公式可得将其模拟低通原型滤波器转换成数字低通滤波器的公式

$$s = C\frac{1 - z^{-1}}{1 + z^{-1}} \tag{6.95}$$

模拟低通原型滤波器的模拟角频率与数字低通滤波器的角频率之间的关系为

$$\Omega = C\tan(\omega/2) \tag{6.96}$$

显然,若数字低通滤波器的截止角频率为 $\omega_c$,则有对应的映射关系为

$$\Omega = 1 \Leftrightarrow \omega = \omega_c$$

于是，可得

$$C = \cot(\omega_c / 2) \tag{6.97}$$

**2. 归一化模拟低通原型滤波器变换成数字高通滤波器**

由 $p$ 平面到 $z$ 平面的双线性变换公式为

$$p = C \frac{1 - z^{-1}}{1 + z^{-1}} \tag{6.98}$$

将双线性变换公式(6.98)代入表6.3中的模拟低通原型转换为模拟高通滤波器的转换公式

$$s = \frac{\Omega_2}{p}$$

可得

$$s = \frac{\Omega_2}{p} \bigg|_{p = C \frac{1 - z^{-1}}{1 + z^{-1}}} = \frac{\Omega_2}{C} \frac{1 + z^{-1}}{1 - z^{-1}} = C_1 \frac{1 + z^{-1}}{1 - z^{-1}} \tag{6.99}$$

这里，$C_1 = \dfrac{\Omega_2}{C}$ 是变换常数，需确定。

令 $s = j\Omega, z = e^{j\omega}$，得归一化模拟低通原型滤波器与数字高通滤波器的角频率之间的关系

$$\Omega = C_1 \cot(\omega / 2)$$

由于存在映射关系

$$\Omega = 1 \Leftrightarrow \omega = \omega_c$$

可得

$$C_1 = \tan(\omega_c / 2) \tag{6.100}$$

**3. 归一化模拟低通原型滤波器变换成数字带通滤波器**

将双线性变换公式(6.98)代入表6.3中的模拟低通原型转换为模拟带通滤波器的转换公式

$$s = \frac{p^2 + \Omega_L \Omega_H}{(\Omega_H - \Omega_L) p}$$

可得

$$s = \frac{p^2 + \Omega_L \Omega_H}{(\Omega_H - \Omega_L) p} \bigg|_{p = C \frac{1 - z^{-1}}{1 + z^{-1}}} = \frac{C^2 + \Omega_L \Omega_H}{C(\Omega_H - \Omega_L)} \frac{1 - 2 \frac{C^2 - \Omega_L \Omega_H}{C^2 + \Omega_L \Omega_H} z^{-1} + z^{-2}}{1 - z^{-2}} =$$

$$D \frac{1 - E z^{-1} + z^{-2}}{1 - z^{-2}} \tag{6.101}$$

这里

$$D = \frac{C^2 + \Omega_L \Omega_H}{C(\Omega_H - \Omega_L)}, \quad E = 2 \frac{C^2 - \Omega_L \Omega_H}{C^2 + \Omega_L \Omega_H} \tag{6.102}$$

是变换常数，需确定。

而 $\Omega_L$、$\Omega_H$ 是通过双线性变换公式将数字带通滤波器器的角频率转换 $\omega_L$、$\omega_H$ 而来，即

$$\Omega_L = C \tan(\omega_L / 2), \Omega_H = C \tan(\omega_H / 2)$$

代入 $D$、$E$ 的计算公式(6.102)可得

$$D = \frac{C^2 + \Omega_L \Omega_H}{C(\Omega_H - \Omega_L)} = \frac{C^2 + c\tan\frac{\omega_H}{2}\tan\frac{\omega_L}{2}}{C(c\tan\frac{\omega_H}{2} - c\tan\frac{\omega_L}{2})} = \cot(\frac{\omega_H - \omega_L}{2}) \tag{6.103}$$

$$E = 2\frac{C^2 - \Omega_L \Omega_H}{C^2 + \Omega_L \Omega_H} = 2\frac{C^2 - C^2\tan\frac{\omega_H}{2}\tan\frac{\omega_L}{2}}{C^2 + C^2\tan\frac{\omega_H}{2}\tan\frac{\omega_L}{2}} = 2\frac{\cos(\frac{\omega_H + \omega_L}{2})}{\cos(\frac{\omega_H - \omega_L}{2})} = 2\cos\omega_0 \tag{6.104}$$

令 $s = j\Omega, z = e^{j\omega}$，得归一化模拟低通原型滤波器与数字带通滤波器的角频率之间的关系

$$\Omega = D\frac{E/2 - \cos\omega}{\sin\omega} = D\frac{\cos\omega_0 - \cos\omega}{\sin\omega} \tag{6.105}$$

**4. 归一化模拟低通原型滤波器变换成数字带阻滤波器**

将双线性变换公式(6.98)代入表 6.3 中的模拟低通原型转换为模拟带阻滤波器的转换公式

$$s = \frac{(\Omega_H - \Omega_L)p}{p^2 + \Omega_H \Omega_L}$$

可得

$$s = \frac{(\Omega_H - \Omega_L)p}{p^2 + \Omega_H \Omega_L}\bigg|_{p = C\frac{1 - z^{-1}}{1 + z^{-1}}} = \frac{C(\Omega_H - \Omega_L)}{C^2 + \Omega_L \Omega_H}\frac{1 - z^{-2}}{1 - 2\frac{C^2 - \Omega_L \Omega_H}{C^2 + \Omega_L \Omega_H}z^{-1} + z^{-2}} = D_1\frac{1 - z^{-2}}{1 - E_1 z^{-1} + z^{-2}}$$

$$\tag{6.106}$$

这里

$$D_1 = \frac{C(\Omega_H - \Omega_L)}{C^2 + \Omega_L \Omega_H}, \quad E_1 = 2\frac{C^2 - \Omega_L \Omega_H}{C^2 + \Omega_L \Omega_H} \tag{6.107}$$

是变换常数,需确定。

而 $\Omega_L$、$\Omega_H$ 是通过双线性变换公式将数字带阻滤波器的角频率 $\omega_L$、$\omega_H$ 转换而来,即

$$\Omega_L = C\tan(\omega_L/2), \Omega_H = C\tan(\omega_H/2)$$

代入 $D_1$、$E_1$ 的计算公式(6.107)可得

$$D_1 = \tan(\frac{\omega_H - \omega_L}{2}) \tag{6.108}$$

$$E_1 = 2\frac{\cos(\frac{\omega_H + \omega_L}{2})}{\cos(\frac{\omega_H - \omega_L}{2})} = 2\cos\omega_0 \tag{6.109}$$

令 $s = j\Omega, z = e^{j\omega}$，得归一化模拟低通原型滤波器与数字带阻滤波器的角频率之间的关系

$$\Omega = D_1\frac{\sin\omega}{E/2 - \cos\omega} = D_1\frac{\sin\omega}{\cos\omega - \cos\omega_0} \tag{6.110}$$

上述将归一化模拟低通原型滤波器直接转换为各种数字滤波器的变换公式可归纳于表 6.4。

**表 6.4　归一化低通原型滤波器到低通、带通、高通、带阻数字滤波器的变换关系**

| 数字滤波器类型 | 变换公式 | 频率变换公式 | 参数计算公式 |
|---|---|---|---|
| 低通 | $s = C \dfrac{1-z^{-1}}{1+z^{-1}}$ | $\Omega = C\tan(\omega/2)$ | $C = \cot(\omega_c/2)$ |
| 高通 | $s = C_1 \dfrac{1+z^{-1}}{1-z^{-1}}$ | $\Omega = C_1 \cot(\omega/2)$ | $C_1 = \tan(\omega_c/2)$ |
| 带通 | $s = D \dfrac{1-Ez^{-1}+z^{-2}}{1-z^{-2}}$ | $\Omega = D\dfrac{\cos\omega_0 - \cos\omega}{\sin\omega}$ | $D = \cot(\dfrac{\omega_H - \omega_L}{2})$ <br> $E = 2\dfrac{\cos(\dfrac{\omega_H + \omega_L}{2})}{\cos(\dfrac{\omega_H - \omega_L}{2})} = 2\cos\omega_0$ |
| 带阻 | $s = D_1 \dfrac{1-z^{-2}}{1-E_1 z^{-1}+z^{-2}}$ | $\Omega = D_1 \dfrac{\sin\omega}{\cos\omega - \cos\omega_0}$ | $D_1 = \tan\dfrac{\omega_H - \omega_L}{2}$ <br> $E_1 = 2\dfrac{\cos(\dfrac{\omega_H + \omega_L}{2})}{\cos(\dfrac{\omega_H - \omega_L}{2})} = 2\cos\omega_0$ |

注:$s$ 是低通原型滤波器的拉普拉斯变量;而 $z$ 则是实际的数字滤波器的变量;$\Omega$ 是归一化模拟低通原型滤波器的角频率;而 $\omega$ 则是要设计的数字滤波器的角频率;$\omega_H$、$\omega_L$ 是实际带阻滤波器的上下通带(3 dB)截止角频率;$\omega_c$ 是实际高通滤波器的截止角频率。

**5. 设计步骤**

(1)根据要求确定数字滤波器的指标。

(2)从表 6.4 中选择相应的公式,并计算公式中的参数。

(3)根据表 6.4 的频率变换公式计算模拟低通原型滤波器的频率指标,即确定阻带截止角频率。在计算时,由于有上下截止角频率,因此,转换成低通原型指标时会得到两个阻带截止角频率,实际处理是取其较小值作为低通原型滤波器的阻带截止角频率,即 $\Omega_s = \min(|\Omega_{s1}|,|\Omega_{s2}|)$,其中,$\Omega_{s1}$、$\Omega_{s2}$ 需按表 6.4 的频率转换公式计算。

(4)设计归一化模拟低通原型滤波器。

(5)采用表 6.4 的公式转化成所需形式的模拟滤波器。

**【例 6.9】**　采用本节方法重做例题 6.8。

**解**　(1)依题意,可得数字指标。

通带截止角频率:$\omega_L = 0.3\pi$;$\omega_H = 0.4\pi$

通带衰减:$A_p = 3$ dB

阻带截止角频率:$\omega_{s1} = 0.2\pi$;$\omega_{s2} = 0.5\pi$

阻带衰减:$A_s = 18$ dB

(2)变换公式的确定。

$$D = \cot(\frac{\omega_H - \omega_L}{2}) = \cot(\frac{0.4\pi - 0.3\pi}{2}) = 6.313\ 8$$

$$E = 2\cos\omega_0 = 2\frac{\cos(\frac{\omega_H + \omega_L}{2})}{\cos(\frac{\omega_H - \omega_L}{2})} = 2\frac{\cos(\frac{0.4\pi + 0.3\pi}{2})}{\cos(\frac{0.4\pi - 0.3\pi}{2})} = 0.919\ 3$$

$$\cos \omega_0 = 0.459\ 6$$

$$s = 6.318 \frac{1 - 0.919\ 3z^{-1} + z^{-2}}{1 - z^{-2}}$$

$$\Omega = 6.313\ 8 \frac{0.459\ 6 - \cos \omega}{\sin \omega}$$

(3)
$$\Omega_{s1} = 6.313\ 8 \frac{0.459\ 6 - \cos(0.2\pi)}{\sin(0.2\pi)} = -3.753\ 3$$

$$\Omega_{s2} = 6.3138 \frac{0.459\ 6 - \cos(0.5\pi)}{\sin(0.5\pi)} = 2.901\ 8$$

取
$$\Omega_s = \min(\mid \Omega_{s1} \mid, \mid \Omega_{s2} \mid) = 2.901\ 8$$

(4) 低通原型滤波器设计。

根据式(6.37)得
$$N = \frac{\lg\left[(10^{A_p/10} - 1)/(10^{A_s/10} - 1)\right]}{2\lg(\Omega_p/\Omega_s)} = \frac{\lg\left[(10^{3/10} - 1)/(10^{18/10} - 1)\right]}{2\lg(1/2.902\ 2)} = 1.935\ 3$$

取 $N = 2$。

2 阶 butterworth 原型滤波器
$$H_{LP}(s) = \frac{1}{s^2 + \sqrt{2}\,s + 1}$$

(5) 采用表 6.4 的公式转化成所需形式的数字带通滤波器。
$$H_{BP}(z) = \frac{1}{s^2 + \sqrt{2}\,s + 1}\Bigg|_{s = 6.318\frac{1-0.919\ 3z^{-1}+z^{-2}}{1-z^{-2}}} =$$
$$\frac{0.02(1 - 2z^{-2} + z^{-4})}{1 - 1.638\ 1z^{-1} + 2.229\ 9z^{-2} - 1.294\ 4z^{-3} + 0.635\ 1z^{-4}}$$

(与例 6.8 结果相同,但计算简单得多。)

【例 6.10】   数字高通滤波器设计。

高通滤波器的指标要求为:3 dB 截止角频率为 $0.8\pi$,阻带截止角频率 $0.44\pi$,阻带衰减要求为衰减 15 dB。模拟滤波器的设计要求采用巴特沃斯低通原型滤波器设计。

**解**   (1)依题意,可写出数字指标。

通带截止角频率:$\omega_c = 0.4\pi$

通带衰减:$A_p = 3$ dB

阻带截止角频率:$\omega_s = 0.44\pi$

阻带衰减:$A_s = 18$ dB

(2)变换公式的确定。

由表 6.4 得
$$s = C_1 \frac{1 + z^{-1}}{1 - z^{-1}}, \quad \Omega = C_1 \cot(\omega/2)$$

其中,$C_1 = \tan(\omega_c/2) = \tan(0.8\pi/2) = 3.077$。

(3)归一化低通滤波器阻带截止角频率。
$$\Omega_s = 3.077\cot(0.44\pi/2) = 3.720\ 3$$

(4)低通原型滤波器设计。

根据式(6.37)得

$$N = \frac{\lg\left[(10^{A_p/10}-1)/(10^{A_s/10}-1)\right]}{2\lg(\Omega_p/\Omega_s)} = \frac{\lg\left[(10^{3/10}-1)/(10^{15/10}-1)\right]}{2\lg(1/3.720\,3)} = 1.304$$

取 $N = 2$。

2 阶 butterworth 原型滤波器

$$H_{LP}(s) = \frac{1}{s^2 + \sqrt{2}\,s + 1}$$

（5）采用表 6.4 的公式转化成所需形式的数字高通滤波器。

$$H_{BP}(z) = \frac{1}{s^2 + \sqrt{2}\,s + 1}\Bigg|_{s=3.077\frac{1+z^{-1}}{1-z^{-1}}} =$$

$$\frac{(1-z^{-1})^2}{14.819\,5 + 16.935\,9z^{-1} + 6.116\,4z^{-2}} = \frac{0.067\,5\,(1-z^{-1})^2}{1 + 1.142\,86z^{-1} + 0.412\,7z^{-2}}$$

【例 6.11】 数字带阻滤波器设计。

带阻滤波器的指标要求为：3 dB 截止角频率分别为 $0.19\pi, 0.21\pi$；阻带截止角频率分别为 $0.198\pi, 0.202\pi$；阻带衰减要求为衰减 13 dB。模拟滤波器的设计要求采用巴特沃思低通原型滤波器设计。

**解** （1）依题意，可写出数字指标。

通带截止角频率：$\omega_L = 0.19\pi$；$\omega_H = 0.22\pi$

通带衰减：$A_p = 3$ dB

阻带截止角频率：$\omega_{s1} = 0.198\pi$；$\omega_{s2} = 0.02\pi$

阻带衰减：$A_s = 18$ dB

（2）变换公式的确定。

由表 6.4 得

$$s = D_1\frac{1-z^{-2}}{1-E_1z^{-1}+z^{-2}}, \qquad \Omega = D_1\frac{\sin\omega}{\cos\omega - \cos\omega_0}$$

其中 $D_1 = \tan(\frac{\omega_H - \omega_L}{2}) = \tan(\frac{0.22\pi - 0.19\pi}{2}) = 0.047\,2$

$$E_1 = 2\frac{\cos(\frac{\omega_H + \omega_L}{2})}{\cos(\frac{\omega_H - \omega_L}{2})} = 2\cos\omega_0 = 1.601\,1\ ,\ \cos\omega_0 = 0.800\,6$$

$$s = 0.047\,2\frac{1-z^{-2}}{1-1.601\,1_1z^{-1}+z^{-2}}, \quad \Omega = 0.047\,2\frac{\sin\omega}{\cos\omega - 0.800\,6}$$

（3）归一化低通滤波器阻带截止角频率。

$$\Omega_{s1} = 0.047\,2\frac{\sin(0.198\pi)}{\cos(0.198\pi) - 0.800\,6} = 2.274\,1$$

$$\Omega_{s2} = 0.047\,2\frac{\sin(0.202\pi)}{\cos(202\pi) - 0.800\,6} = 5.943\,8$$

$$\Omega_s = \min(\mid \Omega_{s1}\mid, \mid \Omega_{s2}\mid) = 2.274\,1$$

（4）低通原型滤波器设计。

根据式（6.37）得

$$N = \frac{\lg\left[(10^{A_p/10}-1)/(10^{A_s/10}-1)\right]}{2\lg(\Omega_p/\Omega_s)} = \frac{\lg\left[(10^{3/10}-1)/(10^{13/10}-1)\right]}{2\lg(1/2.274\,1)} = 1.793\,3$$

取 $N=2$。

2 阶 butterworth 原型滤波器

$$H_{LP}(s) = \frac{1}{s^2 + \sqrt{2}\,s + 1}$$

（5）采用表 6.4 的公式转化成所需形式的数字带阻滤波器。

$$H_{BP}(z) = \frac{1}{s^2 + \sqrt{2}\,s + 1}\Bigg|_{s=3.077\frac{1+z^{-1}}{1-z^{-1}}} =$$

$$\frac{(1-z^{-1})^2}{14.819\,5 + 16.935\,9z^{-1} + 6.116\,4z^{-2}} = \frac{0.067\,5\,(1-z^{-1})^2}{1 + 1.142\,86z^{-1} + 0.412\,7z^{-2}}$$

### 6.5.3　由模拟低通原型先转换成数字低通原型，再转换成所需的数字滤波器

此法中的第一步前面已讨论过，现在讨论数字原型到其他型数字滤波器的转换。

**1. 变换函数的一般形式**

为了便于区分变换前后两个不同的 $z$ 平面，把变换前的 $z$ 平面定义为 $u$ 平面，把变换后的 $z$ 平面定义为 $z$ 平面。$u$ 到 $z$ 的变换关系表示为

$$u^{-1} = G(z^{-1}) \tag{6.111}$$

用 $H_L(u^{-1})$ 表示原滤波器的系统函数，$H_d(z^{-1})$ 表示转换后滤波器的系统函数，则数字滤波器的原型变换就可以表示为

$$H_d(z^{-1}) = H_L(u^{-1})\big|_{u^{-1}=G(z^{-1})} = H_L[G(z^{-1})] \tag{6.112}$$

（1）确定变换函数 $G(z^{-1})$ 的原则。

$H_L(z^{-1})$ 到 $H_d(z^{-1})$ 的转换应满足如下几个条件：

① 要使一个因果稳定的低通系统 $H_L(u^{-1})$ 变换成新的系统 $H_d(z^{-1})$，应该依然是一个因果稳定的系统，为此就要求在原 $z$ 平面（$u$ 平面）单位圆内的点映射到新的 $z$ 平面之后还在单位圆之内。

② 两个函数的频率响应要满足一一对应的要求，即 $u$ 的单位圆应映射到 $z$ 的单位圆上，用 $\theta$ 和 $\omega$ 分别表示 $u$ 平面和 $z$ 平面上的数字角频率，则 $u = e^{j\theta}$、$z = e^{j\omega}$ 分别表示 $u$ 平面和 $z$ 平面的单位圆，式（6.112）应满足

$$e^{-j\theta} = G(e^{-j\omega}) = |G(e^{-j\omega})|\,e^{\varphi(\omega)} \tag{6.113}$$

③ 转换后 $H_d(z^{-1})$ 应仍是 $z^{-1}$ 的有理函数，则 $G(z^{-1})$ 必须是 $z^{-1}$ 的有理函数。

（2）变换函数 $G(z^{-1})$ 的一般形式。

依据条件 ②，即式（6.113），可得

$$|G(e^{-j\omega})| = 1 \tag{6.114}$$

$$\theta = -\arg[G(e^{-j\omega})] \tag{6.115}$$

由此可见，变换函数 $G(z^{-1})$ 在单位圆上的幅度必须恒等于1，这种函数称为全通函数。任何一个全通函数都可以表示为

$$G(z^{-1}) = \pm \prod_{i=1}^{N} \frac{z^{-1} - \alpha_i^*}{1 - \alpha_i z^{-1}} \tag{6.116}$$

式中　$\alpha_i$——它的极点,可以是实数,也可以是共轭复数;

　　　$N$——全通函数的阶数。

依据条件①,为使滤波器稳定,应使式(6.116)中的$|\alpha_k| < 1$。显然,此式是$z^{-1}$的有理函数,满足条件③。因此,可以作为转换函数的一般形式。

(3) 全通函数的特点。

①$G(z^{-1})$的所有零点都是其极点的共轭倒数。

② 对于$N$阶全通函数,当$\omega$由$0 \rightarrow \pi$时,其相位函数$\varphi(\omega)$的变化量为$N\pi$。选择合适的$N$和$\alpha_i$,则可得到各类变换。

根据全通函数的这些基本特点,下面具体讨论数字域的各种原型变换。

**2. 数字低通到数字低通的变换**

(1) 变换函数。

在低通到低通的变换中,$H_L(e^{j\theta})$及$H_d(e^{j\omega})$都是低通函数,只是截止角频率互不相同,因此当$\theta$由$0$变到$\pi$时,相应的$\omega$也应由$0$变到$\pi$,如图6.29所示。

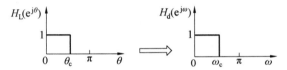

图 6.29　数字低通到数字低通的映射关系

因此,根据全通函数相位$\varphi(\omega)$变化量为$N\pi$的性质,就可确定全通函数的阶数必须为1,于是,变换函数可为

$$G(z^{-1}) = \pm \frac{z^{-1} - \alpha^*}{1 - \alpha z^{-1}} \tag{6.117}$$

由图6.29可见,该函数必须满足以下映射关系:

$$\theta = 0 \Leftrightarrow \omega = 0; \theta = \pi \Leftrightarrow \omega = \pi$$

因此,该函数必须满足

$$G(1) = 1, \quad G(-1) = -1$$

代入式(6.117)可得

① 若$G(z^{-1}) = \dfrac{z^{-1} - \alpha^*}{1 - \alpha z^{-1}}$,则有$\alpha = \alpha^*$,即$\alpha$是实数。

② 若$G(z^{-1}) = -\dfrac{z^{-1} - \alpha^*}{1 - \alpha z^{-1}}$,则有$\alpha + \alpha^* = 2$,即$\mathrm{Re}[\alpha] = 1$,显然不满足$|\alpha| < 1$的条件。

因此,低通数字到低通数字滤波器的转换公式为

$$u^{-1} = G(z^{-1}) = \frac{z^{-1} - \alpha}{1 - \alpha z^{-1}} \tag{6.118}$$

(2) 变换函数中参数的确定。

若令$u = e^{j\theta}, z = e^{j\omega}$,代入式(6.118)则得

$$e^{-j\theta} = \frac{e^{-j\omega} + \alpha}{1 - \alpha e^{-j\omega}}$$

或

$$e^{-j\omega} = \frac{e^{-j\theta} + \alpha}{1 + \alpha e^{-j\theta}} = e^{-j\theta} \frac{1 + \alpha e^{j\theta}}{1 + \alpha e^{-j\theta}} = e^{-j\theta} \frac{1 + \alpha\cos\theta + j\alpha\sin\theta}{1 + \alpha\cos\theta - j\alpha\sin\theta} =$$

$$e^{-j\arctan\frac{(1-\alpha^2)\sin\theta}{2\alpha+(1+\alpha^2)\cos\theta}}$$

于是

$$\omega = \arctan\frac{(1-\alpha^2)\sin\theta}{2\alpha + (1+\alpha^2)\cos\theta} = \theta - 2\arctan\left(\frac{\alpha\sin\theta}{1 + \alpha\cos\theta}\right) \tag{6.119}$$

可解出 $\alpha$ 的表达式为

$$\alpha = \frac{\sin[(\theta - \omega)/2]}{\sin[(\theta + \omega)/2]} \tag{6.120}$$

由此式看出,$\omega$、$\theta$ 的关系还与 $\alpha$ 有关。图 6.30 给出了不同 $\alpha$ 值时 $\omega$ 与 $\theta$ 的变换曲线。

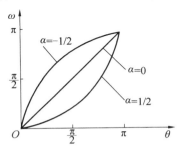

图 6.30　数字低通到数字低通的频率变换特性

由图 6.30 看出,当 $\alpha > 0$ 时,此变换代表的是频率压缩;而 $\alpha < 0$ 时,则是频率扩展。

低通原型的 $\theta_p$ 值要映射成所需要滤波器的 $\omega_p$ 值,需要当给定了 $\theta_p$、$\omega_p$ 之后,将其值代入式 (6.120),就可计算出 $\alpha$ 值

$$\alpha = \frac{\sin\left(\dfrac{\theta_c - \omega_c}{2}\right)}{\sin\left(\dfrac{\theta_c + \omega_c}{2}\right)} \tag{6.121}$$

然后把 $\alpha$ 值代入式(6.118),即得到变换函数。

### 3. 数字低通到数字高通的变换

若将低通滤波器的频率加 $\pi$,则可将截止角频率为 $\omega_c$ 的低通滤波器转换为高通滤波器,此时高通滤波器的截止角频率是 $\pi + \omega_c$。因此,如果在上述数字低通到低通的变换中,再将 $z$ 变换为 $-z$,就将低通变换为相应的高通了,即

$$G(z^{-1}) = \frac{(-z)^{-1} - \alpha}{1 - \alpha(-z)^{-1}} = -\frac{z^{-1} + \alpha}{1 + \alpha z^{-1}} \tag{6.122}$$

上式满足 $G(-1) = 1$,$G(1) = -1$,且有 $|\alpha| < 1$。显然,这时低通原型的截止角频率 $\theta_c$ 对应的不是 $\omega_c$ 而是 $\omega_c + \pi$,$-\theta_c$ 则对应于高通的截止角频率 $\omega_c$,如图 6.31 所示。

则

$$e^{-j(-\theta_c)} = -\frac{e^{-j\omega_c} + \alpha}{1 + \alpha e^{-j\omega_c}}$$

求得

$$\alpha = -\frac{\cos\left(\dfrac{\omega_c + \theta_c}{2}\right)}{\cos\left(\dfrac{\omega_c - \theta_c}{2}\right)} \tag{6.123}$$

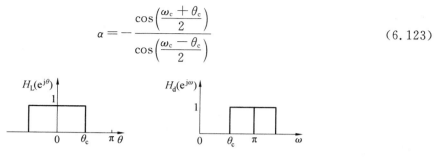

图 6.31　数字低通到数字高通

### 4. 数字低通到数字带通的变换

数字低通到数字带通的映射关系如图 6.32 所示。

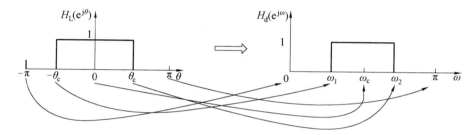

图 6.32　数字低通到数字带通的映射关系

若带通的中心角频率为 $\omega_c$，它应该对应于低通原型的通带中心，即 $\theta = 0$ 点；当带通的角频率由 $\omega_c \to \pi$ 时，是由通带走向止带，因此应该对应于 $\theta$ 由 $0 \to \pi$；同样，当 $\omega$ 由 $\omega_c \to 0$ 时，也是由通带走向另一边止带，它对应的是低通原型的镜像部分，即相应于 $\theta$ 由 $0 \to -\pi$。这样我们看到，当 $\omega$ 由 $0$ 变化到 $\pi$ 时，$\theta$ 必须相应变化 $2\pi$，也即全通函数的阶数 $N$ 必须为 $2$，因此

$$G(z^{-1}) = \pm\frac{z^{-1} - \alpha_1^{\,*}}{1 - \alpha_1 z^{-1}} \cdot \frac{z^{-1} - \alpha_2^{\,*}}{1 - \alpha_2 z^{-1}} = \pm\frac{z^{-2} + c_1 z^{-1} + c_2}{b_2 z^{-2} + b_1 z^{-1} + 1}$$

由于系数 $b_1, b_2, c_1, c_2$ 必须是实数，可证，$\alpha_1 = \alpha_2^{\,*} = \alpha$。于是有

$$G(z^{-1}) = \pm\frac{z^{-1} - \alpha^{*}}{1 - \alpha z^{-1}} \cdot \frac{z^{-1} - \alpha}{1 - \alpha^{*} z^{-1}} = \pm\frac{z^{-2} + d_1 z^{-1} + d_2}{d_2 z^{-2} + d_1 z^{-1} + 1} \tag{6.124}$$

显然，式（6.124）应首先满足映射关系

$$\omega = 0 \Leftrightarrow \theta = -\pi,\ \omega = \pi \Leftrightarrow \theta = \pi$$

或

$$G(-1) = -1,\ G(1) = -1$$

利用上述约束以及系数 $d_1, d_2$ 必须是实数、$|\alpha| < 1$，式（6.124）必须取"—"号，于是

$$G(z^{-1}) = -\frac{z^{-2} + d_1 z^{-1} + d_2}{d_2 z^{-2} + d_1 z^{-1} + 1} \tag{6.125}$$

利用映射关系

$$\omega = \omega_1 \Leftrightarrow \theta = -\theta_c,\ \omega = \omega_2 \Leftrightarrow \theta = \theta_c;\ \omega = \omega_c \Leftrightarrow \theta = 0$$

可得

$$u^{-1} = -\frac{z^{-2} - \dfrac{2\alpha k}{k+1} z^{-1} + \dfrac{k-1}{k+1}}{\dfrac{k-1}{k+1} z^{-2} - \dfrac{2\alpha k}{k+1} z^{-1} + 1} \tag{6.126}$$

其中

$$\alpha = \cos(\frac{\omega_2 + \omega_1}{2}) / \cos(\frac{\omega_2 - \omega_1}{2}) = \cos \omega_c \quad (6.127)$$

$$k = \cot(\frac{\omega_2 - \omega_1}{2}) \tan \frac{\theta_c}{2} \quad (6.128)$$

**5. 数字低通到数字带阻的变换**

数字低通到数字带阻的映射关系如图 6.33 所示。映射关系如下：

$$\omega = 0 \Leftrightarrow \theta = 0, \omega = \omega_1 \Leftrightarrow \theta = \theta_c, \omega = \omega_c \Leftrightarrow \theta = \pi,$$

$$\omega = \omega_2 \Leftrightarrow \theta = 2\pi - \theta_c, \omega = \pi \Leftrightarrow \theta = 2\pi$$

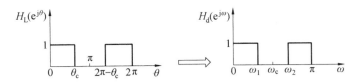

图 6.33　数字低通到数字带阻的映射关系

可见,当 $\omega$ 由 0 变化到 $\pi$ 时,$\theta$ 必须相应变化 $2\pi$,也即全通函数的阶数 $N$ 必须为 2,因此

$$G(z^{-1}) = \pm \frac{z^{-1} - \alpha_1{}^*}{1 - \alpha_1 z^{-1}} \cdot \frac{z^{-1} - \alpha_2^*}{1 - \alpha_2 z^{-1}}$$

经过与带通滤波器类似的推导并利用相应的映射关系,可得

$$u^{-1} = \frac{z^{-2} - \dfrac{2\alpha}{k+1} z^{-1} + \dfrac{1-k}{k+1}}{\dfrac{1-k}{k+1} z^{-2} - \dfrac{2\alpha}{k+1} z^{-1} + 1} \quad (6.129)$$

其中

$$\begin{cases} \alpha = \cos(\dfrac{\omega_2 + \omega_1}{2}) / \cos(\dfrac{\omega_2 - \omega_1}{2}) = \cos \omega_0 \\[3mm] k = \tan(\dfrac{\omega_2 - \omega_1}{2}) \tan \dfrac{\theta_c}{2} \end{cases} \quad (6.130)$$

表 6.5 给出了上述变换公式及 $\alpha$ 的计算公式。

**6. 具体设计方法**

(1) 给出数字滤波器的设计指标。

(2) 确定模拟滤波器的设计指标。

① 在模拟转换到数字滤波器时,若采用冲激不变法(注意,此法只能用于设计低通和带通滤波器),则采用:$\Omega = \omega / T_s$,这里 $T_s$ 是抽样间隔。

② 在模拟转换到数字滤波器时,若采用双线性变换法,则要用频率预畸变公式计算模拟频率指标。

(3) 确定模拟低通滤波器的指标。

(4) 设计归一化模拟低通滤波器。

(5) 将归一化模拟低通滤波器转换为截止角频率为 $\theta_c$ 的数字低通滤波器。

(6) 采用表 6.5 的公式转换为相应的数字滤波器。

**表 6.5　由截止角频率为 $\theta_c$ 的低通数字滤波器变换成各型数字滤波器**

| 变换类型 | 变换公式 | 参数计算 |
|---|---|---|
| 数字低通 → 数字低通 | $\mu^{-1} = G(z^{-1}) = \dfrac{z^{-1} - \alpha}{1 - \alpha z^{-1}}$ | $\alpha = \dfrac{\sin\left(\dfrac{\theta_c - \omega_c}{2}\right)}{\sin\left(\dfrac{\theta_c + \omega_c}{2}\right)}$ |
| 数字低通 → 数字高通 | $\mu^{-1} = G(z^{-1}) = -\dfrac{z^{-1} + \alpha}{1 + \alpha z^{-1}}$ | $\alpha = -\dfrac{\cos\left(\dfrac{\omega_c + \theta_c}{2}\right)}{\cos\left(\dfrac{\omega_c - \theta_c}{2}\right)}$ |
| 数字低通 → 数字带通 | $u^{-1} = -\dfrac{z^{-2} - \dfrac{2\alpha k}{k+1} z^{-1} + \dfrac{k-1}{k+1}}{\dfrac{k-1}{k+1} z^{-2} - \dfrac{2\alpha k}{k+1} z^{-1} + 1}$ | $\alpha = \cos(\dfrac{\omega_2 + \omega_1}{2}) / \cos(\dfrac{\omega_2 - \omega_1}{2}) = \cos \omega_c$ <br><br> $k = \cot(\dfrac{\omega_2 - \omega_1}{2}) \tan \dfrac{\theta_c}{2}$ |
| 数字低通 → 数字带阻 | $u^{-1} = \dfrac{z^{-2} - \dfrac{2\alpha}{k+1} z^{-1} + \dfrac{1-k}{k+1}}{\dfrac{1-k}{k+1} z^{-2} - \dfrac{2\alpha}{k+1} z^{-1} + 1}$ | $\alpha = \cos(\dfrac{\omega_2 + \omega_1}{2}) / \cos(\dfrac{\omega_2 - \omega_1}{2}) = \cos \omega_0$ <br><br> $k = \tan(\dfrac{\omega_2 - \omega_1}{2}) \tan \dfrac{\theta_c}{2}$ |

注：$\theta_c$ 是低通滤波器的中心角频率；$\omega_c$、$\omega_1$、$\omega_2$ 分别是要设计的滤波器的中心角频率、通带上下截止角频率。

**【例 6.12】**　采用"由模拟低通原型先转换成数字低通原型，然后再转换成所需的数字滤波器"的方法，设计一数字带通滤波器。要求采用巴特沃斯逼近及双线性变换处理。指标：通带起伏：$\leqslant 3\ dB, 0.4\pi \leqslant \omega \leqslant 0.5\pi$；阻带衰减：$\geqslant 15\ dB, 0 \leqslant \omega \leqslant 0.2\pi, 0.7 \leqslant \omega \leqslant \pi$。

**解**　（1）数字指标。
$$A_p = 3\ dB, A_s = 15\ dB, \omega_L = 0.4\pi, \omega_H = 0.5\pi, \omega_{s1} = 0.2\pi, \omega_{s2} = 0.7\pi$$

（2）双线性变换公式。

采用 $C = 2/T_s$，可令 $T_s = 1$，于是
$$s = 2\frac{1 - z^{-1}}{1 + z^{-1}} \quad \Omega = 2\tan(\omega/2)$$

（3）频率指标转换。
$$\Omega_L = 2\tan(\omega_L/2) = 2\tan(0.4\pi/2) = 1.453\ 1$$
$$\Omega_H = 2\tan(\omega_H/2) = 2\tan(0.5\pi/2) = 2$$
$$\Omega_{s1} = 2\tan(\omega_{s1}/2) = 2\tan(0.2\pi/2) = 0.640\ 98$$
$$\Omega_{s2} = 2\tan(\omega_{s2}/2) = 2\tan(0.7\pi/2) = 3.925\ 2$$

归一化原型：
$$\Omega'_{s1} = \frac{\Omega_{s1}^2 - \Omega_L \Omega_H}{\Omega_{s1}(\Omega_H - \Omega_L)} = -7.118\ 3$$

$$\Omega'_{s2} = \frac{\Omega_{s2}^2 - \Omega_L \Omega_H}{\Omega_{s2}(\Omega_H - \Omega_L)} = 5.828\ 1$$

$$\Omega_s = \min(|\Omega'_{s1}|, |\Omega'_{s2}|) = 5.828\ 1$$
$$\Omega_p = \Omega_H - \Omega_L = 0.546\ 9$$

（4）设计模拟低通滤波器。
$$N = \frac{\lg\left[(10^{A_p/10} - 1)/(10^{A_s/10} - 1)\right]}{2\lg(\Omega_p/\Omega_s)} = \frac{\lg\left[(10^{3/10} - 1)/(10^{15/10} - 1)\right]}{2\lg(0.546\ 9/5.828\ 1)} = 0.724\ 1$$

取 $N = 1$。

所以
$$H_{a}(s) = \frac{0.546\,9}{s + 0.546\,9}$$

采用双线性变换得到数字低通滤波器

$$H_{D}(z) = H_{a}(s)\,|_{s = 2\frac{1 - z^{-1}}{1 + z^{-1}}} = \frac{0.546\,9}{s + 0.546\,9}\,|_{s = 2\frac{1 - z^{-1}}{1 + z^{-1}}} = 0.546\,9\,\frac{1 + z^{-1}}{2.546\,9 - 1.453\,1z^{-1}}$$

（5）将数字低通滤波器转换为数字带通滤波器（略）。

$$u^{-1} = G(z^{-1}) = -\frac{z^{-2} - \dfrac{2ak}{k + 1}z^{-1} + \dfrac{k - 1}{k + 1}}{\dfrac{k - 1}{k + 1}z^{-2} - \dfrac{2ak}{k + 1}z^{-1} + 1}$$

其中
$$\alpha = \cos\left(\frac{\omega_{2} + \omega_{1}}{2}\right)\Big/\cos\left(\frac{\omega_{2} - \omega_{1}}{2}\right) = \cos\omega_{0}$$

$$k = \cot\left(\frac{\omega_{2} - \omega_{1}}{2}\right)\tan\frac{\theta_{c}}{2}$$

# 6.6　直接设计法

前面介绍的 IIR 数字滤波器设计方法是以模拟滤波器为桥梁来间接设计的，这种方法的幅频特性受到所选模拟滤波器幅频特性的限制。例如巴特沃斯低通滤波器幅频特性是单调下降的，而切比雪夫低通滤波器的幅频特性在带内（通带内）或带外（阻带内）有上下波动等。当要求设计任意幅频特性的滤波器时，则不适合采用这种方法。本节介绍在频域和时域直接设计 IIR 滤波器的方法，其特点是适合设计任意幅频特性的滤波器。

## 6.6.1　零、极点累试法（简单零、极点法）

第 3 章指出，系统频率特性取决于系统函数零、极点的分布，系统极点位置主要是影响系统幅频特性峰值位置及尖锐程度，零点位置主要影响系统幅频特性的谷值位置及其下凹的程度，且通过极点和零点分析的几何表示法可以定性地画出其幅频特性。上面的结论和方法提供了一种直接设计滤波器的方法。这种设计方法是根据其幅频特性先确定零、极点位置，再按照确定的零、极点写出其系统函数，画出其幅频特性，并与希望的滤波器幅频特性进行比较，如不满足要求，可通过移动零、极点位置或增加（减少）零、极点进行修正。这种修正方法是多次的，因此称为零、极点累试法。在确定零、极点位置时要注意：

① 极点必须位于 $z$ 平面单位圆内，保证数字滤波器是因果稳定的。

② 复数零、极点必须共轭成对，保证系统函数有理式的系数是实数。

数字滤波器系统函数 $H(z)$ 可以表示为

$$H(z) = A\,\frac{\displaystyle\prod_{i=1}^{M}(1 - c_{i}z^{-1})}{\displaystyle\prod_{k=1}^{N}(1 - d_{k}z^{-1})} \tag{6.131}$$

式中　$c_i$、$d_k$——滤波器的零点和极点。

**1. 低通滤波器的设计**

低通（高阻）滤波器的性能特点为 $\omega = \pi$ 处传输系数为零，相当于在 $z = -1$ 处有一个零点，

在 $z=a$ 处有一个极点，$a$ 为小于 1 的正实数，$a$ 越大，带宽越窄。所以最简单的低通滤波器的系统函数应为

$$H(z) = \frac{1+z^{-1}}{1-az^{-1}} \qquad (6.132)$$

式中 $a$ 可以根据带宽的要求来决定。

$$|H(e^{j\omega})|^2 = \frac{|1+e^{-j\omega}|^2}{|1-ae^{-j\omega}|^2} = \frac{2(1+\cos\omega)}{1-2a\cos\omega+a^2} \qquad (6.133)$$

函数式在 $\omega=0$ 时最大值为

$$|H(e^{j0})|^2 = \max|H(e^{j\omega})|^2 = \frac{4}{(1-a)^2}$$

如给定带宽为 $\omega_c$，取

$$|H(e^{j\omega_c})|^2 = \frac{1}{2}|H(e^{j0})|^2 = \frac{1}{2}\frac{4}{(1-a)^2} \qquad (6.134)$$

由式(6.133)、式(6.134)知

$$\frac{2(1+\cos\omega_c)}{1-2a\cos\omega_c+a^2} = \frac{1}{2}\frac{4}{(1-a^2)}$$

由此可得

$$a^2\cos\omega_c - 2a + \cos\omega_c = 0$$

此为 $a$ 的二次方程，解之得

$$a = \frac{1\pm\sin\omega_c}{\cos\omega_c}$$

因 $a<1$，所以取

$$a = \frac{1-\sin\omega_c}{\cos\omega_c} = \frac{\cos\omega_c}{1+\sin\omega_c} \qquad (6.135)$$

如果将式(6.132)归一化，即用 $H(e^{j0})$ 除以式(6.132)则得

$$H(z) = \frac{1-a}{2}\frac{1+z^{-1}}{1-az^{-1}} \qquad (6.136)$$

【例 6.13】 设计一个截止频率为 2 kHz 的数字低通滤波器，若抽样频率 8 倍于带宽，即 $T_s = 0.625\times10^{-4}\,\text{s}$，则 $\omega_c = 2\pi\times2\times10^3\times0.625\times10^{-4} = 0.25\pi$，带入式(6.135)有

$$a = \frac{1-\sin(0.25\pi)}{\cos(0.25\pi)} = 0.4142$$

所以滤波器系统函数（归一化）为

$$H(z) = 0.2929\frac{1+z^{-1}}{1-0.4142z^{-1}}$$

也可以采用由共轭极点对组成的二阶系统来满足幅度特性的要求，其形式为

$$H(z) = \frac{1+z^{-1}}{1-2r\cos\omega_0 z^{-1}+r^2 z^{-2}} \qquad (6.137)$$

式中　$r$—— 极点到圆心的距离；

$\omega_0$—— 极点与实轴正方向的夹角，所对应的共轭极点为 $p_{1,2} = re^{\pm j\omega_0}$。

如果适当的选择 $r$ 和 $\omega_0$，可得到幅度特性较好的滤波器；但若 $\omega_0$、$r$ 选择过大，就会变成带通滤波器。

**2. 高通滤波器的设计**

把低通滤波器零、极点位置互换,可以得到高通滤波器的系统函数为

$$H(z) = \frac{1-a}{2} \frac{1-z^{-1}}{1+az^{-1}} \quad (a > 0) \tag{6.138}$$

$$a = \frac{\cos \omega_2}{1 + \sin \omega_2} \tag{6.139}$$

式中　　$\omega_2$ —— 高通滤波器的截止角频率。

当然也可以用类似于式(6.137)的二阶系统形式来实现,此时 $\omega_0$ 应接近于 π,零点改在 $z=1$ 处,即分子项变为 $1-z^{-1}$。

**3. 带通滤波器的设计**

如果把低通和高通滤波器级联,即可得到带通滤波器,其系统函数为

$$H(z) = \frac{1+z^{-1}}{1-a_1 z^{-1}} \frac{1-z^{-1}}{1+a_2 z^{-1}} \tag{6.140}$$

式中

$$\begin{cases} a_1 = \dfrac{\cos \omega_1}{1 + \sin \omega_1} \\[2mm] a_2 = \dfrac{\cos \omega_2}{1 + \sin \omega_2} \end{cases} \tag{6.141}$$

式中　　$\omega_1$ —— 带通滤波器通带起始角频率;

　　　　$\omega_2$ —— 带通滤波器通带截止角频率。

带通中心角频率将出现在

$$\cos \omega_0 = \frac{a_1 - a_2}{1 - a_1 a_2} \tag{6.142}$$

处,带通滤波器也可以用二阶系统实现,此时只要 $\omega_0$ 取在带通的中心角频率处,适当地选取 $r$ 即可满足带宽的要求,此外,还应在 $z = \pm 1$ 两处各加一个零点。

**【例 6.14】**　设计带通滤波器,通带中心角频率为 $\omega_0 = \pi/2$,$\omega = 0$、π 时,幅度衰减到 0。

**解**　确定极点 $z_{1,2} = r \mathrm{e}^{\pm \mathrm{j}\frac{\pi}{2}}$,零点 $z_{3,4} = \pm 1$,零、极点分布如图 6.34(a)所示,$H(z)$ 为

$$H(z) = A \frac{(z-1)(z+1)}{(z - r\mathrm{e}^{\mathrm{j}\frac{\pi}{2}})(z - r\mathrm{e}^{-\mathrm{j}\frac{\pi}{2}})} = A \frac{z^2 - 1}{(z - \mathrm{j}r)(z + \mathrm{j}r)} = A \frac{1 - z^{-2}}{1 + r^2 z^{-2}}$$

上式中系数 $A$ 根据对某一固定频率幅度要求确定。如果要求 $\omega = \pi/2$ 处幅度为 1,即

$$\left| H(\mathrm{e}^{\mathrm{j}\omega}) \right|\big|_{\omega = \frac{\pi}{2}} = 1$$

则

$$A = (1 - r^2)/2$$

设 $r = 0.7$、$0.9$,分别画出其幅频特性如图 6.34(b)所示。此图表明,极点越靠近单位圆($r$ 越接近 1),带通特性越尖锐。

**4. 点阻(窄带阻)滤波器的设计**

如对 $\omega_0$ 点进行点阻(即陷波),则取零点 $z_0 = \mathrm{e}^{\pm \mathrm{j}\omega_0}$,为了保证 $\omega \neq \omega_0$ 时 $| H(\mathrm{e}^{\mathrm{j}\omega}) | \approx 1$,再加一对极点 $z_k = a\mathrm{e}^{\pm \mathrm{j}\omega_0}$,$a$ 应接近于 1,则系统函数为

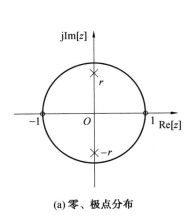

(a) 零、极点分布

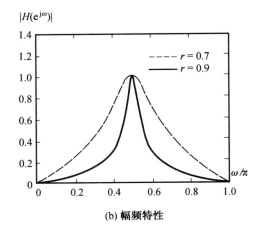

(b) 幅频特性

图 6.34　例 6.14 图

$$H(z) = \frac{(1 - e^{j\omega_0} z^{-1})(1 - e^{-j\omega_0} z^{-1})}{(1 - a e^{j\omega_0} z^{-1})(1 - a e^{-j\omega_0} z^{-1})} \tag{6.143}$$

它实为一个二阶系统,即

$$H(z) = \frac{1 - 2\cos\omega_0 z^{-1} + z^{-2}}{1 - 2a\cos\omega_0 z^{-1} + a^2 z^{-2}} \tag{6.144}$$

**5. 点通(窄带通) 滤波器的设计**

有点阻滤波器的系统函数不难写出点通滤波器的系统函数。考虑到系统在 $\omega = 0$、$\pi$ 处增益为零最好,在 $z = \pm 1$ 处加零点,系统函数为

$$H(z) = \frac{1 - z^{-2}}{(1 - a e^{j\omega_0} z^{-1})(1 - a e^{-j\omega_0} z^{-1})} \tag{6.145}$$

或

$$H(z) = \frac{1 - z^{-2}}{1 - 2a\cos\omega_0 + a^2 z^{-2}} \tag{6.146}$$

无论点阻还是点通都可由二阶递归系统构成。由此看来,简单的无限冲激响应数字滤波器应尽量用二阶环节来实现,只要改变 $r$ 和 $\omega_0$ 即可得到各种类型的简单滤波器。

$z$ 平面的简单零、极法可以直接完成零、极点的配置,也可以通过因式分解,将滤波器的系统函数分解为一系列二阶因式的乘积,先单独对各个二阶因式进行零、极点配置(每一个二阶因式对应一个阻带),然后将这些二阶因式级联起来就得到所需阻带特性的数字带通滤波器。

后一种实现方法的性能可优于前一种方法。通过二阶因式的级联实现,还可把二阶因式做成标准单元,除了分子分母的系数不同以外,所有的单元都具有相同的结构。根据所要的滤波器阻带个数,只需级联相应的二阶单元就可以设计出符合要求的滤波器。这不仅简化了零、极点的配置,也增加了整个设计的灵活性。因此对于要求较高的设计,一般选择后一种设计方法。

## 6.6.2　时域直接设计法

设我们希望设计的 IIR 数字滤波器的单位冲激响应为 $h_d(n)$,要求设计一个单位冲激响应 $h(n)$ 充分逼近 $h_d(n)$。

设滤波器是因果性的,系统函数为

$$H(z) = \frac{\displaystyle\sum_{i=0}^{M} b_i z^{-i}}{\displaystyle\sum_{k=0}^{N} a_k z^{-k}} = \sum_{n=0}^{+\infty} h(n) z^{-n} \tag{6.147}$$

式中 $a_0 = 1$,未知系数 $a_k$ 和 $b_i$ 共有 $N+M+1$ 个,取 $h(n)$ 的一段,$0 \leqslant n \leqslant p-1$,使其充分逼近 $h_d(n)$,用此原则求解 $M+N+1$ 个系数。将式(6.147)改写为

$$\sum_{n=0}^{p-1} h(n) z^{-n} \sum_{k=0}^{N} a_k z^{-k} = \sum_{i=0}^{M} b_i z^{-i}$$

令 $p = M + N + 1$,则

$$\sum_{n=0}^{M+N} h(n) z^{-n} \sum_{k=0}^{N} a_k z^{-k} = \sum_{i=0}^{M} b_i z^{-i}$$

令上面等式两边 $z$ 的同幂次项的系数相等,可得到 $N+M+1$ 个方程:

$$h(0) = b_0$$
$$h(0)a_1 + h(1) = b_1$$
$$h(0)a_2 + h(1)a_1 + h(2) = b_2$$
$$\vdots$$

上式表明 $h(n)$ 是系数 $a_k$,$b_i$ 的非线性函数,考虑到 $i > M$ 时,$b_i = 0$,一般表达式为

$$\sum_{j=0}^{q} a_j h(q-j) = b_q \quad (0 \leqslant q \leqslant M) \tag{6.148}$$

$$\sum_{j=0}^{q} a_j h(q-j) = 0 \quad (M < q \leqslant M+N) \tag{6.149}$$

由于希望 $h(n)$ 充分逼近 $h_d(n)$,因此上两式中的 $h(n)$ 用 $h_d(n)$ 代替,即令 $h(n) = h_d(n)$,$n = 0$,$1, 2, \cdots, M+N$,这样求解式(6.148)和式(6.149),得到 $N$ 个 $a_k$ 和 $M+1$ 个 $b_i$。

　　以上分析推导表明,对于无限长冲激响应 $h(n)$,这种方法只是取前 $N+M+1$ 项,令其等于所要求的 $h_d(n)$,而 $N+M+1$ 以后的项不考虑。这种时域逼近法限制 $h_d(n)$ 的长度等于 $a_k$ 和 $b_i$ 数目的总和,使得滤波器的选择性受到限制,如果滤波器阻带衰减要求很高,则不适合用这种方法。但用此法得到的系数,可作为其他更好的优化算法的初始估计值。

　　实际中,有时要求给定一定的输入信号波形,滤波器的输出为希望的波形,这种滤波器称为波形形成滤波器,也属于时域设计法的范畴。

　　设 $x(n)$ 为给定的输入信号,$y_d(n)$ 是相应的希望的输出信号,$x(n)$ 和 $y_d(n)$ 长度分别为 $M$ 和 $N$,实际滤波器的输出用 $y(n)$ 表示,下面按照 $y(n)$ 和 $y_d(n)$ 的最小均方误差原则求解滤波器的最佳解,均方误差用 $F$ 表示为

$$F = \sum_{n=0}^{N-1} \left[ y(n) - y_d(n) \right]^2 = \sum_{n=0}^{N-1} \left[ \sum_{m=0}^{N-1} h(m) x(n-m) - y_d(n) \right]^2 \tag{6.150}$$

式中,$x(n)$,$0 \leqslant n \leqslant M-1$;$y_d(n)$,$0 \leqslant n \leqslant N-1$。

　　为选择 $h(n)$ 使 $F$ 最小,令

$$\frac{\partial F}{\partial h(i)} = 0 \quad (i = 0, 1, 2, \cdots, N-1)$$

由式(6.150)得

$$\sum_{n=0}^{N-1} 2\Big[\sum_{m=0}^{N-1} h(m)x(n-m) - y_{\mathrm{d}}(n)\Big]x(n-i) = 0$$

$$\sum_{n=0}^{N-1}\sum_{m=0}^{N-1} h(m)x(n-m)x(n-i) = \sum_{n=0}^{N-1} y_{\mathrm{d}}(n)x(n-i) \tag{6.151}$$

式中,$i = 0, 1, 2, \cdots, N-1$。

将式(6.151)写成矩阵形式为

$$\begin{bmatrix} \sum_{n=0}^{N-1} x^2(n) & \sum_{n=0}^{N-1} x(n-1)x(n) & \cdots & \sum_{n=0}^{N-1} x(n-N+1)x(n) \\ \sum_{n=0}^{N-1} x(n)x(n-1) & \sum_{n=0}^{N-1} x^2(n-1) & \cdots & \sum_{n=0}^{N-1} x(n-N+1)x(n-1) \\ \vdots & \vdots & & \vdots \\ \sum_{n=0}^{N-1} x(n)x(n-N+1) & \sum_{n=0}^{N-1} x(n-1)x(n-N+1) & \cdots & \sum_{n=0}^{N-1} x^2(n-N+1) \end{bmatrix} \cdot \begin{bmatrix} h(0) \\ h(1) \\ \vdots \\ h(N-1) \end{bmatrix} =$$

$$\begin{bmatrix} \sum_{n=0}^{N-1} y_{\mathrm{d}}(n)x(n) \\ \sum_{n=0}^{N-1} y_{\mathrm{d}}(n)x(n-1) \\ \vdots \\ \sum_{n=0}^{N-1} y_{\mathrm{d}}(n)x(n-N+1) \end{bmatrix} \tag{6.152}$$

利用上式可以得到 $N$ 个系数 $h(n)$,再采用式(6.148)和式(6.149)求出 $H(z)$ 的 $N$ 个 $a_i$ 系数和 $M+1$ 个 $b_i$ 系数。

**【例 6.15】** 设计数字滤波器,要求在给定输入 $x(n) = \{3, 1\}$ 的情况下,输出 $y_{\mathrm{d}}(n) = \{1, 0.25, 0.1, 0.01, 0\}$。

**解** 设 $h(n)$ 长度为 4,按照式(6.152)得

$$\begin{bmatrix} 10 & 3 & 0 & 0 \\ 3 & 10 & 3 & 0 \\ 0 & 3 & 10 & 3 \\ 0 & 0 & 3 & 9 \end{bmatrix} \begin{bmatrix} h(0) \\ h(1) \\ h(2) \\ h(3) \end{bmatrix} = \begin{bmatrix} 3.25 \\ 0.85 \\ 0.31 \\ 0.03 \end{bmatrix}$$

列出方程:

$$\begin{cases} 10h(0) + 3h(1) = 3.25 \\ 3h(0) + 10h(1) + 3h(2) = 0.85 \\ 3h(1) + 10h(2) + 3h(3) = 0.31 \\ 3h(2) + 9h(3) = 0.03 \end{cases}$$

解联立方程,得

$$h(n) = \{h(0), h(1), h(2), h(3)\} = \{0.333\,3, -0.027\,8, 0.042\,6, -0.010\,9\}$$

将 $h(n)$ 以及 $M=1, N=2$ 代入式(6.148)和式(6.149)中,得

$$a_1 = 0.182\,4, a_2 = -0.112\,6$$

$$b_0 = 0.333\,3, b_1 = 0.033\,0$$

滤波器的系统函数为

$$H(z) = \frac{0.333\ 3 + 0.033\ 0z^{-1}}{1 + 0.182\ 4z^{-1} - 0.112\ 6z^{-2}}$$

相应的差分方程为

$$y(n) = 0.333\ 3x(n) + 0.033\ 0x(n-1) - 0.182\ 4y(n-1) + 0.112\ 6y(n-2)$$

当 $x(n) = \{3,1\}$ 时,输出 $y(n)$ 为

$$y(n) = \{0.999\ 9, 0.249\ 9, 0.1, 0.009\ 9, 0.009\ 5, 0.000\ 6, 0.001\ 2, \cdots\}$$

将 $y(n)$ 与给定 $y_d(n)$ 比较,$y(n)$ 的前五项与 $y_d(n)$ 的前五项很相近,$y(n)$ 在五项以后幅度值很小。

# 6.7　相关 Python 函数与示例

**1. 设计 IIR 模拟滤波器,并绘制其幅频特性图**

程序中使用的函数说明:butter,用于求 butterworth 数字滤波器的系数。

程序中使用的函数说明:freqs,用于计算模拟滤波器的频率响应。

运行代码:

```
import matplotlib. pyplot as plt
from scipy. signal import butter
from scipy. signal import freqs
from math import pi
from math import ceil
from math import sqrt
from math import log10
#IIR 模拟低通滤波器设计
Fp = 500    #通带截止频率为 200 Hz
Fc = 1000    #阻带截止频率为 1000 Hz
Rp = 1    #通带波纹最大衰减为 1 dB
Rs = 40    #阻带衰减为 40 dB
#计算最小滤波器阶数
na = sqrt(10 * * (0.1 * Rp) − 1)
ea = sqrt(10 * * (0.1 * Rs) − 1)
N = ceil(log10(ea / na) / log10(Fc / Fp))    #巴特沃斯阶数
#巴特沃斯低通滤波器
fc = (Fp+Fc)/2
[Bb, Ba] = butter(N, fc * 2 * pi, 'low', analog=True)    #设置滤波器类型和系数
[BW, BH] =freqs(Bb, Ba)
#画图
plt. figure()
plt. xlabel("频率/Hz",fontproperties="SimSun",fontsize=12)
```

```
plt.ylabel("频响",fontproperties="SimSun",fontsize=12)
plt.title("IIR 巴特沃斯模拟低通滤波器")
fontproperties="SimSun",fontsize=12)
plt.plot(BW, abs(BH))
plt.tight_layout()
plt.show()
```

运行结果如图 6.35 所示。

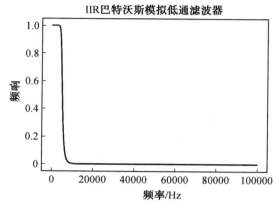

图 6.35　IIR 模拟低通滤波器幅频特性图

### 2. 利用双线性变换法设计巴特沃斯低通数字滤波器

程序中使用的函数说明：freqz,用于数字模拟滤波器的频率响应。

程序中使用的函数说明：bilinear,使用双线性变换从模拟滤波器返回数字 IIR 滤波器。

程序中使用的函数说明：lfilter,使用滤波器对输入信号进行滤波处理。

运行代码：

```
import numpy as np
from scipy.signal import freqs
from scipy.signal import freqz
from math import pi
from scipy.signal import butter
from scipy.signal import bilinear
from scipy.signal import lfilter
from scipy.fftpack import fft
import matplotlib.pyplot as plt

Fs = 4000    ♯系统采样频率4000 Hz
t = np.arange(0, 1, 1 / Fs)
c50 = np.cos(2 * pi * 50 * t)    ♯产生 50 Hz 余弦波
c1000 = np.cos(2 * pi * 1000 * t)    ♯产生 1000 Hz 余弦波
s = c50 + c1000    ♯信号叠加
♯画图 1
plt.figure()
```

```
plt. plot(t * 1000, s)
plt. axis([0, 50, -2, 2])
plt. xlabel("t/ms")
plt. ylabel("幅度", fontproperties="SimSun", fontsize=12)
plt. title("原始信号 50Hz 和 1000Hz 的余弦波混合")
fontproperties="SimSun", fontsize=12)
plt. tight_layout()


fp = 500
fs = 1000
fc = (fp+fs)/2
fs = 10000
#设计巴特沃斯模拟滤波器
[B,A] = butter(2, fc * 2 * pi, "low", analog=True)
[B1,A1]=freqs(B,A)
#画图 2
plt. figure()
plt. title("IIR 巴特沃斯模拟滤波器",
fontproperties="SimSun", fontsize=12)
plt. xlabel("频率/Hz", fontproperties="SimSun", fontsize=12)
plt. ylabel("频响", frontproperties="SimSun", fontsize=12)
plt. plot(B1, abs(A1))
plt. tight_layout()


#利用双线性变换法将模拟滤波器系统函数转换为数字滤波器系统函数
[BZ,AZ] = bilinear(B,A,fs)
[B2,A2]=freqz(BZ,AZ)
#画图 3
plt. figure()
plt. title("双线性变换法设计数字低通滤波器频响特性",
fontproperties="SimSun", fontsize=12)
plt. xlabel(r" $ \omega $ (rad)")
plt. ylabel("频响", frontproperties="SimSun", fontsize=12)
plt. plot(B2, abs(A2))
plt. tight_layout()


Bf =lfilter(BZ, AZ, s)    #利用设计好的滤波器对输入信号 s 进行滤波
#画图 4
plt. figure()
plt. title("巴特沃斯低通滤波输出", fontproperties="SimSun", fontsize=12)
plt. axis([0, 50, -2, 2])
plt. plot(t * 1000, Bf, 'red')
```

plt. xlabel("t/ms")

plt. ylabel("幅度", frontproperties＝"SimSun", fontsize＝12)

plt. tight_layout()

plt. show()

运行结果如图 6.36～6.39 所示。

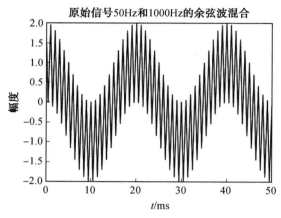

图 6.36　原始信号 50 Hz 和 1 000 Hz 余弦波混合

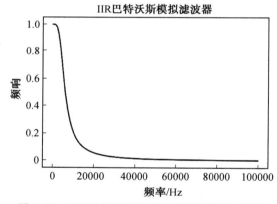

图 6.37　IIR 巴特沃斯模拟低通滤波器频响特性

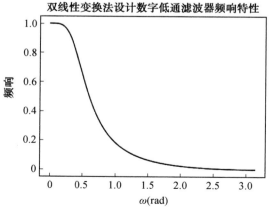

图 6.38　双线性变换法设计数字低通滤波器频响特性

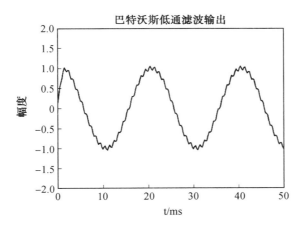

图 6.39　巴特沃斯 IIR 低通滤波器输出结果

### 3. 利用其他类型的模拟原型滤波器设计 IIR 数字滤波器

程序中使用的函数说明:iirdesign,用于完成 IIR 数字和模拟滤波器设计。

运行代码:

```python
import numpy as np
from scipy import signal
import matplotlib.pyplot as plt
# 滤波器设定
fs = 20 * 10 ** 3    # 采样频率为 20 kHz
fpass = 3.4 * 10 ** 3    # 通带截止频率为 3.4 kHz
fstop = 4.6 * 10 ** 3    # 阻带截止频率为 4.6 kHz
gpass = 0.4    # 通带最大损失量为 0.4 dB
gstop = 30    # 阻带最小衰减量为 30 dB
# 正则化
fn = fs/2    # 正则化后的采样频率
wp = fpass/fn
[l1, l2, l3, l4] = 'butter', 'cheby1', 'cheby2', 'ellip'
# 画图
fig, ax = plt.subplots()
# 设计巴特沃斯数字滤波器
[b1, a1] = signal.iirdesign(fpass, fstop, gpass, gstop, ftype=l1, fs=fs)
n1 = len(a1) - 1
[f1, h1] = signal.freqz(b1, a1, fs=fs)
ax.semilogx(f1, 20 * np.log10(abs(h1)), ".", label=l1 + '(n=' + str(n1) + ')')

# 设计切比雪夫 I 型数字滤波器
[b2, a2] = signal.iirdesign(fpass, fstop, gpass, gstop, ftype=l2, fs=fs)
n2 = len(a2) - 1
```

```
[f2, h2] = signal. freqz(b2, a2, fs=fs)
ax. semilogx(f2, 20 * np. log10(abs(h2)), "-.", label=l2+'(n='+str(n2)+')')
```

#设计切比雪夫 II 型数字滤波器

```
[b3, a3] = signal. iirdesign(fpass, fstop, gpass, gstop, ftype=l3, fs=fs)
n3 = len(a3)-1
[f3, h3] = signal. freqz(b3, a3, fs=fs)
ax. semilogx(f3, 20 * np. log10(abs(h3)), "--", label=l3+'(n='+str(n3)+')')
```

#设计椭圆数字滤波器

```
[b4, a4] = signal. iirdesign(fpass, fstop, gpass, gstop, ftype=l4, fs=fs)
print(b4, a4)
n4 = len(a4)-1
[f4, h4] = signal. freqz(b4, a4, fs=fs)
ax. semilogx(f4, 20 * np. log10(abs(h4)), label=l4+'(n='+str(n4)+')')

plt. grid(which="both")
ax. set_title("Digital low pass filter frequency response")
ax. set_xlabel("Frequency/Hz")
ax. set_ylabel("Amplitude/dB")
ax. legend(loc=0)
plt. show()
```

运行结果如图 6.40 所示。

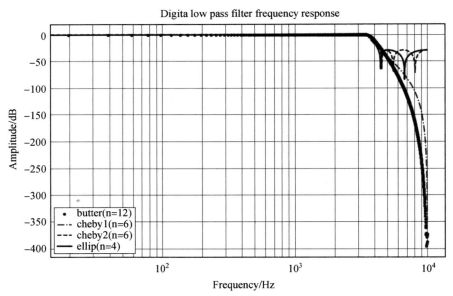

图 6.40　不同类型的模拟原型滤波器设计的 IIR 数字低通滤波器频率响应对比

<h1>习　　题</h1>

1. 设系统的差分方程为
$$y(n) + 3y(n-1) + 2y(n-2) = x(n) + 5x(n-1)$$
请画出该系统的直接型、级联型和并联型结构。

2. 设系统的系统函数为
$$H(z) = \frac{(1+z^{-1})(1+3.17z^{-1}-4z^{-2})}{(1-0.2z^{-1})(1+1.4z^{-1}+5z^{-2})}$$
试画出该系统的级联型结构。

3. 设计一个模拟巴特沃斯低通滤波器,要求通带截止频率 $f_p = 3\ \text{kHz}$,通带最大衰减 $A_p = 3\ \text{dB}$,阻带截止频率 $f_s = 12\ \text{kHz}$,阻带最小衰减 $A_s = 50\ \text{dB}$。求系统函数 $H(s)$。

4. 设计一个模拟切比雪夫低通滤波器,要求通带截止频率 $f_p = 3\ \text{kHz}$,通带最大衰减 $A_p = 3\ \text{dB}$,阻带截止频率 $f_s = 12\ \text{kHz}$,阻带最小衰减 $A_s = 50\ \text{dB}$。求系统函数 $H(s)$。

5. 模拟滤波器的系统函数为 $H(s) = \dfrac{1}{s^2 - 3s + 2}$,试分别采用冲激响应不变法和双线性变换法将其转换成数字滤波器 $H(z)$。

6. 假设某模拟滤波器系统函数 $H(s)$ 是一个低通滤波器,并且有 $H(z) = H(s)\big|_{s=\frac{\omega}{T}}$,数字滤波器 $H(z)$ 的通带中心位于下面哪种情况?说明原因。

(1) $\omega = 0$(低通);

(2) $\omega = \pi$(高通);

(3) 除 0 或 $\pi$ 以外的某一频率(带通)。

7. 设计数字低通滤波器,要求通带内频率低于 $0.2\pi$ 时,允许幅度误差在 $1\ \text{dB}$ 之内,频率为 $0.3\pi \sim \pi$ 的阻带衰减大于 $10\ \text{dB}$。试采用巴特沃斯型模拟滤波器进行设计,采用冲激响应不变法进行转换,抽样间隔为 $T_s$。

8. 设计数字高通滤波器,要求通带截止角频率 $\omega_p = 0.8\pi\ \text{rad}$,通带衰减不大于 $3\ \text{dB}$,阻带截止角频率 $\omega_s = 0.5\pi\ \text{rad}$,阻带衰减不小于 $11\ \text{dB}$。试采用巴特沃斯型模拟滤波器进行设计,采用双线性变换法进行转换。

# 第 7 章

## 有限长冲激响应(FIR)数字滤波器结构与设计

无限长冲激响应数字滤波器的优点是可以利用模拟滤波器的设计结果,而模拟滤波器的设计可以查阅大量图表,所以设计方法较为简单,但它有个缺点就是相位非线性。如果需要实现相位线性,则要采用全通网络进行相位校正。也就是说,IIR 滤波器很难设计成具有线性相位的。FIR 滤波器在保证幅度特性的同时,很容易实现严格的线性相位特性;而现代图像、语声、数据通信对线性相位的要求是普遍的。所以,才使得具有线性相位的 FIR 数字滤波器得到大力地发展和广泛的应用。

FIR 滤波器的单位冲激响应为有限长的,记为 $h(n)(0 \leqslant n \leqslant N-1)$,其 Z 变换为

$$H(z) = \sum_{n=0}^{N-1} h(n) z^{-n} \tag{7.1}$$

这是 $z^{-1}$ 的 $N-1$ 阶多项式,在有限 z 平面($0 < |z| < +\infty$)上有 $N-1$ 个零点,而极点位于 z 平面原点 $z=0$ 处,且有 $N-1$ 阶,因此,$H(z)$ 永远稳定。

## 7.1 FIR 数字滤波器的基本网络结构

FIR 滤波器有如下特点:

① 系统的单位冲激响应 $h(n)$ 在有限个 $n$ 值处不为零。

② 系统函数 $H(z)$ 在 $|z| > 0$ 处收敛,在 $|z| > 0$ 处只有零点,在有限 z 平面上只有零点,而全部极点都在 $z=0$ 处。

③ 结构上主要是非递归结构,没有输出到输入的反馈,但在有些结构中(例如频率抽样结构)含有递归部分。

FIR 网络结构分为直接型、级联型和频率抽样型。由于 FIR 滤波器在有限 z 平面没有极点,因此没有并联型结构。

**1. 直接型**

设 FIR 滤波器的单位冲激响应为 $h(n)$,$0 \leqslant n \leqslant N-1$,则其输入输出关系为

$$y(n) = h(n) * x(n) = \sum_{m=0}^{N-1} h(m) x(n-m) \tag{7.2}$$

根据式(7.2)直接画出如图 7.1 所示的 FIR 滤波器的直接型结构。由于该结构利用输入信号 $x(n)$ 和滤波器单位冲激响应 $h(n)$ 的线性卷积来描述输出信号 $y(n)$,所以 FIR 滤波器的直接型结构又称为卷积型结构,也称为横截型结构。

**2. 级联型**

当需要控制系统零点时,将系统函数 $H(z)$ 分解成二阶实系数因子的形式,这就是级联型

结构,其中每一个因式都用直接型实现。

$$H(z) = \sum_{n=0}^{N-1} h(n)z^{-n} = \prod_{i=1}^{M}(a_{0i} + a_{1i}z^{-1} + a_{2i}z^{-2}) \qquad (7.3)$$

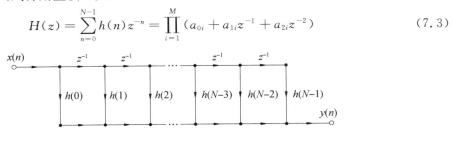

图 7.1　FIR 直接型结构

【**例 7.1**】　设 FIR 数字滤波器系统函数为

$$H(z) = 0.96 + 2z^{-1} + 2.8z^{-2} + 1.5z^{-3}$$

请画出它的直接型结构图和级联型结构图。

　　**解**　系统函数 $H(z)$ 是一个 $z$ 负幂多项式,没有反馈网络,它的单位冲激响应 $h(n)$ 就是该多项式的系数,即 $h(n) = 0.96\delta(n) + 2.0\delta(n-1) + 2.8\delta(n-2) + 1.5\delta(n-3)$。它的直接型网络结构图如图 7.2(a) 所示。

　　将 $H(z)$ 进行因式分解,得

$$H(z) = (0.6 + 0.5z^{-1})(1.6 + 2z^{-1} + 3z^{-2})$$

按照上式画出它的级联型结构如图 7.2(b) 所示。

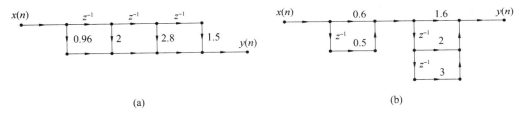

图 7.2　例 7.1 结构图

## 3. 频率抽样型

　　回顾第 4 章介绍的频域抽样定理,当等间隔抽样点数 $N$ 大于或等于序列长度 $M$ 时,可由频率抽样序列 $X(k)$ 不失真地恢复 $X(z)$,令 $x(n) = h(n)$,则式(4.39)可写成

$$H(z) = (1 - z^{-N})\frac{1}{N}\sum_{k=0}^{N-1}\frac{H(k)}{1 - W_N^{-k}z^{-1}} \qquad (7.4)$$

式中

$$H(k) = H(z)\big|_{z=e^{j\frac{2\pi}{N}k}} \qquad (k = 0, 1, 2, \cdots, N-1)$$

式(7.4)为实现 FIR 系统提供了另一种结构。

　　$H(z)$ 也可以写为

$$H(z) = \frac{1}{N}H_c(z)\sum_{k=0}^{N-1}H_k(z) \qquad (7.5)$$

式中

$$H_c(z) = 1 - z^{-N} \qquad (7.6)$$

$$H_k(z) = \frac{H(k)}{1 - W_N^{-k} z^{-1}} \tag{7.7}$$

令 $z = \mathrm{e}^{\mathrm{j}\omega}$，则 $H_c(\mathrm{e}^{\mathrm{j}\omega}) = 1 - \mathrm{e}^{\mathrm{j}\omega N}$，画出 $H_c(\mathrm{e}^{\mathrm{j}\omega})$ 的幅频特性如图 7.3 所示。

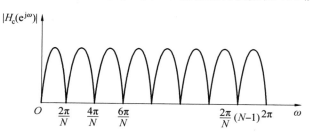

图 7.3　梳状滤波器幅频特性

根据 $|H_c(\mathrm{e}^{\mathrm{j}\omega})|$ 的形状，$H_c(z)$ 被形象地称为梳状滤波器。

式（7.5）表示，$H(z)$ 是由梳状滤波器 $H_c(z)$ 和 $N$ 个一阶网络 $H_k(z)$ 的并联结构进行级联而成的，其网络结构如图 7.4 所示。该网络结构中有反馈支路，它是由 $H_k(z)$ 产生的，其极点为

$$z_k = W_N^{-k} \quad (k = 0, 1, 2, \cdots, N-1)$$

显然，$H(z)$ 的第一部分 $H_c(z)$ 是一个由 $N$ 阶延时单元组成的梳状滤波器，它在单位圆上有 $N$ 个等间隔的零点

$$z_k = \mathrm{e}^{\mathrm{j}\frac{2\pi}{N}k} = W_N^{-k} \quad (k = 0, 1, 2, \cdots, N-1)$$

零点刚好和极点一样，等间隔地分布在单位圆上。理论上，极点和零点相互抵消，保证了网络的稳定性，如图 7.5 所示。频率抽样结构虽有反馈支路，但仍属 FIR 网络结构。

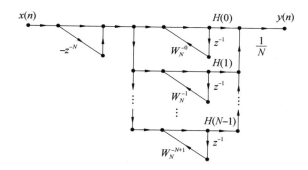

图 7.4　FIR 滤波器频率抽样结构

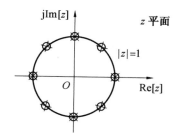

图 7.5　零极点对消示意图

FIR 频率抽样型网络结构具有以下优点：

（1）调试方便。在频率抽样点上，频率为 $\omega_k = 2\pi k/N (k=0, 1, 2, \cdots, N-1)$，频率特性为 $H(e^{j\omega_k})$，可以证明 $H(e^{j\omega_k}) = H(k)$，这里 $H(k)$ 就是图 7.4 中乘法器的系数，因此只要调整该系数，就可以直接有效地调整频率特性。

（2）便于标准化、模块化。对于系统的不同频率特性，只要单位冲激响应的长度 $N$ 相同，梳状滤波器部分以及 $N$ 个一阶并联网络部分完全相同，不同的仅是各支路的增益 $H(k)$ 不同，那么相同部分便可以标准化、模块化。

FIR 频率抽样型网络结构具有以下缺点：

（1）FIR 频率抽样型网络结构中的系数 $H(k)$ 和 $W_N^{-k}$ 一般是复数，要求使用复数乘法器，这对于硬件实现是较困难的。

（2）实际应用中因系数存在量化误差，会使零、极点不能刚好抵消，因此实际中的频率抽样结构是不易稳定的。

为了克服上述缺点，对频率抽样结构作以下修正。

首先，单位圆上的所有零、极点向内收缩到半径为 $r$ 的圆上，这里 $r$ 稍小于 1，此时 $H(z)$ 为

$$H(z) = (1 - r^N z^{-N}) \frac{1}{N} \sum_{k=0}^{N-1} \frac{H_r(k)}{1 - r W_N^{-k} z^{-1}} \tag{7.8}$$

式中，$H_r(k)$ 是在 $r$ 圆上对 $H(z)$ 的 $N$ 点等间隔抽样之值。由于 $r \approx 1$，所以，可近似取 $H_r(k) = H(k)$。因此零极点均为

$$r e^{j\frac{2\pi}{N}k} \quad (k=0,1,2,\cdots,N-1)$$

如果由于某种原因零、极点不能抵消时，极点位置仍在单位圆内，保证了系统的稳定。根据 DFT 的共轭对称性，如果 $h(n)$ 是实序列，则其离散傅里叶变换 $H(k)$ 关于 $N/2$ 点共轭对称，即 $H(k) = H^*(N-k)$。又因为 $(W_N^{-k})^* = W_N^{-(N-k)}$，为了得到实系数，将 $H_k(z)$ 和 $H_{N-k}(z)$ 合并为一个二阶网络，记为 $H_k(z)$，则

$$H_k(z) = \frac{H(k)}{1 - r W_N^{-k} z^{-1}} + \frac{H(N-k)}{1 - r W_N^{-(N-k)} z^{-1}} =$$

$$\frac{H(k)}{1 - r W_N^{-k} z^{-1}} + \frac{H^*(k)}{1 - r (W_N^{-k})^* z^{-1}} =$$

$$\frac{a_{0k} + a_{1k} z^{-1}}{1 - 2r\cos\left(\frac{2\pi}{N}k\right) z^{-1} + r^2 z^{-2}}$$

式中
$$a_{0k} = 2\text{Re}[H(k)]$$

$$a_{1k} = -2\text{Re}[r H(k) W_N^k] \quad (k=1,2,\cdots,\frac{N}{2}-1)$$

二阶网络的结构如图 7.6 所示。$H(z)$ 可表示为

$$H(z) = (1 - r^N z^{-N}) \frac{1}{N} \left[ \frac{H(0)}{1 - rz^{-1}} + \frac{H(\frac{N}{2})}{1 + rz^{-1}} + \sum_{k=1}^{L} \frac{a_{0k} + a_{1k} z^{-1}}{1 - 2r\cos(\frac{2\pi}{N}k) z^{-1} + r^2 z^{-2}} \right]$$

式中，$H(0)$ 和 $H(N/2)$ 为实数。当 $N$ 为偶数时，$L = N/2 - 1$，修正结构由 $N/2-1$ 个二阶网络和两个一阶网络并联构成。当 $N$ 为奇数时，$L = (N-1)/2$，且 $H(N/2)$ 不存在，修正结构由

一个一阶网络和$(N-1)/2$个二阶并联网络构成。由图 7.7 可见,当抽样点数 $N$ 很大时,其结构显然很复杂,需要的乘法器和延时单元很多。但对于窄带滤波器,大部分频率抽样值 $H(k)$ 为零,从而使二阶网络个数大大减少,所以频率抽样结构适用于窄带滤波器。

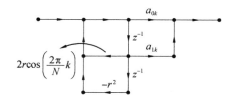

图 7.6　$H_k(z)$ 的结构图表示

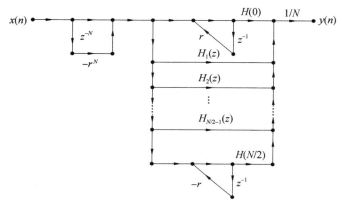

图 7.7　频率抽样修正结构($N$ 为偶数)

# 7.2　线性相位 FIR 数字滤波器的条件和特点

本节主要介绍 FIR 滤波器具有线性相位的条件、线性相位 FIR 滤波器的幅度特性以及零点分布的特点。

**1. 线性相位条件**

对于长度为 $N$ 的单位冲激响应 $h(n)$,相应的频率响应为

$$H(\mathrm{e}^{\mathrm{j}\omega}) = \sum_{n=0}^{N-1} h(n)\mathrm{e}^{-\mathrm{j}\omega n} \tag{7.9}$$

一般将 $H(\mathrm{e}^{\mathrm{j}\omega})$ 表示为

$$H(\mathrm{e}^{\mathrm{j}\omega}) = H_g(\omega)\mathrm{e}^{\mathrm{j}\theta(\omega)} \tag{7.10}$$

式中　　$H_g(\omega)$——幅度函数;

$\theta(\omega)$——相位函数。

注意,这里 $H_g(\omega)$ 不同于 $|H(\mathrm{e}^{\mathrm{j}\omega})|$,$H_g(\omega)$ 为 $\omega$ 的实函数,可能取负值,而 $|H(\mathrm{e}^{\mathrm{j}\omega})|$ 总是非负值。

$H(\mathrm{e}^{\mathrm{j}\omega})$ 具有线性相位是指 $\theta(\omega)$ 是 $\omega$ 的线性函数,即

$$\theta(\omega) = -\tau\omega \quad (\tau\text{ 为常数}) \tag{7.11}$$

如果 $\theta(\omega)$ 满足

$$\theta(\omega) = \theta_0 - \tau\omega \quad (\theta_0 \text{ 是起始相位}) \tag{7.12}$$

严格地说,此时 $\theta(\omega)$ 不具有线性相位,但以上两种情况都满足群时延(Group Delay)是一个常数,即

$$-\frac{\mathrm{d}\theta(\omega)}{\mathrm{d}\omega} = \tau$$

因此也称这种情况为线性相位。一般将满足式(7.11)的称为第一类线性相位(也称为严格线性相位);满足式(7.12)的称为第二类线性相位(也称为准线性相位)。下面推导与证明满足第一类线性相位的条件是:$h(n)$ 是实序列且对 $(N-1)/2$ 偶对称,即

$$h(n) = h(N-n-1) \tag{7.13}$$

满足第二类线性相位的条件是:$h(n)$ 是实序列且对 $(N-1)/2$ 奇对称,即

$$h(n) = -h(N-n-1) \tag{7.14}$$

(1) 第一类线性相位条件证明。

$$H(z) = \sum_{n=0}^{N-1} h(n) z^{-n} \tag{7.15}$$

将式(7.13)代入式(7.15),得

$$H(z) = \sum_{n=0}^{N-1} h(N-n-1) z^{-n}$$

令 $m = N-n-1$,则有

$$H(z) = \sum_{m=0}^{N-1} h(m) z^{-(N-m-1)} = z^{-(N-1)} \sum_{m=0}^{N-1} h(m) z^{m} = z^{-(N-1)} \sum_{m=0}^{N-1} h(m) (z^{-1})^{-m}$$

即

$$H(z) = z^{-(N-1)} H(z^{-1}) \tag{7.16}$$

按照式(7.16)可以将 $H(z)$ 表示为

$$H(z) = \frac{1}{2}\left[H(z) + z^{-(N-1)} H(z^{-1})\right] = \frac{1}{2} \sum_{n=0}^{N-1} h(n)\left[z^{-n} + z^{-(N-1)} z^{n}\right] =$$

$$z^{-\left(\frac{N-1}{2}\right)} \sum_{n=0}^{N-1} h(n)\left[\frac{z^{-\left(n-\frac{N-1}{2}\right)} + z^{\left(n-\frac{N-1}{2}\right)}}{2}\right] \tag{7.17}$$

将 $z = \mathrm{e}^{\mathrm{j}\omega}$ 代入式(7.17),得

$$H(\mathrm{e}^{\mathrm{j}\omega}) = \mathrm{e}^{-\mathrm{j}\left(\frac{N-1}{2}\right)\omega} \sum_{n=0}^{N-1} h(n) \cos\left[\left(n-\frac{N-1}{2}\right)\omega\right] \tag{7.18}$$

按照式(7.10),幅度函数 $H_{\mathrm{g}}(\omega)$ 和相位函数 $\theta(\omega)$ 分别为

$$H_{\mathrm{g}}(\omega) = \sum_{n=0}^{N-1} h(n) \cos\left[\left(n-\frac{N-1}{2}\right)\omega\right] \tag{7.19}$$

$$\theta(\omega) = -\frac{1}{2}(N-1)\omega \tag{7.20}$$

即当 $h(n)$ 为实序列,且满足式(7.13)时,该滤波器具有第一类线性相位特性。

(2) 第二类线性相位条件证明。

$$H(z) = \sum_{n=0}^{N-1} h(n) z^{-n} = -\sum_{n=0}^{N-1} h(N-n-1) z^{-n}$$

令 $m = N-n-1$,则有

$$H(z) = -\sum_{m=0}^{N-1} h(m) z^{-(N-m-1)} = -z^{-(N-1)} \sum_{m=0}^{N-1} h(m) z^m = -z^{-(N-1)} \cdot \sum_{m=0}^{N-1} h(m) (z^{-1})^{-m}$$

即

$$H(z) = -z^{-(N-1)} H(z^{-1}) \tag{7.21}$$

按照式(7.21),可将 $H(z)$ 表示为

$$H(z) = \frac{1}{2}\left[H(z) - z^{-(N-1)} H(z^{-1})\right] = \frac{1}{2} \sum_{n=0}^{N-1} h(n)\left[z^{-n} - z^{-(N-1)} z^n\right] =$$

$$z^{-\left(\frac{N-1}{2}\right)} \sum_{n=0}^{N-1} h(n)\left[\frac{z^{-\left(n-\frac{N-1}{2}\right)} - z^{\left(n-\frac{N-1}{2}\right)}}{2}\right] \tag{7.22}$$

因而

$$H(e^{j\omega}) = H(z) \big|_{z=e^{j\omega}} = je^{-j\frac{N-1}{2}\omega} \sum_{n=0}^{N-1} h(n) \sin\left[\omega\left(\frac{N-1}{2} - n\right)\right] =$$

$$e^{-j\frac{N-1}{2}\omega + j\frac{\pi}{2}} \sum_{n=0}^{N-1} h(n) \sin\left[\omega\left(\frac{N-1}{2} - n\right)\right] \tag{7.23}$$

因此,幅度函数和相位函数分别为

$$H_g(\omega) = \sum_{n=0}^{N-1} h(n) \sin\left[\omega\left(\frac{N-1}{2} - n\right)\right] \tag{7.24}$$

$$\theta(\omega) = -\left(\frac{N-1}{2}\right)\omega + \frac{\pi}{2} \tag{7.25}$$

故此证明了当 $h(n)$ 为实序列,且满足式(7.14)时,该滤波器具有第二类线性相位特性。

**2. 线性相位 FIR 滤波器幅度函数 $H_g(\omega)$ 的特点**

由于 $h(n)$ 的长度 $N$ 取奇数还是偶数,对 $H_g(\omega)$ 的特性有影响,因此,对于两类线性相位,下面分四种情况讨论其幅度函数的特点。

(1) $h(n) = h(N-n-1)$,$N$=奇数。

幅度函数 $H_g(\omega)$ 为

$$H_g(\omega) = \sum_{n=0}^{N-1} h(n) \cos\left[\left(n - \frac{N-1}{2}\right)\omega\right] \tag{7.26}$$

式中,$h(n)$ 对 $(N-1)/2$ 偶对称,余弦项也对 $(N-1)/2$ 偶对称,可以 $(N-1)/2$ 为中心,把两两相等的项进行合并,由于 $N$ 是奇数,故余下中间项 $n = (N-1)/2$。这样幅度函数表示为

$$H_g(\omega) = h\left(\frac{N-1}{2}\right) + \sum_{n=0}^{(N-3)/2} 2h(n) \cos\left[\left(n - \frac{N-1}{2}\right)\omega\right]$$

令 $m = (N-1)/2 - n$,则有

$$H_g(\omega) = h\left(\frac{N-1}{2}\right) + \sum_{m=1}^{(N-1)/2} 2h\left(\frac{N-1}{2} - m\right) \cos(\omega m) \tag{7.27}$$

即

$$H_g(\omega) = \sum_{n=0}^{(N-1)/2} a(n) \cos(\omega n) \tag{7.28}$$

式中

$$\begin{cases} a(0) = h\left(\frac{N-1}{2}\right) \\ a(n) = 2h\left(\frac{N-1}{2} - n\right) \end{cases} \quad \left(n = 1,2,3,\cdots,\frac{N-1}{2}\right)$$

按照式(7.28),由于式中 $\cos(\omega n)$ 项对 $\omega=0,\pi,2\pi$ 皆为偶对称,因此幅度函数的特点是对 $\omega=0,\pi,2\pi$ 是偶对称的。这种情况可实现低通、高通、带通、带阻等各种滤波器。

(2)$h(n)=h(N-n-1)$,$N=$偶数。

推导情况和 $N=$ 奇数相似,不同点是由于 $N=$ 偶数,$H_{\mathrm{g}}(\omega)$ 中没有单独项,相等的项合并成 $N/2$ 项。

$$H_{\mathrm{g}}(\omega)=\sum_{n=0}^{N-1}h(n)\cos[(n-\frac{N-1}{2})\omega]=\sum_{n=0}^{\frac{N}{2}-1}2h(n)\cos[\omega(\frac{N-1}{2}-n)] \tag{7.29}$$

令 $m=N/2-n$,则有

$$H_{\mathrm{g}}(\omega)=\sum_{m=1}^{N/2}2h(\frac{N}{2}-m)\cos[\omega(m-\frac{1}{2})] \tag{7.30}$$

将 $m$ 用 $n$ 代替,得

$$H_{\mathrm{g}}(\omega)=\sum_{n=1}^{N/2}b(n)\cos[\omega(n-\frac{1}{2})] \tag{7.31}$$

式中

$$b(n)=2h(\frac{N}{2}-n)\quad(n=1,2,\cdots,\frac{N}{2})$$

按照式(7.31),$\omega=\pi$ 时,由于余弦项为零,且对 $\omega=\pi$ 奇对称,因此这种情况下的幅度函数的特点是对 $\omega=\pi$ 奇对称,且 $\omega=\pi$ 处有一零点,使 $H_{\mathrm{g}}(\pi)=0$,因此,对于高通和带阻滤波器不适合采用这种形式。

(3)$h(n)=-h(N-n-1)$,$N=$奇数。

由前面知识已知

$$H_{\mathrm{g}}(\omega)=\sum_{n=0}^{N-1}h(n)\sin[\omega(\frac{N-1}{2}-n)] \tag{7.32}$$

由于 $h(n)=-h(N-n-1)$,$n=(N-1)/2$ 时

$$h(\frac{N-1}{2})=-h(N-\frac{N-1}{2}-1)=-h(\frac{N-1}{2})$$

因此 $h[(N-1)/2]=0$,即 $h(n)$ 奇对称时,中间项为零。在 $H_{\mathrm{g}}(\omega)$ 中 $h(n)$ 对 $(N-1)/2$ 奇对称,正弦项也对该点奇对称,因此在相加过程中第 $n$ 项和第 $N-n-1$ 项是相等的,将相等项合并,共有 $(N-1)/2$ 项,即

$$H_{\mathrm{g}}(\omega)=\sum_{n=0}^{(N-3)/2}2h(n)\sin[\omega(\frac{N-1}{2}-n)] \tag{7.33}$$

令 $m=(N-1)/2-n$,则有

$$H_{\mathrm{g}}(\omega)=\sum_{n=1}^{(N-1)/2}c(n)\sin(\omega n) \tag{7.34}$$

式中

$$c(n)=2h(\frac{N-1}{2}-n)\quad(n=1,2,\cdots,\frac{N-1}{2})$$

观察可知 $H_{\mathrm{g}}(\omega)$ 在 $\omega=0,\pi,2\pi$ 处为零,即 $H(z)$ 在 $z=\pm1$ 处是零点,且 $H_{\mathrm{g}}(\omega)$ 对 $\omega=0,\pi,2\pi$ 呈奇对称形式。这种情况只能用于带通滤波器的设计,其他类型均不适用。其相位函数是 $\omega$

的"准线性"函数,因它包含了相位的固定值$\frac{\pi}{2}$,这种情况适于做希尔伯特变换器、微分器和正交网络。

$(4) h(n) = -h(N-n-1)$,$N=$偶数。

与情况(3)相类似,推导如下

$$H_g(\omega) = \sum_{n=0}^{N-1} h(n)\sin\left[\omega\left(\frac{N-1}{2}-n\right)\right] = \sum_{n=0}^{\frac{N}{2}-1} 2h(n)\sin\left[\omega\left(\frac{N-1}{2}-n\right)\right] \qquad (7.35)$$

令 $m = N/2 - n$,则有

$$H_g(\omega) = \sum_{m=1}^{N/2} 2h\left(\frac{N}{2}-m\right)\sin\left[\omega\left(m-\frac{1}{2}\right)\right] \qquad (7.36)$$

$$H_g(\omega) = \sum_{n=1}^{N/2} d(n)\sin\left[\omega\left(n-\frac{1}{2}\right)\right] \qquad (7.37)$$

式中

$$d(n) = 2h\left(\frac{N}{2}-n\right) \quad \left(n=1,2,3,\cdots,\frac{N}{2}\right)$$

由式(7.37)可知,$H_g(\omega)$ 在 $\omega=0,2\pi$ 处为零,即 $H(z)$ 在 $z=1$ 处有一个零点,且对 $\omega=0,2\pi$ 奇对称,对 $\omega=\pi$ 呈偶对称。这种情况适合高通或带通滤波器的设计,不能设计低通和带阻滤波器。与第三种情况相同,相位函数也包含有常数项 $\pi/2$,这种情况最适于设计微分器、希尔伯特变换器和正交网络。

以上四种线性相位 FIR 滤波器的特性见表 7.1。与第三种情况相同,相位函数也包含有常数项 $\frac{\pi}{2}$,这种情况最适合设计微分器、希尔伯特变换器和正交网络。

表 7.1 线性相位 FIR 滤波器的特性汇总

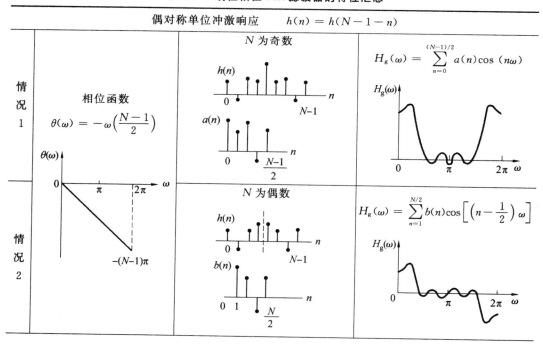

**续表 7.1**

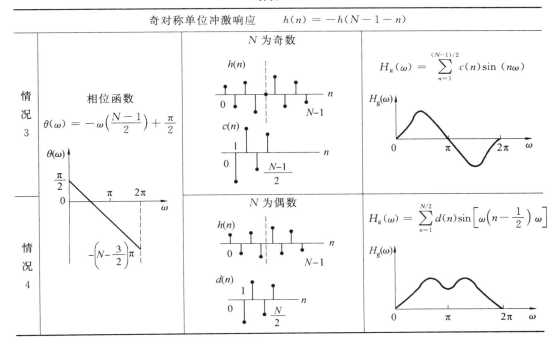

**3. 线性相位 FIR 滤波器零点分布特点**

第一类和第二类线性相位 FIR 滤波器的系统函数综合起来可表示为

$$H(z) = \pm z^{-(N-1)} H(z^{-1}) \qquad (7.38)$$

式(7.38)表明,如果 $z = z_i$ 是 $H(z)$ 的零点,其倒数 $z_i^{-1}$ 也必然是零点;又因为 $h(n)$ 是实序列,$H(z)$ 的零点必定共轭成对,因此 $z_i^*$ 和 $(z_i^{-1})^*$ 也是其零点。这样,线性相位 FIR 滤波器零点分布特点是零点必须是互为倒数的共轭对,确定其中一个,另外三个零点也确定了。当然,也有可能出现一些特殊情况。

零点分布的可能情况有以下三种:

(1) 第一种情况:零点 $z_i$ 既不在实轴上,又不在单位圆上,则必有 $z = z_i$,$z = 1/z_i$ 和 $z = z_i^*$ 和 $z = 1/z_i^*$ 两对零点,如图 7.8(a) 所示。

(2) 第二种情况:零点 $z_i$ 在单位圆上或实轴上。若 $z_i$ 在单位圆且不为实数,因 $z_i = 1/z_i^*$ 和 $z_i^* = 1/z_i$,所以只形成一对零点;若 $z_i$ 在实轴上,因 $z_i = z_i^*$ 和 $1/z_i = 1/z_i^*$,所以也只形成一对零点,如图 7.8(b)、(c) 所示。

(3) 第三种情况:零点 $z_i$ 既在单位圆上又在实轴上,则零点成单个出现,即只有 $z = 1$ 或 $z = -1$ 为零点,如图 7.8(d)、(e) 所示。

当 $N$ 为偶数时,$H(z)$ 有 $(N-1)$ 奇数个零点,其中必有一个为 $z = 1$ 或 $z = -1$。当 $N$ 为奇数时,则 $H(z)$ 有 $(N-1)$ 偶数个零点。

另外,从式(7.38) 可以看出,$H(z)$ 在 $z = 0$ 处有 $N-1$ 重极点。

由幅度函数的讨论可知,第二种情况的线性相位滤波器由于 $H(\pi) = 0$,因此必然有单根 $z = -1$。第四种情况的线性相位滤波器由于 $H(0) = 0$,因此必然有单根 $z = 1$。而第三种情况的线性相位滤波器由于 $H(0) = H(\pi) = 0$,因此这两种单根 $z = \pm 1$ 都必须有。

了解了线性相应 FIR 滤波器的特点,便可根据实际需要选择合适类型的 FIR 滤波器,同时设计时需遵循有关的约束条件。

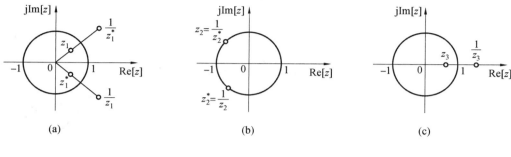

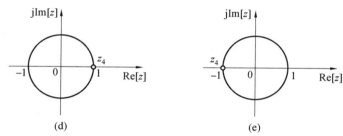

图 7.8　线性相位 FIR 滤波器的零点位置

值得一提的是,线性相位 FIR 滤波器除 7.1 节所介绍的一般 FIR 滤波器的直接型、级联型、频率抽样型网络结构外,还具有突出线性相位特性的特有结构。

**4. 线性相位 FIR 滤波器的结构**

FIR 滤波器的线性相位特性是非常重要的,线性相位 FIR 数字滤波器的冲激响应 $h(n)$ 具有对称性,因此,其结构也有不同。

（1）当 $N$ 为偶数,且 $h(n) = \pm h(N-1-n)$ 时

$$
\begin{aligned}
H(z) &= \sum_{n=0}^{N-1} h(n) z^{-n} = \sum_{n=0}^{N/2-1} h(n) z^{-n} + \sum_{n=N/2}^{N-1} h(n) z^{-n} = \\
&\sum_{n=0}^{N/2-1} h(n) z^{-n} \pm \sum_{n=N/2}^{N-1} h(N-1-n) z^{-n} = \\
&\sum_{n=0}^{N/2-1} h(n) z^{-n} \pm \sum_{n=N/2-1}^{0} h(m) z^{-(N-1-m)} = \\
&\sum_{n=0}^{N/2-1} h(n) z^{-n} \pm \sum_{n=0}^{N/2-1} h(n) z^{-(N-1-n)} = \\
&\sum_{n=0}^{N/2-1} h(n) \left[ z^{-n} \pm z^{-(N-1-n)} \right]
\end{aligned}
\tag{7.39}
$$

此时,直接型结构如图 7.9 所示。

（2）当 $N$ 为奇数,且 $h(n) = \pm h(N-1-n)$ 时

$$
\begin{aligned}
H(z) &= \sum_{n=0}^{N-1} h(n) z^{-n} = \sum_{n=0}^{(N-3)/2} h(n) z^{-n} + h\left(\frac{N-1}{2}\right) z^{-(N-1)/2} + \sum_{n=(N+1)/2}^{N-1} h(n) z^{-n} = \\
&\sum_{n=0}^{(N-3)/2} h(n) \left[ z^{-n} \pm z^{-(N-1-n)} \right] + h\left(\frac{N-1}{2}\right) z^{-(N-1)/2}
\end{aligned}
\tag{7.40}
$$

此时,直接型结构如图 7.10 所示。

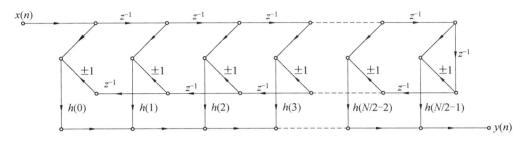

图 7.9　$N$ 为偶数,$h(n) = \pm h(N-1-n)$ 时线性相位 FIR 滤波器直接型结构

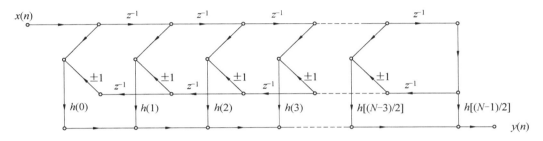

图 7.10　$N$ 为奇数,$h(n) = \pm h(N-1-n)$ 时线性相位 FIR 滤波器直接型结构

根据对称冲激响应 FIR 滤波器零点分布的特点,可以将系统函数 $H(z)$ 进行因式分解,分解后的因式通常包括一、二阶和四阶因子,这些因子都是具有对称系数的多项式即每个因子都为线型相位网络结构而成,如图 7.11 所示。

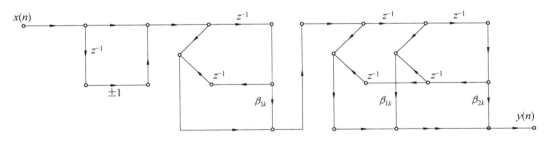

图 7.11　线性相位 FIR 滤波器级联结构

对应于 $z=1$ 或 $z=-1$ 零点的一阶因子的形式为 $1 \pm z^{-1}$,所以一阶网络不需乘法(省去一次乘法)。

对应于单位圆或实轴上零点的二阶因子形式为 $1 + \beta_{1k}z^{-1} + z^{-2}$,所以二阶网络只需一次乘法(也省去一次乘法)。

对应于不在单位圆或实轴上而成对出现的零点的四阶因子的形式为 $1 + \beta_{1k}z^{-1} + \beta_{2k}z^{-2} + \beta_{1k}z^{-3} + z^{-4}$,所以其四阶网络只需两次乘法(省去两次乘法)。

由上述可见,这种滤波器用级联型结构实现较直接型省乘法运算次数。

# 7.3　利用窗函数法(窗口法)设计 FIR 数字滤波器

设计 FIR 数字滤波器最常用的方法是窗函数法(Window Method),又称窗口法。这种方法一般是先给定所要求的理想滤波器的频率响应 $H_d(e^{j\omega})$,要求设计一个 FIR 滤波器频率响应 $H(e^{j\omega})$,去逼近理想的频率响应 $H_d(e^{j\omega})$。然而,窗函数法设计 FIR 数字滤波器是在时域进行的,因此,必须首先由理想频率响应(Ideal Frequency Response)$H_d(e^{j\omega})$ 的傅里叶反变换推导出对应的单位冲激响应 $h_d(n)$。

$$h_d(n) = \frac{1}{2\pi}\int_{-\pi}^{\pi} H_d(e^{j\omega})e^{j\omega n}\,d\omega \tag{7.41}$$

$h_d(n)$ 经过 Z 变换可得到滤波器的系统函数。一般情况下 $H_d(e^{j\omega})$ 逐段恒定,在边界角频率处有不连续点,因而 $h_d(n)$ 是无限长且非因果的序列。我们为了构造一个长度为 $N$ 的线性相位滤波器,只有将 $h_d(n)$ 截取一段,并保证截取的一段 $h(n)$ 关于 $(N-1)/2$ 对称,才能保证所设计的滤波器具有线性相位。可以把 $h(n)$ 表示为所需单位冲激响应与一个有限长的窗口函数序列 $w(n)$ 的乘积,即 $h(n)=h_d(n)w(n)$,其中 $w(n)$ 称为窗函数。

实际滤波器的单位冲激响应为 $h(n)$,长度为 $N$,其系统函数为 $H(z)$,即

$$H(z) = \sum_{n=0}^{N-1} h(n)z^{-n} \tag{7.42}$$

因为 $h(n)$ 是由 $h_d(n)$ 截取而得到的,所以存在误差,在频域上的表现就是吉布斯(Gibbs)效应,也称为截断效应。该效应引起通带内和阻带内的波动性,从而使滤波器的技术指标变差,而窗函数的使用可改善滤波器的技术指标。

## 7.3.1　窗函数

一个理想低通滤波器的单位冲激响应为 $h_d(n)$,其频率响应为 $H_d(e^{j\omega})$。设 $w(n)$ 为某一窗函数,实际滤波器的单位冲激响应 $h(n)$ 表示为

$$h(n) = h_d(n)w(n) \tag{7.43}$$

根据傅里叶变换的卷积性质,$h(n)$ 的频谱函数可表示为

$$H(e^{j\omega}) = \frac{1}{2\pi}H_d(e^{j\omega}) * W(e^{j\omega}) \tag{7.44}$$

即 FIR 数字滤波器的频率响应是理想滤波器的频率响应与窗函数频谱的卷积。采用不同的窗函数,对应的 $H(e^{j\omega})$ 也不同。

**1. 矩形窗**(Rectangle Window)**及其影响**

长度为 $N$ 的矩形窗函数定义为

$$w_R(n) = \begin{cases} 1 & (0 \leqslant n \leqslant N-1) \\ 0 & (n \text{ 为其他值}) \end{cases}$$

矩形窗 $w_R(n)$ 的频谱为

$$W_R(e^{j\omega}) = \sum_{n=0}^{N-1} e^{-j\omega n} = \frac{\sin(\omega N/2)}{\sin(\omega/2)} e^{-j\omega\frac{N-1}{2}} = W_R(\omega)e^{-j a\omega}$$

其中

$$W_R(\omega) = \frac{\sin(\omega N/2)}{\sin(\omega/2)}, a = \frac{N-1}{2} \tag{7.45}$$

矩形窗幅度函数 $W_R(\omega)$ 的图形如图 7.12(b) 所示。$\omega$ 取值为 $-\frac{2\pi}{N} \sim \frac{2\pi}{N}$ 的 $W_R(\omega)$ 称为窗函数频谱的主瓣(Main Lobe),主瓣两侧呈衰减振荡的部分称为旁瓣(Side Lobe)(副瓣),第一旁瓣比主瓣低 13 dB。

采用矩形窗截断对滤波器频率响应的影响需要从频域进行分析。理想低通滤波器的频率响应可表示为

$$H_d(e^{j\omega}) = H_d(\omega)e^{-j a\omega}$$

其幅度函数 $H_d(\omega)$ 为

$$H_d(\omega) = \begin{cases} 1 & (|\omega| \leqslant \omega_c) \\ 0 & (\omega_c < |\omega| \leqslant \pi) \end{cases}$$

由式(7.44)知,FIR 数字滤波器的频率响应为

$$H(e^{j\omega}) = \frac{1}{2\pi} H_d(e^{j\omega}) * W_R(e^{j\omega}) = \frac{1}{2\pi} \int_{-\pi}^{\pi} H_d(e^{j\theta}) W_R[e^{j(\omega-\theta)}] d\theta =$$

$$\frac{1}{2\pi} \int_{-\pi}^{\pi} H_d(\theta)e^{-j\theta a} \cdot W_R(\omega-\theta)e^{-j(\omega-\theta)a} d\theta =$$

$$e^{-j\omega a} \left[ \frac{1}{2\pi} \int_{-\pi}^{\pi} H_d(\theta) W_R(\omega-\theta) d\theta \right]$$

因此 FIR 数字滤波器的幅度函数为

$$H(\omega) = \frac{1}{2\pi} \int_{-\pi}^{\pi} H_d(\theta) W_R(\omega-\theta) d\theta$$

图 7.12(f) 表示 $H_d(\omega)$ 与 $W_R(\omega)$ 卷积形成的 $H(\omega)$ 波形。当 $\omega=0$ 时,$H(0)$ 等于图 7.12(a) 与图 7.12(b) 两波形乘积的积分,相当于对 $W_R(\omega)$ 在 $\pm\omega_c$ 之间一段波形的积分;当 $\omega_c \gg \frac{2\pi}{N}$ 时,近似等于 $\pm\pi$ 之间波形的积分,将 $H(0)$ 值归一化到 1;当 $\omega=\omega_c$ 时,情况如图 7.12(c) 所示,积分近似为 $W_R(\theta)$ 一半波形的积分,对 $H(0)$ 归一化后的值为 1/2;当 $\omega=\omega_c+2\pi/N$ 时,情况如图7.12(e) 所示。$W_R(\omega)$ 主瓣完全移到积分区间外边,因为最大的一个负峰完全在区间 $[-\omega_c,\omega_c]$ 内,因此 $H(\omega)$ 在该点形成最大的负峰。相应的,当 $\omega = \omega_c - 2\pi/N$ 时,情况如图 7.12(d) 所示,$W_R(\omega)$ 主瓣完全在区间 $\pm\omega_c$ 之间,而最大的一个负峰移到区间 $[-\omega_c,\omega_c]$ 之外,因此,$H(\omega)$ 在该点形成最大的正峰。图 7.12 说明,$H(\omega)$ 最大的正峰与最大的负峰对应的频率相距 $4\pi/N$。

通过以上分析可知,对 $h_d(n)$ 加矩形窗处理后,$H(\omega)$ 与原理想低通滤波器的 $H_d(\omega)$ 的差别有以下两点:

(1) 在理想特性不连续点 $\omega=\omega_c$ 附近形成过渡带。过渡带的宽度,与 $W_R(\omega)$ 的主瓣宽度

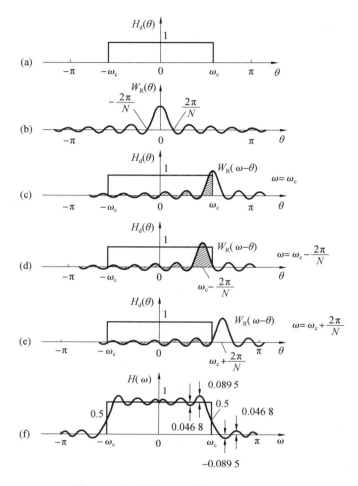

图 7.12　矩形窗对理想低通滤波器的影响

有关。

（2）通带内增加了波动，最大的峰值在 $\omega_c - 2\pi/N$ 处。阻带内产生了余振，最大的负峰在 $\omega_c + 2\pi/N$ 处。通带与阻带中的波动情况与窗函数的幅度函数有关。$N$ 越大，$W_R(\omega)$ 波动越快，通带、阻带内的波动也就越快。$H(\omega)$ 波动的大小取决于 $W_R(\omega)$ 旁瓣的大小。

以上两点就是对 $h_d(n)$ 用矩形窗截断后在频域的反映，称之为吉布斯效应（Gibbs effct/Phenomenon）。通常滤波器的设计都要求过渡带越窄越好，阻带衰减越大越好，所以设计滤波器的方法要使吉布斯效应的影响降低到最小。

从加矩形窗对理想滤波器的影响看出，如果增大窗的长度，可以减少窗的主瓣宽度，从而减少 $H(\omega)$ 过渡带的带宽。但是增加 $N$ 并不能减少波动。现分析如下：$H(\omega)$ 的波动由 $W_R(\omega)$ 旁瓣及余振引起，主要影响是第一旁瓣。在主瓣附近由于 $\omega$ 很小，故式（7.45）可写为

$$W_R(\omega) = \frac{\sin(\omega N/2)}{\sin(\omega/2)} \approx \frac{\sin(\omega N/2)}{\omega/2} = N\frac{\sin x}{x}, x = \frac{N\omega}{2}$$

该函数的性质是随 $x$ 加大（$N$ 增大），主瓣幅度加大，同时旁瓣也加大，保持主瓣和旁瓣幅度相对值不变，另一方面，波动的频率加快，当 $x \to +\infty (N \to +\infty)$ 时，$\sin x/x$ 趋近于 $\delta$ 函数，因此

当 $N$ 加大时,$H(\omega)$ 的波动幅度没有多大改善,带内最大肩峰比 $H(0)$ 高 8.95%,阻带最大负峰比零值超过 8.95%,使阻带最小衰减只有 21 dB。$N$ 加大带来的最大好处是过渡带变窄,因此加大 $N$ 并不是减少吉布斯效应的最有效方法。

以上分析说明,调整窗口长度 $N$ 可以有效地控制过渡带的带宽。减少带内波动以及加大阻带的衰减只能从窗函数的形状上找解决方法。如果能找到的窗函数可以使其频谱函数的主瓣包含更多的能量,相应旁瓣幅度就减少了;旁瓣的减少可使通带、阻带波动减少,从而加大阻带衰减,但这样总是以加宽过渡带为代价的。应根据实际要求,选择合适的窗函数以满足阻带衰减指标,然后选择 $N$ 满足过渡带宽指标。

**2. 其他常用的窗函数(只给出窗函数定义及其幅度函数)**

(1) 三角形窗(Bartlett Window)。

$$w_{\text{Br}}(n) = \begin{cases} \dfrac{2n}{N-1} & (0 \leqslant n \leqslant \dfrac{N-1}{2}) \\ 2 - \dfrac{2n}{N-1} & (\dfrac{N-1}{2} < n \leqslant N-1) \end{cases}$$

其频谱幅度函数为

$$W_{\text{Br}}(\omega) = \frac{2}{N} \left[ \frac{\sin(N\omega/4)}{\sin(\omega/2)} \right]^2$$

其主瓣宽度为 $8\pi/N$,第一旁瓣比主瓣低 25 dB。

(2) 汉宁(Hanning)窗。

汉宁窗又称升余弦窗,窗函数的表达式为

$$w_{\text{Hn}}(n) = \frac{1}{2} \left[ 1 - \cos\left( \frac{2\pi n}{N-1} \right) \right] R_N(n)$$

$N \gg 1$ 时频谱幅度函数为

$$W_{\text{Hn}}(\omega) \approx 0.5 W_{\text{R}}(\omega) + 0.25 \left[ W_{\text{R}}\left( \omega - \frac{2\pi}{N} \right) + W_{\text{R}}\left( \omega + \frac{2\pi}{N} \right) \right]$$

因此可以认为,汉宁窗的频谱幅度函数由三部分组成,它们相加的结果使旁瓣大大抵消,而使能量有效集中在主瓣内,代价是使主瓣的宽度加大一倍,为 $8\pi/N$。汉宁窗的第一旁瓣比主瓣低31 dB,这一点可使滤波器的设计具有良好的阻带衰减。用汉宁窗设计的低通滤波器的幅频特性,最大旁瓣的阻带增益比通带增益低 44 dB,而用矩形窗时仅为 21 dB。

(3) 海明(Hamming)窗。

海明窗又称改进的升余弦窗。把升余弦窗加以改进,可以得到旁瓣更小的效果,窗函数的表达式为

$$w_{\text{Hm}}(n) = \left[ 0.54 - 0.46\cos\left( \frac{2\pi n}{N-1} \right) \right] R_N(n)$$

其频谱幅度函数为

$$W_{\text{Hm}}(\omega) = 0.54 W_{\text{R}}(\omega) + 0.23 \left[ W_{\text{R}}\left( \omega - \frac{2\pi}{N-1} \right) + W_{\text{R}}\left( \omega + \frac{2\pi}{N-1} \right) \right] \approx$$

$$0.54W_{\mathrm{R}}(\omega) + 0.23\left[W_{\mathrm{R}}\left(\omega - \frac{2\pi}{N}\right) + W_{\mathrm{R}}\left(\omega + \frac{2\pi}{N}\right)\right]$$

结果可将 99.963% 的能量集中在主瓣内，第一旁瓣的峰值比主瓣低 41 dB，但主瓣宽度和汉宁窗相同，仍为 $8\pi/N$。

（4）布拉克曼（Blackman）窗。

布拉克曼窗又称二阶升余弦窗。为了进一步抑制旁瓣，可再加上余弦的二次谐波分量，变成布拉克曼窗。

$$w_{\mathrm{Bl}}(n) = \left[0.42 - 0.5\cos\left(\frac{2\pi n}{N-1}\right) + 0.08\cos\left(\frac{4\pi n}{N-1}\right)\right]R_{\mathrm{N}}(n)$$

其频谱幅度函数为

$$W_{\mathrm{BL}}(\omega) = 0.42W_{\mathrm{R}}(\omega) + 0.25\left[W_{\mathrm{R}}\left(\omega - \frac{2\pi}{N-1}\right) + W_{\mathrm{R}}\left(\omega + \frac{2\pi}{N-1}\right)\right] +$$

$$0.04\left[W_{\mathrm{R}}\left(\omega - \frac{4\pi}{N-1}\right) + W_{\mathrm{R}}\left(\omega + \frac{4\pi}{N-1}\right)\right]$$

图 7.13 为以上几种窗函数的波形，图 7.14 给出了当 $N=51$ 时几种窗函数的幅频特性。

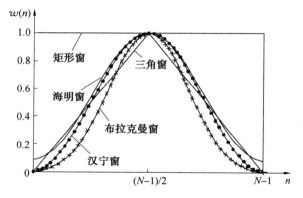

图 7.13　常见五种窗函数

（5）凯塞（Kaiser）窗。

这是一种适应性较强的窗，其窗函数的表示式为

$$w_{\mathrm{k}}(n) = \frac{I_0\left(\beta\sqrt{1 - [1 - 2n/(N-1)]^2}\right)}{I_0(\beta)} \quad (0 \leqslant n \leqslant N-1)$$

式中　　$I_0(\cdot)$——第一类变形零阶贝塞尔函数；

　　　　$\beta$——一个可自由选择的参数。

$$I_0(\beta) = \sum_{k=0}^{+\infty}\left[\frac{1}{k!}\left(\frac{\beta}{2}\right)^k\right]^2$$

表 7.2 为凯塞窗的性能，表 7.3 为 6 种窗函数基本参数的比较。

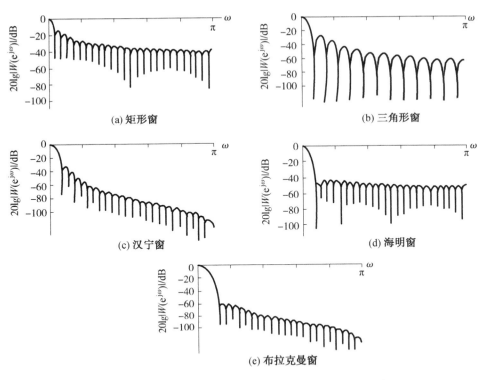

图 7.14　常见窗函数的幅频特性($N = 51, \omega_c = 0.5\pi$)

**表 7.2　凯塞窗的性能**

| $\beta$ | 过渡带 | 通带波纹 /dB | 阻带最小衰减 /dB |
|---|---|---|---|
| 2.120 | $3.00\pi/N$ | $\pm 0.27$ | 30 |
| 3.384 | $4.46\pi/N$ | $\pm 0.086\ 4$ | 40 |
| 4.538 | $5.86\pi/N$ | $\pm 0.027\ 4$ | 50 |
| 5.568 | $7.24\pi/N$ | $\pm 0.008\ 68$ | 60 |
| 6.764 | $8.64\pi/N$ | $\pm 0.002\ 75$ | 70 |
| 7.865 | $10.0\pi/N$ | $\pm 0.000\ 868$ | 80 |
| 8.960 | $11.4\pi/N$ | $\pm 0.000\ 275$ | 90 |
| 10.056 | $12.8\pi/N$ | $\pm 0.000\ 087$ | 100 |

**表 7.3　6 种窗函数基本参数的比较**

| 窗函数 | 旁瓣峰值幅度 /dB | 主瓣宽度 | 过渡带宽 $\Delta\omega$ | 阻带最小衰减 /dB |
|---|---|---|---|---|
| 矩形窗 | $-13$ | $4\pi/N$ | $1.8\pi/N$ | 21 |
| 三角形窗 | $-25$ | $8\pi/N$ | $6.1\pi/N$ | 25 |
| 汉宁窗 | $-31$ | $8\pi/N$ | $6.2\pi/N$ | 44 |
| 海明窗 | $-41$ | $8\pi/N$ | $6.6\pi/N$ | 53 |
| 布拉克曼窗 | $-57$ | $12\pi/N$ | $11\pi/N$ | 74 |
| 凯塞窗($\beta = 7.865$) | $-57$ | — | $10\pi/N$ | 80 |

### 7.3.2 窗函数法（窗口法）的设计步骤

窗函数法的设计步骤如下：

(1) 给定希望逼近的频率响应 $H_d(e^{j\omega})$，若所给指标为边界角频率和通带、阻带衰减，可选择理想滤波器作逼近函数。

$$H_d(e^{j\omega}) = H_d(\omega) \cdot e^{-j a\omega}$$

为保证线性相位，取 $a = (N-1)/2$。

(2) 求单位冲激响应 $h_d(n)$。

$$h_d(n) = \frac{1}{2\pi} \int_{-\pi}^{\pi} H_d(e^{j\omega}) e^{j\omega n} d\omega$$

(3) 根据阻带衰减指标，选择窗函数的形状（查表 7.3）。根据允许的过渡带宽 $\Delta\omega$，选定 $N$ 值（查表 7.3）。

(4) 将 $h_d(n)$ 与窗函数相乘得 FIR 数字滤波器的单位冲激响应 $h(n)$。

$$h(n) = h_d(n)w(n)$$

(5) 计算 FIR 数字滤波器的频率响应，并验证是否达到所要求的指标。

$$H(e^{j\omega}) = \sum_{n=0}^{N-1} h(n) e^{-j\omega n}$$

若不满足指标要求，重复(3)～(5)步骤，直到满足要求。

下面介绍在实际设计中常见的两个问题和解决方法。

第一个问题是很难准确控制滤波器的通带边缘。设计中只能通过多次设计来解决。理想低通滤波器的截止角频率为 $\omega_c$，由于窗函数主瓣的作用而产生过渡带，出现了通带截止角频率 $\omega_p$ 和阻带截止角频率 $\omega_s$。在 $\omega_p$ 和 $\omega_s$ 处的衰减是否满足通带和阻带的要求，也就是 $\omega_p$ 和 $\omega_s$ 是否就是所需要的通带和阻带的截止角频率，这是未知的。为了得到满意的结果，需要假设不同的 $\omega_c$ 进行多次设计。

第二个问题是若 $H_d(e^{j\omega})$ 不能用简单函数表示，则求出 $h_d(n)$ 有一定难度。解决方法是用求和来代替积分。

**【例 7.2】** 根据下列技术指标，设计一个具有严格线性相位的 FIR 低通滤波器。

通带截止角频率 $\omega_p = 0.2\pi$ 弧度，通带允许波动 $A_p = 0.25$ dB；

阻带截止角频率 $\omega_s = 0.3\pi$ 弧度，阻带衰减 $A_s = 50$ dB。

**解** 查表 7.3 可知，海明窗和布拉克曼窗均可提供大于 50 dB 的衰减，但海明窗具有较小的过渡带宽从而需要较小的长度 $N$。根据题意，所要设计的滤波器的过渡带为

$$\Delta\omega = \omega_s - \omega_p = 0.3\pi - 0.2\pi = 0.1\pi$$

由表 7.3 可知，利用海明窗设计的滤波器的过渡带宽 $\Delta\omega = \dfrac{6.6\pi}{N}$，所以低通滤波器单位冲激响应的长度为

$$N = \frac{6.6\pi}{\Delta\omega} = \frac{6.6\pi}{0.1\pi} = 66，可取 N = 67$$

注：若此题设计的是高通滤波器,则 $N$ 不能取偶数,即至少应取 67。

$$\omega_c = \frac{\omega_s + \omega_p}{2} = 0.25\pi$$

得到理想低通滤波器的单位冲激响应为

$$h_d(n) = \frac{\sin[\omega_c(n-a)]}{\pi(n-a)} \quad (a = \frac{N-1}{2})$$

海明窗为

$$w_{Hm}(n) = \left[0.54 - 0.46\cos\left(\frac{2\pi n}{N-1}\right)\right]R_N(n)$$

则所设计的滤波器的单位冲激响应为

$$h(n) = \frac{\sin[\omega_c(n-\alpha)]}{\pi(n-\alpha)}\left[0.54 - 0.46\cos(\frac{2\pi n}{N-1})\right]R_N(n)$$

$N=67$,所设计的滤波器的频率响应为

$$H(e^{j\omega}) = \sum_{n=0}^{N-1} h(n)e^{-j\omega n}$$

## 7.4　利用频率抽样法设计 FIR 数字滤波器

从窗函数的设计方法可以看出窗函数法具有设计简单、方便实用的特点。但是由于窗函数法是从时域出发的一种设计方法,它的设计思想是用理想滤波器的单位冲激响应作为滤波器系数。由于其不可实现性,所以通过加窗截断以改善特性,故实际滤波器产生了与理想滤波器特性的偏差,需要通过在时域改变截断方式和增加长度使实际滤波器特性逼近理想滤波器。当 $H(e^{j\omega})$ 比较复杂时,其单位冲激响应需要通过抽样求 IDFT 得到。下面介绍的频率抽样设计法是直接从频域入手来实现滤波器的设计。

待设计的滤波器的频率响应用 $H_d(e^{j\omega})$ 表示,对它在 $\omega = 0$ 到 $2\pi$ 之间等间隔抽样 $N$ 点,得到 $H_d(k)$

$$H_d(e^{j\omega})\big|_{\omega = 2\pi k/N} = H_d(k) \quad (k = 0,1,2,\cdots,N-1)$$

再对 $N$ 点 $H_d(k)$ 进行 IDFT,得到 $h(n)$

$$h(n) = \frac{1}{N}\sum_{k=0}^{N-1} H_d(k)e^{j\frac{2\pi}{N}kn} \quad (n = 0,1,2,\cdots,N-1)$$

式中,$h(n)$ 作为所设计的滤波器的单位冲激响应,其系统函数 $H(z)$ 为

$$H(z) = \sum_{n=0}^{N-1} h(n)z^{-n} \tag{7.46}$$

或利用内插公式写出

$$H(z) = \frac{1-z^{-N}}{N}\sum_{k=0}^{N-1} \frac{H_d(k)}{1-e^{j\frac{2\pi}{N}k}z^{-1}} \tag{7.47}$$

该式就是直接利用频率抽样值 $H_d(k)$ 形成滤波器的系统函数,式(7.46)和式(7.47)都属于频率抽样法设计的滤波器,它们分别对应着不同的网络结构。式(7.46)适合 FIR 直接型网

络结构,式(7.47)适合频率抽样结构。频率抽样法要解决两个问题:① 为了实现线性相位 FIR 滤波器,频率抽样序列 $H_d(k)$ 应满足什么条件;② 逼近误差问题及其改进措施。

**1. 用频率抽样法设计线性相位滤波器的条件**

现在只讨论第一类线性相位问题,第二类线性相位问题可按类似方法处理。FIR 滤波器具有线性相位的条件是 $h(n)$ 是实序列,且满足 $h(n)=h(N-n-1)$,参考表7.1可推导出其频率响应应满足的条件是

$$H_d(e^{j\omega}) = H_g(\omega)e^{j\theta(\omega)} \tag{7.48}$$

$$\theta(\omega) = -\omega\left(\frac{N-1}{2}\right) \tag{7.49}$$

$$H_g(\omega) = H_g(2\pi - \omega) \quad (N \text{ 为奇数}) \tag{7.50}$$

$$H_g(\omega) = -H_g(2\pi - \omega), \text{且 } H_g(\pi) = 0, N \text{ 为偶数} \tag{7.51}$$

对 $H_d(e^{j\omega})$ 进行 $N$ 点等间隔抽样得到 $H_d(k)$,则 $H_d(k)$ 也必须具有式(7.50)或式(7.51)的特性,才能使由 $H_d(k)$ 经过 IDFT 得到的 $h(n)$ 具有偶对称性,达到线性相位的要求。$\omega$ 在 $0 \sim 2\pi$ 之间等间隔抽样 $N$ 点,得

$$\omega_k = \frac{2\pi}{N}k \quad (k=0,1,\cdots,N-1)$$

将 $\omega = \omega_k$ 代入式(7.48)~(7.51)中,并写成 $k$ 的函数,即

$$H_d(k) = H_g(k)e^{j\theta(k)} \tag{7.52}$$

$$\theta(k) = -\frac{N-1}{2}\frac{2\pi}{N}k = -\frac{N-1}{N}\pi k \tag{7.53}$$

$$H_g(k) = H_g(N-k) \quad (N \text{ 为奇数}) \tag{7.54}$$

$$H_g(k) = -H_g(N-k), \text{且 } H_g\left(\frac{N}{2}\right) = 0, N \text{ 为偶数} \tag{7.55}$$

式(7.52)~(7.55)就是频率抽样值满足线性相位的条件。式(7.54)和式(7.55)说明 $N$ 等于奇数时 $H_g(k)$ 关于 $\frac{N}{2}$ 偶对称;$N$ 等于偶数时,$H_g(k)$ 关于 $N/2$ 奇对称,且 $H_g(N/2) = 0$。

设用理想低通作为希望设计的滤波器,截止角频率为 $\omega_c$,抽样点数为 $N$,$H_g(k)$ 和 $\theta(k)$ 用以下面公式计算。

$N$ 为奇数时

$$\begin{cases} H_g(k) = 1 & (k=0,1,2,\cdots,k_c) \\ H_g(N-k) = 1 & (k=1,2,\cdots,k_c) \\ H_g(k) = 0 & (k=k_c+1,k_c+2,\cdots,N-k_c-1) \\ \theta(k) = -\frac{N-1}{N}\pi k & (k=0,1,2,\cdots,N-1) \end{cases} \tag{7.56}$$

$N$ 为偶数时

$$
\begin{cases}
H_g(k)=1 & (k=0,1,2,\cdots,k_c) \\
H_g(k)=0 & (k=k_c+1,k_c+2,\cdots,N-k_c-1) \\
H_g(N-k)=-1 & (k=1,2,\cdots,k_c) \\
\theta(k)=-\dfrac{N-1}{N}\pi k & (k=0,1,2,\cdots,N-1)
\end{cases}
\tag{7.57}
$$

以上公式中的 $k_c$ 是小于或等于 $\omega_c N/(2\pi)$ 的最大整数,即 $k_c=\left[\dfrac{\omega_c N}{2\pi}\right]$。另外,对于高通和带阻滤波器,这里的 $N$ 只能取奇数。

**2. 逼近误差及其改进措施**

如果待设计的滤波器为 $H_d(\mathrm{e}^{\mathrm{j}\omega})$,对应的单位冲激响应为 $h_d(n)$

$$
h_d(n)=\frac{1}{2\pi}\int_{-\pi}^{\pi}H_d(\mathrm{e}^{\mathrm{j}\omega})\mathrm{e}^{\mathrm{j}\omega n}\,\mathrm{d}\omega
$$

则由频域抽样定理可知,在频域($0\sim 2\pi$)之间等间隔抽样 $N$ 点,利用 IDFT 得到的 $h(n)$ 应是 $h_d(n)$ 以 $N$ 为周期进行周期性延拓再乘以 $R_N(n)$,即

$$
h(n)=\left[\sum_{r=-\infty}^{+\infty}h_d(n+rN)\right]R_N(n)
$$

如果 $H_d(\mathrm{e}^{\mathrm{j}\omega})$ 有间断点,那么相应的单位冲激响应 $h_d(n)$ 应是无限长的,由于时域混叠引起所设计的 $h(n)$ 和 $h_d(n)$ 有偏差。为此,希望在频域的抽样点数 $N$ 加大,$N$ 越大,设计出的滤波器越接近待设计的滤波器。

现在从频域上分析。由频域抽样定理可知,频率域等间隔抽样 $H_d(k)$,经过 IDFT 得到 $h(n)$,其 Z 变换和 $H(k)$ 的关系为

$$
H(z)=\frac{1-z^{-N}}{N}\sum_{k=0}^{N-1}\frac{H_d(k)}{1-\mathrm{e}^{\mathrm{j}\frac{2\pi}{N}k}z^{-1}}
$$

将 $z=\mathrm{e}^{\mathrm{j}\omega}$ 代入上式,得

$$
H(\mathrm{e}^{\mathrm{j}\omega})=\sum_{k=0}^{N-1}H_d(k)\varphi\left(\omega-\frac{2\pi}{N}k\right)
$$

式中

$$
\varphi(\omega)=\frac{1}{N}\frac{\sin(\omega N/2)}{\sin(\omega/2)}\mathrm{e}^{-\mathrm{j}\omega\frac{N-1}{2}}
$$

上式表明,在各频率抽样点 $\omega_k=2\pi k/N,k=0,1,2,\cdots,N-1$ 上,$\varphi(\omega-2\pi k/N)=1$,因此,在抽样点处 $H(\mathrm{e}^{\mathrm{j}\omega_k})(\omega_k=\dfrac{2\pi k}{N})$ 与 $H(k)$ 相等,逼近误差为 $0$。在抽样点之间,$H(\mathrm{e}^{\mathrm{j}\omega})$ 由有限项的 $H_d(k)\varphi(\omega-2\pi k/N)$ 之和形成。其误差和 $H_d(\mathrm{e}^{\mathrm{j}\omega})$ 特性的平滑程度有关,特性越平滑的区域,误差越小,特性曲线间断点处,误差最大。

希望的频率响应 $H_d(\mathrm{e}^{\mathrm{j}\omega})$ 变化越平缓,内插值越接近希望值,逼近误差越小;反之,如果采样点之间的希望频率特性 $H_d(\mathrm{e}^{\mathrm{j}\omega})$ 变化越迅速,则内插值与希望值的误差就越大。因此,在希望频率特性的不连续点附近会形成振荡特性。采样点数越多,即采样频率越高,误差越小。图

7.15 中实线为理想频率响应 $H_d(e^{j\omega})$，圆点表示其抽样值 $H_d(k)$，虚线表示 $H(k)$ 的连续内插，即 $H(e^{j\omega})$。图 7.15(b) 为理想的梯形频率响应，变化较缓慢，$H(e^{j\omega})$ 对 $H_D(e^{j\omega})$ 逼近较好。图 7.15(a) 为一理想矩形频率响应，在通带和阻带之间不连续，变化剧烈，$H(e^{j\omega})$ 对 $H_d(e^{j\omega})$ 逼近的较差，出现的肩峰和起伏比图 7.15(b) 大。

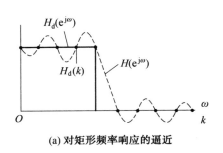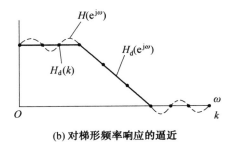

(a) 对矩形频率响应的逼近　　　　　　　(b) 对梯形频率响应的逼近

图 7.15　逼近误差

由图 7.15 看出，间断点附近形成的振荡特性会使阻带衰减减小，往往不能满足技术要求。当然，增加 $N$，可以减少逼近误差，但间断点附近误差仍然最大，且 $N$ 太大，会增加滤波器成本。

提高阻带衰减最有效的方法是在频率响应间断点附近区间内插一个或几个过渡抽样点，使不连续点变成缓慢过渡，如图 7.16 所示。这样，虽然加大了过渡带宽，但可以明显增大阻带衰减。

【例 7.3】　利用频率抽样法设计线性相位低通滤波器，要求截止角频率 $\omega_c = \pi/2$ rad，抽样点数 $N=33$，选用 $h(n)=h(N-1-n)$ 的情况。

**解**　　$$k_c = \left[\frac{\omega_c N}{2\pi}\right] = [8.25] = 8$$

用理想低通作为逼近滤波器，按照式(7.56)有

$$H_g(k)=1 \quad (k=0,1,2,\cdots,8)$$
$$H_g(33-k)=1 \quad (k=1,2,\cdots,8)$$
$$H_g(k)=0 \quad (k=9,10,11,\cdots,24)$$
$$\theta(k)=-\frac{32}{33}\pi k \quad (k=0,1,2,\cdots,32)$$

对理想低通滤波器幅频特性抽样情况如图 7.17 所示。将抽样得到的 $H_d(k)=H_g(k)e^{j\theta(k)}$ 进行 IDFT，得到

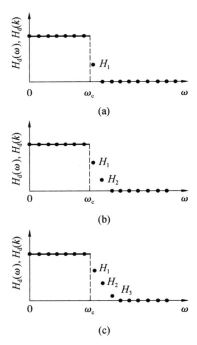

图 7.16　理想低通滤波器增加过渡点

$h(n)$，计算其频率响应，其幅频特性如图 7.18(a) 所示。该图表明，从 $16\pi/33$ 到 $18\pi/33$ 之间增加了一个过渡带，阻带最小衰减略小于 20 dB。为加大阻带衰减，增加一个过渡点 $H_1=0.5$，结果得到的滤波器幅频特性如图 7.18(b) 所示，过渡带加宽了一倍，但阻带最小衰减加大到约 30 dB。因此，这种用加宽过渡带换取阻带衰减的方法是

有效的。如果改变 $H_1 = 0.390\,4$，其幅频特性如图7.18(c) 所示，阻带最小衰减可达 40 dB。该例说明过渡点取值不同也会影响阻带衰减，可以借助于计算机进行过渡带优化，通过过渡点取值的改变使最小阻带衰减达到最大。

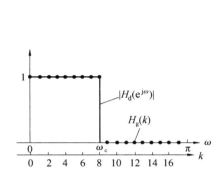

图 7.17　对理想低通滤波器进行抽样

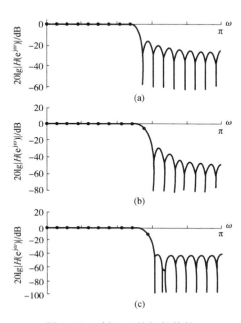

图 7.18　例 7.3 的幅频特性

### 3. 两种抽样形式

用频率抽样法设计 FIR 滤波器，是基于对系统函数 $H(z)$ 在整个单位圆上进行 $N$ 点等间隔抽样，从而得到频域样本 $H_d(k)$ 的思想。根据抽样点的分布，可把抽样形式分成 Ⅰ 型和 Ⅱ 型频域抽样两种类型。Ⅰ 型抽样是 $H_d(0)$ 取在 $z = 1$ 处的情况，其抽样点角频率为 $\omega_k = \dfrac{2\pi}{N}k$，其中 $k = 0,1,2,\cdots,N-1$，如图 7.19 所示。

Ⅱ 型抽样是 $H_d(0)$ 取在 $z = e^{j(2\pi/N)/2} = e^{j\pi/N}$ 的情况，其抽样点角频率为 $\omega_k = 2\pi(k + 1/2)/N$，它们抽样点的角频率间隔都为 $\dfrac{2\pi}{N}$。

Ⅱ 型频域抽样的重要性在于其增加了设计的灵活性。若要设计的滤波器的频带边界角频率距 Ⅱ 型频率抽样点可能比 Ⅰ 型频率抽样点近得多，此时便应用 Ⅱ 型抽样来进行设计；反之亦然。

自由变量的优化选择与是 Ⅰ 型还是 Ⅱ 型抽样几乎无关。

值得注意的是，采用 Ⅱ 型抽样时，对于线性相位情况，相应的相位特性要求以及内插公式都会有所变化，这里不再赘述。

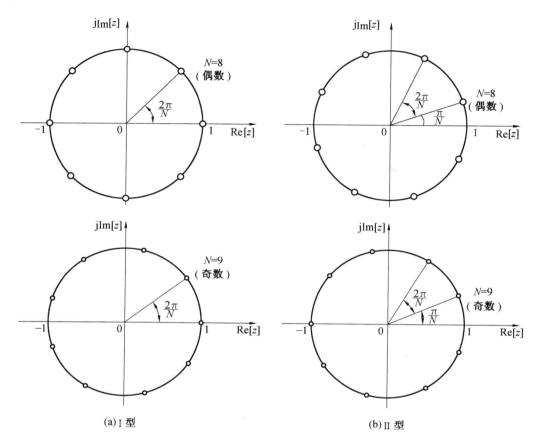

(a)Ⅰ型                                   (b)Ⅱ型

图 7.19　两种抽样

# 7.5　IIR 数字滤波器和 FIR 数字滤波器的比较

首先,从性能上说,IIR 滤波器可以用较少的阶数获得很高的选择特性,因此,所用存储单元少,运算次数少,较为经济而且效率高,但是这个高效率的代价是以相位的非线性换来的,选择性越好,非线性越严重。相反,FIR 滤波器可以得到严格的线性相位,但是,如果需要获得一定的选择性,则要用较多的存储器和较多的运算,成本比较高,信号延时也较大。然而,FIR 滤波器的这些缺点是相对于非线性相位的 IIR 滤波器比较而言的。如果按相同的选择性和相同的线性相位要求,那么,IIR 滤波器就必须加全通网络(All-Pass System)来进行相位校正,因此同样要大大增加滤波器的阶数和复杂性。所以如果相位要求严格,那么采用 FIR 滤波器不仅在性能上而且在经济上都将优于 IIR。

从结构上看,IIR 必须采用递归型结构,极点位置必须在单位圆内,否则系统将不稳定。此外,在这种结构中,由于运算过程中对序列的四舍五入处理,有时会引起微弱的寄生振荡。相反,FIR 滤波器主要采用非递归结构,不论在理论上还是在实际的有限精度运算中都不存在稳定性问题,运算误差也较小。此外,FIR 滤波器可以采用快速傅里叶变换算法,在相同阶数的条件下,运算速度可以快得多。

从设计工具看,IIR 滤波器可以借助模拟滤波器的成果,一般都有有效的封闭函数设计公式可供准确计算,同时又有许多数据和表格可查,设计计算的工作量比较小,对计算工具的要求不高。FIR 滤波器设计则一般没有封闭函数的设计公式。虽然窗函数法可以给出窗函数的计算公式,但计算通带衰减和阻带衰减等仍无显式表达式。一般来讲,FIR 滤波器设计只有计算程序可用,因此对计算工具要求较高。

此外,IIR 滤波器虽然设计简单,但主要是用于设计具有分段常数特性的滤波器,如标准低通、高通、带通及带阻等,往往脱离不了模拟滤波器的格局。而 FIR 滤波器则要灵活得多,尤其是频率抽样设计法更容易适应各种幅度特性和相位特性的要求,可以设计出理想的正交变换、理想微分等各种重要网络,因而有更大的适应性。

从以上的简单比较可以看出,IIR 滤波器与 FIR 滤波器各有所长,在实际应用时要从多方面考虑来加以选择。从使用要求来看,在对相位要求不敏感的场合,选用 IIR 较为合适。而对于图像处理、数据传输等以信号相位携带信息的系统,一般对线性相位要求较高,这时采用 FIR 滤波器较好。当然,在实际设计中,还应综合考虑经济上的要求以及计算工具的条件等多方面的因素。

# 7.6　相关 Python 函数与示例

**1. 生成一个矩形窗,并观察它的时域特性**

程序中使用的函数说明:boxcar,用于生成矩形窗序列。

语法介绍:

w ＝ boxcar(L)会得到一个长度为 L 的矩形窗序列 w。

**【例 7.4】**　L＝10;

　　　　w ＝ boxcar(L)

得到 w＝[1,1,1,1,1,1,1,1,1,1]

运行代码:

```
import scipy. signal as scis
import matplotlib. pyplot as plt
#创建一个矩形窗
w ＝scis. windows. boxcar(10)
#输出矩形窗序列
print(w)
#画图
plt. figure()
plt. plot(w)
```

```
plt. title("矩形窗", fontproperties="SimSun", fontsize = 12)
plt. tight_layout()
plt. show()
```

矩形窗程序运行结果如图 7.20 所示。

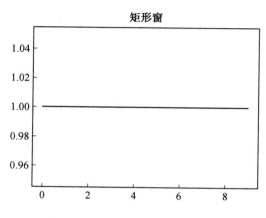

图 7.20　矩形窗程序运行结果

**2. 生成一个三角窗,并观察它的时域特性**

程序中使用的函数说明:triang,用于生成三角窗序列。

语法介绍:

w＝triang(L)会得到一个长度为 $L$ 的三角窗序列 $w$:

当 $L$ 为奇数时:

$$w(n)=\begin{cases}\dfrac{2n}{L+1} & (1\leqslant n\leqslant \dfrac{L+1}{2})\\[3mm]\dfrac{2(L-n+1)}{L+1} & (\dfrac{L+1}{2}<n\leqslant L)\end{cases}$$

当 $L$ 为偶数时:

$$w(n)=\begin{cases}\dfrac{2n}{L} & (1\leqslant n\leqslant \dfrac{L+1}{2})\\[3mm]\dfrac{2(L-n+1)}{L} & (\dfrac{L+1}{2}<n\leqslant L)\end{cases}$$

运行代码:

```
import scipy. signal as scis
import matplotlib. pyplot as plt
#创建一个三角窗
w ＝scis. windows. triang(100)
#输出三角窗序列
print(w)
#画图
```

```
plt. figure()
plt. plot(w)
plt. title("三角窗", fontproperties="SimSun", fontsize = 12)
plt. tight_layout()
plt. show()
```

三角窗程序运行结果如图 7.21 所示。

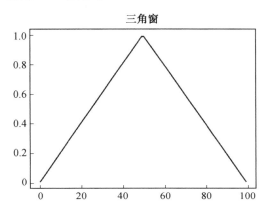

图 7.21　三角窗程序运行结果

**3. 生成一个汉宁窗,并观察它的时域特性**

程序中使用的函数说明:hann,用于生成汉宁窗序列。

语法介绍:

w =hann(L)会得到一个长度为 L 的汉宁窗序列 w:

$$w(n) = 0.5\left(1 - \cos\left(2\pi\frac{n}{N}\right)\right) \quad (0 \leqslant n \leqslant N)$$

其中,窗的长度 $L = N+1$。

【例 7.5】　生成一个长度为 64 的汉宁窗,同时观察它的时域和频域特性。

运行代码:

```
import scipy. signal as scis
import matplotlib. pyplot as plt
# 创建一个汉宁窗
w = scis. windows. hann(64)
# 输出汉宁窗序列
print(w)
# 画图
plt. figure()
plt. plot(w)
plt. title("汉宁窗", fontproperties="SimSun", fontsize = 12)
```

plt. tight_layout()

plt. show()

汉宁窗程序运行结果如图 7.22 所示。

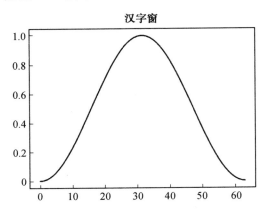

图 7.22　汉宁窗程序运行结果

**4. 利用海明窗设计高通、低通、带通和带阻 FIR 数字滤波器**

程序中使用的函数说明:firwin,用于生成 FIR 滤波器窗函数序列。

程序中使用的函数说明:freqz,用于对数字系统频率响应进行分析。

程序中使用的函数说明:plt,用于生成 FIR 滤波器窗函数序列。

运行代码:

```
import matplotlib. pyplot as plt
from scipy. signal import freqz
from scipy. signal import firwin
# 设计高通滤级器
N = 201    # 窗长 N
wc = 0.8   # 计算理想高通滤波器通带截止频率(关于 π 归一化)
hn = firwin(N, wc, window='hamming',
pass_zero="highpass")   # 修改窗的类型与滤波器类型
[BW, BH] = freqz(hn, 1)   # 绘制频率响应曲线
# 画图 1
plt. figure(1)
plt. plot(BW, abs(BH))
plt. xlabel(r" $ \omega $ (rad)")
plt. ylabel("频响", fontproperties= "SimSun", fontsize=12)
plt. title("海明窗设计高通 FIR 数字滤波器",
fontproperties= "SimSun", fontsize=12)
plt. tight_layout()
```

```python
# 设计低通滤波器
N = 201　# 窗长 N
wc = 0.2　# 计算理想低通滤波器通带截止频率（相对 π 归一化）
hn = firwin(N, wc, window='hamming',
pass_zero="lowpass")　# 修改窗的类型与滤波器的类型
[BW, BH] = freqz(hn, 1)　# 绘制频率响应曲线
# 画图 2
plt.figure(2)
plt.plot(BW, abs(BH))
plt.xlabel(r"$\omega$（rad）")
plt.ylabel("频响", fontproperties="SimSun", fontsize=12)
plt.title("海明窗设计低通 FIR 数字滤波器",
fontproperties="SimSun", fontsize=12)
plt.tight_layout()


# 设计带通滤波器
N = 201　# 窗长 N
wc = 0.2　# 截止频率 1
wc2 = 0.8　# 截止频率 2
hn = firwin(N, [wc, wc2], window='hamming',
pass_zero="bandpass")　# 修改窗的类型与滤波器的类型
[BW, BH] = freqz(hn, 1)　# 绘制频率响应曲线
# 画图 3
plt.figure(3)
plt.plot(BW, abs(BH))
plt.xlabel(r"$\omega$（rad）")
plt.ylabel("频响", fontproperties="SimSun", fontsize=12)
plt.title("海明窗设计带通 FIR 数字滤波器",
fontproperties="SimSun", fontsize=12)
plt.tight_layout()


# 设计带阻滤波器
N = 201　# 窗长 N
wc = 0.2　# 截止频率 1
wc2 = 0.8　# 截止频率 2
```

hn = firwin(N,[wc,wc2], window=′hamming′,

pass_zero="bandstop")　♯修改窗的类型与滤波器的类型

[BW，BH] = freqz(hn，1)　♯绘制频率响应曲线

♯画图4

plt. figure(4)

plt. plot(BW，abs(BH))

plt. xlabel(r" $ \omega $ (rad)")

plt. ylabel("频响",fontproperties="SimSun",fontsize=12)

plt. title("海明窗设计带阻 FIR 数字滤波器",

fontproperties="SimSun",fontsize=12)

plt. tight_layout()

plt. show()

运行结果如图 7.23～7.26 所示。

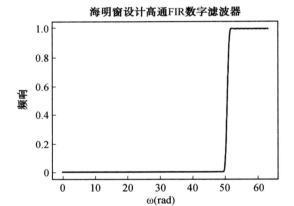

图 7.23　海明窗设计高通 FIR 数字滤波器的幅频特性图

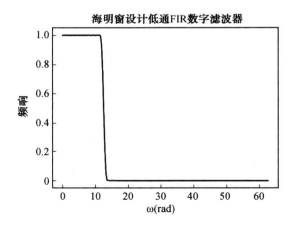

图 7.24　海明窗设计低通 FIR 数字滤波器的幅频特性图

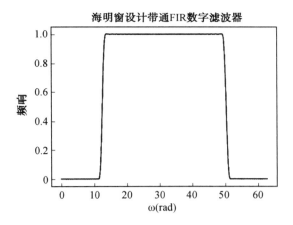

图 7.25　海明窗设计带通 FIR 数字滤波器的幅频特性图

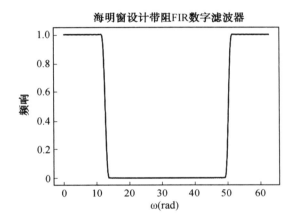

图 7.26　海明窗设计带阻 FIR 数字滤波器的幅频特性图

## 5. 利用汉宁窗设计 FIR 数字低通滤波器并对信号滤波

程序中使用的函数说明:fft,用于对数字信号进行快速傅里叶变换。

程序中使用的函数说明:lfilter,用于对数字信号进行滤波处理。

运行代码:

```
import numpy as np
import matplotlib. pyplot as plt
from scipy. signal import lfilter
from scipy. fftpack import fft
from scipy. signal import freqz
from scipy. signal import firwin
from math import pi
from math import ceil


Fs = 4000    #系统采样频率 4 000 Hz
```

```
t = np. arange(0，1，1 / Fs)
c50 = np. cos(2 * pi * 50 * t)    #产生50 Hz余弦波
c1000 = np. cos(2 * pi * 1000 * t)    #产生1 000 Hz余弦波
s = c50 + c1000    #信号叠加


#FFT分析信号频谱
lens = 1024
y = fft(s, lens)    #对原始输入信号做FFT变换
f = Fs * np. arange(0, lens) / lens
#画图1
plt. figure()
plt. subplot(2，1，1)
plt. plot(t * 1000, s)
plt. axis([0，250，-2，2])
plt. xlabel("t/ms")
plt. ylabel("幅度", fontproperties="SimSun", fontsize=12)
plt. title("原始信号50Hz和1000Hz的余弦波混合",
fontproperties=SimSun", fontsize=12)
plt. subplot(2，1，2)
plt. plot(f, abs(y))
plt. title("原始信号频谱", fontproperties="SimSun", fontsize=12)
plt. xlabel("频率/Hz", fontproperties="SimSun", fontsize=12)
plt. ylabel("幅值", fontproperties="SimSun", fontsize=12)
plt. tight_layout()


#确定相应的FIR数字滤波器指标
wp = 2 * pi * 50 / Fs    #确定数字通带截止角频率,fp=50 Hz为模拟域通带截止频率
ws = 2 * pi * 100/Fs    #确定数字阻带截止角频率,fs=100 Hz为模拟域阻带截止频率
Bt = ws - wp    #过渡带带宽
N0 = ceil(6. 2 * pi /Bt)    #汉宁窗窗长
N = N0 + (N0 + 1) % 2    #窗长N设置为奇数,获得整数延迟
wc = (wp + ws)/2    #计算理想高通滤波器通带截止频率(关于pi归一化)


#FIR数字低通滤波器(汉宁窗)
hn = firwin(N, wc, window='hanning',
pass_zero="lowpass")    #修改窗的类型与滤波器类型
```

```
[BW，BH] =freqz(hn，1)　♯获得频率响应曲线
♯画图 2
plt. figure()
plt. plot(BW，abs(BH))
plt. xlabel(r" $ \omega $ (rad)")
plt. ylabel("频响",fontproperties="SimSun",fontsize=12)
plt. title("汉宁窗设计低通 FIR 数字滤波器",
fontproperties="SimSun",fontsize=12)
plt. tight_layout()
Bf =lfilter(hn，1，s)　♯对信号进行滤波
By =fft(Bf，lens)　♯对滤波输出信号做 FFT 变换
♯画图 3
plt. figure()
plt. subplot(3，1，1)
plt. plot(t ＊ Fs，s，'blue')
plt. title("原余弦信号",fontproperties="SimSun",fontsize=12)
plt. axis([0,250,−2,2])
plt. xlabel("t/ms",fontsize=12)
plt. ylabel("幅度",fontproperties="SimSun",fontsize=12)
plt. subplot(3，1，2)
plt. plot(t ＊ Fs，Bf，'red')
plt. title("低通滤波后",fontproperties="SimSun",fontsize=12)
plt. axis([0,250,−2,2])
plt. xlabel("t/ms",fontsize=12)
plt. ylabel("幅度",fontproperties="SimSun",fontsize=12)
plt. subplot(3，1，3)
plt. plot(f，abs(By))
plt. title("低通 FIR 滤波后频谱",fontproperties="SimSun",fontsize=12)
plt. xlabel("频率/Hz",fontproperties="SimSun",fontsize=12)
plt. ylabel("幅度",fontproperties="SimSun",fontsize=12)
plt. tight_layout()
plt. show()
```

运行结果如图 7.27~7.29 所示。

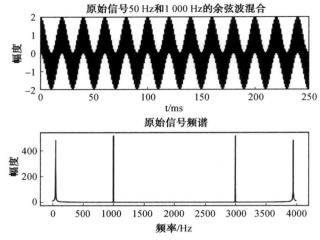

图 7.27　原信号及其频谱

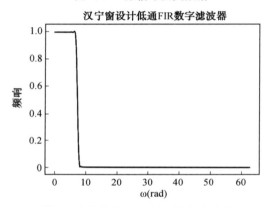

图 7.28　利用汉宁窗设计 FIR 低通数字滤波器的幅频响应

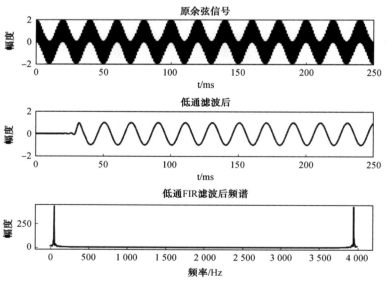

图 7.29　低通滤波后信号及频谱

**6. FIR 滤波器直接结构转换为级联结构程序**

程序中使用的函数说明:tf2sos,用于将数字滤波器从直接结构转换为级联结构。

例如,对于系统传递函数:

$$H(z) = \frac{B(z)}{A(z)} = \frac{b_1 + b_2 z^{-1} + \cdots + b_{n+1} z^{-n}}{a_1 + a_2 z^{-1} + \cdots + a_{m+1} z^{-m}}$$

式中　$a$ 和 $b$——其系数序列 $[a_1, a_2, \cdots, a_{m+1}]$,$[b_1, b_2, \cdots, b_{n+1}]$。

函数 $[\text{sos}, \text{g}] = \text{tf2sos}(\text{b}, \text{a})$ 能得到一个 $L * 6$ 的矩阵 $\boldsymbol{sos}$:

$$\boldsymbol{sos} = \begin{bmatrix} b_{01} & b_{11} & b_{21} & a_{01} & a_{11} & a_{21} \\ b_{02} & b_{12} & b_{22} & a_{02} & a_{12} & a_{22} \\ \vdots & \vdots & \vdots & \vdots & \vdots \\ b_{0L} & b_{1L} & b_{2L} & a_{0L} & a_{1L} & a_{2L} \end{bmatrix}$$

该矩阵包含了级联型 FIR 滤波器结构中一系列二次传递函数的分子系数 $b_{ik}$ 和分母系数 $a_{ik}$:

$$H(z) = g \prod_{k=1}^{L} H_k(z) = g \prod_{k=1}^{L} \frac{b_{0k} + b_{1k} z^{-1} + b_{2k} z^{-2}}{1 + a_{1k} z^{-1} + a_{2k} z^{-2}}$$

运行代码:

```
from scipy. signal import tf2sos
import numpy as np
#示例
a = np. array([1,2,3,4,5,6])   #分母系数
b = np. array([3,4,5])   #分子系数
#程序中使用的的函数 tf2sos
sos= tf2sos(b,a)
#输出
print(sos)
```

运行结果及分析:

```
[[ 3.  0.  0.  1.  1.49179799  0.]
 [ 1.  0.  0.  1.  1.61157294  2.14478777]
 [ 1.  1.33333333  1.66666667  1.  -1.10337093  1.87524022]]
```

# 习　　题

1.设系统的系统函数为

$$H(z) = (1 - 3z^{-1})(1 - 6z^{-1} + 2z^{-2})$$

试分别画出它的直接型结构和级联型结构。

2.已知 FIR 滤波器的单位冲激响应为

(1) $N = 6$ 时,$h(0) = h(5) = 1.5$,$h(1) = h(4) = 2$,$h(2) = h(3) = 3$;

(2) $N = 7$ 时,$h(0) = -h(6) = 3$,$h(1) = -h(5) = -2$,$h(2) = -h(4) = 1$,$h(3) = 0$。

分别说明它们的幅度函数、相位函数各有什么特点。

3. 设 FIR 滤波器的系统函数为

$$H(z) = \frac{1}{7}(1 + 0.9z^{-1} + 2.1z^{-2} + 0.9z^{-3} + z^{-4})$$

求出其幅度函数和相位函数,并画出其直接型结构图。

4. 设计一低通线性相位 FIR 数字滤波器,滤波器的截止角频率为 $0.5\pi$,$N = 21$,若要求滤波器的阻带衰减分别为 $-20\ \text{dB}$ 和 $-40\ \text{dB}$,现按窗函数法设计该滤波器,试分别确定:

(1) 窗函数类型并说明理由;

(2) 在(1)确定的窗函数下设计的滤波器的过渡带宽。

5. 用海明窗设计一线性相位 FIR 带通滤波器,$N = 51$,理想滤波器的幅频特性为

$$|H_\text{d}(\text{e}^{\text{j}\omega})| = \begin{cases} 1 & (0.3\pi \leqslant \omega \leqslant 0.7\pi) \\ 0 & (0 \leqslant \omega < 0.3\pi, 0.7\pi < \omega \leqslant \pi) \end{cases}$$

写出该系统的系数 $h(n)$ 的表达式。

6. 试分别用 Ⅰ 型抽样和 Ⅱ 型抽样设计一线性相位低通 FIR 滤波器,要求 $\omega_\text{c} = 0.5\pi$,$N = 51$。

7. 设计一 FIR 线性相位滤波器,该滤波器的理想频率特性为

$$|H_\text{d}(\text{e}^{\text{j}\omega})| = \begin{cases} 1 & (|\omega| \leqslant \pi/6) \\ 0 & (\pi/6 < |\omega| \leqslant \pi) \end{cases}$$

(1) 加矩形窗,$N = 25$,求 $h(n)$。

(2) 加海明窗,$N = 25$,求 $h(n)$。

8. 设计一带阻滤波器,该滤波器的理想频率特性为

$$|H_\text{d}(\text{e}^{\text{j}\omega})| = \begin{cases} 1 & (|\omega| \leqslant \pi/6, \pi/3 \leqslant |\omega| \leqslant \pi) \\ 0 & (\pi/6 < |\omega| < \pi/3) \end{cases}$$

(1) 加矩形窗,$N = 25$,求 $h(n)$。

(2) 加汉宁窗,$N = 25$,求 $h(n)$。

# 第 8 章

# 有限字长效应

数字信号处理的实质是一组数值运算,这些运算可以通过专用的数字硬件来实现,也可从通用数字信号处理器上用软件来实现。从经济的角度看,实现不同于设计,设计一个数字信号处理器(如数字滤波器),可以使用精度很高的计算机,其参数精度可以设计得很高;但实现时,尤其是硬件实现时,总是用有限精度(有限字长)的数字信号处理器。在这种情况下,信号序列以及数字系统的各个数值和各个系数都要以二进制的形式存储在有限字长的存储器中,往往难以保证设计的精度而产生误差,甚至导致错误的结果。另外,在运算过程中,有限字长也会使运算结果产生误差。例如,两个相同位数的数作乘法运算,位数会增加一倍,而实现时要舍取成规定的字长,这也会产生误差,严重时可能导致处理器无法使用。因此,有必要对有限字长效应(Finte Word—Length Effect)进行讨论。

本章将从如下几方面讨论有限字长的影响:

(1) 模 / 数(A/D)转换引起的误差。由于在模数转换时,只能把信号抽样成离散值,离散值的最小间隔称为量化单位,它与字长相对应,因而会引起误差。

(2) 系数量化(Quantization)引起的误差。由于设计的结果不能用足够的字长实现,因而也会引起误差。

(3) 运算过程舍入引起的误差。

上述误差是由于寄存器或存储单元的位数有限。误差特性还与处理器的类型(如定点(Fix Point)制、浮点(Floating Point)制)、码制(原码、补码、反码)等有关。此外,误差特性还与处理器的结构和类型有关,因此,误差分析是非常复杂的,本书只对部分内容展开讨论。

## 8.1　数的表示方法对误差的影响

数的量化所引起的误差与处理器的类型(定点制、浮点制)、码制有关,也与数的量化字长处理是舍入(Round)还是截尾(Truncation)有关。

### 8.1.1　定点制

在定点制中,小数点的位置是固定不变的,定点制的加法运算简单,只要小数点对位相加即可。

定点制中,运算结果不能大于等于 1,否则认为是溢出,故

$$-1 < x < 1$$

即整数部分为零,对应定点表示的整数位失去原有的意义,因而把它作为符号位。要防止溢出,可采用预先缩小而后放大的方法。定点制乘法运算不会产生溢出。

**1. 舍入处理**

舍入是指数据存储时,由于受限于寄存器位数 $b$,如 $b+1$ 位为"1"时在 $b$ 位加"1",为"0"时去掉。对一数值 $x$,采用 $b$ 位寄存器,则存储的是量化后的数值 $Q(x)$,其误差范围为

$$-q/2 < E_R = Q(x) - x \leqslant q/2 \quad (q = 2^{-b}) \tag{8.1}$$

**2. 截尾处理**

截尾是指把 $b$ 位以后的位数都去掉。截尾处理引起的误差与数 $x$ 的码制和正负有关。

(1)当 $x \geqslant 0$ 时,各种码制的首位均为"0",截尾误差为

$$-q < E_T = Q(x) - x \leqslant 0 \quad (q = 2^{-b}) \tag{8.2}$$

(2)当 $x < 0$ 时,由于首位不等于0,则不同码制的 $x$ 的表达式不同,产生的误差也不同。

① 原码　　　　　　　$0 \leqslant E_T = Q(x) - x < q \quad (q = 2^{-b}) \tag{8.3}$

② 补码　　　　　　$-q < E_T = Q(x) - x \leqslant 0 \quad (q = 2^{-b}) \tag{8.4}$

③ 反码　　　　　　　$0 \leqslant E_T = Q(x) - x < q \quad (q = 2^{-b}) \tag{8.5}$

## 8.1.2　浮点制

浮点数用 $x = 2^c M$ 表示,其中 $c$ 为阶码,$M$ 为尾数。舍入或截尾只对尾数进行,$c$ 不会产生误差,只有 $M$ 产生误差,$M$ 的误差引起 $x$ 的误差。由于 $x$ 本身是浮动的,所以应该用相对误差表示

$$\varepsilon = \frac{Q(x) - x}{x} \tag{8.6}$$

**1. 舍入**

误差与码制无关。

(1)当 $x \geqslant 0$ 时

$$-q < \varepsilon_R \leqslant q \tag{8.7}$$

(2)当 $x < 0$ 时

$$-q \leqslant \varepsilon_R < q \tag{8.8}$$

**2. 截尾**

误差与码制有关。

(1)当 $x \geqslant 0$ 时,对于三种码制,误差范围相同

$$-2q < \varepsilon_T \leqslant 0 \tag{8.9}$$

(2)当 $x < 0$ 时,误差与码制有关。

① 对于原码和反码

$$-2q < \varepsilon_T \leqslant 0 \tag{8.10}$$

② 对于补码

$$0 \leqslant \varepsilon_T < 2q \tag{8.11}$$

# 8.2　A/D 转换中的量化效应

模拟信号在 A/D 转换过程中除了按时间抽样外,还要进行幅度量化以适应寄存器的位数,这就引起了量化误差。

为了避免其他因素影响对量化误差的分析,在下面的分析中规定信号是限带的和规格化的。前者是为了避免混叠引起的误差,后者是为了避免限幅引起的误差。

## 8.2.1　A/D 变换器位数的静态估计

设模拟信号抽样后为 $x(n) = x_a(nT_s)$,规格化是把 $x(n)$ 的上限限制在 $(1-2^{-b})$,下限则限制在 $-1$(对于补码截尾)或 $-(1-2^{-b})$(对于原码和反码截尾及各种码制的舍入)。

(1) 截尾处理时

$$-(1+q) < x(n) < 1 \quad \text{(补码)} \tag{8.12a}$$

$$-1 < x(n) < 1 \quad \text{(原码和反码)} \tag{8.12b}$$

(2) 舍入处理时

$$-(1+q/2) < x(n) < 1-q/2 \quad \text{(补码)} \tag{8.13a}$$

$$-(1-q/2) < x(n) < 1-q/2 \quad \text{(原码和反码)} \tag{8.13b}$$

若 A/D 变换后的信号要通过滤波器,则应根据滤波器的带内波动和阻带衰减来选取 A/D 变换器的位数 $(b+1)$,以使量化误差限制在带内波动和阻带衰减内。

设阻带衰减为 $A$ dB,则其应满足

$$-20\lg(1/q) > A \text{ dB}$$

将 $q = 2^{-b}$ 带入,则得

$$b \geqslant \frac{1}{6.02} A \text{ dB} \tag{8.14}$$

这种估计 A/D 变换器位数的方法称为静态估计。

## 8.2.2　A/D 变换器的统计模型

为了搞清楚 A/D 变换误差对整个数字系统的影响,需要用统计模型(Statistical Model)的方法进行分析。

A/D 变换器的功能原理图如图 8.1(a) 所示,图中 $\hat{x}(n)$ 是量化编码后的输出,如果未量化的二进制编码用 $x(n)$ 表示,那么量化误差为 $e(n) = \hat{x}(n) - x(n)$,因此 A/D 变换器的输出 $\hat{x}(n)$ 为

$$\hat{x}(n) = x(n) + e(n) \tag{8.15}$$

那么考虑 A/D 变换的量化效应,其统计模型如图 8.1(b) 所示。

量化误差 $e(n)$ 可看成是一个平稳随机过程的抽样,为了简化分析假设其满足:

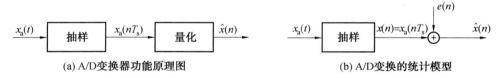

(a) A/D变换器功能原理图        (b) A/D变换的统计模型

图 8.1 A/D 变换过程

（1）假设 1，误差 $e(n)$ 可看成是一个平稳随机过程的抽样；

（2）假设 2，误差 $e(n)$ 可与信号 $x(n)$ 互不相关；

（3）假设 3，误差过程的各个随机变量互不相关，即为白噪声；

（4）假设 4，误差 $e(n)$ 的概率分布在量化误差范围内呈均匀分布。

一般来说，上述假设对复杂信号是合适的，但对某些简单信号，如单位阶跃信号，就不合适了。此外，某些码制可能也不适合上述假设，如截尾的原码和反码产生的误差总是与信号的符号相反，表现出某种相关性。

### 8.2.3　量化误差的统计特性

可以用均值、方差来描述量化误差的统计特性。

**1. 舍入**

用 $e(n)$ 表示误差，由式（8.1）及假设 4，其概率密度为 $p(e)=1/q$，于是可求得误差的均值和方差。

均值
$$m_e = E[e(n)] = \int_{-q/2}^{q/2} e(n)\,\frac{1}{q}\,\mathrm{d}e(n) = 0$$

方差
$$\sigma_e^2 = E[e^2(n)] = \int_{-q/2}^{q/2} e^2(n)\,\frac{1}{q}\,\mathrm{d}e(n) = \frac{q}{12}$$

**2. 截尾**

（1）对于 $x \geqslant 0$ 的三种码制以及 $x < 0$ 下的补码，有

$$m_e = -q/2,\ \sigma_e^2 = \frac{q}{12}$$

$x < 0$ 下的补码，有

$$m_e = q/2,\ \sigma_e^2 = \frac{q}{12}$$

可见，各种情况下的方差均为 $\sigma_e^2 = \frac{q}{12}$，不同的只是均值。

### 8.2.4　A/D 变换误差的动态估计

假设 A/D 变换器输入信号 $x_a(t)$ 不含噪声，输出 $\hat{x}(n)$ 中仅考虑量化噪声 $e(n)$，信号 $x_a(t)$ 平均功率用 $\sigma_x^2$ 表示，$e(n)$ 的平均功率用 $\sigma_e^2$ 表示，输出信噪比用 $S/N$ 表示为

$$SNR = \frac{\sigma_x^2}{\sigma_e^2} = \frac{\sigma_x^2}{q^2/12} = 12 \cdot 2^b \cdot \sigma_x^2$$

或者用 dB 表示为

$$SNR = 10.79 + 6.02b + 10\lg(\sigma_x^2)$$

由此可以看出，A/D 每增加一位，信噪比（Signal to Noise Ratio，SNR）增加（改善）6 dB。

为了不产生限幅，需要对 $x(n)$ 衰减，使 $Ax(n) \leqslant 1$，其中 $0 < A < 1$。因此，实际输入信号方差为 $A^2 \sigma_x^2$，信噪比为

$$SNR = 10.79 + 6.02b + 20\lg(A\sigma_x)$$

实际信号大多比较复杂，在均值附近出现的概率较大。信号偏离均值越大，其出现的概率越小。若信号幅度的概率分布为正态分布，信号幅度在 $\pm 3\sigma_x$ 内的概率达 99% 以上，因此可以选择 $A$ 值使 $3A\sigma_x \leqslant 1$，此时

$$SNR = 10.79 + 6.02b + 20\lg(1/3) = 6.02b + 1.29 \tag{8.16}$$

这与式（8.14）的静态估计相当。

## 8.2.5  A/D 量化误差经过系统后的误差

为便于讨论，这里设系统是无限精度的线性移不变系统，系统冲激响应为 $h(n)$，则量化后的信号 $\hat{x}(n)$ 通过系统后的输出为

$$\hat{y}(n) = \hat{x}(n) * h(n) =$$
$$x(n) * h(n) + e(n) * h(n) =$$
$$y(n) + f(n)$$

式中　　$y(n)$——理想输出；

　　　　$f(n)$——误差输出，即信号经 A/D 后的量化误差引起的输出误差。

其均值为

$$m_f = E[f(n)] = E[e(n) * h(n)] = m_e H(\mathrm{e}^{\mathrm{j}0}) \tag{8.17}$$

这里，$H(\mathrm{e}^{\mathrm{j}\omega}) = \sum\limits_{n=0}^{+\infty} h(n)\mathrm{e}^{-\mathrm{j}\omega n}$。

方差为

$$\sigma_f^2 = E[(f(n) - m_f)^2] = \sum_{m=0}^{+\infty} \sum_{l=0}^{+\infty} h(m)h(l)E[e(n-m)e(n-l)] - m_f^2$$

由假设 3 可得

$$E[e(n-m)e(n-l)] = \begin{cases} \sigma_e^2 & (m = l) \\ 0 & (m \neq l) \end{cases}$$

于是

$$\sigma_f^2 = \sigma_e^2 \sum_{m=0}^{+\infty} h^2(m) - m_f^2 \tag{8.18}$$

对于舍入，有

$$m_f = m_e H(\mathrm{e}^{\mathrm{j}0}) = 0$$

$$\sigma_f^2 = \sigma_e^2 \sum_{m=0}^{+\infty} h^2(m) \tag{8.19}$$

或由 Parseval 定理得

$$\sigma_f^2 = \sigma_e^2 \sum_{m=0}^{+\infty} h^2(m) = \frac{\sigma_e^2}{2\pi} \int_{-\pi}^{\pi} \left| H(e^{j\omega}) \right|^2 d\omega \tag{8.20}$$

如果系统为有限精度的系统,则输出端除了有 A/D 量化误差外,还有系统本身产生的误差。

# 8.3　定点实现 IIR 数字滤波器的零输入极限环特性

由于数字滤波器的实现是一些常数(滤波器系数)和信号数值的相乘和相加,因此,要考虑运算结果受字长限制而引起的误差。

在定点实现时,乘法运算后需做舍入或截尾处理,会产生误差,加法运算要考虑溢出,其动态范围要受到限制,使误差增大。

在浮点实现时,虽然数的表示动态范围比定点制大,但做乘法和加法运算都要做舍入或截尾处理,因而产生误差,动态范围也受限。

舍入和截尾处理是非线性过程,为了在保证精度的同时降低对硬件的要求,要了解此过程。但该过程很复杂,本节仅对简单的一、二阶结构及零输入的情况进行讨论。

零输入指的是在 $n > n_0$ 时输入信号 $x(n) = 0$。我们知道,系统稳定的充分必要条件是:若系统输入为零,则经过一定时间后系统的输出趋于零。但这一结论只是针对无限精度的数字系统而言的。对于有限精度、有限字长的数字系统,在 $n > n_0$ 以后,零输入的输出幅值可能只衰减到某一非零值范围之内,呈震荡特性,通常称之为零输入极限环(Limit Cycle)特性。

## 8.3.1　极限环特性、死区

本节以一阶系统为例讨论零输入极限环特性。

设一阶系统的差分方程为

$$y(n) = ay(n-1) + x(n)$$

由于系统是有限字长系统,乘法运算 $ay(n-1)$ 要进行舍入或截尾处理,即量化,则一阶系统的输出为

$$w(n) = Q[ay(n-1)] + x(n) \tag{8.21}$$

式中,$Q[\cdot]$ 表示量化。

下面以寄存器位数为 4 位($b=3$),$a = 0.5 = 0.100$(二进制)为例分析一阶系统的零输入极限环特性。设系统输入为 $x(n) = \frac{7}{8}\delta(n)$,在 $n < 0$ 时系统输出为 $w(n) = 0$。根据式(8.21)可依次计算 $n \geqslant 0$ 时的输出:

$$w(0) = Q\left[\frac{1}{2}w(-1)\right] + x(0) = q(0.100 \cdot 0) + 0.111 = 0.111 \quad \left(\frac{7}{8}\right)$$

$$w(1) = Q\left[\frac{1}{2}w(0)\right] + x(1) = q(0.100 \cdot 0.111) + 0 = 0.100 \quad \left(\frac{1}{2}\right)$$

$$w(2) = Q\left[\frac{1}{2}w(1)\right] + x(2) = q(0.100 \cdot 0.100) + 0 = 0.010 \quad \left(\frac{1}{4}\right)$$

$$w(2) = Q\left[\frac{1}{2}w(2)\right] + x(3) = q(0.100 \cdot 0.010) + 0 = 0.001 \quad \left(\frac{1}{8}\right)$$

$$w(3) = Q\left[\frac{1}{2}w(2)\right] + x(3) = q(0.100 \cdot 0.001) + 0 = 0.001 \quad \left(\frac{1}{8}\right)$$

$$\vdots$$

若取 $a = -0.5 = 1.100$(原码),则可得

$$w = \left[0, \cdots, 0, \frac{7}{8}, -\frac{1}{2}, \frac{1}{4}, -\frac{1}{8}, \frac{1}{8}, -\frac{1}{8}, \frac{1}{8}, -\frac{1}{8}, \cdots\right]$$

由此可见,系统的稳定输出并不为 0,而是呈周期震荡状态,称为极限环震荡。这相当于一个在 $z = 1$ 或 $z = -1$ 处有一极点的一阶系统:

$$y(n) = \pm y(n-1) + x(n)$$

或系统函数为

$$H(z) = \frac{1}{1 \pm z^{-1}}$$

这说明,在 $a = 0.5$ 时相当于只有极点 $z = 1$,对应周期为 1,数字角频率为 0,因此又称为零频率极限环振荡。在 $a = -0.5$ 时相当于只有极点 $z = -1$,对应周期为 2,数字角频率为 $\pi$。这周期性震荡的幅度范围称为死区,其值为

$$-\frac{1}{8} \leqslant w(n) \leqslant \frac{1}{8}$$

死区与 $b$ 有关,死区的一般形式为

$$-q \leqslant w(n) \leqslant q \quad (q = 2^{-b})$$

可以证明,若 $|a| < \frac{1}{2}$ 则不会产生极限环震荡。$|a|$ 越接近于 1,越易产生极限环震荡。

## 8.3.2　极限环存在的条件及死区大小

若不考虑极限环的震荡频率(Oscillation Frequency),则死区只与滤波器系数及量化单位 $q$ 有关。具体推导如下:

$N$ 阶 IIR 系统的量化差分方程为

$$w(n) = \sum_{k=1}^{N} Q[a_k w(n-k)] + x(n) \tag{8.22}$$

$n > 0, x(n) = 0$ 时

$$w(n) = \sum_{k=1}^{N} a_k w(n-k) + e(n)$$

式中　$e(n)$—— 总的量化误差。

设运算过程不产生溢出,并作舍入处理,则

$$|e(n)| \leqslant N\frac{q}{2}$$

设 $H(z) = \dfrac{1}{1 - \sum\limits_{k=1}^{N} a_k z^{-k}}$，其单位冲激响应为 $h(n)$，则

$$w(n) = \sum_{k=0}^{+\infty} h(k)e(n-k)$$

两边取绝对值则有

$$|w(n)| \leqslant \sum_{k=0}^{+\infty} |h(k)||e(n-k)| \leqslant \frac{Nq}{2} \sum_{k=0}^{+\infty} |h(k)| \tag{8.23}$$

对于一阶系统（$N=1$），可得极限环死区为

$$|w(n)| \leqslant \frac{q}{2} \sum_{k=0}^{+\infty} |h(k)| = \frac{q}{2} \sum_{k=0}^{+\infty} |a^k| = \frac{q}{2} \frac{1}{1-|a|} \tag{8.24}$$

对于二阶系统也可类似讨论，也可以得到类似于式（8.24）的紧缩形式。

$$|w(n)| \leqslant \begin{cases} \dfrac{q}{1-|a_1|-a_2} & (a_1^2 > -4a_2) \\[3mm] \dfrac{q}{(1-\sqrt{a_2})^2} & (a_1^2 = -4a_2) \\[3mm] \dfrac{q(1+\sqrt{-a_2})}{(1+a_2)\sqrt{1+a_1^2/4a_2}} & (a_1^2 < -4a_2) \end{cases} \tag{8.25}$$

由式（8.24）、（8.25）确定的死区与实验结果非常接近。对于高阶系统，原则上可采用式（8.23）讨论，但难以得到死区的紧缩形式。

对于截尾处理也可类似讨论。

如果高阶系统是用二阶（或一阶）系统并联实现，则零输入对每个二阶（一阶）系统都是适用的，可直接利用上述结果讨论。但若是级联实现，则只有第一级是零输入，呈现零输入极限环特性。其他各级不是零输入，总的特性难以分析，但是可粗略认为逐级扩展死区范围或认为是把前级极限环输出加以滤波。

### 8.3.3　溢出极限环震荡

溢出（Overflow）也可能产生误差并在输出的最大幅度内震荡，称为溢出极限环震荡。

溢出极限环震荡产生的原因是由于定点加法运算存在溢出。如果两个小于 1 的正数相加大于 1，则会把 1 加到符号位上，这就变成了负数。对于补码，越是从大于 1 的数值去接近 1，负数就越接近 $-1$，产生严重的非线性。下面，我们分析这种溢出的影响。

设 $f(\ )$ 表示两数相加后的补码。对于二阶系统，则有

$$y(n) = f[a_1 y(n-1) + a_2 y(n-2) + x(n)]$$

当 $x(n) = 0$ 及 $|a_1 y(n-1) + a_2 y(n-2)| < 1$ 时，有

$$y(n) - a_1 y(n-1) - a_2 y(n-2) = 0 \tag{8.26}$$

即不产生非线性失真，系数 $a_1, a_2$ 受到一定限制。这个限制首先是由系统的稳定性决定，即

$$| a_1/2 \pm \sqrt{a_1^2/4 + a_2} | < 1 \tag{8.27}$$

其次,为保证不溢出,要求

$$| y(n) | = | a_1 y(n-1) - a_2 y(n-2) | < 1$$

可得

$$| a_1 | + | a_2 | < 1 \tag{8.28}$$

式(8.28)是系统不产生溢出的极限环震荡的充分必要条件。

# 8.4 数字滤波器系数的量化效应

通常,设计滤波器的系数在理论上可认为是无限精度的,但实现时总是有限精度的。由系统函数可知,系数决定了滤波器的零、极点位置,而极点位置对系统的特性影响较大,甚至可能导致系统不稳定。零点位置虽然影响滤波器特性,但不影响系统稳定性。因此,本节主要讨论系数量化对极点位置的影响,讨论结果也适用于零点。

### 8.4.1 直接型结构系数量化对极点位置的影响

数字滤波器的系统函数的表达式为

$$H(z) = \frac{\sum_{k=0}^{M} b_k z^{-k}}{1 - \sum_{k=1}^{N} a_k z^{-k}} = \frac{B(z)}{A(z)}$$

式中,系数 $b_k$ 和 $a_k$ 必须用有限位二进制数进行量化,存在有限长的寄存器中,量化后的系数用 $\hat{b}_k$ 和 $\hat{a}_k$ 表示,量化误差用 $\Delta b_k$ 和 $\Delta a_k$ 表示,则

$$\hat{a}_k = a_k + \Delta a_k, \hat{b} = b_k + \Delta b_k$$

假设有 $N$ 个极点 $z_k(k=1,2,\cdots,N)$,则 $H(z)$ 的分母可写为

$$P(z) = \prod_{k=1}^{N} (1 - z_k z^{-1}) = 1 - \sum_{k=1}^{N} a_k z^{-k}$$

设系数 $a_k$ 量化为 $\hat{a}_k$ 引起极点 $z_i$ 变化 $\Delta z_i$,则

$$\Delta z_i = \sum_{k=1}^{N} \frac{\partial z_i}{\partial a_k} \Delta a_k$$

$\dfrac{\partial z_i}{\partial a_k}$ 称为系数对极点的灵敏度,可由 $P(z)$ 求得。

$$\frac{\partial z_i}{\partial a_k} = \left[ \frac{\partial P(z)}{\partial a_k} \middle/ \frac{\partial P(z)}{\partial z_i} \right]_{z=z_i} = z_i^{N-k} \middle/ \prod_{k=1,k\neq i}^{N} (z_i - z_k) \tag{8.29}$$

第 $i$ 个极点的偏移 $\Delta z_i$ 总的偏移量为

$$\Delta z_i = \sum_{k=1}^{N} \frac{z_i^{N-k}}{\prod\limits_{k=1,k\neq i}^{N} (z_i - z_k)} \Delta a_k \tag{8.30}$$

式(8.30)表明极点偏移(Pole Shift)的大小与以下因素有关:

（1）极点偏移与系数量化误差大小有关；

（2）极点偏移与系统极点的密集程度有关；

（3）极点的偏移与滤波器的阶数 $N$ 有关，阶数越高，系数量化效应的影响越大，因而极点偏移越大。

由式（8.29）可见，分母越大，灵敏度越低，对极点位置影响越小。对窄带滤波器，极点彼此靠近，分母小，因此对极点位置影响大。

### 8.4.2 级联型结构系数量化对极点位置的影响

克服窄带滤波器极点位置对系数量化灵敏度高的措施是将系统写成级联型或并联型。对于级联型结构

$$H(z) = \prod_{k=1}^{N} H_i(z)$$

不失一般性，$H_i(z)$ 可为二阶系统：

$$H_i(z) = \frac{B_i(z)}{A_i(z)} = \frac{B_i(z)}{1 - a_{1i}z^{-1} - a_{2i}z^{-2}} = \frac{B_i(z)}{(1 - z_i z^{-1})(1 - z_i^* z^{-1})}$$

于是，对于该二阶系统

$$\frac{\partial z_i}{\partial a_{1i}} = \left[ \frac{\partial A_i(z)}{\partial a_{1i}} \middle/ \frac{\partial A_i(z)}{\partial z_i} \right]_{z=z_i} = \frac{z_i}{z_i - z_i^*}$$

$$\frac{\partial z_i}{\partial a_{2i}} = \left[ \frac{\partial A_i(z)}{\partial a_{2i}} \middle/ \frac{\partial A_i(z)}{\partial z_i} \right]_{z=z_i} = \frac{1}{z_i - z_i^*}$$

由于 $z_i$、$z_i^*$ 不会接近，因此，对于每一级，系数量化对极点位置影响较小。对于并联结构也有同样的结果，在此不再讨论。

### 8.4.3 系数量化效应的统计分析

系数量化会引起滤波器频率特性的偏差，极点位置变化不能直接求得滤波器频率特性的偏差。由于滤波器系数多，量化误差具有随机性，因此，采用统计方法分析系数量化效应的影响。

系数量化后滤波器的系统函数可写为

$$\hat{H}(z) = \frac{\sum_{k=0}^{M} \hat{b}_k z^{-k}}{1 - \sum_{k=1}^{N} \hat{a}_k z^{-k}} = \frac{B(z) + \sum_{k=0}^{M} \Delta b_k z^{-k}}{A(z) - \sum_{k=1}^{N} \Delta a_k z^{-k}} = \frac{B(z) + \Delta B(z)}{A(z) + \Delta A(z)}$$

式中

$$\Delta B(z) = \sum_{k=0}^{M} \Delta b_k z^{-k}, \Delta A(z) = \sum_{k=1}^{N} \Delta a_k z^{-k}$$

经过进一步处理得

$$\hat{H}(z) = H(z) + E(z) \tag{8.31}$$

式中

$$E(z) = \frac{\Delta B(z) - A(z)H(z)}{A(z) - \Delta A(z)} \approx \frac{\Delta B(z) - A(z)H(z)}{A(z)}$$

式 (8.31) 表示一个量化后的实际系统可看成一个理想系统 $H(z)$ 与误差系统 $E(z)$ 的并联。

由式 (8.31) 可求得系统频率响应的偏差,偏差方差为

$$\varepsilon^2 = \frac{1}{2\pi} \int_{-\pi}^{\pi} |E(\mathrm{e}^{\mathrm{j}\omega})|^2 \, \mathrm{d}\omega = \frac{1}{2\pi\mathrm{j}} \oint_C E(z)E(z^{-1}) \frac{\mathrm{d}z}{z} \tag{8.32}$$

该方差的均值为

$$\sigma_E^2 = E[\varepsilon^2] = E\Big[\frac{1}{2\pi\mathrm{j}} \oint_C E(z)E(z^{-1}) \frac{\mathrm{d}z}{z}\Big] =$$

$$E\Big[\frac{1}{2\pi\mathrm{j}} \oint_C \frac{\sum\limits_{k=0}^{M} \Delta b_k z^{-k} - H(z) \sum\limits_{k=1}^{N} a_k z^{-k}}{A(z)} \frac{\sum\limits_{k=0}^{M} \Delta b_k z^{k} - H(z^{-1}) \sum\limits_{k=1}^{N} a_k z^{k}}{A(z^{-1})} \frac{\mathrm{d}z}{z}\Big]$$

由于 $\Delta b_k$ 和 $\Delta a_k$ 相互独立,因此,$E[\Delta b_j \Delta a_i] = 0$,$E[\Delta a_j \Delta a_i] = 0 (i \neq j)$,$E[\Delta b_j \Delta b_i] = 0$ $(i \neq j)$。

若 $b_k$ 和 $a_k$ 不为 0 的个数分别为 $\mu$、$\gamma$,则

$$\sum_{k=0}^{M} E(\Delta b_k^2) = \mu \frac{q^2}{12}, \quad \sum_{k=1}^{N} E(\Delta a_k^2) = \gamma \frac{q^2}{12}$$

则

$$\sigma_E^2 = \frac{q^2}{12} \left\{ \frac{\mu}{2\pi\mathrm{j}} \oint_C \frac{1}{A(z)A(z^{-1})} \frac{\mathrm{d}z}{z} + \frac{\gamma}{2\pi\mathrm{j}} \oint_C \frac{H(z)H(z^{-1})}{A(z)A(z^{-1})} \frac{\mathrm{d}z}{z} \right\} \tag{8.33}$$

值得注意的是,对于一个具体的滤波器,应用式 (8.32) 计算 $\varepsilon^2$ 而不是 $\sigma_E^2$,后者只是从概率的角度估计频率响应偏差的方差。

可以根据式 (8.33) 计算 $\sigma_E^2$,也可由 $\sigma_E^2$ 估计字长 $b$。

# 8.5　FFT 的有限字长效应

FFT 的实现方法有多种,由于结论类似,本节只介绍其中一种在舍入运算下的误差。

## 8.5.1　DFT 的量化效应

$N$ 点 DFT 公式为

$$X(k) = \sum_{n=0}^{N-1} x(n) W_N^{nk} \quad (0 \leqslant k \leqslant N-1)$$

量化后的表达式为

$$W(k) = Q\Big[\sum_{n=0}^{N-1} x(n) W_N^{nk}\Big] = X(k) + F(k) \tag{8.34}$$

式中

$$F(k) = \sum_{n=0}^{N} e(n, k) \tag{8.35}$$

由于 $W_N^{nk}$ 是复数,DFT 中的每个复数乘法有四次实数乘法,会产生四个量化噪声,若四个噪声互不相关且在 $(-q/2, q/2)$ 内均匀分布,则该误差的方差为

$$\sigma_B^2 = 4\frac{q^2}{12} = \frac{q^2}{3}$$

计算一个 $X(k)$ 的误差的方差则为

$$\sigma_F^2 = \sum_{n=0}^{N-1} \sigma_F^2 = \frac{Nq^2}{3} \tag{8.36}$$

定点运算 DFT 的动态范围(Dynamic Range)也要受限,有

$$|X(k)| = \left|\sum_{n=0}^{N-1} x(n)W_N^{nk}\right| \leqslant \sum_{n=0}^{N-1} |x(n)||W_N^{nk}| \leqslant \sum_{n=0}^{N-1} |x(n)|$$

设 $|x(n)|$ 的最大值为 $x_{\max}$,则 $|X(k)| \leqslant Nx_{\max}$,为不产生溢出,则需在输入端加衰减系数 $A$,应满足

$$A < 1/(Nx_{\max}) \tag{8.37}$$

衰减后输入信号方差为

$$\sigma_{x'}^2 = \frac{1}{3N^2}$$

输出信号方差为

$$\sigma_X^2 = N\sigma_{x'}^2 = \frac{1}{3N} \tag{8.38}$$

输出噪信比则为

$$\frac{\sigma_F^2}{\sigma_X^2} = N^2 q^2 \tag{8.39}$$

## 8.5.2　FFT 的量化效应

### 1. 输出端误差

以基 2 时域抽选为例,其碟形公式为

$$X_m(k) = X_{m-1}(k) + X_{m-1}(j)W_N^p \quad \text{(对应上半部分节点)}$$
$$X_m(j) = X_{m-1}(k) - X_{m-1}(j)W_N^p \quad \text{(对应下半部分节点)}$$

量化误差为

$$e(m-1,k) = Q[X_{m-1}(j)W_N^p] - X_{m-1}(j)W_N^p$$

方差为

$$\sigma_e^2(m,k) = E[|e(m-1,j)|^2] = \frac{q^2}{3} = \sigma_B^2$$

由蝶形公式可见,每个噪声在传输过程中只乘以"1"或"$-1$",故输出端误差仍为 $\sigma_B^2$,由于每个节点均有 $N-1$ 个碟形单元与其相连,若设各误差不相关且同分布,则总的方差为

$$\sigma_F^2 = E[|F(k)|^2] = (N-1)\sigma_B^2 \approx N\sigma_B^2 \tag{8.40}$$

这一结果与 DFT 的相同。但是,考虑到 $W_N^p = \pm 1$、$\pm j$ 时不产生误差,则总的误差是原来的 $1/4$,即

$$\sigma_F^2 \approx \frac{1}{4}N\sigma_B^2 = \frac{1}{12}Nq^2$$

**2. 防溢出方法**

（1）输入端一次衰减法。

由蝶形公式可以证明：

$$\max(|X_{m-1}(k)|,|X_{m-1}(j)|\leqslant\max(|X_m(k)|,|X_m(j)|$$

即 $|X_m(k)|$ 随级数 $m$ 的增加而增加。若 $|X_M(k)|=|X(k)|<1$，则其余各级不会溢出，这就要求 $|x(n)|<1/N$；否则，需添加由式（8.37）决定的系数 $A$。

这种防溢出得到的输出端噪声和信号的方差、噪信比与 DFT 的相同。噪信比与 $N^2$ 成正比，若 $N$ 加倍，噪信比增加 4 倍。

（2）逐级衰减法。

由蝶形公式可以证明：

$$\max(|X_m(k)|,|X_m(j)|)\leqslant 2\max(|X_{m-1}(k)|,|X_{m-1}(j)|)$$

上式说明，若前级 $|X_{m-1}(k)|\leqslant 1$，则后级 $|X_m(k)|\leqslant 2$，若把 $X_{m-1}(k)$ 衰减 $1/2$，则后级就不会溢出。因此，可以用在每个蝶形运算单元的输入端乘以 $1/2$ 来防溢出。

由于 $\left(\dfrac{1}{2}\right)^M=\dfrac{1}{N}$，故对信号来说，完全的等效于在输入端一次衰减 $1/N$。

由于每个输入端增加系数 $1/2$，每个蝶形单元误差源变为 2 个。同时，由于系数 $1/2$ 的存在，各误差源到输出端的传输系数不再是 1 或 $-1$，故误差源对输出端的贡献值与其位置有关。对于第 $m$ 级，有 $2^{M-m+1}$ 个误差源，要经过 $M-m$ 级 $1/2$ 的衰减，因此，总的输出噪声方差为

$$\sigma_F^2=\sum_{m=1}^{M}2^{M-m+1}\sigma_B^2\left[\left(\frac{1}{2}\right)^{M-m}\right]^2=4\sigma_B^2(1-1/N)\approx 4\sigma_B^2=\frac{4}{3}q^2 \tag{8.41}$$

由式（8.41）、（8.38）可得

$$\frac{\sigma_F^2}{\sigma_X^2}=4Nq^2 \tag{8.42}$$

由式（8.42）可见，若 $N>4$，则这种方法的输出噪信比比第一种方法的小。

（3）成组浮点法。

前两个方法有一个缺点：不论信号形式如何一律都做衰减，这就可能使某些形式的信号变得很小，从而导致噪信比变坏。针对这一问题，提出了成组浮点法。该法是使每一级的输入规格化，取

$$A_k=\frac{1}{I_p[\max(|X_{m-1}(k)|,|X_{m-1}(j)|)]} \tag{8.43}$$

式中　$I_p$ —— 取整加 1。

此法的具体过程是：先对给定的输入数据作蝶形运算，如果溢出，则对输入信号衰减 $1/2$ 并记住衰减次数；若不溢出，则进入下级运算。全部变换后用溢出的次数对结果进行换算，如果在整个变换过程中一次溢出也没有，输出信号的方差最大，当输入为白噪声时，输出信号方差为

$$\sigma_X^2=N\sigma_x^2=\frac{1}{3}N \quad (|x(n)|<1) \tag{8.44}$$

噪信比为

$$\frac{\sigma_F^2}{\sigma_X^2} = N\sigma_B^2/(N/3) = 3\sigma_B^2 = q^2 \tag{8.45}$$

最坏的情况是各级都有衰减,这相当于第二种情况,因此,本法的噪信比变换范围为

$$q^2 \leqslant \frac{\sigma_F^2}{\sigma_X^2} \leqslant 4Nq^2$$

这种方法虽然在噪信比上有改善,但这是以牺牲处理速度为代价的。

### 8.5.3 浮点运算 FFT 的量化效应

与定点分析类似,噪声也是由每个蝶形单元产生。蝶形公式的实数形式的实部和虚部为

$$\mathrm{Re}[X_m(k)] = \mathrm{Re}[X_{m-1}(k)] + \mathrm{Re}[X_{m-1}(j)]\mathrm{Re}[W_N^p] - \mathrm{Im}[X_{m-1}(j)]\mathrm{Im}[W_N^p]$$

$$\mathrm{Im}[X_m(k)] = \mathrm{Im}[X_{m-1}(k)] + \mathrm{Im}[X_{m-1}(j)]\mathrm{Re}[W_N^p] + \mathrm{Re}[X_{m-1}(j)]\mathrm{Im}[W_N^p]$$

设 $e_u(m,k)$、$e_v(m,k)$ 分别表示第 $m$ 级蝶形运算单元产生的误差的实部和虚部,总误差为

$$e_s(m,k) = e_u(m,k) + je_v(m,k)$$

$e_{ai}(m,j)$,$e_{mi}(m,j)$ 分别表示加法和乘法运算产生的误差,则实部量化结果为:

$$Q[\mathrm{Re}[X_m(k)]] = \{[[\mathrm{Re}[X_{m-1}(j)]\mathrm{Re}[W_N^p]][1 + e_{mi}(m,j)] +$$

$$\mathrm{Im}[X_{m-1}(j)]\mathrm{Im}[-W_N^p][1 + e_{mi}(m,j)][1 + e_{ai}(m,j)] + \mathrm{Re}[X_{m-1}(k)]\}[1 + e'_{ai}(m,j)]$$

同样也可得到虚部的量化结果。两式合并可得

$$Q[\mathrm{Re}[X_m(k)]] + jQ[\mathrm{Im}[X_m(k)]] = Q[X_m(k)] + e_s(m,k)$$

通过类似于上节的推导可得:

输出信号方差为

$$\sigma_X^2 = 2^M\sigma_x^2 = N\sigma_x^2$$

输出噪声方差为

$$\sigma_F^2 = 2MN\sigma_e^2\sigma_x^2 \tag{8.46}$$

式中,$\sigma_x^2 = E[|x(n)|^2]$。

输出噪信比为

$$\frac{\sigma_F^2}{\sigma_X^2} = 2M\sigma_e^2 \tag{8.47}$$

作舍入处理,$\sigma_e^2 = q^2/3$,于是

$$\frac{\sigma_F^2}{\sigma_X^2} = \frac{2}{3}Mq^2$$

可见,浮点 FFT 的噪信比与 $M$ 成正比,而非与 $N$ 成正比,这是浮点 FFT 的优势。此外,由于 $W_N^p = \pm 1$、$\pm j$ 时不产生误差,实际的误差和噪信比比式(8.46)、式(8.47)给出的要小。

### 8.5.4 FFT 的系数量化效应

FFT 中的系数即 $W_N^p$,分析它的量化引起的误差的方法与运算中产生的误差的分析方法类似,即把 $Q[W_N^p]$ 看成是 $W_N^p$ 附加一个扰动来分析。

设 FFT 变换为 $X(k)$，系数量化后的 FFT 为 $\hat{X}(k)$，而 $W_N^p$ 量化后用 $\Omega_{nk}$ 表示，则

$$\hat{X}(k) = \sum_{n=0}^{N-1} x(n)\Omega_{nk} \tag{8.48}$$

一个 FFT 有 $M = \log_2 N$ 级运算，每一级的系数为 $W_N^{pm}$，则有

$$W_N^{nk} = \prod_{m=1}^{M} W_N^{pm} \tag{8.49}$$

$$\Omega_{nk} = \prod_{m=1}^{M} Q[W_N^{pm}] = \prod_{m=1}^{M} [W_N^{pm} + \delta_m] \tag{8.50}$$

式中，$\delta_m$ 是第 $m$ 级运算时系数 $W_N^{pm}$ 量化产生的误差，它是复数，实部和虚部的量化误差均在 $\pm q/2$ 范围内变化。

设实部和虚部的量化误差相互独立，则

$$\sigma_\delta = 2 \times \frac{q^2}{12} = \frac{q^2}{6}$$

设由系数量化引起的 FFT 的误差为 $F(k)$，则

$$F(k) = \hat{X}(k) - X(k) = \sum_{n=0}^{N-1} x(n)[\Omega_{nk} - W_N^{nk}] =$$

$$\sum_{n=0}^{N-1} x(n) \left\{ \sum_{m=1}^{M} \delta_m \prod_{j=1(j \neq m)}^{N} W_N^{pj} + \delta_m \text{ 的高次项} \right\}$$

略去高次项，其方差为

$$\sigma_F^2 = \sum_{n=0}^{N-1} E[|x(n)|^2] \left\{ \sum_{m=1}^{M} E[\delta_m^2] \prod_{j=1(j \neq m)}^{N} E[|W_N^{pj}|^2] \right\} = NM\sigma_x^2 \cdot \frac{q^2}{6} \tag{8.51}$$

输出噪信比为

$$\frac{\sigma_F^2}{\sigma_x^2} = \frac{NM\sigma_x^2 \cdot \dfrac{q^2}{6}}{N\sigma_x^2} = M \frac{q^2}{6} \tag{8.52}$$

可见，系数量化引起的噪信比与 $M$ 成正比（而非 $N$），这是因为 FFT 经过 $M$ 级运算，系数要做 $M$ 次量化。

# 第 9 章

## 数字信号处理实际问题的讨论

本章所讨论的内容,主要是与离散傅里叶变换(DFT)以及快速傅里叶变换(FFT)有关的一些知识和技术,主要包括 DFT 泄漏(Leakage)、时域加窗(Time-Domain Windowing)、频率分辨率(Frequency Resolution)、补零技术(Zero Padding)、快速傅里叶变换的实际频率确定、使用 FFT 过程中的一些实际问题等。这些内容对于正确理解和使用离散傅里叶变换以及快速傅里叶变换有着重要的实际意义。

## 9.1 DFT 泄漏

对于实际工作中遇到的连续时间信号,为了能够用数字的方法对它进行分析与处理,首先要将它离散化,然后针对有限长度的数字信号采用 DFT 的手段对其进行频谱分析,用此数字信号的离散频谱代替原有信号的频谱。但是,实际信号离散值的 DFT 频域分析结果,有可能产生假象,即 DFT 泄漏问题。DFT 泄漏现象使得数字信号的 DFT 结果仅仅是对离散化之前的原输入信号真实频谱的一个近似。虽然有一些方法可减小泄漏,但是它们不能完全消除泄漏。现在我们来分析泄漏对 DFT 结果的影响。

根据前面所学知识,DFT 只能用于抽样率为 $f_s$、数据长度为 $N$ 的有限长的输入序列,变换结果仍为一个 $N$ 点的序列。当用 DFT 对信号处理时,结果中的两根谱线间隔为 $\Delta f = f_s/N$,因此 DFT 的 $N$ 点变换结果中的各个点的对应频率为

$$f_{X(k)} = \frac{kf_s}{N} \quad (k=0,1,2,\cdots,N-1) \tag{9.1}$$

式(9.1)看起来没有问题,但实际上还是需要进一步分析的。只有当输入序列 $x(n)$ 所包含的频率成分精确地等于式(9.1)的分析频率,即基频(Fundamental Frequency)(两根谱线的间隔)$\Delta f = f_s/N$ 的整数倍时,DFT 才能得到正确的结果。如果输入序列有一个频率成分位于离散的分析频率 $kf_s/N$ 之间,例如 $1.5 f_s/N$,则这个输入频率成分将以某种程度出现在 DFT 的所有 $N$ 个输出频率单元上。

现举例说明以上分析,假设输入序列 $x(n)$ 的长度 $N=64$,如图 9.1(a) 所示,该序列在 64 个抽样点上正好包含 3 个周期的正弦波。对此序列作 DFT,其结果如图 9.1(b) 所示(只给出了输入序列 DFT 的前半部分),它除了 $k=3$ 频率以外没有其他频率成分。为了使我们注意到所有频率等于 $\frac{kf_s}{N}$ 的正弦波在整个 64 点抽样长度上总有整数倍周期,图 9.1(a) 还画出了叠加在输入序列上的频率等于 $\frac{4 f_s}{N}$ 的正弦波。从图中可以看出,输入序列 $x(n)$ 与 $k=4$ 的分析频率(即 $\frac{4 f_s}{N}$)成分的乘积之和为零。实际上输入序列 $x(n)$ 和除了 $k=3$ 分析频率成分 $f_{X(3)}$ 以外的

任何分析频率成分(Frequency Component)的乘积之和均为零。

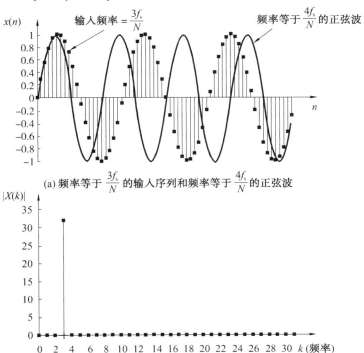

(a) 频率等于 $\dfrac{3f_s}{N}$ 的输入序列和频率等于 $\dfrac{4f_s}{N}$ 的正弦波

(b) DFT 输出

图 9.1　　无泄漏的 64 点 DFT

　　如图 9.2(a) 所示,仍为一个 $N=64$ 点的序列 $x(n)$,但是其在 64 个抽样点上具有 3.4 个周期的正弦波。因为输入序列 $x(n)$ 在 64 个抽样点区间上没有整数倍周期,所以输入信号能量泄漏到 DFT 的所有频率单元上,如图 9.2(b) 所示。同样以 $k=4$ 的分析频率($f_{X(4)}$)为例,因为输入序列 $x(n)$ 与 $k=4$ 的分析频率成分的乘积之和不为零,所以 $k=4$ 频率单元上的 DFT 输出幅度不为零。对于 $k=0,1,2,5,6,\cdots$ 的分析频率也是如此。这就是泄漏,它使任何频率不在 DFT 频率单元中心的所有输入信号成分,泄漏到其他 DFT 输出频率单元上,并且,当我们对实际的有限长时间序列进行 DFT 时,泄漏无法避免。

　　下面我们来分析泄露产生的原因,并研究如何预测和减小它的不良影响。为了很好地理解泄漏的影响,需要知道当 DFT 输入为任意实正弦波时 DFT 的幅度特性。参考文献[20]中推出:对一个在 $N$ 点输入时间序列上具有 $m$ 个周期的实余弦波,其 $N$ 点 DFT 的幅度特性(频率单元指标用 $k$ 表示)近似等于 sinc 函数:

$$X(k) \approx \frac{N}{2} \cdot \frac{\sin[\pi(m-k)]}{\pi(m-k)} \tag{9.2}$$

　　式(9.2)的图形如图 9.3(a) 所示,研究此式的原因是它有助于我们确定 DFT 泄漏的大小。可以把图 9.3(a) 中由一个主瓣和具有周期性的波峰和波谷的旁瓣组成的曲线,看成是一个 $N$ 点、在输入时间长度上具有 $m$ 个完整周期的实余弦时间序列的真实连续谱。DFT 输出为图 9.3 中曲线上的离散点,即 DFT 输出是抽样前信号连续谱的抽样,其中图 9.3(b) 是一个实输入信号的以频率(Hz)为单位的幅频特性,与图 9.3(a) 相比,不单横坐标单位发生了变化,而且在纵坐标上取了模值。当 DFT 输入序列正好具有整数 $m$ 倍周期时(即输入频率正好在

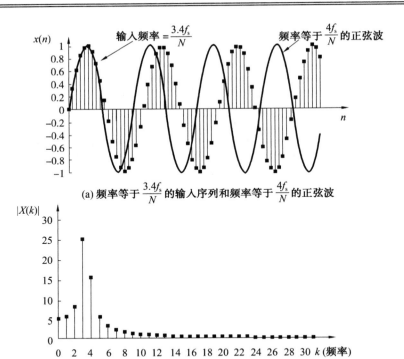

(a) 频率等于 $\dfrac{3.4f_s}{N}$ 的输入序列和频率等于 $\dfrac{4f_s}{N}$ 的正弦波

(b) DFT 输出

图 9.2　有泄漏的 64 点 DFT

$k = m$ 频率单元的中心），DFT 结果没有出现泄漏，如图 9.3 所示，这是因为式（9.2）中分子的角度是 $\pi$ 的非零整数倍，其正弦值为零；或者说，此种情况下由于抽样点的特殊性而没有将泄漏现象正确显现出来。

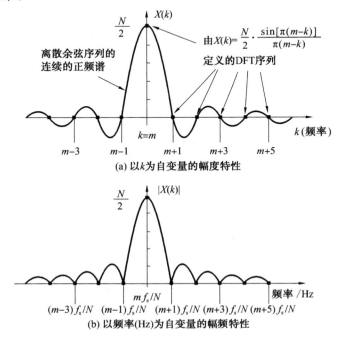

(a) 以 $k$ 为自变量的幅度特性

(b) 以频率(Hz)为自变量的幅频特性

图 9.3　包含 $m$ 个周期的 $N$ 点实余弦输入序列的 DFT 结果

为了凸显 DFT 泄漏问题,再用一个例子来说明当输入频率不在频率单元中心时将会出现什么情况。假设以 $f_s=32$ kHz 的抽样率对一个频率为 8 kHz、具有单位振幅的实正弦曲线进行抽样。如果抽样 32 个点并进行 DFT,则 DFT 的频率分辨率(或频率单元宽度)为 $f_s/N=32\,000/32=1.0$(kHz)。如果把输入的正弦谱线的中心正好放在频率等于 8 kHz 的点上,可以估出 DFT 的幅频特性,如图 9.4(a) 所示,图中的点表示 DFT 输出频率单元上的幅度。

　　我们知道,DFT 输出是图 9.4(a) 中连续谱曲线的抽样,这些抽样点在频域位于 $kf_s/N$ 处,如图 9.4(a) 中的点所示。因为输入信号频率正好在 DFT 的频率单元中心,所以 DFT 结果只有一个非零值,或者说,当输入的正弦波在 $N$ 个时域输入抽样点上具有整数倍周期时,DFT 输出正好落在连续谱曲线上的峰值和零值点上。由式(9.2)知,输出峰值的大小为 $32/2=16$(若实输入正弦波的振幅为 2,则幅频特性曲线的峰值为 $2*32/2=32$)。然而,当 DFT 输入频率为 8.5 kHz 时,DFT 输出如图 9.4(b) 所示,即出现了泄漏。从该图还可以看到在 DFT 所有输出频率单元上幅度不为零的抽样结果。当输入频率为 8.75 kHz 的正弦波时所引起的 DFT 输出泄漏如图 9.4(c) 所示。

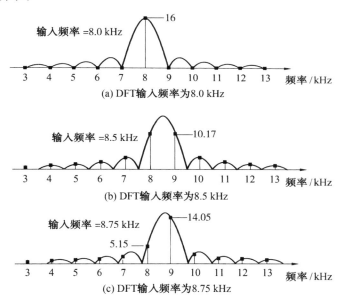

图 9.4　DFT 频率单元上的幅频特性

　　我们重新观察图 9.2(b),会发现:图 9.2(b) 所示的 DFT 输出看上去不对称,在图 9.2(b) 中,第三个频率单元右边的频率单元上的幅值比该频率单元左边的频率单元上的幅值衰减得快。

　　通过简单的理论分析可知,图 9.2(b) 中 $|X(k)|$ 对应的连续频谱函数的模值 $|X(e^{j\omega})|$ 应该是对称的,$|X(e^{j\omega})|$ 是对图 9.2(a) 中频率为 $3.4f_s/N$ 的正弦序列做傅里叶变换后再取模得到的,而 $|X(k)|$ 是由 $|X(e^{j\omega})|$ 在 $\omega=0\sim 2\pi$ 区间等间隔抽样得到的,既然连续谱函数的模值 $|X(e^{j\omega})|$ 是对称的,为什么 $|X(k)|$ 不对称呢?

　　为了回答这个问题,我们重新分析图 9.2(b) 所真正表示的意义。在分析 DFT 输出的时候,通常只对 $k=0$ 到 $k=N/2-1$ 的频率单元感兴趣。因此,对抽样长度为 3.4 个周期的例子,在图 9.2(b) 中只显示了前边 32 个频率单元。根据前面所学知识,有限长序列的 DFT 是在周期序列的 DFS 基础上发展出来的,即 DFT 具有隐含周期性,DFT 在频域的周期性如图 9.5 所示。当分析 DFT 结果中更高的频率成分时,虽然我们并不是沿着圆周继续分析,但是频谱本身沿着圆周无限循环下去。

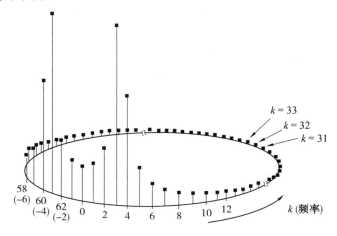

图 9.5    输入序列频率为 $3.4f_s/N$ 时 DFT 频谱的周期重复

观察 DFT 输出的一个较常用的方法是把图 9.5 中的频谱展开,得到如图 9.6 所示的频谱。图 9.6 画出了在输入频率为 $3.4f_s/N$ 的那个例子中的频谱的另外几个重复谱。对于 DFT 输出的不对称,当输入信号的某个幅值泄漏到第 2 个、第 1 个和第 0 个频率单元上时,这些泄漏延续到第 $-1$ 个、第 $-2$ 个和第 $-3$ 个频率单元上。根据 DFT 的隐含周期性,第 63 个频率单元等价于第 $-1$ 个频率单元,第 62 个频率单元等价于第 $-2$ 个频率单元,以此类推。根据这些频率单元的等价性,我们可以认为 DFT 输出频率扩展到了负频率范围,如图 9.7(a) 所示。结果是,泄漏卷绕 $k=0$ 和 $k=N$ 的频率单元发生。这并不奇怪,因为 $k=0$ 的频率就是 $k=N$ 的频率。在 $k=0$ 处频率周围的泄漏说明了在图 9.2(b) 中 $k=3$ 频率单元上的 DFT 的不对称。

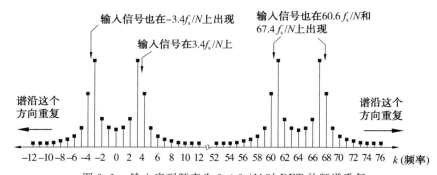

图 9.6    输入序列频率为 $3.4f_s/N$ 时 DFT 的频谱重复

根据 DFT 的对称性,若 DFT 输入序列 $x(n)$ 为实序列时,DFT 从 $k=0$ 到 $k=N/2-1$ 频率单元的输出,对 $k>N/2$ 频率单元的输出来说是冗余的($N$ 为 DFT 的长度)。第 $k$ 个 DFT 输出的幅值和第 $N-k$ 个 DFT 输出的幅值相等,即 $|X(k)|=|X(N-k)|$。这说明泄漏同样卷绕 $k=N/2$ 频率单元出现。这一点可以用输入频率为 $28.6f_s/N$ 的频谱来说明,如图 9.7(b) 所示。注意图 9.7(a) 和图 9.7(b) 之间的相同点,因此 DFT 在 $k=0$ 和 $k=N/2$ 频率单元周围出现泄漏。最小的泄漏不对称将出现在第 $N/4$ 频率单元附近,如图 9.8(a) 所示。该图还显示出了频率为 $16.4f_s/N$ 的输入信号的整个频谱。图 9.8(b) 是频率为 $16.4f_s/N$ 输入信号频谱前32 个频率单元的放大图形。

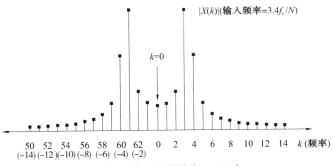

(a) 当 DFT 输入序列频率为 $3.4 f_s/N$ 时

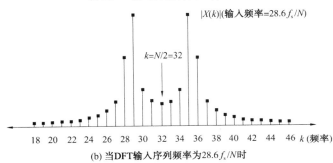

(b) 当 DFT 输入序列频率为 $28.6 f_s/N$ 时

图 9.7　DFT 输出

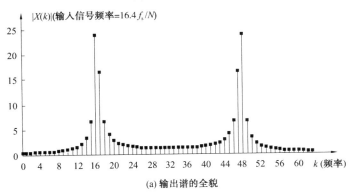

(a) 输出谱的全貌

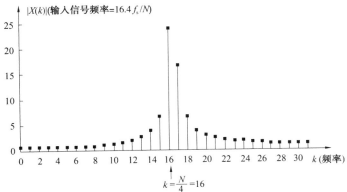

(b) 在频率 $k = N/4$ 处最小的泄露不对称放大显示

图 9.8　当输入信号频率为 $16.4 f_s/N$ 时的 DFT 输出

DFT 泄漏的影响是一个非常棘手的问题,因为当处理的信号包含两个幅值不同的频率成分时,幅值较大的信号的旁瓣可能会掩盖幅值较小的信号的主瓣,从而影响频谱分析的结果。

　　虽然没有办法完全消除 DFT 泄漏问题,但是可以采用加窗的方法,减小泄漏的不良影响。

# 9.2　时域加窗

　　加窗是通过使式(9.2)的 sinc 函数 $\sin(x)/x$ 的旁瓣(图 9.3)幅度最小来减少 DFT 泄漏的影响。这是通过对时间序列的起点和终点的抽样值进行平滑,使其接近一个共同的幅值来实现的。我们通过图 9.9 来说明这一过程。

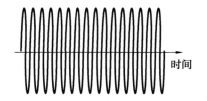

(a) 无限长时间的输入正弦波

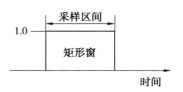

(b) 用于有限时间采样区间而加的矩形窗

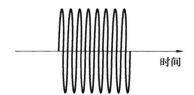

(c) 矩形窗和无限长时间的输入正弦波的乘积

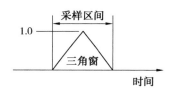

(d) 三角窗函数

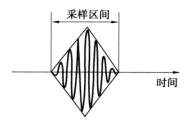

(e) 三角窗和无限长时间的输入正弦波的乘积

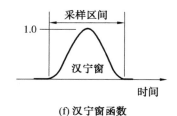

(f) 汉宁窗函数

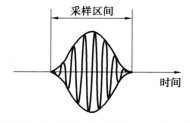

(g) 汉宁窗和无限长时间的输入正弦波的乘积

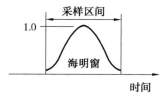

(h) 海明窗函数

图 9.9　加窗使抽样区间端点的不连续最小化

考虑图 9.9(a) 所示的无限长时间的信号,DFT 只能在如图 9.9(c) 所示的有限长度抽样区间上进行。可以认为图 9.9(c) 的 DFT 输入信号是图 9.9(a) 无限长时间的输入信号和图 9.9(b) 所示的在抽样区间上幅度为 1 的矩形窗的乘积。任何时候我们对有限长度输入序列做 DFT 时,都默认输入是原信号序列(无限长)与系数为 1 的一个窗函数乘积的结果,而在窗外的原信号序列的幅值乘以系数 0。可以证明,图 9.3 所示的式(9.2)的 sinc 函数 $\sin(x)/x$ 的形状是由矩形窗引起的,因为图 9.9(b) 矩形窗的傅里叶变换是 sinc 函数。

我们知道,矩形窗在 0 和 1 之间的突变是造成产生 sinc 函数旁瓣的原因。为了降低由这些旁瓣产生的频谱泄漏,可以不用矩形窗而用其他窗函数来减小旁瓣幅值。如果将图 9.9(a) 的无限长时间信号乘以图 9.9(d) 所示的三角窗函数,得到如图 9.9(e) 所示的加窗输入信号,则可以看到,在图 9.9(e) 中,最后得到的 DFT 输入信号在其抽样区间起点和终点的突变会减小。这种不连续性的降低使 DFT 所有较高频成分的输出幅度减小了,也就是说,我们利用三角窗函数减小了 DFT 频率单元上旁瓣的幅度。

还有一些其他的窗函数,例如图 9.9(f) 中的汉宁(Hanning)窗,比三角窗更能减小泄漏,图 9.9(g) 是加汉宁窗后 DFT 的输入。另一个常见的窗函数为图 9.9(h) 所示的海明(Hamming)窗,它和汉宁窗类似。关于各种窗函数的特点,在第 7 章已经作了详细的介绍。

我们通常以矩形窗的幅频特性作为衡量其他窗函数性能的参照。为了便于比较,图 9.10(a) 中同时画出了矩形窗、海明窗、汉宁窗和三角窗的幅频特性。从图中可看出海明窗、汉宁窗和三角窗相对于矩形窗来说旁瓣的水平减小了。同时应该注意的是,由于海明窗、汉宁窗和三角窗减小了要做 DFT 的时域输入信号的幅度,因此它们的主瓣峰值相对于矩形窗来说也减小了。这种信号幅度的损失被称为一个窗的处理增益(Processing Gain)或窗损失(Window Loss)。

我们主要对窗的旁瓣幅值大小感兴趣,但这在图 9.10(a) 的线性刻度下很难看清楚。如果将窗的幅频特性采用对数坐标绘图,并进行归一化处理,使主瓣峰值为 0 dB,就可以有效解决这个问题。定义对数幅频特性的表达式为

$$|W_{dB}(k)| = 20\lg \left| \frac{W(k)}{W(0)} \right| \tag{9.3}$$

由图 9.10(b) 我们更清楚地看到不同窗函数的旁瓣幅值的对比。

我们看到,矩形窗幅频特性的主瓣宽度 $f_s/N$ 最窄,这是我们所期盼的,但遗憾的是,它的第一个旁瓣幅值较高,仅在主瓣峰值下的 $-13$ dB 处(注意图 9.10(b) 中我们仅显示出窗的正频率部分)。三角窗减小了旁瓣幅值,但付出的代价是三角窗的主瓣宽度几乎是矩形窗主瓣宽度的 2 倍。各种非矩形窗的较宽主瓣几乎都使 DFT 的频率分辨率降低了 2 倍(关于 DFT 分辨率问题,会在 9.3 节详细讨论)。然而,一般情况下,降低泄露的好处大于 DFT 频率分辨率的降低。

汉宁窗进一步减小了第一旁瓣的幅值,而且第一旁瓣下降陡度大。海明窗虽然第一旁瓣幅值更低,但它的旁瓣相对于汉宁窗来说下降慢,这意味着离开中心频率单元 3 到 4 个频率单元处,海明窗的泄露比汉宁窗的泄露要小,而离开中心频率 6 个频率单元以上的全部单元,汉宁窗的泄露比海明窗的泄露要低。

对图 9.2(a) 的频率等于 $3.4f_s/N$ 的正弦波抽样信号采用汉宁窗时,DFT 输入信号显示为图 9.11(a) 汉宁窗包络下的图形。在图 9.11(b) 中,给出了加窗后的 DFT 输出和没有加窗或者说加矩形窗的 DFT 输出。正如我们分析的那样,汉宁窗的幅频特性曲线看起来更宽,峰值

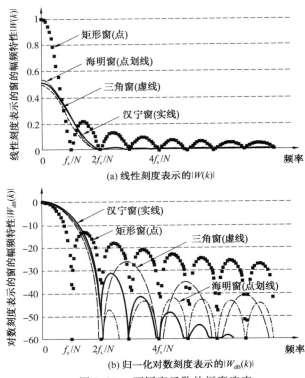

(a) 线性刻度表示的$|W(k)|$

(b) 归一化对数刻度表示的$|W_{dB}(k)|$

图 9.10    不同窗函数的幅度响应

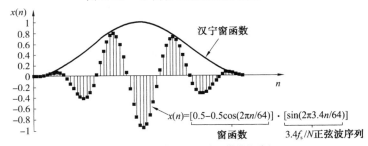

$x(n)=[0.5-0.5\cos(2\pi n/64)]\cdot[\sin(2\pi 3.4n/64)]$

窗函数    3.4$f_s/N$正弦波序列

(a) 汉宁窗和频率为3.4$f_s/N$的64点输入信号的乘积

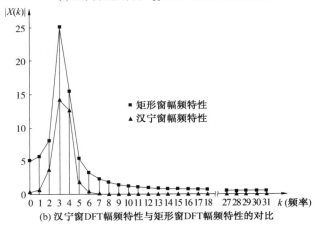

(b) 汉宁窗DFT幅频特性与矩形窗DFT幅频特性的对比

图 9.11    汉宁窗的影响

幅度更低,但它的旁瓣泄露比矩形窗明显减小了。

　　接下来再说明一下加窗的另一个优点:检测高强度信号附近出现的低强度信号。我们把一个峰值振幅仅为 0.1、频率为 $7f_s/N$ 的 64 点的正弦波序列加到图 9.2(a) 的频率为 $3.4f_s/N$、振幅为 1 的正弦波序列上。当对这两个正弦波序列的和加汉宁窗处理时,得到图 9.12(a) 所示的时域输入信号。图 9.12(b) 给出了加汉宁窗和不加窗(或者说加矩形窗)的 DFT 输出幅频特性,当不加窗时,DFT 泄漏使得输入信号分量在 $k=7$ 处的小信号几乎不能辨别,而当加汉宁窗处理后,可以很容易辨别 $k=7$ 处的小信号分量。

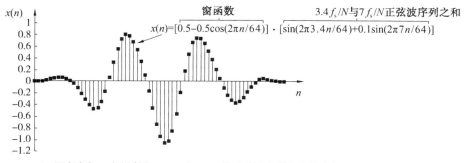

(a) 汉宁窗与 64 点频率为 $3.4f_s/N$ 和 $7f_s/N$ 的正弦波序列之和的乘积

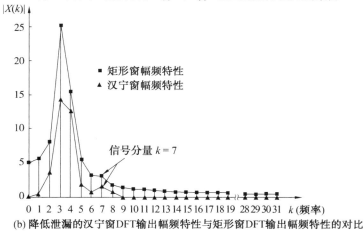

(b) 降低泄漏的汉宁窗 DFT 输出幅频特性与矩形窗 DFT 输出幅频特性的对比

图 9.12　　利用加窗技术提高信号检测灵敏度

　　不同的窗函数有各自的优点和缺点,不管使用何种窗函数,我们都已经降低了由于矩形窗引起的 DFT 输出的泄露。在窗的选择中我们要做的就是对主瓣宽度、第一旁瓣幅值和旁瓣幅值大小随频率增加而降低的速度之间进行这种选择。一些特定窗函数的使用取决于其用途,因而窗函数会有多种用途。例如,窗函数用于提高 DFT 谱分析的准确性、用于设计数字滤波器等。

# 9.3　频率分辨率及 DFT 参数的选择

　　频率分辨率可以从两个方面定义:

　　一是某一个算法将原信号 $x(n)$ 中的两个靠得很近的谱峰分开的能力;二是在使用 DFT 时,在频率轴上所得到的最小频率间隔 $\Delta f$。

第一个定义往往用来比较和检验不同算法性能好坏的指标。

假设 $x(n)$ 中含有两个角频率为 $\omega_1$、$\omega_2$ 的正弦信号,对 $x(n)$ 用矩形窗 $R_N(n)$ 截短时,若窗口的长度 $N$ 不能满足:$\dfrac{4\pi}{N} < |\omega_2 - \omega_1|$,那么用 DTFT(序列的傅里叶变换)对截短后的 $x_N(n) = x(n)R_N(n)$ 作频谱分析时将分辨不出这两个谱峰。为分辨出这两个谱峰,则可通过增加 $N$ 使上式得到满足,如图 9.13 所示(注:$\dfrac{4\pi}{N}$ 为矩形窗主瓣宽度,长度为 $N$ 的各种窗函数其主瓣宽度为 $\dfrac{2\pi D}{N}$)。

值得一提的是,主瓣宽度的另一种定义是取主瓣的幅平方下降 3 dB 时对应的频谱宽度。对于矩形窗来说,此宽度大约为 $\dfrac{2\pi}{N}$。这样,为分辨两个谱峰,则要求 $\dfrac{2\pi}{N} < |\omega_2 - \omega_1|$。此时,定义的频率分辨率与下面要介绍的频率分辨率的第二个定义相吻合。

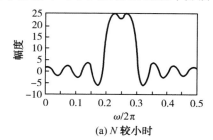
(a) $N$ 较小时

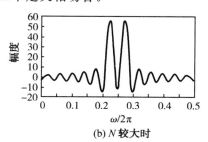
(b) $N$ 较大时

图 9.13  对于两个频率成分的分辨

在实际工作中,当信号长度 $N$ 不能再增加时,不同算法可给出不同的分辨率。现代谱估计方法一般优于经典谱分析方法,这是因为现代谱估计中的一些算法隐含了对信号长度的扩展,从而提高了分辨率。在这种情况下,使用"分辨率"的第一个定义。利用 DFT 及 FFT 对信号进行频谱分析属于经典谱分析范畴,而现代谱估计方法有很多种,详见参考文献[29]。

讨论 DFT 问题时,使用第二个定义。我们用 DFT 对信号处理时,两根谱线间隔为 $\Delta f = \dfrac{f_s}{N}$,$\Delta f$ 越小,分辨率越高。

$$\Delta f = \frac{f_s}{N} = \frac{1}{NT_s} = \frac{1}{T} \tag{9.4}$$

式中    $T$—— 原模拟信号 $x(t)$ 的总持续时间;

$f_s$—— 抽样频率;

$T_s$—— 量化间隔(抽样间隔),$T_s = 1/f_s$。

式(9.4)表明频谱的分辨率反比于信号的总持续时间 $T$。

做 DFT 时参数选择的一般原则如下:

(1)若已知信号 $x(t)$ 的最高频率 $f_c$,为了防止混叠,抽样频率 $f_s$ 应该满足:
$$f_s > 2f_c$$

(2)根据实际需要选择合适的频率分辨率 $\Delta f$,确定 DFT 所需点数 $N$:
$$N = f_s / \Delta f$$

注:为保证使用基 2-FFT,可采用补零的方法使 $N$ 成为 2 的整次幂。

(3)确定所需模拟信号 $x(t)$ 的长度:
$$T = N/f_s$$

【**例 9.1**】　已知模拟信号为 $x(t)=0.2\cos 10\,000\pi t+0.8\cos 9\,900\pi t$，为了对其作频谱分析，选定抽样频率 $f_s$ 为该信号最高频率的 4 倍，对该信号进行等间隔抽样，然后进行离散傅里叶变换。

（1）求抽样频率 $f_s$。

（2）为了分辨出两个频率成分，DFT 所需点数 $N$ 应如何选取？ 为保证使用基 2-FFT，$N$ 应如何选取？

（3）按照上述确定的点数 $N$，对应的需模拟信号 $x(t)$ 的长度为多少？

**解**　由于待处理的模拟信号为 $x(t)=0.2\cos 10\,000\pi t+0.8\cos 9\,900\pi t$，即其含有两个频率成分，频率分别为 $f_1=10\,000/2=5\,000\text{(Hz)}$，$f_2=9\,900/2=4\,950\text{(Hz)}$，即信号 $x(t)$ 的最高频率为 $f_c=f_1=5\,000\text{ Hz}$，依据抽样定理，抽样频率 $f_s$ 应该满足：$f_s>2f_c=10\,000\text{ Hz}$。

（1）依据题意，选定抽样频率 $f_s$ 为该信号最高频率的 4 倍，即 $f_s=4f_c=20\,000\text{ Hz}$。

（2）信号 $x(t)$ 中两个频率成分之差为

$$\Delta F=f_1-f_2=5\,000-4\,950=50\text{(Hz)}$$

为了分辨出这两个频率成分，频率分辨率 $\Delta f$ 应满足：

$$\Delta f<\Delta F=50\text{ Hz}$$

DFT 所需点数 $N$ 应满足：

$$N=f_s/\Delta f>f_s/\Delta F=20\,000/50=400$$

为保证使用基 2-FFT，$N$ 应至少取为 512 点。

（3）按照上述确定的点数 $N$，对应的需模拟信号 $x(t)$ 的长度：

$$T=N/f_s=512/20\,000=0.025\,6\text{(s)}$$

# 9.4　补零技术

补零是指在执行 DFT 或 FFT 运算之前在输入序列的尾部添加上一些零。比如，如果采集 64 个数据点，即输入序列 $x(n)$ 为 64 点，那么通常的做法就是计算 64 点 DFT 或 FFT 得到信号频谱。但是，也可以在数据之后添加 64 个零，并计算 128 点 DFT 或 FFT。由于补零并不增加任何新的信息，所以得到的 DFT 或 FFT 的频率分辨率并不会改变。对于补上 64 个零点的 128 点数据，输出的频率分量将加倍。

通常假定有 $N$ 个数据 $x(0)$ 到 $x(N-1)$，在其后添加上 $N$ 个零点 $x(N)$ 到 $x(2N-1)$，计算 $2N$ 点 DFT 或 FFT，结果为

$$X(k)=\sum_{n=0}^{2N-1}x(n)\mathrm{e}^{\frac{-\mathrm{j}2\pi kn}{2N}} \tag{9.5}$$

注意到求和是从 0 到 $2N-1$，指数项是 $\mathrm{e}^{-\mathrm{j}2\pi kn/2N}$，而不是 $\mathrm{e}^{-\mathrm{j}2\pi kn/N}$。由于 $x(N)=x(N+1)=\cdots=x(2N-1)=0$，所以这个方程可以写为

$$X(k)=\sum_{n=0}^{N-1}x(n)\mathrm{e}^{\frac{-\mathrm{j}2\pi kn}{2N}} \tag{9.6}$$

式（9.6）与式（9.5）的唯一区别是求和区间不一样。应该注意的是 $X(k)$ 中的 $k$ 的取值范围是 0 到 $2N-1$，所以谱线数是 $2N$，是 $N$ 点 DFT 或 FFT 的两倍。

在上面的等式中，如果只考虑偶数点的谱线，即令 $k=2k'$，把它代入式（9.6）得

$$X(k')=\sum_{n=0}^{N-1}x(n)\mathrm{e}^{\frac{-\mathrm{j}2\pi k'n}{N}} \tag{9.7}$$

它与 $N$ 点 DFT 或 FFT 的结果是一样的,所以,补零并不改变偶数点频谱分量的幅度和相位,只是内插了奇数点的频谱分量。

可以把上述的讨论推广到对输入数据补 $LN$ 个零点的情况,其中的 $L$ 为正整数。上面的讨论为 $L=1$ 时的特例。为了使总的点数为 2 的整数幂次,$L$ 一般取值为

$$L = 2^M - 1 \tag{9.8}$$

图 9.14 给出了一个例子。输入序列 $x(n)$ 的点数为 32 点,图 9.14(a) 为 32 点 FFT 结果。图 9.14(b) 为补了 32 个零点的 64 点 FFT 结果,从中可以看出,该图偶数分量的谱线幅度与图 9.14(a) 是完全一样的。图 9.14(c) 为补了 96 个零点的 128 点 FFT 结果,可以看出,该图每隔 4 个点的谱线幅度与 9.14(a) 是完全一样的。图 9.14(d) 为补了 992 个零点的 1 024 点 FFT 结果。可以明显看出,补零并不改变频谱的包络(Envelope)形状,只在原始 N 点 FFT 结果中内插了一些频谱分量。在以上这些图中,频率范围为 0 到 $f_s/2$,其中 $f_s$ 为抽样频率。频率序号与 FFT 的点数有关。

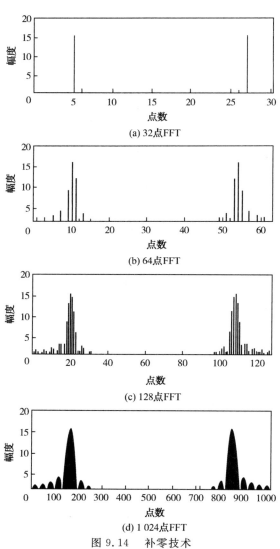

(a) 32点FFT

(b) 64点FFT

(c) 128点FFT

(d) 1 024点FFT

图 9.14　补零技术

从这个例子可以看出,对于 32 点 FFT,要找出频谱的峰值是比较困难的,也很难观察到边带的细微结构。而补零以后,不仅频谱的峰值位置很清晰地显露出来,而且边带也看得非常清楚。所以虽然补零额外增加了处理量,但可以改善对频谱峰值进行内插的能力。付出的代价越高,处理时间也就越长。如果不采用补零技术,那么就得不到频域的细微结构,在本书中所给出的很多图形都采用了补零技术。

需要指出的一点是,补零并不会提高 FFT 的基本分辨率。换句话说,FFT 的主瓣宽度并不会因为补零而改变。频率分辨率只取决于实际的数据长度,补零只能提高对主瓣峰值频率分量进行精确定位的能力。

## 9.5　　基于快速傅里叶变换的实际频率确定

这一节主要讨论在完成 FFT 后如何来确定以赫兹为单位的输入信号的实际频率。与此运算有关系的参数主要是抽样频率 $f_s$ 和总的数据点数 $N$。做完 FFT 后,频率分量应该以赫兹为单位,才更为直观。

现在从 DFT 开始分析,其表达式为

$$X(k) = \sum_{n=0}^{N-1} x(n) e^{-j\frac{2\pi}{N}nk} \tag{9.9}$$

$$x(n) = \frac{1}{N} \sum_{k=0}^{N-1} X(k) e^{j\frac{2\pi}{N}nk} \tag{9.10}$$

设输入信号为

$$x(t) = e^{j2\pi f_0 t}$$

经过等间隔抽样后的输入信号为

$$x(n) = e^{j2\pi f_0 n T_s} \tag{9.11}$$

式中　　$T_s$—— 抽样间隔,$T_s = \dfrac{1}{f_s}$。

把式(9.11) 代入式(9.9),得

$$X(k) = \sum_{n=0}^{N-1} e^{j2\pi f_0 n T_s} e^{-j2\pi kn/N} = \sum_{n=0}^{N-1} e^{j2\pi n(f_0 N T_s - k)/N} = \frac{1 - e^{j2\pi(Tf_0 - k)}}{1 - e^{j2\pi(Tf_0 - k)/N}} \tag{9.12}$$

$$T = N T_s$$

式中　　$T$—— 信号总持续时间。

值得注意的是,在上面的等式中抽样间隔 $T_s$ 并不显式出现,只出现数据总持续时间 $T$。对式(9.12)取模值得

$$|X(k)| = \left| \frac{\sin[\pi(Tf_0 - k)]}{\sin\left[\dfrac{2\pi(Tf_0 - k)}{N}\right]} \right| \tag{9.13}$$

这一方程的峰值出现在 $Tf_0 = k$ 处。由于 $k$ 只是一个整数,所以输入信号频率为

$$f_0 \approx \frac{k}{T} \tag{9.14}$$

我们用一个数值例子来说明这个结论。假设输入信号为正弦波,其参数为

$$f_0 = 200 \text{ MHz} = 2 \times 10^8 \text{ Hz}$$

$$T_{s} = 10^{-9} \text{s}$$
$$N = 64$$
那么
$$T = NT_{s} = 64 \times 10^{-9} \text{s}$$

需要注意的是,从 $x(0)$ 到 $x(63)$ 的整个数据长度只覆盖 $63T_{s}$,但送到 FFT 的输入是周期性的,周期从 $x(0)$ 到 $x(64)$,所以数据长度应该认为是 $64T_{s}$。该信号可以写成

$$x(n) = \sin\left(\frac{2\pi f_{0}nT}{N}\right) \tag{9.15}$$

对其进行 FFT,其结果如图 9.15 所示。图中只画出了从 0 到 31(即一半)的频谱分量。两根谱线之间的间隔为 $1/T = 15.625 \text{MHz}$。频谱峰值位于 $k = 13$ 处,实际上真实频率应该位于 $Tf_{0} = 12.8$ 处,而不是 13。与此对应的频率为 $k/T = 13 \times 15.625 \text{MHz}$,与输入信号频率是比较接近的。

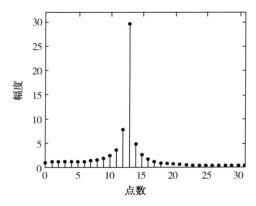

图 9.15　正弦 FFT 变换的结果

# 9.6　实际使用 FFT 的一些问题

因为 FFT 非常有用,这节对从连续时间信号获取离散时间信号并用基 2-FFT 分析实际信号或数据的一些方法及技巧加以说明。

### 9.6.1　以足够高的速率抽样并采集足够长的信息

根据抽样定理,当用 A/D 转换器对连续时间信号进行离散化处理时,抽样频率必须大于连续时间信号最高频率的 2 倍以防止频域混叠现象的出现(假频)。如果连续时间信号的最高频率相对于 A/D 转换器的最大抽样频率不是很大,频域混叠现象很容易避免。如果不知道输入 A/D 转换器的连续时间信号的最高频率,我们应该如何处理?首先应该分析在 1/2 抽样频率附近 FFT 得到的较大的频谱成分。理想情况下,我们希望处理随频率增加而频谱幅值减小的信号。如果存在着某种频率成分,其出现与抽样频率有关,则应怀疑它是不是假频。如果怀疑出现了假频或者连续时间信号中包含有宽带噪声,就不得不在 A/D 之前使用模拟低通滤波器。当然,低通滤波器的截止频率必须大于有意义的信号频率且小于抽样频率的一半。

我们知道实现 $N$ 点基 2-FFT,需要 $N = 2^{M}$ 个输入数据,那么,在进行 FFT 之前,应该选取多少个抽样点呢?答案是数据选取的时间总长度必须足够长,从而对给定的抽样频率 $f_{s}$ 能够

达到期望的 FFT 频率分辨率。数据的时间总长度是期望的 FFT 频率分辨率的倒数,按固定抽样频率 $f_s$ 所采的数据长度越长,频率分辨率将会越高。即总的数据时间长度为 $N/f_s$,对于 $N$ 点的 FFT 两个相邻点之间的频率间隔(频率分辨率)为 $f_s/N$。例如,如果我们需要 5 Hz 的频率分辨率,那么,$f_s/N = 5$ Hz,则

$$N = \frac{f_s}{\text{希望的分辨率}} = \frac{f_s}{5} = 0.2 f_s \tag{9.16}$$

在这个例子中,如果 $f_s$ 为 10 kHz,则 $N$ 至少为 2 000,我们可以选择 $N = 2\,048$,因为要求 $N$ 是 2 的整数幂。

## 9.6.2　在变换之前对数据进行整理

当利用基 2FFT 时,如果没有对时域输入序列 $x(n)$ 的长度进行控制,序列的长度不是 2 的整数幂,这时有两种选择,一种方法是可以丢弃足够多的数据点使剩下的 FFT 输入序列的长度是 2 的某个整数幂。但是这个方案是不可取的,因为丢弃数据样点会使变换结果的频域分辨率降低。另一种较好的方法是在输入数据序列 $x(n)$ 的尾部填补足够多的零值,使序列的点数和下一个最大的基 2-FFT 的点数相等。例如,如果输入序列 $x(n)$ 的点数为 1 000 点,我们不是用 512 点的 FFT 来分析它们中的 512 个样值,而是补充 24 个零值到原始序列的尾部,对 1 024 个数据做 FFT,即采用了补零技术。

FFT 同样受到谱泄露的不良影响,可以用窗函数乘输入时间序列来减轻泄漏问题的影响,但应该有所准备,在应用窗函数时,频率分辨率本质上会下降。值得注意的是,如果为了扩充输入时间序列,有必要填补零值时,必须确保在原始时间序列和窗函数相乘之后补零,因为补零后的序列与窗函数相乘的结果会使窗变形,从而使 FFT 泄漏问题更严重。

加窗会减小泄漏问题,但不能完全消除泄露。另外,利用窗函数时,高能量的谱分量还会遮蔽低能量的谱分量,特别当原始时间序列的平均值为非零时更明显,这与直流分量 DC 漂移有关。在这种情况下做 FFT,0 Hz 处的大振幅 DC 谱分量将遮住它附近的谱分量。通过计算时间序列的平均值并从原始序列的每个样点中减掉这个平均值可消除这个问题,注意这个去均值的过程必须在加窗前进行。这个技术使新时间序列的平均值等于零,因而减少了 FFT 结果中任何高能量的 0 Hz 成分。

## 9.6.3　改善 FFT 的结果

如果利用 FFT 来检测存在噪声时信号的能量,并且有足够长的时域数据,那么就可以通过对多个 FFT 平均来提高处理的灵敏度。通过这个技术可以检测出实际能量在平均噪声水平下的信号能量,也就是说,只要给出足够多的时域数据,我们就可以检测出负信噪比的信号成分。

在实际工程应用中,待处理的时域数据常为实序列,此时可以利用 2N 点实 FFT 技术的优点来提高处理速度,即 2N 点实序列的变换可用单个 N 点的复数基 2FFT 变换来实现。这样可以用标准的 N 点 FFT 的计算成本得到 2N 点 FFT 的频率分辨率。还有一个提高 FFT 处理速度的技术,就是频域加窗技术。如果需要不加窗时域数据的 FFT ,同时还想对同样的数据加窗后做 FFT,则不需要分别执行两次 FFT。我们可以先对不加窗数据进行 FFT,然后对任一个或所有 FFT 的输出进行频域加窗以减少谱泄漏的影响。

### 9.6.4　解释 FFT 结果

解释 FFT 的第一步是计算每个 FFT 频率单元中心的绝对频率。FFT 频率单元间距与 DFT 类似,是抽样率 $f_s$ 与 FFT 点数 $N$ 的比值,即 $f_s/N$。FFT 的输出为 $X(k),k=0,1,2,3,\cdots,N-1$,第 $k$ 个频率单元中心的绝对频率为 $kf_s/N$。如果 FFT 的输入时间序列为实数,$X(k)$ 的输出仅从 $k=0$ 到 $k=N/2-1$ 是独立的。因此,在这种情况下,我们仅需在 $k$ 的范围为 $0 \leqslant k \leqslant N/2-1$ 内确定 FFT 频率单元中心的绝对频率。如果 FFT 输入时间序列为复数,FFT 输出的所有 $N$ 个样值是相互独立的,我们要在 $0 \leqslant k \leqslant N-1$ 全部范围内确定 FFT 个频率单元中心的绝对频率。

如果需要,也可以用时间序列的 FFT 谱计算时域信号的实际振幅。计算时,必须记住基 2-FFT 的输出为复数,其形式为

$$X(k) = X_{\text{real}}(k) + jX_{\text{imag}}(k) \tag{9.17}$$

FFT 输出的幅度为

$$X_{\text{mag}}(k) = |X(k)| = \sqrt{X_{\text{real}}^2(k) + X_{\text{imag}}^2(k)} \tag{9.18}$$

并且当输入序列为实数时,它们都乘了比例因子 $N/2$,如果 FFT 输入序列为复数,则比例因子为 $N$。因此为了确定时域正弦分量的准确幅值,我们必须用 FFT 的幅值除以适当的比例因子,对实数或复数输入序列,比例因子分别为 $N/2$ 或 $N$。

如果将窗函数用于原始时域数据,某些 FFT 输入数据的值将被衰减,这就使 FFT 的输出幅值相对于未加窗的真值来说有所减少。为了计算各种时域正弦分量的准确幅值,我们必须进一步用 FFT 输出的幅值除以与利用窗函数有关的处理损失因子。

如果我们要确定 FFT 的功率谱 $X_{\text{PS}}(k)$,则要计算幅值的平方

$$X_{\text{PS}}(k) = |X(k)|^2 = X^2_{\text{real}}(k) + X^2_{\text{imag}}(k) \tag{9.19}$$

以分贝形式表示的功率谱可以用下列公式计算

$$X_{\text{dB}}(k) = 10 \cdot \lg(|X(k)|^2)(\text{dB}) \tag{9.20}$$

用分贝形式表示的归一化功率谱可表示为
归一化的

$$X_{\text{dB}}(k) = 10 \cdot \lg\frac{|X(k)|^2}{|X(k)|^2_{\text{max}}} \tag{9.21}$$

或归一化的

$$X_{\text{dB}}(k) = 20 \cdot \lg\frac{|X(k)|}{|X(k)|_{\text{max}}} \tag{9.22}$$

在式(9.21)和式(9.22)中,$|X(k)|_{\text{max}}$ 项为最大的 FFT 输出幅值。在实际应用中,绘出 $X_{\text{dB}}(k)$ 的图很有益处,因为对数刻度增强了低幅度的分辨率。 如果用式(9.21)或者式(9.22),则不再需要前面提到的 FFT 要乘的比例因子 $N$ 或 $N/2$ 和窗口处理损失因子。因为归一化过程中,通过除以 $|X(k)|^2_{\text{max}}$ 或 $|X(k)|_{\text{max}}$ 消除了任何 FFT 取绝对值或窗口比例因子的影响。

单个 FFT 输出的相角 $X_{\varphi}(k)$ 为

$$X_{\varphi}(k) = \tan^{-1}\frac{X_{\text{imag}}(k)}{X_{\text{real}}(k)} \tag{9.23}$$

但要当心 $X_{\text{real}}(k)$ 的值等于 0 的情况,因为如果出现被零除的情况,就无法用式(9.23)计算相角。在实际中,要确保计算(或软件编译器)中能检测出 $X_{\text{real}}(k) = 0$ 的情况。当 $X_{\text{real}}(k) = 0$ 时,如果 $X_{\text{imag}}(k)$ 为正,置 $X_{\varphi}(k)$ 为 90°;如果 $X_{\text{imag}}(k)$ 为 0,置 $X_{\varphi}(k)$ 为 0°;如果 $X_{\text{imag}}(k)$ 为负,置 $X_{\varphi}(k)$ 为 −90°。但我们讨论 FFT 输出相角时,包含大的噪声成分的 FFT 的输出会使计算的 $X_{\varphi}(k)$ 相角产生大的偏差,这意味着仅当对应的 $|X(k)|$ 在 FFT 输出大于平均噪声水平之上时,计算 $X_{\varphi}(k)$ 才有意义。

# 第 10 章

# Python 软件安装及使用方法

## 10.1　Python 简介

　　Python 是一种高级编程语言，由荷兰计算机科学家 Guido van Rossum 于 1989 年发明。Python 的第一个版本是在 1989 年发布的，此后 Python 迅速发展成为了一种强大且受欢迎的编程语言。2000 年，Python 2 发布，并一直得到改进和完善，经历了从 2.1 到 2.7 等多个版本。2008 年，Python 3 发布。Python 3 与 Python 2 不同之处在于，它以更严格的方式处理 Unicode 和二进制数据，并改进了其他方面，并为 Python 程序员提供更多功能。

　　目前，Python 是非常流行的编程语言之一，被广泛应用于 Web 开发、机器学习、数据科学和自然语言处理等应用领域。Python 还具有一个庞大的社区（Community），并拥有许多著名的框架和库，如 Django、Flask、NumPy、Pandas、Scikit-learn 等。Python 的易读性、强大的功能、跨平台兼容性和广泛应用是它成为编程语言领域重要工具的原因，总体来说，Python 优点体现在以下几方面。

　　（1）简洁易读的语法（Syntax）。

　　Python 被设计成一种易于理解和简单的语言，这使得编写和阅读 Python 代码非常容易。Python 的代码结构非常简洁，可以使开发者专注于问题的解决，而不是代码本身的编写。

　　（2）支持跨平台（Cross-Platform）运行。

　　Python 语言几乎可以在任何操作系统上使用，如 Windows、Linux 和 MacOS 等，这也使得 Python 在不同平台之间易于移植。

　　（3）大量的库（Library）和框架（Frame）。

　　Python 拥有大量的库和框架，这些资源可以使开发者快速完成任务，更容易地构建项目。例如，科学计算领域的 Numpy 库、数据分析领域的 Pandas 库、Web 开发领域的 Django 和 Flask 框架等。

　　（4）适合数据分析和科学计算。

　　Python 在数据分析和科学计算领域中非常流行。例如，Python 中的数据分析和科学计算库，如 Numpy 和 Pandas，使开发者可以轻松地进行数据处理和分析。

　　（5）强大的社区支持。

　　Python 具有一个庞大的开源社区，这使得开发者可以轻松地获得帮助和支持。从 Stack Overflow 到 GitHub，Python 社区提供了各种工具和资源来解决开发者的问题。

## 10.2　Python 的安装方法

Python 的安装(Installation)相对简单,可以在官网下载对应的安装程序,根据提示进行安装。也可以选择使用 Anaconda 等数据科学包管理工具,方便地安装多个常用的 Python 程序包。

### 10.2.1　安装 Python 软件

**步骤 1**　下载 Python 安装程序。

用户可以通过访问 Python 的官网:https://www.Python.org/downloads/,下载 Python。Python 官网界面如图 10.1 所示。首先,用户需要确定下载的 Python 版本(Version)是适合用户操作系统的,如图 10.2 所示。

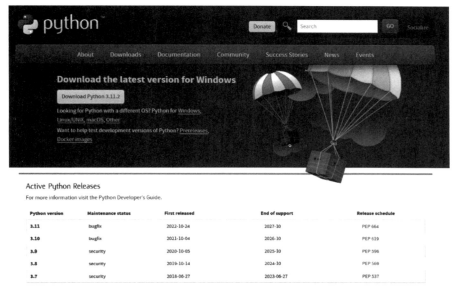

图 10.1　Python 官网界面

可以在命令行或终端窗口中输入"Python －－version"来确认是否已经安装 Python 当前版本。

**Files**

| Version | Operating System | Description | MD5 Sum | File Size | GPG | Sigstore | |
|---|---|---|---|---|---|---|---|
| Gzipped source tarball | Source release | | f6b5226ccba5ae1ca9376aaba0b0f673 | 26437858 | SIG | CRT | SIG |
| XZ compressed source tarball | Source release | | a957cffb58a89303b62124896881950b | 19893284 | SIG | CRT | SIG |
| macOS 64-bit universal2 installer | macOS | for macOS 10.9 and later | e038c3d5cee8c5210735a764d3f36f5a | 42835777 | SIG | CRT | SIG |
| Windows embeddable package (32-bit) | Windows | | 64853e569d7cb0d1547793000ff9c9b6 | 9574852 | SIG | CRT | SIG |
| Windows embeddable package (64-bit) | Windows | | ae7de44ecbe2d3a37dbde3ce669d31b3 | 10560465 | SIG | CRT | SIG |
| Windows embeddable package (ARM64) | Windows | | 747090b80a52e8bbcb5cb65f78fee575 | 9780864 | SIG | CRT | SIG |
| Windows installer (32-bit) | Windows | | 2123016702bbb45688baedc3695852f4 | 24155760 | SIG | CRT | SIG |
| Windows installer (64-bit) | Windows | Recommended | 4331ca54d9eacdbe6e97d6ea63526e57 | 25325400 | SIG | CRT | SIG |
| Windows installer (ARM64) | Windows | Experimental | 040ab03501a65cc26bd340323bb1972e | 24451768 | SIG | CRT | SIG |

图 10.2　Python 版本选择

**步骤 2** 运行安装程序。

下载 Python 安装程序后，双击打开，用户将看到如图 10.3 所示的安装向导。

图 10.3　Python 安装向导界面

首先，阅读许可协议并同意。

然后，用户可以选择安装 Python 的目录位置。通常情况下，在 Windows 系统中，Python 默认安装在 C:\PythonXX 目录下，其中 XX 代表 Python 的版本号，例如 C:\Python 39 代表 Python 3.9 版本。

但如果用户需要更改安装位置，则勾选"自定义安装"选项并选择用户所需的安装目录。

**步骤 3** 添加 Python 到系统路径。

在安装完成后，用户需要在系统变量（System Variables）窗口添加 Python 路径。请按下面的步骤操作：

（1）打开"控制面板"并选择系统。

（2）选择"高级系统设置"，如图 10.4 所示。

（3）在弹出的窗口中，选择"环境变量"。

（4）在"系统变量"下，找到"PATH"并选择"编辑"。

（5）在变量值窗口中，最后添加用户安装的 Python 目录的路径（例如 C:\Python 39）。

（6）检查 Python 是否正确安装，安装完成后可以在命令行窗口输入"Python"命令，看到类似如下的命令行信息即安装成功：

Python 3.9.1（v3.9.1:1e5d33e9b9, Dec 7 2020, 01:42:48）[MSC v. 1927 64 bit (AMD64)] on win32 Type "help", "copyright", "credits" or "license" for more information.

安装成功具体如图 10.5 所示。

如果出现错误，检查用户是否正确地将 Python 添加到系统路径（Path）中，或者是否使用了正确的 Python 版本。

安装完毕后，可以使用 Python 自带的 IDLE 进行代码编写和执行，或者使用其他开发环境，如 VS Code、PyCharm 等。Python 的语法简单直观，难度较低，同时存在大量的教程和文档可供学习参考。不同的应用场景需要不同的 Python 库，如 NumPy、Pandas 和 Scikit-learn

图 10.4　高级系统设置界面

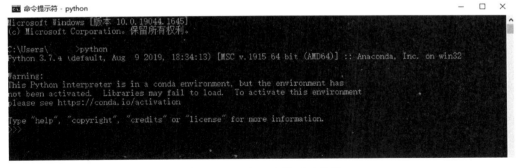

图 10.5　Python 安装成功验证

等,可以根据具体需求选择对应库来加速开发过程。

## 10.2.2　安装 Anaconda 集成环境

安装 Python 和其运行必需的工具包、环境和库需要花费一定时间,因此,也可以利用 Anaconda 集成环境(Integrated Environment)安装 Python 软件并配置环境。Anaconda 是一个开源的 Python 发行版本,其包含了 Conda、Python 等 180 多个数据科学包及其依赖项(Dependencies)。

使用 Anaconda 安装 Python 的步骤如下所示。

**步骤 1**　下载 Anaconda。

首先,用户在 Anaconda 官网:https://www.anaconda.com/products/individual,下载适用于用户操作系统的 Anaconda 安装程序,如 Windows、Linux 和 MacOS 版本。Anaconda 官网界面如图 10.6 所示。

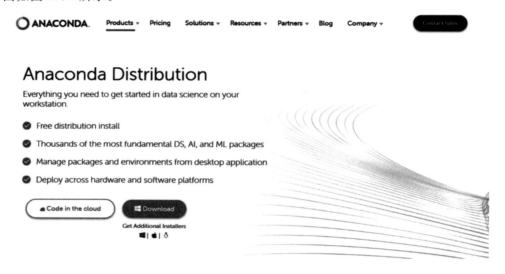

图 10.6　Anaconda 官网界面

**步骤 2**　安装 Anaconda。

下载完成后,双击安装程序,按照安装向导进行安装。在进行安装时,注意选择"Add Anaconda to my PATH environment variable"选项,这将使得 Anaconda 添加到用户的系统路径中,以便于在任何位置都可以轻松地调用 Anaconda 工具。Anaconda 软件界面如图10.7所示。

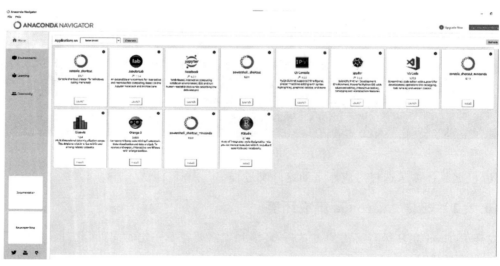

图 10.7　Anaconda 软件界面

**步骤 3**　创建新环境。

安装成功后,用户可以使用 Anaconda Navigator 来创建新环境,如图 10.8 所示。打开 Anaconda Navigator,选择"Environments",然后点击"Create"来创建新的环境。

图 10.8　Anaconda 创建新环境

**步骤 4**　安装程序包在创建新环境时,用户需要选择 Python 的版本和需要安装的包,以及用户想要的环境名称。用户可以根据需要自由选择这些选项,但是 Anaconda 默认安装了许多常用的包和库,如 Pandas、NumPy 和 Scikit-Learn 等。Anaconda 创建新环境选择 Python 版本如图 10.9 所示。

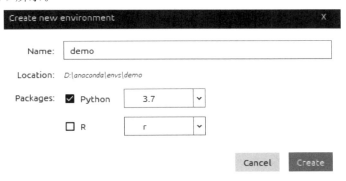

图 10.9　Anaconda 创建新环境选择 Python 版本

**步骤 5**　在新环境中执行代码。

安装新环境后,用户可以选择打开 Terminal(终端)来执行代码。如果用户使用了 Terminal,可以激活新环境并启动 Python shell 来开始执行代码。

### 10.2.3　利用 Anaconda 配置 Python 环境

在终端使用 Anaconda 创建 Python 环境并安装所需库需要执行少量的命令。用户需要打开终端,激活(Activate)Anaconda 环境,创建新环境并安装需要的库。之后,用户可以激活新环境,运行 Python 和其他库的程序,并在完成工作后退出新环境。相关命令需要根据用户的操作系统和 Anaconda 版本进行适当的调整。

在终端中使用 Anaconda 创建 Python 环境并安装所需库的步骤如下所示。

**步骤 1**　打开终端并激活 Anaconda。

在 Windows 系统中,用户可以按下"Windows+R"键,运行命令"cmd"打开命令行窗口;

在 Mac 系统中，用户可以按下"Command＋空格"键，然后键入"终端"并打开它。

激活 Anaconda 环境。在终端中激活 Anaconda 环境需要执行以下命令：

在命令窗口中，键入：conda activate。

**步骤 2** 创建新环境并安装所需库。

为了创建新环境并安装所需库，用户需要使用以下命令：

在命令窗口中，键入：conda create －n ＜env_name＞ Python＝＜version＞ ＜package1＞ ＜package2＞ …

其中，＜env_name＞是用户创建的新环境的名称；＜version＞是用户想要创建的 Python 版本，例如"3.7.3""3.8"等；＜package1＞＜package2＞等是用户想要安装到新环境中的软件包名字。例如，要创建名为 myenv 的 Python 3.7 环境，其中安装了 NumPy、Pandas 和 date-time 等，可以运行以下命令：

conda create －n myenv Python＝3.7 NumPy Pandas datetime

**步骤 3** 在创建新环境和安装所需库之后，可以激活新环境并开始使用和测试新环境。

激活新环境。要激活刚刚创建的新环境，在命令窗口中，键入：activate ＜env_name＞，如图 10.10 所示。其中，＜env_name＞是用户要激活新环境的名称。

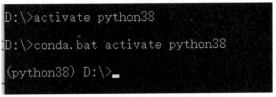

图 10.10 Anaconda 激活新环境

运行 Python 程序。激活新环境之后，可以在新环境中使用 Python 和其他库的功能。用户可以在命令窗口中，键入：Python。

这将打开 Python 交互式 shell，用户可以在其中输入 Python 代码并执行它。

**步骤 4** 退出新环境。

当用户完成在新环境中的工作时，可以使用以下命令来退出环境：

在 Windows 系统中，键入：deactivate。

通过以上设置，在创建完 Python 环境后，可以在创建的具体环境尝试运行程序，例如实现两个序列的相加，如图 10.11 所示。

```
Anaconda Powershell Prompt

(base) PS C:\Users\Dell> conda activate xjk
(xjk) PS C:\Users\Dell> python
Python 3.8.13 (default, Mar 28 2022, 06:59:08) [MSC v.1916 64 bit (AMD64)] :: Anaconda, Inc. on win32
Type "help", "copyright", "credits" or "license" for more information.
>>> import numpy as np
>>> a = np.array([1,2,3,4,5])
>>> b = np.array([1,3,5,7,9])
>>> c = a+b
>>> print(c)
[ 2  5  8 11 14]
>>>
```

图 10.11 Anaconda 环境运行简单程序示例

若能成功运行,证明 Python 环境安装正确。

## 10.2.4　安装 PyCharm 环境

利用 Windows 命令窗口可以设计和运行 Python 程序,但不够直观,因此设计者提供了很多类型的交互 Python 设计交互环境,其中应用较为广泛的是 PyCharm 软件。

PyCharm 是一种 Python IDE(Integrated Development Environment,集成开发环境),带有一整套可以帮助用户在使用 Python 语言开发时提高其效率的工具,比如调试、语法高亮、项目管理、代码跳转、智能提示、自动完成、单元测试和版本控制。此外,该 IDE 提供了一些高级功能,以用于支持 Django 框架下的专业 Web 开发。本节推荐使用 PyCharm 作为 Python 开发环境,下面介绍 PyCharm 的安装方法。

**步骤 1**　下载 PyCharm。

首先,在 http://www.jetbrains.com/PyCharm/download/#section=Windows 上下载 PyCharm,进入如图 10.12 所示界面,根据用户电脑的操作系统进行选择,对于 Windows 系统选择图中圈中的区域。

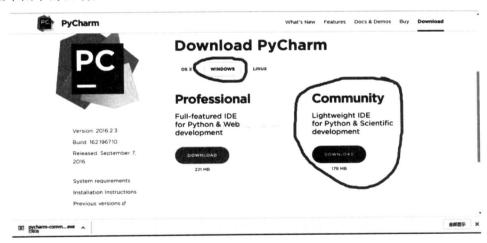

图 10.12　PyCharm 软件下载界面

**步骤 2**　安装 PyCharm。

直接双击下载好的 exe 安装文件进行安装,安装界面如图 10.13 所示。

点击"Next",完成安装。安装完成后出现如图 10.14 所示界面,点击"Finish"结束安装。

图 10.13　PyCharm 软件安装界面

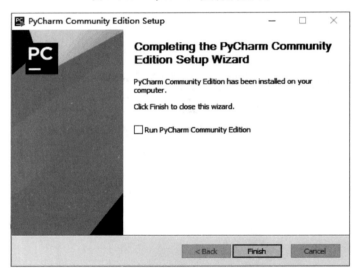

图 10.14　PyCharm 软件安装完成界面

# 10.3　使用 PyCharm 环境编写 Python 程序

在以上所有开发环境安装完成之后,可以利用 PyCharm 编写一个简单的 Python 程序,步骤如下。

**步骤 1**　在 PyCharm 中创建项目。

在 File 中点击"新建项目",如图 10.15 所示。

在弹出的新建项目的对话框中输入项目名称并选择解释器(Interpreter),如图 10.16 所示。

点击"添加本地解释器"后,弹出如图 10.17 所示对话框,并按照图 10.17 所示选择已有的

图 10.15　PyCharm 中创建项目

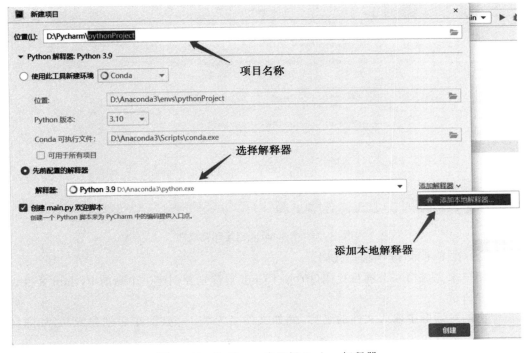

图 10.16　PyCharm 中选择 Python 解释器

conda 环境,点击"确定"。

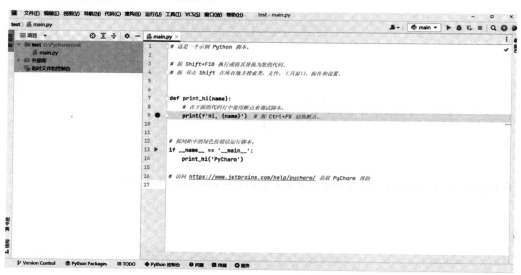

图 10.17　PyCharm 选择已有 conda 环境

项目创建成功后如图 10.18 所示。

图 10.18　PyCharm 创建环境成功

**步骤 2**　在 PyCharm 中编写代码。

现在用户来完成第一个项目代码(Project Code),首先要创建一个新的 Python 文件,操作如图 10.19 所示。

在弹出的对话框中输入文件的名称,例如文件名为 2.1.py,回车后创建成功,如图10.20所示。

在创建好的 2.1.py 文件中编写代码,如图 10.21 所示。

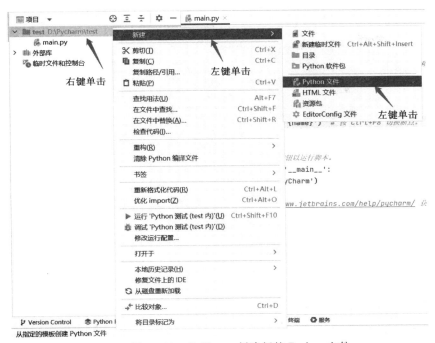

图 10.19　PyCharm 创建新的 Python 文件

图 10.20　PyCharm 命名 Python 新文件

图 10.21　PyCharm 编写程序

如果发现 import 那行代码有红色波浪线,说明当前环境未安装此库,可以在 PyCharm 的终端上安装相关资源包。使用语句 pip install matplotlib,如图 10.22 所示。

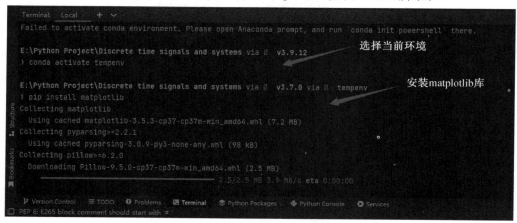

图 10.22　PyCharm 终端中安装相关资源包

安装成功后红色波浪线就会消失。

**步骤 3**　运行代码。

在窗口的右上角找到图 10.23 所示的下拉菜单,选择当前文件,再点击绿色的三角按钮,即可运行程序,或者使用快捷键"shift+F10"运行。

图 10.23　运行程序位置

运行后可以在窗口的下方看到运行结果,如图 10.24 所示。

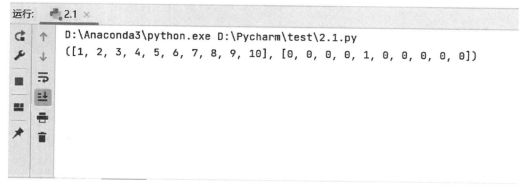

图 10.24　PyCharm 程序运行结果示例

运行后的图片在窗口左侧,如图 10.25 所示。

以上是在 PyCharm 上完成一个 Python 项目,用户还可以完成一个单位阶跃序列生成程序。首先按照原来的方法创建一个 Python 文件,名为 2.2.py,然后编写如下代码至 PyCharm 中,如图 10.26 所示。

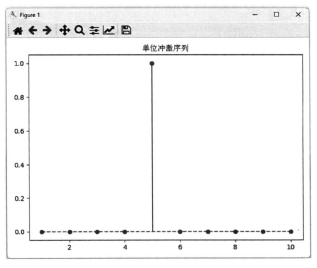

图 10.25　PyCharm 程序运行结果图片示例

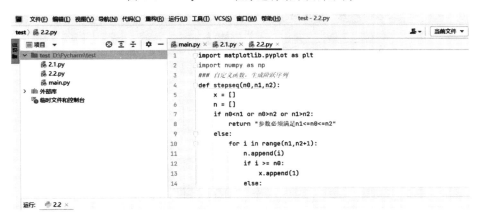

图 10.26　程序 2.2.py 界面

import matplotlib. pyplot as plt

import numpy as np

♯自定义函数,生成阶跃序列

def stepseq(n0,n1,n2):

　　x = [ ]

　　n = [ ]

　　if n0<n1 or n0>n2 or n1>n2:

　　　　return "参数必须满足 n1<=n0<=n2"

　　else:

　　　　for i in range(n1,n2+1):

　　　　　　n. append(i)

　　　　　　if i >= n0:

　　　　　　　　x. append(1)

```
        else：
                x. append(0)
        return n，x
```
＃输出单位阶跃序列

[n，x] ＝ stepseq(5，1，10)

print(stepseq(5，1，10))

＃画图

plt. figure()

plt. title("单位阶跃序列"，fontproperties＝"SimSun"，fontsize＝12)

plt. stem(n，x，basefmt＝"－－")

plt. tight_layout()

plt. show()

运行后结果如图 10.27、图 10.28 所示。

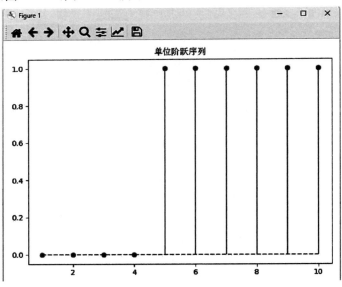

图 10.27　程序 2.2.py 运行结果图片

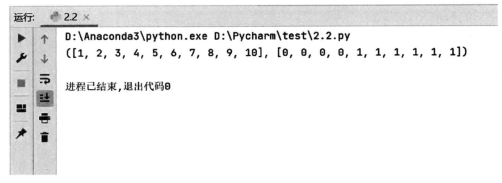

图 10.28　程序 2.2py 运行结果展示

# 10.4　Python 常用库和函数介绍

与其他应用软件类似,Python 也可以提供各种库和应用函数,其中在信号处理过程中应用比较广泛的库包括 NumPy 库、Scipy 库和 Pandas 库等,而科学绘图常用库为 Matplot 库,下面介绍常用库及其内部包含的函数。

## 1. NumPy 库

NumPy 是 Python 科学计算的核心库之一,提供了高性能的多维数组对象以及对数组进行操作的各种函数和工具。表 10.1 是 NumPy 库常用的函数。

表 10.1　NumPy 库常用的函数

| 序号 | 函数名称 | 函数作用 |
|------|----------|----------|
| 1 | array | 创建一维或多维数组 |
| 2 | mat | 创建矩阵 |
| 3 | linspace | 创建一个具有指定间隔的浮点数的数组 |
| 4 | arange | 在给定的间隔内返回具有一定步长的整数 |
| 5 | zeroes | 创建一个全部为 0 的数组 |
| 6 | ones | 创建一个全部为 1 的数组 |
| 7 | min | 返回数组中的最小值 |
| 8 | max | 返回数组中的最大值 |
| 9 | uniform | 在上下限之间的均匀分布中生成随机数据 |
| 10 | randint | 在一定范围内生成整数随机数据 |
| 11 | random | 生成随机浮点数数据 |
| 12 | logspace | 在对数尺度上生成间隔均匀的数据 |
| 13 | identity | 创建具有指定维度的单位矩阵 |
| 14 | concatenate | 拼接数组 |
| 15 | squeeze | 删除数组中的一个维度来降低数组的总体维度 |
| 16 | unique | 返回一个所有唯一元素排序的数组 |
| 17 | mean | 返回数组的平均数 |
| 18 | medain | 返回数组的中位数 |
| 19 | digitize | 返回输入数组中每个值所属的容器的索引 |
| 20 | reshape | 返回一个数组,其中包含具有新形状的相同数据 |
| 21 | expand_dims | 用于扩展数组的维度 |
| 22 | count_nonzero | 计算所有非零元素并返回它们的计数 |
| 23 | argwhere | 查找并返回非零元素的所有下标 |

续表10.1

| 序号 | 函数名称 | 函数作用 |
|---|---|---|
| 24 | sort | 对数组排序 |
| 25 | abs | 返回数组中元素的绝对值 |
| 26 | round | 将浮点值四舍五入到指定数目的小数点 |
| 27 | clip | 将数组的裁剪值保持在一个范围内 |
| 28 | where | 返回满足条件的数组元素 |
| 29 | put | 用给定的值替换数组中指定的元素 |
| 30 | copyto | 将一个数组的内容复制到另一个数组中 |
| 31 | intersectld | 以排序的方式返回两个数组中所有唯一的值 |
| 32 | setxorld | 按顺序返回两个数组中所有唯一的值 |
| 33 | unionld | 将两个数组合并为一个 |
| 34 | hsplit | 将数据水平分割为指定个相等的部分 |
| 35 | vsplit | 将数据垂直分割为指定个相等的部分 |
| 36 | hstack | 将在另一个数组的末尾追加一个数组 |
| 37 | vstack | 将一个数组堆叠在另一个数组上 |
| 38 | allclose | 根据公差值查找两个数组是否相等或近似相等 |
| 39 | equal | 比较两个数组的每个元素是否完全匹配 |
| 40 | repeat | 重复数组中的元素指定次 |
| 41 | einsum | 计算数组上的多维和线性代数运算 |
| 42 | histogram | 计算一组数据的直方图值 |
| 43 | percentile | 沿指定轴计算数据的百分位数 |
| 44 | std | 计算标准偏差 |
| 45 | var | 计算方差 |

**2. Scipy 库**

Scipy 库是一个 Python 开源的数学计算库,可以应用于数学、科学和工程领域。它是基于 NumPy 库的科学计算库,主要包含了统计学、最优化、线性代数、积分、傅里叶变换、信号处理、图像处理和常微分方程的求解等其他科学工程中所用到的计算,也是本书应用最多的函数库。表 10.2 是 Scipy 库常用的函数。

**表 10.2　Scipy 库常用的函数**

| 序号 | 函数名称 | 函数作用 |
|---|---|---|
| 1 | fftpack. fft | 快速傅里叶正变换 |
| 2 | fftpack. ifft | 快速傅里叶反变换 |

续表10.2

| 序号 | 函数名称 | 函数作用 |
| --- | --- | --- |
| 3 | signal. butter | butterworth 数字和模拟滤波器设计 |
| 4 | signal. bilinear | 利用双线性变换法把模拟滤波器转换为数字滤波器 |
| 5 | signal. hann | 生成汉宁窗函数,类似的还有矩形窗、三角窗等 |
| 6 | signal. firwin | 利用窗函数法设计数字滤波器 |
| 7 | signal. freqz | 计算数字滤波器频率响应 |
| 8 | signal. freqz_zpk | 计算零极点形式系统函数的数字滤波器频率响应 |
| 9 | signal. freqs | 计算模拟滤波器频率响应 |
| 10 | cluster | 聚类分析算法 |
| 11 | constants | 物理和数学常数 |
| 12 | integrate | 积分和常微分方程求解器 |
| 13 | interpolate | 插值和平滑样条 |
| 14 | io | 输入和输出 |
| 15 | linalg | 线性代数 |
| 16 | ndimage | N 维图像处理 |
| 17 | odr | 正交距离回归 |
| 18 | optimize | 优化和寻根例程 |

**3. Matplotlib 库**

图形功能是科学软件的必要功能,Matplotlib 库是一个 Python 的 2D 绘图库,以各种硬拷贝格式和跨平台的交互式环境生成出版质量级别的图形。表 10.3 是 Matplotlib 库常用的函数。

表 10.3  Matplotlib 库常用的函数

| 序号 | 函数名称 | 函数作用 |
| --- | --- | --- |
| 1 | plt. figure | 创建一个全局绘图区域 |
| 2 | plt. axes | 创建一个坐标系风格的子绘图区域 |
| 3 | plt. subplot | 在全局绘图区域中创建一个子绘图区域 |
| 4 | plt. subplots_adjust | 调整子绘图区域的布局 |
| 5 | plt. legend | 在绘图区域中放置绘图标签(也称图注) |
| 6 | plt. show | 显示创建的绘图对象 |
| 7 | plt. matshow | 在窗口显示数组矩阵 |
| 8 | plt. imshow | 在 axes 上显示图像 |
| 9 | plt. imsave | 保存数组为图像文件 |

续表10.3

| 序号 | 函数名称 | 函数作用 |
|---|---|---|
| 10 | plt. imread | 从图像文件中读取数组 |
| 11 | plt. polt | 根据 $x$、$y$ 数组绘制直、曲线 |
| 12 | plt. boxplot | 绘制一个箱型图 |
| 13 | plt. bar | 绘制一个条形图 |
| 14 | plt. barh | 绘制一个横向条形图 |
| 15 | plt. polar | 绘制极坐标图 |
| 16 | plt. pie | 绘制饼图 |
| 17 | plt. psd | 绘制功率谱密度图 |
| 18 | plt. specgram | 绘制谱图 |
| 19 | plt. cohere | 绘制 $X$-$Y$ 的相关性函数 |
| 20 | plt. scatter | 绘制散点图 |
| 21 | plt. step | 绘制步阶图 |
| 22 | plt. hist | 绘制直方图 |
| 23 | plt. contour | 绘制等值线 |
| 24 | plt. vlines | 绘制垂直线 |
| 25 | plt. stem | 绘制曲线每个点到水平轴线的垂线 |
| 26 | plt. plot_date | 绘制数据日期 |
| 27 | plt. plotfile | 绘制数据后写入文件 |
| 28 | plt. axis | 获取设置轴属性的快捷方法 |
| 29 | plt. xlim | 设置当前 $x$ 轴取值范围 |
| 30 | plt. ylim | 设置当前 $y$ 轴取值范围 |
| 31 | plt. xscale | 设置 $x$ 轴缩放 |
| 32 | plt. yscale | 设置 $y$ 轴缩放 |
| 33 | plt. autoscale | 自动缩放轴视图的数据 |
| 34 | plt. text | 为 axes 图轴添加注释 |
| 35 | plt. thetagrids | 设置极坐标网格 theta 的位置 |
| 36 | plt. grid | 打开或者关闭坐标网格 |
| 37 | fill | 填充多边形 |
| 38 | fill_between | 填充两条曲线围成的多边形 |
| 39 | fill_betweenx | 填充两条水平线之间的区域 |
| 40 | plt. figlegend | 为全局绘图区域放置图注 |

续表10.3

| 序号 | 函数名称 | 函数作用 |
| --- | --- | --- |
| 41 | plt. legend | 为当前坐标图放置图注 |
| 42 | plt. xlabel | 设置当前 $x$ 轴的标签 |
| 43 | plt. ylabel | 设置当前 $y$ 轴的标签 |
| 44 | plt. xticks | 设置当前 $x$ 轴刻度位置的标签和值 |
| 45 | plt. yticks | 设置当前 $y$ 轴刻度位置的标签和值 |
| 46 | plt. clabel | 为等值线图设置标签 |
| 47 | plt. get_figlabels | 返回当前绘图区域的标签列表 |
| 48 | plt. figtext | 为全局绘图区域添加文字 |
| 49 | plt. title | 设置标题 |
| 50 | plt. suptitle | 为当前绘图区域添加中心标题 |
| 51 | plt. text | 为坐标图轴添加注释 |
| 52 | plt. annotate | 用箭头在指定数据点创建一个注释或一段文本 |

# 参考文献

[1] M. H. 海因斯. 数字信号处理[M]. 张建华,等译. 北京:科学出版社,2002.

[2] 胡广书. 数字信号处理——理论、算法与实现[M]. 3 版. 北京:清华大学出版社,2012.

[3] 丁玉美,高西全. 数字信号处理[M]. 2 版. 陕西:西安电子科技大学出版社,2003.

[4] 程佩青. 数字信号处理教程[M]. 4 版. 北京:清华大学出版社,2013.

[5] 谢红梅,赵建. 数字信号处理——常见题型解析及模拟题[M]. 西安:西北工业大学出版社,2001.

[6] 姚天任. 数字信号处理学习指导与题解[M]. 武汉:华中科技大学出版社,2002.

[7] 董绍平,陈世耕,王洋. 数字信号处理基础[M]. 哈尔滨:哈尔滨工业大学出版社,1998.

[8] 高西全,丁玉美. 数字信号处理学习指导[M]. 西安:西安电子科技大学出版社,2002.

[9] 高西全,丁玉美,阔永红. 数字信号处理——原理、实现及应用[M]. 北京:电子工业出版社,2006.

[10] 张立材,吴冬梅. 数字信号处理[M]. 北京:北京邮电大学出版社,2004.

[11] 罗军辉. MATLAB7.0 在数字信号处理中的应用[M]. 北京:机械工业出版社,2005.

[12] 邹彦. DSP 原理及应用[M]. 北京:电子工业出版社,2005.

[13] 纪震. DSP 系统入门与实践[M]. 北京:电子工业出版社,2006.

[14] 范寿康. DSP 技术与 DSP 芯片[M]. 北京:电子工业出版社,2007.

[15] JAMES TSUI. 宽带数字接收机[M]. 杨小牛,陆安南,金飚,译. 北京:电子工业出版社,2002.

[16] TSUI J B. Digital Techniques for Wideband Receivers[M]. 2rd ed. SciTech Publishing Inc. ,2004.

[17] INGLE V K, PROAKIS J G. 数字信号处理及其 MATLAB 实现[M]. 陈怀琛,王朝英,高西全,等译. 北京:电子工业出版社,1998.

[18] A. V. 奥本海姆,R. W. 谢弗. 离散时间信号处理[M]. 3 版. 黄建国,刘树棠,张国梅,译. 北京:电子工业出版社,2015.

[19] MCCLELLAN J H,SCHAFER R W,YODER M A. 信号处理引论[M]. 周利清,等译. 北京:电子工业出版社,2005.

[20] LYONS R G. 数字信号处理 [M]. 原书第 2 版. 朱光明,程建远,刘保童,等译. 北京:机械工业出版社,2006.

[21] OPPENHEIM A V, SHAFER R W. Discrete Time Signal Processing[M] . 3rd ed. Prentice Hall, 2009.

[22] INGLE V K, PROAKIS J G. 数字信号处理(MATLAB 版)[M]. 2 版. 刘树棠,等译. 西安:西安交通大学出版社,2008.

［23］INGLE V K，PROAKIS J G. Digital Signal Processing using MATLAB［M］. 3rd ed. Cengage Learning，2012.

［24］陈怀琛. 数字信号处理教程——Matlab 释义与实现［M］. 3 版. 北京：电子工业出版社，2013.

［25］ARTHUR B W，FRED J T. Electronic Filter Design Handbook［M］. 4th ed. US：Mc Graw-Hill Companies，InC,2006.

［26］宿富林,冀振元,赵雅琴,等. 数字信号处理［M］. 哈尔滨：哈尔滨工业大学出版社,2012.

［27］MITRA S K. 数字信号处理——基于计算机的方法［M］. 4 版. 鼓启琮,译. 北京：清华大学出版社,2012.

［28］刘兴钊,李力利. 数字信号处理［M］. 北京：电子工业出版社,2010.

［29］冀振元. 时间序列分析与现代谱估计［M］. 哈尔滨：哈尔滨工业大学出版社,2016.

［30］冀振元. 数字信号处理学习与解题指导［M］. 2 版. 哈尔滨：哈尔滨工业大学出版社,2021.

［31］JOHN G P，DIMITRIS G M. 数字信号处理［M］. 4 版. 方艳梅,刘永清,等译. 北京：电子工业出版社,2007.

［32］DUHAMEL P. Algorithms meeting the lower bounds on the multiplicative complexity of length$-2^n$ DFTs and their connection with practical algorithms［J］. IEEE Trans. on ASSP,1990,38(9):1504-1511.

［33］HEIDEMAN M T. Multiplicative Complexity, Convolution, cund the DFT［M］. New York：Springer-Verlag New Yorklne,1988.

［34］程佩青. 数字信号处理教程［M］. 3 版. 北京：清华大学出版社,2007.

［35］江志红. 深入浅出数字信号处理［M］. 北京：北京航空航天大学出版社,2012.

［36］LYONG R G. 数字信号处理［M］. 3 版. 张建华,许晓东,孙松林,等译. 北京：电子工业出版社,2015.

［37］张小虹,黄忠虎,邱正伦. 数字信号处理［M］. 2 版. 北京：机械工业出版社,2015.

［38］MARK L. Python 学习手册(上下册)［M］. 5 版. 秦鹤,林明,译. 北京：机械工业出版社,2018.

［39］MAGNUS H. Python 基础教程［M］. 3 版. 袁国忠,译. 北京：人民邮电出版社,2018.

［40］ERIC M. Phthon 编程从入门到实践［M］. 2 版. 袁国忠,译. 北京：人民邮电出版社,2020.

［41］IVAN I. Phthon 数据分析基础教程：NumPy 学习指南［M］. 2 版. 张驭宇,译. 北京：人民邮电出版社,2014.

［42］张若愚. Phthon 科学计算［M］. 2 版. 北京：清华大学出版社,2016.

［43］WES M. 利用 Python 进行数据分析［M］. 2 版. 徐敬一,译. 北京：机械工业出版社,2018.

# 名词索引

## （按章节顺序排序）